ROBERT GROSSE**T**

DY

HEXAËMERON

AUCTORES BRITANNICI MEDII AEVI · VI

ROBERT GROSSETESTE
HEXAËMERON

Edited by

RICHARD C. DALES
and
SERVUS GIEBEN O.F.M.Cap.

Published for THE BRITISH ACADEMY

by OXFORD UNIVERSITY PRESS

Oxford University Press, Walton Street, Oxford OX2 6DP

Oxford New York Toronto
Delhi Bombay Calcutta Madras Karachi
Petaling Jaya Singapore Hong Kong Tokyo
Nairobi Dar es Salaam Cape Town
Melbourne Auckland

and associated companies in
Berlin Ibadan

Oxford is a trade mark of Oxford University Press

Published in the United States
by Oxford University Press, New York

© The British Academy 1982

First published 1982
Paperback edition 1990

ISBN 0-19-726099-3

Printed in Great Britain by
Billing & Sons Ltd
Worcester

DEDICATED

TO THE MEMORY OF

RICHARD WILLIAM HUNT

UNDER WHOSE GUIDANCE

THIS EDITION WAS PLANNED AND CARRIED FORWARD

CONTENTS

PREFACE

It is our pleasant duty to acknowledge the assistance which has been given us over the years.

First, we should like to express our gratitude for the kindness, generosity and erudition of Richard W. Hunt. It was he who first asked us to submit our edition of Grosseteste's Hexaëmeron to the editorial committee of the Auctores Britannici Medii Aevi, and we owe a very great personal debt to his boundless knowledge of things medieval and his willingness to share this knowledge freely with all who asked. Characteristically, he made a special trip to Oxford from his home on the Isle of Wight to go over with us some troublesome matters in this edition. It was on the next day, returning with the typescript under his arm, that he suffered the heart attack which gave a first warning to his friends that they might soon lose one on whom they had relied for so long.

Next, we wish to acknowledge with gratitude the material support we have received from the Istituto storico dei Cappuccini and the University of Southern California. Our travel and the opportunity to meet several times were aided by the American Philosophical Society and the American Council of Learned Societies, and a year spent at the Institute for Advanced Study at Princeton, New Jersey, was invaluable in the early stages of our work.

We are also deeply grateful for the expert and careful assistance of Dr. Gillian Evans in preparing the edition for the press, and to Sir Richard Southern, who took over the editorship of the series on the death of Richard Hunt, and by whose assistance the quality of our edition has been considerably improved.

We also wish to express our thanks to the librarians of the various libraries in which the manuscripts we have consulted for this edition are preserved, and particularly to the staff of the Department of Western Manuscripts in the Bodleian Library for their unfailing helpfulness and courtesy during many days spent in studying the manuscript which provides the main support for the text which follows.

INTRODUCTION

For thousands of years, the theme of creation has exerted a powerful fascination on men's minds and has been the subject of myth, epic, pictorial art and philosophical speculation. Hexameral literature has played an important role in Christian thought since the patristic age, and the re-introduction of ancient thought into western Europe during the twelfth and thirteenth centuries inspired new writings on the old themes, designed to meet the needs and answer the questions of a new age. A work of critical importance in this tradition was the *Hexaëmeron* of Robert Grosseteste.

When Grosseteste was born,[1] there were not yet any universities in Europe; the translating activity from Greek and Arabic into Latin was well under way but had as yet made virtually no impact on European thought; and Theology was far from being a systematic discipline. By the time he died in 1253, the great universities were at the height of their vigor; Greek and Arabic writings had been incorporated into the mainstream of European thought: and Theology was a highly organized scientific discipline. Grosseteste played a major role in all three of these developments. First as Master on the Arts faculty, then on that of Theology, as Chancellor of the university during its critical period of growth, as first lecturer to the Oxford Franciscans, and finally as bishop of Lincoln, in which diocese Oxford lay, Grosseteste participated actively in the life of the young university throughout his adult life; and he also had close personal ties with the University of Paris, where he possibly took his degree in Theology. He himself was an important translator from Greek and a commentator on several Aristotelian works.[2] In addition to his own translations, he avidly read and sometimes corrected those made by others. There seem to have been very few translations available during his lifetime of which he was unaware. The extent of his knowledge of Hebrew has not been established beyond doubt, but he clearly felt the need for a Christian scholar to master the language.[3] In his teaching of Theology, he was conservative in method and form,[4] but he insisted upon close textual analysis and a knowledge of the sacred languages as essential in understanding scripture. He was also a thinker of great power and originality (although he would surely have denied the latter), and his works were pillaged by a long list of theologians, reaching from Richard Fishacre and Richard Rufus of Cornwall to John Hus. The extent of Grosseteste's influence has only begun to be studied, but what is known about it is already impressive.

The *Hexaëmeron* is one of a series of major works written by Grosseteste between 1228 and 1235. In about 1228 he completed his *Commentary on the Posterior Analytics,*[5] which he had apparently been working on since he had lectured on that book in the Oxford Arts faculty some time before 1209. Shortly after 1230 he completed his *De cessatione legalium,*[6] and not much later the *Hexaëmeron.* All this time he had also been compiling notes for a commentary on Aristotle's *Physics,* an undertaking which he seems to have abandoned upon becoming Bishop of Lincoln in 1235.[7] This was a period of great productivity and intellectual vigor for Grosseteste. During this same period he was continuing his scientific investigations and beginning to learn Greek. He had already conceived and elaborated his Metaphysics of Light and had completed many of his scientific studies. He knew enough Greek to read the language and to discuss intelligently matters of Greek syntax and vocabulary, although if he had written the *Hexaëmeron* ten years later the Greek influence would undoubtedly have been much stronger. He brought all this learning to bear on his explanation of the creation story, in addition, of course, to the standard patristic works. As our edition will make clear, he drew extensively on his other writings in composing his *Hexaëmeron,* which thereby presents us with the closest thing we have to a synthesis of his thought, unified by the great theme of the creation of the world and of man.

Although Grosseteste would surely have lectured on the first two chapters of Genesis during his regency in Theology, the *Hexaëmeron* in its present form bears few traces of the schools. His references to the "reader" rather than to the "auditor" and his statement that he is not *writing* for sages and perfecti[8] make it clear that this work was composed to be read as a book. Nor is there any good reason to assume that it is simply a reworking of notes made during his teaching days, as the commentaries on the *Posterior Analytics* and *Physics* certainly were.[9] In fact, there is much to indicate the opposite. Grosseteste continued to expand his intellectual horizons throughout his life, so that one can often place his works relative to each other by the authors used in each, and by his attitudes toward certain key problems. Early in his career he seems to have accepted quite uncritically the main tenets of astrology but became increasingly hostile toward that science during the 1220s. By the time he wrote his *Hexaëmeron,* he had decided that it was a pernicious doctrine, written at the dictation of the devil;[10] this despite the fact that the main authorities upon whom he relies for his refutation of astrology were Augustine, whom Grosseteste knew thoroughly even early in his career;

and Basil, whom he read in Eustathius' Latin translation, so there is no need to suppose that he could not have been influenced by this Father until he was able to read Greek.

As he perfected himself in Hellenic studies, however, Grosseteste's views seem to have undergone a significant change and to have matured noticeably. This is most dramatically illustrated in his *Commentary on Psalms I-C*. The remarks on the first seventy-nine psalms are haphazard, dependent completely on the standard Latin Fathers and Peter Lombard.[11] The commentary on psalms LXXX-C, however, is full, orderly and acute and makes extensive use of a number of Greek works which were not available in Latin translations at that time. This Commentary has many points of contact with the *Hexaëmeron*. He uses the same words of the same authors to explain similar points in both works, although his use of Greek authors was much more extensive in the *Commentary on the Psalms,* which he left unfinished at his death.

The *Hexaëmeron* seems to have been written fairly early in Grosseteste's career as a Greek scholar, but after he was well able to read the language adequately. The authors it cites and the viewpoints it presents are not those of his earlier life. The strong vein of scepticism, the highly developed arguments against the eternity of the world, the hostility toward astrology, the lack of dependence on Muslim authorities, whom he had studied so avidly in his youth, the fruitful use made of his knowledge of Greek, the defensiveness concerning the appropriateness of scientific knowledge in a religious work, and the intensely devotional nature of much of the *Hexaëmeron* point clearly to its being in large part written *de novo* at a time when he had both the means and the leisure to do so, rather than its being a reorganization and filling out of lecture notes written years before.

Yet its dependence on his earlier works was considerable. The *Hexaëmeron* was a work of Grosseteste's maturity, embodying much of the knowledge that he had acquired during a long and active career as a teacher and scholar. Material contained in the sermons, *dicta* and *Commentary on the Psalms,* in *De luce,* in the scientific works, in the commentaries on the *Physics* and *Posterior Analytics,* and in *De cessatione legalium* was drawn upon freely, as was his knowledge of Aristotle's philosophical and zoological works; and there are many points of similarity with his *De operationibus solis.* The *De cessatione legalium* especially seems very close to the *Hexaëmeron* in style, attitude and sources. Grosseteste himself seems to give his authority to their close relationship by having them copied consecutively into a single volume for his own use (that is, in Bodley, lat. th. c. 17). The *De cessatione* was written shortly after 1230.[12] Although we should like to be able to date the composition of the *Hexaëmeron* more precisely, the most we can say with confidence is that the evidence points to the two or three years before Grosseteste became Bishop of Lincoln, that is, approximately 1232 to 1235.

DESCRIPTION OF MANUSCRIPTS

There are presently known to be seven MSS of Grosseteste's *Hexaëmeron*. Of these, five were known to S. Harrison Thomson in 1940 and were described in his *The Writings of Robert Grosseteste:*[13]

(1) British Library MS Royal 6. E. V., fols. 136^A — 184^D (*R*) is written in a neat calligraphic English gothic bookhand of the mid-fourteenth century. It gives only a fair text. It is divided into books, chapters and paragraphs.

(2) Oxford, Queens College MS 312, fols. 38^A — 102^D (*Q*), lacking the Prooemium, is written in an English gothic bookhand of the late fourteenth century, Its text is quite bad and is further vitiated by many omissions.

(3) British Library MS Cotton Otho, D. X., fols. 156^r — 212^v (*C*) is written in a good English gothic bookhand of the late fourteenth century and gives quite a good text. This MS was damaged in the fire of 1731, and even though it has been expertly restored, it is now only partly legible.

(4) Cambridge, University Library MS Kk. ii. 1, fol. 309^{A-D} (*K*) contains one folio from the beginning of Particula I of the *Hexaëmeron,* written in a clear English bookhand of around 1450. The text of this brief section is excellent, making the loss of the remainder all the more unfortunate.

(5) Prague, National Museum MS XII. E. 5, fols. 1^A — 26^D (*P*) is written in a south German or Bohemian hand of the mid-fourteenth century. Although the text is quite good, the script is tiny, badly formed, highly abbreviated, and extremely difficult to read.

Two further MSS have come to light since Professor Thomson wrote his bibliography of Grosseteste's works. In August, 1967, Fr. Servus Gieben discovered the *Hexaëmeron* in British Library MS Harley 3858, fols. 258^C — 334^B (*H*), formerly at Durham. This MS also contains Grosseteste's *Dicta:* both works are ascribed to "Lyncolniensis." Written in an English bookhand of the early fifteenth century, it gives quite a good text.

But by far the most important MS of the *Hexaëmeron* is the Bodleian Library's lat. th. c. 17. *(B).*[14] This codex is made up of two originally separate sections. The first of these, fols. 1^A — 157^D, contains William of

Auvergne's *De universo spirituali et corporali.* The second contains Grosseteste's *De cessatione legalium,* fols. 158^A — 189^D, and the *Hexaëmeron,* fols. 190^A — 243^A. It has been carefully corrected by Grosseteste himself through folio 225^r. He has corrected misspelled and misread words, inserted material left out by the scribe, expanded unclear abbreviations, and added paragraph signs, marginal catch-words indicating the contents of the text, and a large number of his highly distinctive concordantial signs. He has also written many Greek words, both in the margins and in the text. This MS is written in a beautiful English gothic bookhand of the second quarter of the thirteenth century, and it is meticulously punctuated. In addition to Grosseteste's corrections, occasional marginalia of the fourteenth and fifteenth centuries occur.

There are two main families represented by the extant codices. Therefore we need posit only two direct copies made from Grosseteste's autograph. One of these is still extant (Bodl. lat. th. c. 17, our MS *B*) and, as we have mentioned, was corrected by Grosseteste himself through fol. 225^r. This was probably the bishop's personal copy. We have considered this MS to be virtually definitive, particularly through fol. 225^r, but also for the remainder of the work, since it is clearly copied from the autograph. However, even in the corrected section there are some obvious mistakes which were not caught. For example: P:156, *scribitur . . . domus* is out of place; it should go after *dispensatoris; I xiii 1, quam . . . terram* is missing in *B* (and *Q*) but must have been in the original; IV iii 1, *apporiacionis* cannot be correct — it is a most unusual word, and none of its meanings will make any sense here; and the *sexaginta . . . particuli,* IX x 7, in the quotation from St. John Damascene's *De fide orthodoxa,* must have been in the autograph even though it is omitted by homoioteleuton from *B.* These instances and several other less important ones simply serve as a warning that there is no such thing as a perfect MS. In the absence of a compelling reason to depart from the text of *B,* we have considered it authoritative both for the text of the *Hexaëmeron* and for its divisions into Particulae.

MS *Q* is in most respects a corrupt version of *B,* but it includes the phrase *sexaginta . . . particuli* omitted from *B* (IX x 7) and has *apparicionis* in place of *apporiacionis* (both of these are beyond the point where Grosseteste ceased correcting). The corrections of *B* which appear in *Q* rule out *Q's* being simply a bad copy of *B.* Clearly, there must have been a somewhat corrected version made from *B* and now lost, since the general carelessness of the scribe of *Q* makes it highly unlikely that they could have originated with him. A hint, but nothing more, of the source of these corrections is provided by the chapter titles which occasionally occur in *Q* and which undoubtedly originated with Adam Marsh or his circle. These are discussed in more detail below. Many omissions are also shared by *Q* and the second tradition, but most of these are by homoioteleuton and could have occurred independently.

MS *K*, of which only one leaf is extant, is a much better example of this tradition. It is probably at only one remove from *B*.

The second copy, from which *RCHP* are derived, is no longer extant. It almost certainly preserved a draft of the work in an earlier state of development than *B*. This can be seen most clearly by comparing the two versions of Particula I, i, 2-3. Another striking deviation can be found at the end of Particula VII, where *RCHP* add a quotation from Hugh of St. Victor's Commentary on Ps - Dionysius *De caelesti Hierarchia,* with a development apparently by Grosseteste. Near the beginning of Particula I there is also a short passage in *RCHP*, which is omitted in *B*, no doubt to avoid repetition. There are also a few chapter headings in RCHP which may preserve an early plan which was never carried out. The problem of dividing the work into chapters with appropriate headings gave Grosseteste a great deal of trouble. It is clear from the state of *B,* that he never succeeded in solving this problem completely.

Within this family *RCPH*, MS *C* seems to be closest to the exemplar, and often agrees with *B* against *RH*. There is no need to posit a contamination of the two traditions, since if the scribe of *C* had models of both traditions before him, he might be expected usually to adopt the better reading; but he does not. We need only assume that *C* represents the second tradition at a stage before many of the mistakes of *RH* had arisen.

Written at about the same time as *C* is MS *R*. Although beautifully written and illustrated, it was carelessly copied, so that many of its differences from *B* are not significant. These differences include: close synonyms *(demum* for *deinde, autem* for *vero, quia* for *quod, quoque* for *etiam, illustracio* for *illuminacio); mistakes in copying (quia* for *qua, mutatur* for *imitatur, generacio* for *germinacio); changes in tense, mood and case; and innumerable omissions and gratuitous additions. The person responsible for the production of *R* took pains to correct Grosseteste's quotations, especially of Augustine and Pliny (Grosseteste's text of Pliny's *Historia naturalis* was quite bad; see P 47 ff.), but since it is of some interest to know what Grosseteste's own text of these authors was, we have followed the version of *B*.

The close relationship between *R* and *H* is clear from a glance at the *apparatus criticus. H* was not copied from *R*, since *R* has many more mistakes and alone corrects the Pliny and Augustine quotations. However, beginning on the first page and continuing throughout the work are words, omissions and additions on which *RH* agree. They very likely had one common ancestor; their differences can usually be explained away as unique misreadings of the MS from which they were copied.

MS *P,* one of the most important collections of Grosseteste's works, seems to have been written by a scholar for his own use — it was surely not done by a professional scribe. The script is extremely tiny and the pen frequently blotted; and although the abbreviations and letter forms are highly original, they are quite regular. It belongs to the same family of MSS as *RCH,* but it has no direct relationship to any of these, since it often preserves the correct reading where the others have gone astray. The scribe seems also to have taken it upon himself occasionally to correct obvious mistakes in his model — for instance, correcting *tempus* to *temporum* (62:21). The same person who wrote the text added, in the margins, chapter titles and reader's notes, which had probably originated with Adam Marsh (see our fuller discussion below). These were most likely known to the scribe independently from his model of the text, or they would probably have been incorporated into the body of the text, as indeed the titles to the first two chapters were in *RCPH,* and many of the titles of Particula VIII in *Q.*

DIVISIONS OF THE TEXT

The major divisions of the *Hexaëmeron* are designated "Particulae" by Grosseteste himself (at the end of Particula VII: "Et quia sermo de condicione hominis paucis non potest absolvi, sequenti particule reservetur, et ante huius diei terminum, huic particule terminum apponamus." VII xiv 9) and by the corrector of *R* in the top margins of the codex. In *B* the first eight Particulae are numbered in Grosseteste's own hand, and the beginnings of the remaining three are clearly evident in the MS. This division is followed exactly by *Q,* which begins each Particula as does *B* and explicitly numbers Particulae II, III, V, VI, and VII. The beginning of each one is indicated by a large illuminated capital. A different division is used by *RCH.* In these MSS, Particula I ends with chapter 7. The beginning of Particula II is made clear by the words "2^{a} particula" in the top margin of fol. 141^{v} of *R.* Particula II then continues to the end of Particula II in *BQ,* which is also the end of Particula I in *P. P* follows *RCH* in the numbering added by one hand, but the scribe (apparently the same man who added the chapter titles) continues numbering the chapters consecutively to the end of Particula II, thus combining the first two Particulae into one, although he overlooked chapter 8, and so his chapter numbers are too low from here to the end of Particula II. Only *R* of *RCH* numbers the Particulae, but the beginning of Particula VI is overlooked (although the chapters begin again with 1). "Particula 6^a" is written at the beginning of Particula VII, and the numbers are off by one from here on. Particulae X and XI are treated as one.

There are also two traditions for the division into chapters. *B* does not explicitly make chapter divisions, but frequently Grosseteste writes some catch-words in the margin opposite the beginning of a paragraph indicating the contents. In *Q,* there are no chapter divisions at all. The other MSS all follow a different tradition, exemplified by *RCPH.* The paragraphs are more numerous and shorter, and they begin with the topic sentence rather than with the transition as in B. The chapters are clearly designated and numbered. They are sometimes also entitled. *P* gives the titles to the end (chapter 35) of Particula VIII and makes several more chapter divisions than *RCH.* At the beginning of Particula I, two such titles and two reader's notes have been incorporated into the text of *RCPH.* In *R* the title to chapter 2 (given in the text) is identified by the note: "titulus capituli" in the margin (fol. 140^C). Except in *P,* these titles do not appear again until Particula VIII, and here in *Q* rather than in *RCH.* In the margin opposite the beginning of this Particula, *Q* has the title, and opposite the beginning of chapter 2 it has "ex consignificacione horum." Titles are omitted for chapters 3 through 7 (whose beginnings, except for chapter 6, do not match those of RCH). The title to chapter 8 is in the margin. Beginning with chapter 9 and continuing through the end of the Particula, the titles are incorporated into the text just before the paragraph sign that indicates the beginning of a chapter.

What was the origin of these chapter divisions and titles? The inclusion of a number of reader's notes in the margins of *P* and to a lesser extent in the text of *RCH* would strongly indicate that Adam Marsh was their author. Dr. Richard Hunt has pointed out both Adam's characteristic use of the word "Considera" in introducing his notes and his fondness for dividing works into chapters.[15] Adam cautions his readers in his table of chapter titles to Augustine's *De doctrina christiana* that the "Distinctio librorum de doctrina christiana secundum capita subscripta non est autentica, sed ad adiuvandum quoquomodo dictorum librorum intelligentiam."[16] The same would be true of the chapter divisions and titles in the *Hexaëmeron.* As we have mentioned above, Grosseteste himself did not make chapter divisions. Many of the medieval quotations, however, do cite the work by chapter, and the evidence of our MSS shows that this division was a well established tradition in the Middle Ages. Even *Q*, which follows *B* in not making chapter divisions, appropriates some of the titles but none of the "Considera" notes. Therefore we have decided to adopt the chapter divisions of this tradition so far as they exist (through the end of Particula VIII) but to retain the division into Particulae of *B*, since this is undoubtedly Grosseteste's own, and especially in view of the fact that the other MSS are not consistent in this respect. In our edition we leave the chapters untitled, but we have included an appendix which gives the chapter titles as they appear in the various MSS, and we give Grosseteste's catch-words in the notes.

There are also two traditions of dividing the *Hexaëmeron* into paragraphs. One of these, established in *B*, is apparently that of Grosseteste. The paragraphs tend to be long, and the first sentence of each is likely to be a transition from the preceding paragraph, with the topic sentence coming next. This is followed roughly by *Q*, which, however, makes more and shorter paragraphs in a fairly whimsical fashion. There is not sufficient consistency in the paragraphing to serve as a model for the edition. Therefore we have generally followed the example of *B* except when a chapter begins somewhere other than at the beginning of a paragraph of *B*. We have also made new paragraphs even without MS authority, especially when a catch-word in the margin of *B* indicates a new paragraph or the structure demands one.

SOURCES

Grosseteste was a man of wide reading. In his *Hexaëmeron* alone he cites thirty-six separate authors and a total of ninety-eight titles, ranging from the well-known works of the great *auctores* to obscure Greek texts.

The Latin Fathers, especially Augustine, Jerome, Gregory and Isidore, seem to have been in front of him constantly as he wrote. Of these, Augustine was by far the most extensively used, twenty-eight different Augustinian (or pseudo-Augustinian) works being cited. The most frequently cited of these was the *De Genesi ad litteram* (seventy-four times) and *De civitate Dei* (twenty-five times). *De Genesi contra Manichaeos* (seventeen), *De trinitate* (ten), and *In Joannis Evangelium* (nine) also figured prominently. Of the remaining authentic Augustinian works — *De libero arbitrio, Confessiones, De doctrina christiana, Contra adversarium legis et prophetarum, Sermones* 1, 9, 44 and 114, *Epistulae* 55, 118 and 137, *Enchiridion, Retractationes, De immortalitate animae, Enarrationes in Psalmos, De quantitate animae, De spiritu et littera, De vera religione, De nuptiis et concupiscentia, Contra Julianum, Ad inquisitiones Januarii* and *Quaestiones de Genesi,* most are cited only once or twice, only *De libero arbitrio* fives times. This is evidence of a most wide acquaintance with Augustine's work. Jerome, too, was a great help to Grosseteste, especially in supplying technical information on Greek and Hebrew. Although it is not cited by name, Jerome's *De nominibus hebraicis* was the source of his information thirty-six times and *De situ et nominibus locorum hebraicorum* once. There is another work attributed by Grosseteste to Jerome which we shall discuss below. Ambrose's *Hexaëmeron* and its sequel *De paradiso* are quoted twenty-one times in all, and the pseudo-Ambrose *De dignitate conditionis humanae* once. Gregory's *Moralia in Job* is quoted five times and his *Homelia in Ezechielem* twice. The second most frequently cited work in the *Hexaëmeron* is Isidore's *Etymologiae* (sixty-three citations), which Grosseteste used most heavily in the Prooemium and the conclusion (Particula XI) to supply all sorts of information. Boethius received only six citations, *De consolatione* three, *De persona et duabus naturis* two, and *In Isagogen Porphyri* one. Cassiodorus's *De anima* is cited once.

Post-classical Christian authors are virtually ignored. Bede fares best, his *Hexaëmeron* being cited nineteen times, *De rerum natura* three times, and *De temporum ratione* twice. We shall discuss another work attributed to Bede later, along with pseudo-Jerome. Rabanus Maurus with four citations is next, *De universo* and *De laudibus sanctae crucis* each being cited twice. Only one later author was without a doubt used by Grosseteste in the *Hexaëmeron.* There are possible allusions to Hugh of St. Victor's *De sacramentis* and Alfredus Anglicus' *De motu cordis,* but neither of these is certain. The certain citation is a work *De cognitione humanae conditionis,* erroneously attributed to Bernard of Clairvaux. Grosseteste apparently preferred his authorities to be of venerable antiquity, although there is one reference to the interlinear gloss.

Grosseteste also had quite a respectable knowledge of classical Latin literature, although many of his classical quotations are indirect. For example, his quotations from Valerius Maximus' *Memorabilia* and Seneca's *Epistulae* are certainly by way of intermediate sources, probably florilegia, but we have not been able to identify them. Virgil's *Bucolica* and *Aeneidos* are quoted from Jerome's Epistula 53, Lucan's *De bello civili* and a line from Cicero's *Carmina* from Isidore's *Etymologiae,* and Varro from Augustine's *De civitate Dei.* However, there is no reason to doubt that he is quoting from the text itself in other places: Priscian *De arte grammatica,* Sallust *Historiae,* Ovid *Metamorphoseos* and Horace

Epoden. He seems also to have had Seneca's *Quaestiones naturales,* which he quotes four times at considerable length, and three works of Cicero, *De divinatione, De natura deorum* and *De inventione.* There is no doubt at all that he had direct access to Pliny's *Historia naturalis* (in a very bad version at that), which he borrows from twenty-three times.

Grosseteste apparently also used Servius' *Commentary on the Aeneid.* The *Thesaurus* gives Servius, *ad Aen.,* VI. 645 as the only occurrence of the word *anastron* (cf. infra, III, viii, 2), although we have also found it in Martianus Capella, *De nuptiis,* VIII. Still, since Servius might also be reasonably included among the authorities who considered the world to be an animal (infra, III, vi, 2), the probability is strengthened that Servius was Grosseteste's immediate source for the word *anastron,* but we are not prepared to assert this without reservation. Grosseteste also made some slight use of the late antique handbooks, Macrobius, *In somnium Scipionis commentarii,* Calcidius' translation of the *Timaeus* and his commentary on it, and Martianus Capella, *De nuptiis Mercurii et Philologiae.*

Although his use of Muslim authors was much less than was the case in his earlier works, Grosseteste does use Avicenna, *De caelo et mundo* and *Metaphysica* and Alpetragius, *De motibus celorum* in his discussion of astronomy in Particula III.

One of the most interesting and most commented on aspects of Grosseteste's *Hexaëmeron* is his extensive use of Greek works.[17] One should understand at the outset that at the time he wrote the *Hexaëmeron,* Grosseteste was already capable of reading Greek. This is made amply clear in the Prooemium, where there are many discussions of Greek vocabulary, syntax and pronunciation.[18] In the margins of *B* and in places left vacant by the scribe in the text, Grosseteste has written many Greek words, usually with accents and breathing marks. He also refers to "a certain Greek Book," actually Palladius' *De gentibus Indiae et Bragmanibus,* which he used for further information on the Brahmans than was available in the Latin sources. There were two Latin translations of this book in the Middle Ages, one ascribed to Palladius and the other, falsely, to Ambrose. A comparison of Grosseteste's quotations with the Latin versions shows marked differences in language and detail,[19] and it seems certain that Grosseteste had made his own Latin paraphrase from the Greek text. His intelligent attempt to reconstruct the garbled Greek words in his copies of Jerome's letters (P 61), his quotations of John VI:45 and Galatians III:28 from the Greek New Testament, his extensive use of the Septuagint, and his frequent discussion of Greek vocabulary, syntax and etymology simply serve to confirm the conclusion that he already had a reading knowledge of Greek when he wrote the *Hexaëmeron*. However, a large proportion of the Greek works used in the *Hexaëmeron* were known to him only in Latin translations. His other principal source for the Brahmans was Julius Valerius' *Res gestae Alexandri Macedonis*. He used Plato's *Timaeus* in Calcidius' translation, the old Latin version of Josephus's *Antiquitates,* and a Latin translation of Ptolemy's *Almagest.* Unfortunately his references to this work are not sufficiently precise to enable us to identify the translation. Three Aristotelian works are cited. *De animalibus* (that is, *History, Generation* and *Parts of Animals)* is used in Michael Scot's translation. The other two are works which Grosseteste himself later translated, *Ethica Nicomachea* and *De caelo et mundo,* but in the *Hexaëmeron* he uses the versions of the *translatio vetus.*

In his use of the Greek Fathers too, while it is true that he made extensive use of them and that his *Hexaëmeron* helped to "re-introduce" Greek thought to the Latin west,[20] Grosseteste seems nearly always to have used existing Latin translations. Basil's *Hexaëmeron* (ninety-three citations) was used in Eustathius' Latin paraphrase for homilies I—IX. Gregory of Nyssa's *De hominis opificio* was used in the translation of Dionysius Exiguus. John Chrysostom's *Homelia in Genesim* and *Quod nemo laeditur nisi a seipso* (as well as Eriugena's *Vox spiritualis aquilae,* erroneously ascribed to Chrysostom and, of course, written in Latin) were also used in existing Latin versions, as were the pseudo-Dionysian works *De caelesti hierarchia* and *De divinis nominibus,* which Grosseteste later translated. John Damascene's *De fide orthodoxa* was used (seventeen times) in the translation of Burgundio of Pisa. However, there are many discrepancies, and Grosseteste's last quotation from this work is so different from the modern edition of Burgundio's translation as to raise the question whether Grosseteste had begun his own before he completed the *Hexaëmeron.* But a comparison of this passage with both Grosseteste's intermediate and final versions would indicate that even here he was using Burgundio in a tradition not recorded by the modern editors.

By and large, Grosseteste's attributions are accurate and his citations exact. There are several works, however, which he attributes incorrectly. He seems to have been unaware of the authorship of either of his sources for the Brahmans, not even mentioning the author or title of Julius Valerius' *Res gestae Alexandri Macedonis* and referring to Palladius' *De gentibus Indiae et Bragmanibus* simply as "a certain Greek book." There are several other books which were frequently misattributed in the Middle Ages, and Grosseteste accepts the erroneous attributions of *De cognitione humanae conditionis* to Bernard, *De dignitate humanae conditionis* to Ambrose, *De differentia spiritus et animae, De mirabilibus sacrae scripture,* and *Hypomnesticon* to Augustine, and Paschasius Radbertus' *De corpore et sanguine Domini* to Rabanus. He also attributes *De definitione recte fidei* to Augustine. This treatise, also included in Rabanus' *De universo,* is actually the first chapter of Gennadius' *De ecclesiasticis dogmatibus* and apparently circulated separately under the names of Rabanus, Anselm and Augustine as well as its true author. Much more difficult to identify is a work frequently cited by Grosseteste as "Ieronimus" or "Ieronimus et Beda." We have given above a description of Grosseteste's numerous citations of Jerome's works, sometimes attributed and sometimes not, but easily identified. But there remains a group of seventeen citations, allegedly from Jerome or Jerome and Bede, which we have been unable to find in any of Jerome's works.[21] All but four of these are found to correspond very closely with material contained in Bede's *Hexaëmeron,* pseudo-Bede's *Commentum in Pentateuchum,* or the *Glossa ordinaria.* One of them corresponds fairly closely to Isidore's *Quaestiones in Genesim,* I. It would appear then that there was a work on hexameral questions circulating under Jerome's name, which may have been based on some of Jerome's authentic writings but containing common hexameral material which also appeared in Bede, pseudo-Bede, the Gloss, and Isidore. Another possibility is that these citations came from one of the "expanders" of the *Glossa ordinaria* and are erroneously labelled as Jerome. We have not been able to identify the work more precisely.

In addition to knowing the works and authors a writer used, it is helpful when possible to know which MS, or at least which tradition he used. This is important not only for tracing the transmission of ideas, but also for deciding what reading should be adopted in a critical edition. It is virtually certain that the texts of Augustine's *De civitate Dei* and Gregory's *Moralia in Job* which Grosseteste used are those contained in Bodleian MS 198. This beautiful codex, apparently commissioned by Grosseteste, has many of the bishop's concordantial signs in the margins,[22] and it contains corrections of the scribe's chapter divisions and other matters in Grosseteste's own hand. There are no striking differences between this codex's text of the *Moralia* and that of Migne, so even though Grosseteste's quotations are in every case identical with Bodl. 198, this is no adequate basis for an argument holding that this was the text he used. The case with Augustine's *De civitate Dei,* however, is clearer. The Bodleian codex contains some readings which are strikingly different from the modern editions and are not even noted among the variants in their apparatuses. These are: *Dione Apolites* for *Dion*

Neapolites (V xxiii 3), *angelorum* for *eamden* (III vii 1), *animalium* for *animancium* (VII xiv 3), and *alebantur* for *agebantur* (XI iv 5). In each case, Grosseteste's quotation in the *Hexaëmeron* agrees with the reading of Bodl. 198. These variants are so striking that, coupled with the fact that the Bodleian codex was in Grosseteste's possession (since he annotated and corrected it), it is virtually certain that this was indeed the book he had in front of him while he was writing the *Hexaëmeron*.

We have not been able to locate the copy of Gregory of Nyssa's *De opificio hominis* which Grosseteste used. It was Dionysius Exiguus' translation, and in many places Grosseteste's wording agrees with two *exempla* of an English tradition, MSS *e* (Edinburgh Univ. Library MS 100, saec. XII) and *E* (Bodleian MS 238, saec. XIV) in Forbes' edition. However, there is no direct evidence that *e* was ever in Grosseteste's hands, and *E* is too late to have been used by him. So the most we can say is that he used an example of an English tradition, and that the quotations in the *Hexaëmeron* should therefore not be "corrected" to conform to Migne's edition.

Grosseteste is known to have possessed a copy of Basil's *Hexaëmeron* in Eustathius' Latin version; he obtained this book from the monks of Bury St. Edmunds in return for a copy of twelfth- and early thirteenth-century Parisian commentaries on parts of the Bible. This latter codex, now Pembroke College, Cambridge MS 7, contains a note in Grosseteste's hand: "Memoriale magistri Roberti Grosseteste pro exameron Basilii." In 1940 Professor S. H. Thomson remarked that "it should not be a difficult task to find the copy, provided, of course, that it still exists."[23] It probably no longer exists. We have been unable to find any trace of it, and both Rodney Thomson of the University of Tasmania and Richard Rouse of the University of California, Los Angeles, who have done much work on the library of Bury St. Edmunds, are of the opinion that this book will not be found. There are places where its text differs radically from the modern edition of Rudberg and Mendietta, so that if Grosseteste's book should be found, even if it no longer bears any identifying notes, there should be little difficulty in identifying it.

Eustathius' paraphrase, however, extends only to the end of homily IX, whereas Grosseteste continues to use this work through homilies X and XI. Since there is no evidence of any medieval Latin translation of the last two homilies, and since the Latin version of them found in Grosseteste's *Hexaëmeron* exhibits the same carefully accurate verbatim style of Grosseteste's known Greek-Latin translations, it seems more likely than not that in addition to Eustathius' Latin version, Grosseteste also had a Greek copy of the work and that he worked directly from the

Greek text of homilies X and XI. The version he used was the shorter recension, whose Basilian authorship has been established by Smets and van Esbroeck in the edition cited below, pp. 13-21. In addition to *PG*, XLIV, 257-297, where they are attributed to Gregory of Nyssa, there are two recent editions of these homilies: A. Smets and M. van Esbroeck, *Basile de Césarée sur l'origine de l'homme.* Sources Chretiennes, No. 160 (Paris, 1970) (our references are to this edition) and H. Hörner, *Auctorum incertorum . . . Sermones De Creatione Hominis, Sermo De Paradiso* (Leiden, 1972).

MECHANICAL ASPECTS OF THE EDITION

We have not modernized the spelling. Rather, since *B* accurately represents Grosseteste's orthography, we have followed it throughout except when to do so would be likely to cause genuine confusion, such as the interchanging of *ortus* and *hortus, ora* and *hora*. Whenever we depart from *B*, we note it in the apparatus. Much of the spelling was nearly universal by the mid-thirteenth century: *ae* and *oe* diphthongs have become *e*, never written with a cedilla; *definitio* is always *diffinicio*, *intellegere* is always *intelligere*, *opinio* is often *oppinio*, *cunctus* is *cuntus*, *Aristoteles* is *Aristotiles*. The aspirated *ti* is often but not always written *ci*. In many cases it is impossible to distinguish *c* and *t*, but in other cases the difference is clear. There is a definite tendency to write *tia,* but *cio*, but there is no consistency in this. Grosseteste meant to have *littera* spelled with one *t*, and when he noticed the scribe writing *littera* he deleted a *t*. Since this was the way he intended to spell it, we have uniformly spelled it "litera," even when Grosseteste failed to make the correction. Other unusual spelling frequently employed are: *excercent, consumacio, astericus, commedo, ewangelium* and *wlpes*.

Only in *B* is the Greek intelligible. In the other MSS it is either omitted entirely or garbled beyond recognition. But in *B*, Grosseteste added the Greek in his own hand, often with accents and breathing marks. He always used the forms A, H, and Γ, not distinguishing upper case from lower, and C regardless of position. We have corrected these to the normal form.

Although *B* is carefully and fully punctuated by means of minor pauses, major pauses, question marks and paragraph signs, and this has assisted us greatly in determining the meaning in many places, we have decided to use modern "rational" punctuation rather than to preserve the medieval system based on sound. We begin sentences with upper case letters. We also use upper case for the divine names, for the first letter of titles, and for proper names, both of persons and places.

We employ two apparatuses. The first its primarily for noting variant readings but also includes marginalia when we deem these significant enough to be recorded. We note nearly everything in Grosseteste's hand — corrections and additions, *graeca,* catch-words and concordantial signs. An asterisk placed after *B* indicates that the material referred to in the note is in Grosseteste's own hand. When marginalia added by Grosseteste has since been cut off by the binder, we enclose the missing material in parentheses. This apparatus gives a nearly complete account of MS *B,* except that we do not note its paragraph divisions or obvious scribal slips.

For the other MSS, we have not included trivia or obvious scribal slips except insofar as they help to establish the tradition, nor have we noted alternate spellings or unsuccessful attempts to write Greek. Certain peculiarities of individual MSS, such as *R's* using *que* for *quedam, celum et terram* for *'celum'* et *'terra,'* or considering *dies* to be feminine rather than masculine as in *B,* are noted only at their first occurence. Neither have we noted variants within quotations from other authors unless such a variant helps indicate a tradition.

The second apparatus is used for all other purposes. Primary among these is to indicate Grosseteste's sources. We give such references to the best editions of which we know, and when necessary to MSS. We have also noted all the special studies and partial editions of the *Hexaëmeron,* and even short excerpts which have appeared in print. To the best of our ability we have noted parallels between the *Hexaëmeron* and other works of Grosseteste and have given references to the editions of these works when they exist, otherwise to the best MSS.

Grosseteste frequently omits a few words, or sometimes as much as a sentence or two from his quotations. We have not indicated these omissions.

Although we do not consider it incumbent upon the editors of a text to trace exhaustively all the borrowings from it by subsequent authors, we have noted these when we were aware of them. It is of some interest to note that these borrowings began in Grosseteste's lifetime, with Richard Fishacre and Richard Rufus of Cornwall, and that the *Hexaëmeron* was still considered important enough to warrant copying, despite its length, as late as 1450 (our MS *K*). It also seems significant that all but one *(P)* of the extant MSS are English.

1. The basic modern biography of Grosseteste is F. S. Stevenson, *Robert Grosseteste, Bishop of Lincoln* (London, 1899). There is also an eighteenth-century biography, Samuel Pegge, *Life of Robert Grosseteste* (London, 1793), but this book is extremely rare. Much of the biographical tradition concerning Grosseteste has been questioned and to some extent corrected by Josiah C. Russell, "The Preferments and 'Adiutores' of Robert Grosseteste," *Harvard Theological Review*, XXVI (1933), 121-172, "Richard of Bardney's Account of Robert Grosseteste's Early and Middle Life," *Medievalia et Humanistica*, II (1944), 45-54, "Phases of Grosseteste's Intellectual Life," *Harvard Theological Review*. XLIII (1950), 93-116, and "Some Notes Upon the Career of Robert Grosseteste," *Harvard Theological Review*. XLVIII (1955), 197-211. Another article of major importance is D. A. Callus, "The Oxford Career of Robert Grosseteste," *Oxoniensia*, X (1945), 42-72. The most useful treatment of Grosseteste's life, summing up past scholarship and treating all the difficult questions, is contained in D. A. Callus, "Robert Grosseteste as Scholar," in D. A. Callus, ed., *Robert Grosseteste, Scholar and Bishop* (Oxford, 1955), pp. 1-11.

2. An account of his translations and commentaries is contained in S. Harrison Thomson, *The Writings of Robert Grosseteste, Bishop of Lincoln, 1235-1253* (Cambridge, 1940), pp. 42-71 and 78-88.

3. Grosseteste's knowledge of Hebrew is discussed by Thomson, *Writings*, pp. 37-39, where it is concluded that he probably did not know the language. Fr. Callus ("Robert Grosseteste as Scholar," pp. 35-36), profiting from the more recent scholarship of Beryl Smalley, J. C. Russell and Raphael Loewe, thinks that there is a very good chance that Grosseteste learned Hebrew during his episcopate. In any case, Grosseteste's own words in the *Hexaëmeron:* "Et forte hec melius paterent in nominibus ebreis, si quis eorum sciret institucionem et derivacionem et ethimologiam" *(infra.* IV x 3), make it clear both that he did not yet know Hebrew when he was writing this work and that he felt a knowledge of it to be essential to the correct understanding of scripture.

4. See Beryl Smalley's excellent discussion of Grosseteste's conservatism in "The Biblical Scholar," in *Robert Grosseteste, Scholar and Bishop*, pp. 84-97 and "Robert Bacon and the Early Dominican School at Oxford," *Transactions of the Royal Historical Society*, XXX (London, 1948), 4th series, 12-13.

5. On the date, see Richard C. Dales, "Robert Grosseteste's Scientific Works," *Isis*, LII (1969), 395-396.

6. It contains the phrase: "... si enim esset falsitas humane inventionis quod de fide in Dominum Jesum iam predicatum et receptum est plus quam per mille et ducentos et triginta annos" (MS Bodley, lat. th. c. 17, fol. 181^C).

7. See Richard C. Dales, ed., *Roberti Grosseteste Commentarius in VIII Libros Physicorum Aristotelis* (Boulder, Colo., 1962), p. xviii.

8. "Volo autem scire *lectorem* . . ." (IV i 4);" . . . ut habeat *lector* parvulus impromptu. Non enim sapientibus et perfectis ista *scribimus* . . ." (III xvi 1); "De quibus ad presens plura dicere desistimus, ne *lectorem* prolixitatis fastidio gravemus." (VII xiv 9); "Volo autem *lectorem* scire me istud dicere non tam asserendo quam *lectoris* ingenium exsuscitando" (IX ii 6); "Unde noverit *lector* huius sciencie." (I xix 3).

9. See the discussion in Callus, "Robert Grosseteste as Scholar," pp. 26-28; and Dales, ed., *Comm. in Phys.,* pp. x-xi.

10. See below V ix; and Richard C. Dales, "Robert Grosseteste's Views on Astrology," *Mediaeval Studies,* XXIX (1967), 357-363.

11. See M. R. James, "Robert Grosseteste on the Psalms," *Journal of Theological Studies,* XXIII (1921), 181-185; and Beryl Smalley, *The Study of the Bible in the Middle Ages* (Oxford, 1952), p. 337 and "The Biblical Scholar," p. 76. We have used Vatican MS Ottobon. lat. 185, fols. 196^r-215^v and Bologna MS Archiginnasio A. 983, fols. 1^r-173^v.

12. See above, note 6.

13. P. 100

14. This MS is described in detail by R. W. Hunt in *Bodleian Library Record,* II (1948), 226.

15. R. W. Hunt, "Manuscripts Containing the Indexing Symbols of Robert Grosseteste," *Bodleian Library Record,* IV (1953), 244-246.

16. Quoted in Hunt, "Indexing Symbols," p. 245.

17. See especially Callus, "Robert Grosseteste as Scholar," pp. 36-44; and J. T. Muckle, C.S.B., "Robert Grossesteste's Use of Greek Sources in his Hexameron," *Medievalia et Humanistica,* III (1945), 33-48.

18. See Richard C. Dales and Servus Gieben, O.F.M. Cap., "The Prooemium to Robert Grosseteste's *Hexaëmeron,*" *Speculum,* XLIII (1968), 456-460.

19. *Ibid.,* pp. 458-459.

20. For a detailed study of an example of this, see Richard C. Dales, "The Influence of Grosseteste's *Hexaëmeron* on the *Sentences*

Commentaries of Richard Fishacre, O.P. and Richard Rufus of Cornwall, O.F.M.," *Viator,* II (1971), 271-300.

21. Fr. Muckle, in "Did Robert Grosseteste Attribute the Hexameron of St. Venerable Bede to St. Jerome?" *Mediaeval Studies,* XIII (1951), 242-244, concludes that in his *Hexaëmeron,* "Grosseteste attributes to Jerome the passage from Bede's Hexameron and uses the *Glossa* for a reference to Bede" (p. 244). This solution will not stand, since Grosseteste often quotes Bede's *Hexaëmeron* verbatim and by name, and when he takes anything from the Gloss he cites it as "Strabus."

22. See S. Harrison Thomson, "Grosseteste's Topical Concordance of the Bible and the Fathers," *Speculum,* IX (1934), 139-144 and "Grosseteste's Concordantial Signs," *Medievalia et Humanistica,* IX (1955), 39-53; and R. W. Hunt, "The Library of Robert Grosseteste," in *Robert Grosseteste, Scholar and Bishop,* pp. 121-145 and "Indexing Symbols" (see above, note 15).

23. *Writings,* p. 26.

HEXAËMERON

SIGLA

C   London, British Library, MS Cotton Otho, D. X
H   London, British Library, MS Harley 3858
R   London, British Library, MS Royal 6. E. V
P   Prague, National Museum, MS XIII. E. 5

B   Oxford, Bodleian Library, MS lat. th. c. 17
K   Cambridge, University Library, MS kk. ii. 1
Q   Oxford, The Queen's College, MS 312

c r h m   MSS. no longer extant

STEMMA CODICUM

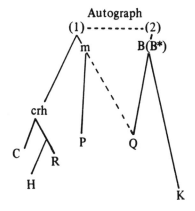

m   exemplar titulis (ut videtur) Adae de Marisco instructum

B* Correctiones et notae manu Roberti Grosseteste additae in margine (cum signis concordantiae)

INDEX CAPITULORUM

Chapter headings added by Grosseteste in the margins of MS. B are distinguished by the letter *G* in the following list. The remainder are supplied by the editors. Spelling has been normalized throughout.

PROOEMIUM

[190^A] 1. *Frater Ambrosius,* et cetera. Hanc epistulam prepositam corpori veteris et novi testamenti velud loco proemii scribit beatus Ieronimus cuidam presbytero nomine Paulino qui, ut idem Ieronimus
5 testatur in alia epistula ad eundem Paulinum scripta, fuit vir magnum habens ingenium et infinitam sermonis supellectilem, facile loquens et pure, suique sermonis facilitas ipsa et puritas mixta fuit prudentie. Iste quoque Paulinus pro Theodosio principe librum quendam prudenter ornateque composuit, habentem expressam et nitidam eloquentiam,
10 crebrumque in sententiis cuius libri puritate Theodosii purpuras illustravit, et utilitatem legum consecravit. Iste tamen cum tantus vir esset et a senatu etiam preclarus et nobilis haberetur, non multum tamen adhuc in divinis Scripturis erat exercitatus; habuit vero desiderium scientie Scripturarum, et abrenunciandi penitus seculo. Verumtamen cuiusdam
15 sororis sue ligatus erat vinculo, quo adhuc detinebatur in seculo. Hoc autem desiderium suum de Scripturis sacris intelligendis et de expediendo se a nexibus seculi, per epistulam expresserat beato Ieronimo. Insuper quoque, ut perpendi potest ex verbis beati Ieronimi, quesierat iste Paulinus an esset via in Scripturarum intelligentiam, absque
20 doctore; simulque manifestaverat se desiderare cum beato Ieronimo conversari, ut ab ipso in Scriptura sacra melius erudiretur.

2. Beatus igitur Ieronimus rescribit ei hanc epistulam, studium suum et votum commendans, et persuasionibus stimulans in ampliorem amorem scientie Scripturarum, et discendi eas non tam ex scriptorum
25 inspeccione, quam ex magistrorum per vivam vocem erudictione; quia vivacius erudit vox viva ingrediens per auditum quam mortua subintrans per visum. Et ad hoc persuadendum affert prius exempla philosophorum gentilium, et deinde beati Pauli, qui multo labore alios adierunt, ut ipsos presentes audirent, quorum scripta prius perlegerant. Affert quoque huic
30 sentencie concordem Eschinis sermonem.

3. Et quia posset quis credere quod vellet Ieronimus occulte Paulino persuadere quod ipse Paulinus adiret et audiret ipsum, velud aliquem

9 ornateque] *corr. i.m. ex* ornate *B**; ornatumque *RCP;* ornatum H   10 puritate] puritatem *R*   10 purpuras] puritas *RH*   17 beato *corr. i.m. ex* bono *B**   18 quoque *corr. i.m. ex* quo *B**   22 rescribit *corr. i.m. ex* scribit *B**   27 per *add. i.m. B**   27 persuadendum] persuadens *RCH*   30 Eschinis] Eusebius *RH*

1 Hier. *Epistula LIII Ad Paulinum Presbyterum,* continetur apud *Biblia Sacra iuxta latinam vulgatum versionem* ... recensuit D. Henricus Quentin, I (Romae, 1926), 1-37. Docti et utillissimi commentarii ad Hier. *Epist. as Paulinum* et ad *Praef. in Pent.* habentur in: Alphonsi Testati *Opera omnia* (Venetiis, 1728), I, 1-52, 53-60   5 Hier. *Epist.* LVIII *Ad Paulinum Presbyterum,* editur apud *CSEL,* LIV, 527-541; *PL,* XXII, 579-586; et melius apud Jérôme Labourt, ed., *Saint Jérôme lettres* (Paris, 1953), III, 73-85

magnum et famosum magistrum, removet hoc dicens: "Nec hoc dico quod sit in me tale aliquid," et cetera. Remota itaque a se inanis glorie suspicione, redit iterum ad persuadendum quod ab aliis est recipienda discipline instruccio exemplo informis cere, et Pauli qui didicit a Gamaliele; et consequenter exprimit quam precipue congruit sacerdoti 5 scientia et intelligentia Scripture; et ut non sit sacerdos contentus sola rusticitate; inducens ad huius probacionem verba Apostoli, et exhortacionem ad Timotheum, et verba Domini per Malachiam, testimonia quoque sumpta ex Deuteronomio et Psalmis et Daniele; et quia posset obici quod multi scierunt sacram Scripturam sine doctrina, 10 utpote apostoli, respondet ad hoc quod Spiritus Sanctus in eis supplebat interiori instinctu quod alii solent recipere per exteriorem doctrinam et excercitacionem. Et quia posset quis dicere quod theologia esset sine instructore addiscibilis, tanquam scientia aliqua facilis, et precipue viro in secularibus literis excercitato, ostendit econtra, quomodo sacre Scripture 15 sensus occultus sit et signatus; cuius non modicum difficilis sit aditus.

4. Ex his itaque omnibus agregatis colligit quod, sine magistro ductore et previo non patet, in opacitatem sacre Scripture introgressio; inculcat quoque adhuc eiusdem rei improbacionem per locum a maiori: quia cetere artes, non solum liberales sed eciam mechanice, [190^B] non 20 possunt haberi sine doctore, quanto magis nec ista que est omnium arcium complexiva et intellectu profundissima. Hanc tamen solam passim presumunt plurimi docere qui non didicere, quorum presumpcionem consequenter redarguit.

5. Et ut evidentius pateat quam improba sit talium presumpcio, et 25 magis accendat ad audiendam istam scientiam a magistro, explicat per ordinem difficultatem et excellentiam omnium librorum veteris et novi testamenti. Quo facto, rehortatur Paulinum ad Scripture sacre tam excellentis et intellectu difficilis erudicionem. Monet quoque dulciter ut idem Paulinus veniat ad se, non ut ad magistrum, sed velud ad socium sui 30 studii, et coadiutorem. Et ne ab hoc proposito retardetur, hortatur tandem non solum ut solvat, sed magis ut rescindat omnia huius mundi retinacula.

6. Alloquens igitur ipsum Paulinum per hanc epistulam, ait illi: 'Frater' quidam nomine 'Ambrosius perferens mihi tua,' hoc est que tu 35

---

1 magistrum] virum *RCH*   3 est] sit *P*   4 discipline instruccio *add. i.m. B**   9 Psalmis] Salomone *RH*   12 recipere] incipere *RCH*   14 instructore] *corr. ex* instruccione *B;* instruccione *RCH*   17 magistro] alico *RCPH*   18 ductore] doctore *RPH*   19 improbacionem] probacionem *RCPH*   21 nec *corr. ex* ne *B**   22 arcium *corr. ex* areum *B**   22 intellectu] intelligencia *P*   23 qui non didicere *add. i.m. B**   26 explicat] explanat *RCPH*

---

1 Hier. *Epist. LIII (ed. cit.,* p. 8)

misisti, 'munuscula, detulit simul et literas' tam venustate verborum
quam prudentia sententiarum 'suavissimas,' que litere 'perferebant (vel
preferebant) fidem,' id est veracitatem perseverantie, 'amicicie probate'
per operum exhibicionem, probate inquam 'a principio' quo me allocutus
5 es per literas epistulares; amicicie dico, 'iam' tunc, id est in prima
allocucione, 'veteris;' multo enim prius me amasti quam per literas
allocutus sis; et hoc inde manifestum est, videlicet quod iam pridem me
amasti vera amicicia, quia illa est 'vera necessitudo,' id est racio et causa
connexionis amicicie, 'et copulata Christi glutino,' id est unitiva virtute;
10 quam necessitudinem 'non utilitas' propria, 'non corporum presentia,
non' decipiens et deliniens 'adulacio sed Dei timor et divinarum
Scripturarum studia conciliant.' Hec itaque amicicie causa cum
constiterit ante tuam allocucionem, 'fecit eciam ante illam, amiciciam
veterem.'

15   7. Ordo autem construccionis sequentium pro maiori parte facilis
est; sed pleraque subsequentium verborum habent intellectum non valde
dilucidum. Tanguntur quoque historie aliquibus parum note. Ideoque
ubi sciero vel obscuri verbi dilucidacionem vel historie relacionem, eas
ponere non gravabor; fateor enim quod nescio hoc per totam epistulam
20 complere; plures namque latent me et de nominum in ea positorum interpretacionibus et historiarum relacionibus. Quod itaque dicit 'novos
populos,' intelligendum est prius ignotos. Quod eciam dicit 'quos ex libris
noverant,' intelligendum est ex libris quos ipsimet scripserant, quos alii
discendi gratia coram videre voluerunt.

25   8. Ordina sic construccionem: 'sic et Pitagoras,' suple multa per-
transiens, coram vidit 'Memphiticos vates, sic Plato laboriosissime
peragravit Egiptum, et illam oram Ytalie que quondam Magna Grecia
dicebatur, et coram vidit Architam tarentinum.'

      9. Ut autem ait Ysodorus in libro *Ethimologiarum:* "Memphis
30 civitas est Egipciorum, ubi carte usus inventus est primum, sicut ait
Lucanus: 'Conficitur bibula Memphitis carta papiro;' bibulam autem
papirum dixit quod humorem bibat." Hanc "edificavit Epaphus Iovis
filius, cum in secunda Egypto regnaret; ubi eciam optimi mathematici
fuerunt; nam hanc urbem magicis artibus deditam pristina usque ad

---

1 verborum] sermonum *RCPH*   2 sentenciarum *corr. ex* scientiarum *B**; scienciarum
H   2 litere] habere *H*   2 perferebant] preferebant *RP;* proferebant *CH*   2-3 vel
preferebant *add. i.m. B*; om. RCPH*   3 i.e. veracitatem] et veritatem *CHP*   10
necessitudinem] necessitatem *P*   12 cum] non *R*   13 allocucionem] collocucionem
RCH   27 oram] horam *codd.*   29 Ethimologiarum] XV *add. i.m. B*   29 memp *i.m.*
B*   31 carta *add. i.m. B**   33 mathematici *corr. ex* matematici *B**   34 urbem] vilem *add. R*

---

3 Cf. Labourt, *Saint Jérôme lettres,* III, 235   29 Isid. *Etym.,* VI, x, 1-2   31 Lucani
De bello civili, IV, 136   32 Isid. *Etym.,* XV, i, 31

presens tempus vestigia erroris ostendunt."

10. Pictagoras autem philosophus fuit, qui adinvenit consonantias musicas ex percussionibus malleorum, nacione Samius, inventor [190^C] 'Y', litere in cuius figuracione signavit binarium progressum humane vite. Hic detestatus est esum carnium, persuadens vesci frugibus. Hic dixit 5 animas esse immortales et revertentes in alia et alia corpora. Hic sevos fugiens dominos odioque tirannidis exul sponte fuit, habitavitque Crotomam, ubi eum audivit Numa Pompilius. De quo eciam sic ait Augustinus in libro octavo *De civitate Dei:* quantum autem attinet ad grecas literas que lingua inter ceteras gentium clarior habetur, duo 10 philosophorum genera traduntur: unum Ytalicum ex ea parte Ytalie que quondam Magna Grecia nuncupata est, alterum Ionicum in eis terris ubi et Grecia nunc nominatur, Italicum genus auctorem habuit Pictagoram Samium, a quo eciam ferunt ipsum philosophie nomen exortum. Nam cum antea sapientes appellarentur qui modo quodam laudabilis vite aliis 15 prestare videbantur, "iste interrogatus quid profiteretur, philosophum se esse respondit, id est studiosum vel amatorem sapientie, quoniam sapientem profiteri arrogantissimum videbatur."

11. De Platone quoque in eodem ait idem Augustinus: "Inter discipulos Socratis non quidem immerito excellentissima gloria claruit, 20 qui omnino ceteros obscuraret Plato. Qui cum esset Atteniensis, honesto apud suos loco natus, et ingenio mirabili longe suos condiscipulos anteiret, parum tamen putans perficiende philosophie sufficere seipsum ad Socraticam disciplinam quam longe lateque potuit peregrinatus est, quaquaversum eum alicuius nobilitate scientie percipiende fama 25 rapiebat. Itaque didicit quecumque illic magna habebantur atque docebantur et inde in eas Italie partes veniens ubi Pictagoreorum fama celebrabatur, quicquid Italice philosophie tunc florebat auditis in ea eminencioribus doctoribus hoc comprehendit facillime." De isto Platone sic ait Plinius in libro septimo *Naturalis historie:* "Platoni sapientie 30 antistiti Dionisius tirannus alias sevicie superbieque natus vittatam navem misit obviam; ipse quadrigis albis egredientem in littore excepit." Plato cum vidisset Dionisium corporis sui septum custodibus, tantum

---

2 pitagoras *i.m. B*   9 octavo *corr. i.m. ex* 8 *B*   12 nuncupata] nuncipata *B;* nuncupatur *RP*   12 Ionicum] ironicum *P*   14 philosophie] philosophus *R*   15 qui *corr. ex* quo *B*   19 plato *i.m. B*   26 illic] illuc *RCPH*   29 hoc *add. i.m. manus tardior B*

2 Isid, *Etym.*, III, xvi, 1   3 *Etym.*, I, ii, 7   3-4 Cf. Persii *Sat.*, III, 56-57   9 Aug. *De civ. Dei*, VIII, 9 *(CSEL*, XL.1, 368-369)   14-18 Isid. *Etym.*, VIII, vi, 2   19 Aug. *De civ. Dei* VIII, 4 *(CSEL*, XL. 1, 358-359)   30 Plinii *Nat. hist.*, VII, xxx, 31, 110 (ed. Sillig, II, 35)

inquit malum fecisti, ut ita a multis custodiaris. An vero iste Dionisius
fuerit crudelissimus tyrannus cui dicit Ieronimus eum paruisse, ignoro. In
libro vero XI° dicit Plinius quod examen apum sedit in ore infantis
Platonis, tunc eciam suavitatem illam predulcis eloquii portendens.

5   12. Egiptus vero regio est quam inundat Nilus fluvius, et dicitur
Egiptus secundum grecam linguam quasi 'appropinquans flumini.'
Eggizo enim idem est quod 'appropinquo,' *potamos* vero idem quod
fluvius. Ethimologizatur autem ab *aygas pionas,* hoc est 'capras pingues
habere.' Vel secundum Ysodorum: "Egiptus que prius Aeria dicebatur,
10 ab Egipto Danai fratre vocata est; postea eo ibi regnante (nomen
accepit). Hec, ab oriente Sirie ac Rubro mari coniuncta, ab occasu
Libiam habet; a septentrione mare Magnum; a meridie vero introrsus
recedit pertendens usque ad Ethiopas; regio celi imbribus insueta et
pluviarum ignara. Nilus solus eam circumfluens irrigat, et inundacione
15 sua fecundat; unde et ferax frugibus, multam partem terrarum frumento
alit; ceterorum quoque negociorum adeo copiosa, ut impleat necessariis
mercibus eciam orbem terrarum. Finis Egipti canopea, a canope Menelai
gubernatore, sepulto in illa insula que [190^D] Libie principium et ostium
Nili facit."

20   13. Quis vero fuerit Architas non recolo me legisse nisi quod Plinius
De naturali hystoria, recitans auctores quos imitabatur, nominat
Architam inter auctores quos imitatus est in tractando de naturis
animalium et avium et arborum et de natura celi ad arbores et
comparacione earum ad celum et de agricultura. Fuit autem iste de
25 auctoribus grecis.

14. Tarentum vero urbs est Lacedemonie, unde Ovidius in libro
quintodecimo *Methamorfoseos* dicit, de Micilo navigante: "ventisque
faventibus equor navigat Yonium Lacedemoniumque Tarentum
preterit."

30   15. Athene autem, ut quidam volunt, interpretantur immortales, ab
a quod est 'sine' et *thanatos,* quod est 'mors,' quia ibi viguit sapientia que
est immortalis; vel forte verius dicitur ab Athena, quod est grece Diana,
que nomen dedit civitati. Unde Augustinus in libro XVIII *De civitate Dei*

---

1 Dionisius *add. i.m. B** 4 portendens] pretendens *RCPH* 5 dicitur *clarius i.m.*
*B** 10 regnante] *corr. i.m. ex* ignorante *B** 10-11 nomen accipit *om. codd.* · 13
pertendens] protendens *RC;* protendit *H* 20 architas *i.m. B** 26 tarentum *i.m. B** 27
Micilo *i.e. Mycale* 30 athene *i.m. B** 31 thanatos *corr. ex* tanatos *B** 31 viguit *corr. ex*
vigit *B** 32 'αθηνα *i.m. B**

---

3 Plinii *Nat. hist.,* XI, xvii, 18, 55 (II, 267)   9 Isid. *Etym.,* XIV, iii, 27-28   21 Plinii
Nat. hist., I, inter auctores externos ad libros VIII, X, XIV, XV, XVII, XVIII.   27
Ovidii *Metam.,* XV, 49-51

ait: "Athene vocarentur quod certe nomen a Minerva est, que grece
Athena dicitur. Hanc causam Varro indicat: cum apparuisset illic repente
olive arbor, et alio loco aque erupissent, regem prodigia ista moverunt et
misit ad Apollinem delficum sciscitatum, quid intelligendum esset,
quidve faciendum. Ille respondit quod olea Minervam significaret, unda 5
Neptunum, et quod esset in civium potestate, ex cuius nomine pocius
duorum deorum quorum signa illa essent civitas vocaretur. Isto Cicrops
oraculo accepto, cives omnes utriusque sexus – mos enim tunc in eisdem
locis erat ut eciam femine publicis consultacionibus interessent – ad
sufferendum suffragium convocavit. Consulta igitur multitudine, mares 10
pro Neptuno, femine pro Minerva tulere sententiam; et quia una plus
inventa est feminarum, Minerva vicit." Huius autem nominis, quod est
Athena, secundum Grecos interpretacio est a 'congregando intellectum,'
id est, ab *athrein nun,* ipsa enim est dea sapientie; vel a 'non lactendo'
quia nata fuit secundum fabulas de capite Iovis sine matre.   15

16. Achademia autem villa fuit Platonis, a qua achademici
appellabantur ubi idem Plato docebat. Interpretatur autem, ut quidam
dicunt, luctus, propter bellum quod ibi inter Neptunum et Apollinem
gestum est. "Ipse autem Plato, cum esset dives, ut posset vacare
philosophie, elegit achademiam villam ab urbe procul, non solum 20
desertam, sed et pestilentem; ut cura et assiduitate morborum libidinis
impetus frangerentur, discipulique ut nullam aliam sentirent voluptatem,
nisi earum rerum quas discerent."

17. "Gingnicus ludus," ut dicit Isidorus, "est velocitatis ac virium
gloria, cuius locus gingnasium dicitur; ibi exercentur athelete et cursorum 25
velocitas comprobatur. Hinc accidit ut omnium prope arcium exercitia
gingnasia dicantur. Ante enim in locis certantes cincti erant ne
nudarentur; post relaxato cingulo repente prostratus examinatus est
quidam cursorum. Quare ex consilio decreto exarcon Ippomenes ut nudi
deinceps omnes exercitarentur permisit. Ex illo gignasium dictum quod 30
iuvenes nudi exercentur in campum, ubi sola tantum verecunda
operiuntur."

18. Pirate vero sunt predones maris, quorum navigium vocatur paro.
Unde Cicero: "Tunc se fluctigero tradit mandatque paroni."

19. Titus vero Livius scripsit hystoriam Romanorum *Ab urbe* 35
condita, cuius mencionem sepe facit Priscianus.

---

14 'αθρεῖν νγν *i.m. B** nun *add. i.m. B** 14 lactendo] *corr. ex* latendo *B**; lactando
RPH 16 achademia *i.m. B** 24 gingnicus ludus *i.m. B** 29 Quare *corr. ex* quorum
*B** 33 pirate *i.m. B** 35 titus livius *i.m. B**

---

1 Aug. *De civ. Dei,* XVIII, 9 *(CSEL,* XL.2, 277-278)   2 *Locus Varronis deperditur*
19 Hier. *Adversus Iovinianum,* II, 9 *(PL,* XXIII, 311-312)   24 Isid. *Etym.,* XVIII, xvii,
1-2   34 Ciceronis *Carmina,* frag. 20, apud Isid. *Etym.,* XIX, i, 20

20. "Hyspania autem ab Hybero amne prius Hyberia nuncupata, postea ab Hyspalo Hyspania cognominata est. [191^A] Ipsa est et Hesperia; a vespero stella occidentali dicta; sita est autem inter Affricam et Galliam, a septentrione Pireneis montibus clausa, a reliquis partibus
5 undique mari conclusa, salubritate celi equalis, omnibus frugum generibus fecunda, gemmarum metallorumque copia ditissima."

21. "Gallia autem a candore populi nuncupata est. Gala enim grece lac dicitur. Mons enim et rigor celi ab ea parte solis ardorem excludunt quo fit, ut candor corporum non coloretur. Hanc ab oriente Alpium iuga
10 tuentur, ab occasu occeanus includit, a meridie prerupta pirenei, a septentrione Reni fluenta atque Germania cuius inicium belgice finis."

22. Apollonios autem duos recolo me legisse in Plinio *De naturali hystoria;* quorum unus dicebatur Apollonius pergamenus, quem nominat inter auctores quos imitatur in tractando de naturis animalium et de
15 naturis arborum, alter vero vocabatur Apollonius tarentinus, unus de illis quos imitatur Plinius in tractando de naturis herbarum.

23. "Magi autem sunt qui vulgo malefici ob facinorum magnitudinem nuncupantur. Hii et elementa concutiunt, turbant mentes hominum, ac sine ullo veneni haustu violentia tantum carminis interimunt. Unde et
20 Lucanus; 'mens hausti nulla sanie polluta veneni incantata perit.' Demonibus accitis audent ventilare, ut quisque suos perimat malis artibus inimicos. Hii eciam sanguine utuntur et victimis, et sepe contingunt corpora mortuorum." Secundum alios vero magi dicuntur sapientes secundum literas seculares et proprie sapientes Persarum, qui
25 in exponendis sompniis et inconsuetorum eventuum significacionibus habent periciam. Unde Cicero in libro I *De divinacione* cum loqueretur de expositoribus sompnii Cyri regis Persarum, qui in sompnis viderat ter solem ad pedes eius fuisse, et se ter eum frustra manibus appetivisse, cum sol elaberetur et abiret, nominat ipsos sompnii expositores magos,
30 addens quod hoc genus sapientum et doctorum habetur in Persis. Item in eodem ait: et in Persis augurant et divinant magi qui congregantur comentandi causa atque inter se colloquendi. Nec quisquam rex Persarum potest esse, qui non ante magorum disciplinam scientiamque perceperit.
35   24. Philosophus vero dicitur a *philos,* quod est amicus, et *sophos,*

---

1 hispania *i.m. B**   7 gallia *i.m. B**   11 fluenta] fluentis *B*   12 apollonius *i.m. B**   15 vocabatur] appellabatur *R*   17 magus *i.m. B**   20 perit *corr. ex* parit *B**   24 literas *corr. ex* litteras *B**   29 et] ut *R*   30-31 Item ... Persis *om. RH*   35 philosophus *i.m. B**

---

1 Isid. *Etym.,* XIV, iv, 28   7 *Etym.,* XIV, iv, 25   12 Plinii *Nat. Hist.,* I, inter auctores externos ad lib. XIV   15 *Loc cit.,* ad lib. XV   17 Isid, *Etym.,* VIII, ix, 9-10   20 Lucani *De bello civili,* VI, 457-458   26 Ciceronis *De divinatione,* I, 23

quod est sapiens, sive *sophia,* quod est sapientia: quasi amator sapientie. In hoc itaque quod dicit philosophus, ut Pitagorici tradunt, forte alludit ei, quod supradictum est, quod Pytagoras fuit huius nominis inventor, vel forte Pitagorici istum Appollonium philosophum fuisse tradiderunt.

25. Ut autem dicit Isodorus, "Perse a Perseo rege sunt vocati, qui a 5 Grecia Asiam transiens, ibi barbaras gentes gravi diuturnoque bello perdomuit, novissime victor nomen subiecte genti dedit. Perse autem ante Cirum ignobiles fuerunt, et nullius inter gentes loci habebantur. Medi semper potentissimi fuerunt."

26. "Mons vero Caucasus, ab India usque ad Taurum porrectus, pro 10 gentium ac linguarum varietate, quoquoversum vadit, diversis nominibus nuncupatur. Ubi autem ad orientem in excelsiorem consurgit sublimitatem, pro nivium candore caucasus nuncupatur; nam orientali lingua caucasum signat candidum, id est ni– [191^B] -vibus densissimis candentem. Unde et eum Scythe, qui eidem monti iunguntur, croakasim 15 vocaverunt. Casym enim apud eos candor sive nix dicitur."

27. Item Isidorus: "In partes Asyatice Sycie gentes, que posteros se Iasonis credunt, albo crine nascuntur ob assiduis nivibus; et ipsius capilli color genti nomen dedit, et inde dicuntur Albani, horum glauca oculi inest picta pupilla adeo ut nocte plus die cernant. Albani autem vicini 20 Amazonum fuerunt."

28. Ex Magog autem filio Iaphet "arbitrantur Scytas et Gottos traxisse originem." "Limes est Persicus, qui Scythas ab Armenis dividit, Scytha cognominatus; a quo limite Scyte a quibusdam perhibentur vocati gens antiquissima. Femine autem eorum Amazonum regna condiderunt. 25

29. "Massagete ex Scytharum origine sunt, et dicti Massagete quasi graves, id est, fortes gete, nam sic Lyvius argentum grave dicit, id est, massas. Hii sunt qui inter Scitas atque Albanos septentrionalibus iugis inhabitant."

30. De regno autem Indie dicit Plinius quod ex parte meridiei incipit a 30 mari meridiano quod Indicum appellatur, et tenditur versus occidentem usque ad Indum amnem. Conplures autem totam eius longitudinem XL dierum noctiumque velificio, navium cursu determinavere; alia ibi celi facies, alii siderum ortus. Hinc estates in anno bine, messes media inter illas hyeme; gentes et urbes innumerabiles. Indiamque dicunt tertiam 35

---

5 perse *i.m. B**   10 caucasus *i.m. B**   19 albani *i.m. B**   22 scite *i.m.*
*B**   26 massagete *i.m. B**   26 ex ... Massagete[2] *om. RH*   27-28 nam ... massas *om.*
PH   27-28 sic ... Hii *om R*   30 india *i.m. B**   33 noctiumque] noctumque *B*

---

5 Isid. *Etym.,* IX, ii, 47   10 *Etym.,* XIV, vii, 2   17 *Etym.,* IX, ii, 65   22 *Etym.,* IX, ii, 27   23 *Etym.,* IX, ii, 62-63   26 *Etym.,* IX, ii, 63   30 Plinii *Nat. hist.,* VI, xvii, 21, 56-59 (ed. Sillig, I, 422-424)

partem esse terrarum omnium. Alii de hoc populo tellurem excercent,
militiam alii capessunt, merces alii suas evehunt, res publicas optimi
ditissimique temperant, iudicia reddunt, regibus assident. Quintum
genus celebrate illi et prope in religionem verse sapientie deditum,
5 voluntaria semper morte vitam ascenso prius rogo finit; unum super hoc
est semiferum ac plenum laboris inmensi, a quo supradicta continentur:
venandi elefantos domandique, hiis arantes inveniuntur, hec maxime
novere pecuaria, hiis militant dimicantque pro finibus, delectum in belua
vires et etas atque magnitudo faciunt. Gens ista Indorum orta est de
10 Iecthan filio Eber.

31. Physon autem unum est de fluminibus venientibus de paradiso
qui circuit omnem terram Evilath, ubi nascitur aurum optimum et
bdellium et lapis onichinus sive, ut habet alia translatio, carbunculus et
lapis prassinus. Et interpretatur Phison 'oris mutacio,' eo quod faciem
15 mutet, in aliis et aliis locis sibi ipsi dissimilis. Iste fluvius alio nomine
dicitur Ganges pergens de paradiso ad Indie regiones. Iste ex "X
fluminibus magnis sibi adiunctis impletur et efficitur unus. Vocatur
autem Ganges a rege Gangaro Indie." Fertur autem Nili modo inundare
et super orientis terras erumpere. Iste fluvius, sicut dicit Plinius, "ubi
20 minimus VIII passuum latitudine, ubi et modicus stadiorum centum,
altitudine nusquam minor passibus XX."

32. Bragman vero fuit rex genti et regioni dans appellacionem. Unde
dicuntur Bragmanes sive Bragmani et, ut scribunt Greci, idem rex
propria lingua leges scripsit et conversacionem eiusdem populi.

25   33. Mores autem eiusdem populi huius modi sunt: Gens
Bragmanorum pura et simplici vita vivit, nullis rerum capitur illecebris,
nichil appetit amplius quam ratio nature flagitat, sola vivit alimonia quam
tellus sine cultura producit. [191^C] Hinc est quod nulla apud illos
morborum genera, nullus apud illos medicine usus, quia parsimonia illis
30 est medicina, set longeva sanitas usque ad mortem quam meta senectutis
portaverit. Unde nemo parens filii comitatur exequias. Nullus ibi altero

2 merces *corr. ex* marces *B**   3-9 Quintum ... faciunt *om. RPH*   4 religionem *corr. ex*
regionem *B**   5 unum *lec. inc.* B   11 physon *i.m.* *B**   13 bdellium] berylus
R]   15 mutet *corr. ex* mutat *B**   22 bragmanes *i.m.* *B**   27 amplius *add. i.m.*
B*   30 est *corr. ex* sunt *B**

9 Isid. *Etym.,* IX, ii, 5   11 Gen. II: 11-12   13 I. e. Septuaginta; vide infra, IX, x,
2   14 Hier. *De nominibus hebraicis (PL,* XXIII, 823)   16 Isid. *Etym.,* XIII, xx,
8   19 Plinii *Nat. hist.,* VI, xviii, 22, 65 (ed. Sillig, I, 426)   25 *Prima responsio Dindimi
ad Alexandrum,* vulgatur apud Iuli Valeri *Res Gestae Alexandri Macedonis,* ed. B. Kuebler
(Leipzig: Tuebner, 1888), pp. 170-182: et *Kleine Texte zum Alexanderroman,* ed. F. Pfister
(Heidelberg, 1910), pp. 11-16. Translatio autem qua utitur Grosseteste non congruit dictis
editionibus. De codicibus MSS vide Lynn Thorndike, *A History of Magic and Experimental
Science,* I (New York, 1923), 555-556

superior, nullus dicior, nulla iudicia, quia nulla corrigenda. Sed una genti lex est: contra ius non ire nature. Nulli intendunt corporali labori quia nec terram colunt, nec venantur, nec aucupantur, nec piscantur, nec lavant sua corpora, quia inmundis contractibus non sordescunt, sitim rivo sedant, edificia non construunt, sed in defossis telluris speluncis aut 5 concavis montium latebris habitant. Idemque locus dum vivunt, mansioni proficit, dum moriuntur, sepulture. Non habent amictum preciosum nec colore fucatum sed papiri tegmine membra velantur. Nec in augenda pulcritudine plus affectant ipsi vel eorum mulieres quam nati sunt, intelligentes quod nullus possit opus nature corrigere. Unde 10 ornamentorum cultum magis deputant oneri quam decori. Non sunt apud eos fornicatio, incestus vel adulterium, nec aliquis concubitus nisi gignende prolis amore. Arma non sumunt, bella non gerunt, sed pacem moribus, non viribus, confirmant. Non sunt apud eos ludicra spectacula, nec equina certamina, nec ludi circences aut theatrales, sed solum mundi 15 ornatum habent delectabile spectaculum. Non exercent mercandi usum, nec peregrinari cupiunt, ut species peregrinas contemplentur. Simplex apud eos eloquentia, non falerata rethorum facundia, sed communis cum omnibus, solum precipiens non mentiri. Varia et discordantia philosophorum dogmata non sectantur, sed eorum philosophia est que 20 iuvare non nisi iuste novit, nocere nec iuste. Templa non ornant, nec altaria, nec in honorem domini pecudes mactant, confitentes et dicentes quod deus verbo propiciatur orantibus, quod solum ei cum homine est, suaque nimis similitudine delectatur. Nam verbum, ut aiunt, deus est. Hoc creavit, hoc regit atque alit omnia. Hoc ipsi se fatentur venerari, hoc 25 diligere, ex hoc spiritum trahere. Siquidem aiunt: deus ipse spiritus atque mens est, atque ideo non terrenis diviciis, nec largitate munifica, sed religiosis operibus et graciarum accione placatur. Hec de moribus Bragmanorum ex epistola Dindimi ad Alexandrum excepta sunt.

34. In quodam greco libro inveni scripta plura de predictis, et insuper 30 adiectum quod isti Bragmanes inhabitant quandam insulam occeani quam acceperunt a deo in hereditatem. Ad quem locum cum venisset Alexander macedo, erexit columpnam, et scripsit in ea: Ego magnus Alexander rex istam erexi.

---

6 dum¹ *add. i.m. B** 6 mansioni] habitacioni *PH* 7 habent *om. H* 7 amictum] amicum *R; om. P* 8 papiri] papire *RPH* 13 gignende] gignendi *P* 14 ludicra] ludorum *R* 18 rethorum] rethororum *B* 18 cum] est *PH* 23 orantibus *corr. i.m. ex* orationibus *B** 25 ipsi] sibi *R* 25 venerari] honerare *RP* 29 ex ... sunt *om. H* 29 excepta] accepta *P* 34 istam erexi *add. in textu B**

---

30 *Palladius, De gentibus Indiae et Bragmanibus*, ed. E. Bissaeus (Londini, 1668), pp. 2-3, 8-10; et *Kleine Texte zum Alexanderroman*, pp. 1-5. Cf. etiam Thorndike, *op. cit.*, I, 556

35. In insula quam inhabitant longevi, vivunt enim CL annos propter mundiciam et bonam complexionem aeris. Apud quos non est animal quadrupes, non ferrum, non ignis, non aurum, non argentum, non panis, non vinum. Hii venerantur familiariter deum, et indeficienter orant.
5 Mulieres vero eorum seorsum manent, interfluente Gangco fluvio, ubi decidit in occeanum. Viri autem transfretant ad uxores suas mense iulio et augusto in quibus sunt frigidiores, sole appropinquante ad septemtrionem et elongato ab eis, utpote habitantibus sub circulo equinoxiali. [191^D] Conmanent autem cum uxoribus per XL dies, et
10 iterum remeant. Cum autem uxor duos pueros genuerit non amplius accedit ad eam vir eius, neque illa alii viro approximat propter multam eorum religiositatem. Si vero contigat sterilem inter ipsas esse, usque ad V annos transit ad eam vir eius; et cognoscens quod usque ad quinquenium non parit, non amplius accedit ad eam. Propter hoc nec
15 multitudinem hominum habet regio ipsorum.

36. Fons vero Tantali appellatur mundana sapientia, que curiosos semper incitat ad sui haustum, et haurire volentes semper effugit. Quibus congruit illud Salomonis quod in curiosorum persona dicit: *Dixi: Sapiens efficiar et ipsa longius recessit a me.*
20 37. Elamithe autem, ut dicit Ysidorus, dicuntur a primogenito filio Sem, qui Elam nominatus est. Hii sunt principes Persidis.

38. Babilonii autem dicuntur a Babilonia et illa a turri Babel quam edificaverunt gentes progenite de filiis Noe antequam dividerentur in universam terram. Cuius edificii auctor fuit Nemroth. Interpretatur
25 autem Babel confusio, quia ibi confusa est lingua edificantium. De quo sic scribit Sibilla: "Cum omnes mortales una lingua uterentur, quidam ex hiis altissimam edificavere turrim, celum per eam cupientes scandere. Dii vero, turbines ventosque mittentes, evertere turrim, propriam atque diversam unicuique tribuere linguam." De hoc sic dicit Plinius: "Babilon
30 Caldaicarum gentium capud diu summam claritatem inter urbes optinuit in toto orbe. Propter quam reliqua pars Mesopothamie Assyrieque Babilonia appellata est. LX passibus amplexa, muris ducenos pedes altis,

---

2 mundiciam *clarius i.m. B**   8 habitantibus *add. i.m. B**   11 alii] alio *R*   16 fons tantali *i.m. B**   17 effugit] affligit *RH*   20 elamethe *i.m. B**   22 babilonii *i.m.* *B**   22 autem *add. i.m. B**   24 Nemroth *corr. ex* Nemerath *B**   27 cupientes *corr. ex* cupiens *B**   31 in *corr. ex* et *B**   32 appellata est] vocatur *R;* appellatur *H*

---

16 Cf. Senecae *Thyestis,* 149 seqq. et *Medea,* 745 seqq.; fortasse etiam Ovidii *Metam.,* IV, 458   18 Eccle. VII:24   20 Isid. *Etym.,* IX, ii, 3   26 Iosephi *Ant. Iud.,* I, 4, 3 (ed. Blatt, p. 138). Fons Iosephi est Alexander Polyhistor, qui citatur ab Eusebio, *Chron.,* I, 24 (vide Jacoby *FGrH,* IIA, 273 F79). Oraculum simile habetur apud *Oracula Sibyllina,* ed. A. Rzach (Vindobonae, 1891), pp. 53-54, sed istud compositum est saec. secundo A.D.   29 Plinii *Hist. nat.,* VI, xxvi, 30, 121 (ed. Sillig, I, 445-446)

quinquagenos latis, in singulos pedes ternis digitis mensura ampliore quam nostra, interfluente Eufrate, mirabili opere utroque. Durat ibi Iovis Bely templum, inventor hic sideralis scientie."

39. Ut autem dicit Isidorus, "Casdei qui nunc Caldei vocantur a Caseth, filio Nathor fratris Abrahe cognominati sunt." Credunt tamen 5 aliqui quod a tercio filio Semh, qui Arphaxat nominatus est, Caldeorum gens exorta sit.

40. Medi vero a rege suo cognominati putantur. Namque Iason, Pelyaci regis frater, a Pelye filiis Thessalia pulsus est cum Medea uxore sua, cuius fuit privignus Medus rex Atheniensium, qui post mortem 10 Iasonis orientis plagam perdomuit, ibique Mediam urbem condidit, gentemque Medorum nomine suo appellavit. Sed invenimus in Genesi quod Maday, filius Iaphet, auctor gentis Medorum fuit, a quo et cognominati.

41. Secundus autem filiorum Sem fuit "Assur, a quo Assiriorum 15 pululavit imperium," "gens potentissima, qui ab Euphrate usque ad Indorum fines omnem in medio tenuit regionem."

42. "Parthi quoque et ipsi ex Scytis originem trahunt. Fuerunt enim eorum exules quod eciam eorum vocabulo manifestatur; nam Scythico sermone exules Parthy vocantur. Hii, domesticis seditionibus Scithya 20 pulsi, solitudines iuxta Hyrchaniam primo furtim occupaverunt. Deinde pleraque eciam virtute optinuerunt."

43. Quintus filius Sem fuit "Aram, a quo Syri, quorum metropolis fuit Damascus;" vel "Syri a Suryn vocati perhibentur qui fuit nepos Abraham ex Cethura. Quos autem veteres Assirios [192^A] nunc nos 25 vocamus Syros a parte totum appellantes."

44. De Canaan autem filio Cham descenderunt Affri et Fenices et Chananeorum decem gentes. Dicti sunt autem Phenices a Phenice, fratre Cadmi, qui de Thebis Egyptiorum in Siriam profectus, apud Sydonem Egipciorum regnavit, eosque populos ex suo nomine Phenices eamque 30 provinciam Feniceam nuncupavit. Ipsa quoque gens Phenicum in gloria magna literarum inventores et siderum novarumque ac bellicarum arcium.

45. Arabes autem idem sunt qui et Sabei, progeniti a Saba quodam

---

4 caldei *i.m. B**   6 aliqui *om. B*   8 medi *i.m. B**   23 siri *i.m. B**   27 parthi *i.m. B**   28 fenices *i.m. B**   30 Egipciorum *add. i.m. B**

---

4 Isid. *Etym.*, IX, ii, 48   6 *Etym.*, IX, ii, 3   8 *Etym.*, IX, ii, 46   13 Gen. X;2   15 Isid. *Etym.*, IX, ii, 3   16 *Etym.*, IX, ii, 45   18 *Etym.*, IX, ii, 44   23 *Etym.*, IX, ii, 4   24 *Etym.*, IX, ii, 50   27 *Etym.*, IX, ii, 12   28 Plinii *Nat. hist.*, V, xii, 13, 67 (ed. Sillig, I, 361)   34 Isid. *Etym.*, IX, ii, 14

filio Chus, a quo et Sabei appellati; vel "dicti Sabey *apo toy sabesthe* quod
est supplicari: quia divinitatem per ipsorum thura veneramus. Ipsi sunt et
Arabes, quia in montibus Arabie sunt, qui vocantur Lybanus et
Antilibanus, ubi thura colliguntur." "Arabia autem appellata, id est
5 sacra. Hoc autem interpretatur; eo quod sit regio thurifera, odores
creans. Hinc eam Greci *eudemon,* quasi beatam, nominaverunt, in cuius
saltibus et mirra et cinnamum provenit. Ibi nascitur avis phenix et
sardonix gemma." Unde et Plinius dicit Arabiam "ad Rubrum mare
pertinentem et odoriferam illam ac divitem et beatam cognomine
10 inclitam."

46. "Philistei autem ipsi sunt Palestini quia 'P' literam sermo Ebreus
non habet, sed pro eo 'Ø' phi greco utuntur. Unde Philistei pro Palestinis
dicuntur. Idem et Allophili, id est alienigene ob hoc quia semper fuerunt
inimici Israel et longe ab eorum genere separati." Hii descenderunt de
15 Cesloim filio Masraym. Huius ab oriente mare Rubrum occurrit, a
meridiano latere India excipitur, a septemtrionali plaga Tirorum finibus
clauditur, ab occasu Egiptio limite terminatur.

47. "Alexandria autem," ut dicit Plinius, "in litore Egiptii maris a
magno Alexandro condita, in Affrice parte, ab ostio Canopico XII
20 passum iuxta Mareotim lacum, qui lacus antea Erapotes nominabatur.
Metatus est eam Dinocrates architectus pluribus modis mirabili ingenio
XV passum laxitate inmensa ad effigiem Macedonie clamidis orbe girato
laciniosam dextra levaque anguloso procursu." Interiacet autem inter
Egyptum et mare, quasi claustrum, importuosa.

25 48. "Ethiopia vero dicta a colore populorum quos solis vicinitas
torret. Denique vim sideris prodit hominum color. Est enim ibi iugis
estus, nam quicquid eius est, sub meridiano cardine est. Circa occiduum
autem montuosa est, harenosa in medio, ad occidentalem vero plagam
deserta. Cuius situs ab occiduo Athlantis montis ad orientem usque in
30 Egipti fines porrigitur; a meridie occeano, a septemtrione Nilo flumine
clauditur, plurimas habens gentes diverso vultu et monstruosa specie
horribiles. Ferarum quoque et serpentium referta est multitudine. Illic
quoque rinoceronta bestia et camelopardos basilicos, dracones ingentes,

---

1 ἀπο του σαβεσθας *i.m. B** 3 qui vocantur *add. i.m. B** 5 sacra] gaza *R* 9 ac
corr. ex ad *B** 10 inclitam] inclusam *R* 11 philistei *i.m. B** 16 India *corr. ex*
Indiam *B** 18 alexandria *i.m. B** 20 lacus] locus *R* 20 Erapotes] Rhacotes
R 21 Dinocrates] Dinochares *R* 21 mirabili] memorabili *R* 25 ethiopia *i.m.*
*B** 32-33 quoque ... camelopardos *om. R*

1 Isid *Etym.,* IX, ii, 49   4 *Etym.,* XIV, iii, 15   8 Plinii *Nat. hist.,* V, xi, 12, 65 (ed.
Sillig, I, 360)   11 Isid. *Etym.,* IX, ii, 58   14 *Etym.,* IX, ii, 20   18 Plinii *Nat. hist.,* V,
x, 11, 62 (ed. Sillig, I, 358-359)   25 Isid. *Etym.,* XIV, v, 14-16

ex quorum cerebro gemme extrahuntur. Iacinctus quoque et crisoprassus ibi reperiuntur, cynamomum ibi colligitur. Due autem sunt Ethiopie, una circa ortum solis, altera circa occasum in Mauritania."

49. "Gingnosophiste autem nudi per opacas Indie solitu – [192ᴮ] – dines perhibentur philosophari, adhibentes tantum genitalibus tegmina. 5 *Gymno* enim ex eo dictum est quod iuvenes nudi exercentur in campum, ubi pudenda sola tantum operiunt. Hii et a generando se cohibent." De hiis dicit Ieronimus *Contra Iovinianum:* "Bardesanes, vir babilonius, in duo genera apud Indos gimnosophistas dividit, quorum unum appellat Bragmanas, alterum Samaneos, qui tante continentie sunt, ut vel pomis 10 arborum iuxta Gangen fluvium, vel publico orizie et farine alantur cibo; et cum rex ad eos venit, adorare illos solitus sit, pacemque sue provincie in illorum precibus arbitrari sitam." Sciendum autem quod secundum Grecos pronunciandum est gymnasium et gymnosophista per 'G' videlicet et 'Y' literam Samiam. *Gimnos* enim grece, nudus latine. 15

50. De solis autem mensa dicunt magistri quod legitur in Valerio Maximo, quod quidam emerat iactum retis in quibusdam piscatoribus in mari iuxta templum delphici Apolinis, et contigit quod piscatores in illo iactu mensam auream extraxerunt; emptor iactus voluit eam habere; piscatores contradixerunt, dicentes tantum de piscibus intercessisse 20 paccionem. Tandem in hanc cessere sententiam, quod VII sapientes consulerent super hoc, cuius esse deberet. Sapientes vero super hoc oraculum Apollinis petierunt, et responsum est, ut sapientissimo omnium daretur. Et ita consilio illorum VII sapientum data est, et consecrata illa mensa Apollini in Sabulo, id est in littore Sabuloso, ubi 25 erat templum Apollinis. Et super hoc tanta percrebruit fama, quod Apollonius ad eam videndam perrexit. Dicunt tamen quidam quod sex sapientum illorum adiudicaverunt eam Soloni, qui erat septimus quem sapientissimum reputabant, sed ipse dedit eam Apollini, quia honorem ei fecerat. Vel secundum alios hoc nomen Zabulo per 'Z' signat proprie 30 locum in quo erat mensa solis.

51. Ebdomas autem est nomen sumptum a greco, quod ipsi dicunt *ebdomos,* et derivatur ab *epta,* quod est septem, quasi *eptomos;* et

---

1 Iacinctus *corr. ex* incintus *B**   1 crisoprassus] r *clarius i.m. B**   3 Mauritania *corr. ex* Maritanea *B**   4 gimnosophiste *i.m. B**   13 secundum *clarius i.m. B**   16 de mensa solis *i.m. B**   21 cessere] cessare *R;* sessare *H*   22 consulerent] consuluerent *R*   22 esse] esset *RH*   22 deberet ... vero *om. RH*   22 super²] unde et *RH*   27 tamen] tantum *R*   31 quo] Sabulo *add. RH*   32 ebdomas *i.m. B**

4 Isid. *Etym.,* VIII, vi, 17   8 Hier. *Adversus Iovinianum,* II, 14 *(PL,* XXIII, 317)   15 Cf. Persius Flaccus III, 56   16 Valerii Maximi *Memorabilia,* IV, i, ext. 7 (ed. Kempf, pp. 172-173)

conversione 'p' in 'b' et 't' in 'd' dicitur *ebdomos*. Similiter ogdoas ab *octo*, quod est nomen grecum, derivatur. Nos enim assumpsimus hoc nomen octo a grecis sine immutacione.

52. Energia similiter diccio est greca, et signat idem quod operacio, et
5 derivatur ab hoc verbo greco *energô* quod circumflectitur in fine et componitur ab *en* preposicione greca, et *ergô* verbo. Habet autem viva vox latentem operacionem imprimendi fortis in mente auditoris sensum quem intelligit in voce loquens. Ipsa enim loquentis intelligentia vita est et forma vocis verbi ingredientis per aures auditoris.

10 53. De Eschine vero dicit Plinius: "Eschines Atheniensis summus orator, cum accusacionem qua fuerat usus, Rhodi legisset, legit et defensionem Domestenis, qua in illud depulsus fuerat exilium; mirantibusque tum magis miraturos fuisse dixit, si ipsum orantem audivissent: testis ingens factus inimici."

15 54. Rhodus autem nomen est insule et eciam civitatis quam Cicrops condidit in eadem insula.

55. Plastes vero dicitur ab hoc verbo greco *plasso* quod est 'manibus compono' et est hoc nomen plastes sumptum a secunda persona preteriti perfecti passivi quod est *peplaste,* et signat [192^C] formatorem vel
20 compositorem. Ab eodem verbo dicitur *plasma* neutrum, id est factura et prothoplastus.

56. Huic autem verbo: *Et erant, iuxta quod scriptum est, Dei docibiles,* vel ut quidam libri habent: *Deo docibiles,* vel econverso: *docibiles Dei,* vel *Deo,* ponit Ieronimus equipollens in greco, quod in
25 Iohannis Ewangelio sic scriptum est grece: καὶ 'ἔσονται πάντες διδακτοὶ θεοῦ cuius scriptura per literas latinas hec est: kai esontai pantes didactoi theoy, et in pronunciacione sic sonat: ke esonte pantes didacti theu. 'Ai' enim diptongus habet sonum 'e,' et 'oi' diptongus sonum 'i;' et 'oy' diptongus sonum 'u' vocalis. Huius autem interpretacio est: "et erunt
30 omnes docibiles Dei" vel pocius "docti Dei." *Didasco* enim verbum grecum idem est quod 'doceo;' unde *didascalos,* id est doctor, et *didactos,* id est doctus.

57. Logos autem derivatur ab hoc verbo greco *lego* λεγω quod est 'dico,' et habet apud Grecos hec diccio *logos* multas significaciones, ut hic

---

4 energia *i.m. B** 5 energô ἐνεϱγῳ *i.m. B** 10 eschines *i.m. B** 15 rhodus *i.m. B** Rhodus *corr. ex* Rodus *B** 18 hoc nomen plastes *add. i.m. B** 20 et] prima factura id est *add. R;* ita factura et *add. H* 25 *Eadem verba scribuntur i.m. litteris graecis B** 26 literas *corr. ex* litteras *B** 28-29 sonum² ... diptongus *om. R* 33 λέγω *i.m. B**

---

10 Plinii *Nat. hist.,* VII, xxx, 31, 110 (ed. Sillig, II, 35) 15 Isid. *Etym.,* XV, i, 48 22 Evulgatur apud *Bodleian Library Record,* II, no. 27, p. 226, n. 1 Ioan. VI:45 Hier. *Epist. LIII Ad Paulinum Presbyterum,* (ed. cit., p. 12)

tangit Ieronimus. Quomodo autem sapientia Patris sit "Verbum, et racio, et uniuscuiusque rei causa," evidentissime exponitur ab Augustino in pluribus locis, et satis note sunt eius expositiones. Eandem autem Patris sapientiam dicere possumus supputacionem, quia secundum Augustinum ipsa eadem Patris sapientia numerus est. Unde in libro *De* 5 *libero arbitrio* ait: "Plurimum miror quare numerus vilis sit multitudini hominum; et cara sapientia," cum hec duo sint in secretissima certissimaque veritate, accedente eciam testimonio Scripturarum quo dicitur: *Circuivi ego et cor meum ut scirem et considerarem et quererem sapientiam et numerum.* "Verumptamen quoniam nichilominus in divinis 10 libris de sapientia dicitur quod: *attingit a fine usque ad finem fortiter, et disponit omnia suaviter,* ea potencia qua fortiter a fine usque ad finem attingit, numerus fortasse dicitur; ea vero qua disponit omnia suaviter sapientia proprie iam vocatur, dum sit utrumque unius eiusdemque sapientie, sed dedit numeros omnibus rebus, eciam infimis et in fine 15 rerum locatis; et corpora enim omnia, quamvis in rebus extrema sint, habent numeros suos. Sapere autem non dedit corporibus, neque animis omnibus, sed racionabilibus tantum, tanquam in eis sibi sedem locaverit, de qua disponat omnia illa eciam infima quibus numeros dedit." Ex hoc itaque intellectu puto in Christo recte posse intelligi supputacionem quia 20 ipse *attingit a fine usque ad finem fortiter,* omnibus numeros tribuens cuntaque dinumerans.

58. Ei autem quod dicit Ieronimus: 'hoc doctus Plato nescivit,' videtur contrarium esse quod dicit Augustinus in libro VII *Confessionum,* videlicet se legisse in quibusdam platonicorum libris, 25 "non quidem hiis verbis, sed hoc idem multis et multiplicibus suaderi racionibus, quod *in principio erat Verbum*" et cetera que sequuntur, usque ad *et tenebre eam non comprehenderunt;* et "quod omnis anima, quamvis testimonium perhibeat de lumine, non est ipsa lumen, set Verbum Dei, Deus est enim lumen verum quod *illuminat omnem* 30 *hominem venientem in hunc mundum;* et quod *in mundo erat et mundus per eum factus est et mundus eum non cognovit.*" Item dicit se ibidem legisse, "quod Verbum Deus non ex carne, non ex sanguine, non ex

---

6 ait] qualiter sapiencia attingit usque ad finem fortiter *add. RH*   7 secretissima] securissima *R*   11 a fine *add. i.m. B**   12-13 ea ... suaviter *add i.m. B**   13 attingit *corr. ex* contingit *B**   19 Ex *add. i.m. B**   23 hoc doctus Plato nescivit. Contrarium Augustinus *i.m. B**   24 VII conf. c. IX in fine et in c. X in principio *i.m. manus tardior B*   28 tenebre] tenebrem *B*

---

6 Aug. *De lib. arb.,* II, 123-125 (*CSEL* LXXIV, 68)   9 Eccle. VII:26 et VIII:16   23 Hier. *Epist. LIII Ad Paulinum Presbyterum* (ed. cit., p.13)   26 Aug. *Conf.* VII, ix, 13 (*PL* XXXII, 740)   27 Ioan. I:1-5   30 Ioan. I:9-10   33 Aug. *Conf.,* VII, ix, 14 (*PL* XXXII, 740-741)

voluntate viri, neque ex voluntate carnis, sed ex Deo natus est." Ex his
itaque videtur quod doctus Plato sciverit quod *in principio erat Verbum et
Verbum erat apud Deum et Deus erat Verbum.* Verumptamen hoc nescivit
[192^D] puro aspectu intelligentie sicut scivit Iohannes, sed quodam
5 racionis decursu in enigmate; tollatur enim impius ne puro intelligentie
aspectu contempletur gloria Dei.

59. Demostenes autem secundum derivacionem grecam dicitur a
δῆμος, *demos* quod est populus, et σθένος, *sthenos,* quod virtus vel
status, quasi robur et status sive potentia populi.

10   60. Eunuchus autem dicitur ab 'habere vel custodire lectum
mundum.' Εὐνή, *eune,* enim est lectus, 'ἔχω, *echo,* vero idem quod
'habeo' vel 'custodio.' Vel dicitur eunuchus ab habendo vel custodiendo
mulierem mundam. *Eune* enim signat tam mulierem quam lectum. Vel
eunuchus dicitur quasi solus ens et non cum aliis coniugatus, ab hac
15 diccione greca *heis,* cuius genitivus est *henos* quasi enuchus, et per
adiectionem 'u,' eunuchus. Signat autem *'heis, henos'* idem quod 'unus,
unius.' Vel dicitur eunuchus ab *eu* quod est bonum et *noys* quod est
intellectus et *echo* quod est habeo, quasi 'bonum intellectum habens.'

61. Ponit autem Ieronimus tria verba greca equipollentia hiis tribus
20 verbis: doctrinam, racionem et usum; sed in nullo exemplari potui adhuc
invenire hanc grecam scripturam, nisi ita corruptam quod eam nescivi
legere. Pro ultimo tamen trium verborum, quod est usum, ut conicere
potui ex pluribus exemplaribus, scripsit πεῖραν, *peiran,* quod satis
congruit; *peira* enim est cognicio experimentalis; doctrina autem est
25 grece *didaskalia* et *dogma,* racio autem *logos.* Sed hiis non consonat
scriptio corrupta aliqua quam adhuc viderim. Si autem scripserit
Ieronimus alia nomina pro hiis, fateor quod illa divinare nescio.

62. Senex vero dicitur delirus, id est desipiens; *lirima* enim grece
desipientia est; unde dicuntur Origenis lirimata errores eius in quibus ipse
30 desipuit. Habent autem quidam libri pro 'sophista verbosus,' 'soloecista
verbosus.' Est autem soloecismus plurimorum verborum inter se
inconveniens compositio. "Dictus est autem soloecismus a civibus qui, ex
urbe Soloe, que nunc Pompeyopolis appellatur, profecti, cum apud alios
commorantes suam et eorum linguam viciose inconsequenterque

---

7 demostenes *i.m. B**   8 δῆμος] demos *superscribit B*   8 demos δῆμος sthenos
σθενος *i.m. B**   σθένος] sthenos *superscribit B*   10 eunuchus *i.m. B**   11 Εὐν]
eune *superscribit B*   11 χ̣ω] echo *superscribit B*   13 ευνή *i.m. B**   15 εἰς *i.m.*
B*   16 enuchus *corr. ex* eunuchus *B**   17 εὐ *i.m. B**   26 corrupta] correpta
R   26 viderim] videram *R*   27 divinare] derivare *R*   28 delirus *i.m. B**   29 ipse]
ille *H*   30 desipuit] dicitur desipere *RH*   31-32 plurimorum ... soloecismus *om. R*

19 Hier. *Epist.* LIII (ed. cit., p. 18)   31 Isid. *Etym.,* I xxxiii, 1-2

confunderent, soloecismo nomen dederunt; unde et similiter loquentes soloecismos facere dicuntur."

63. Homerocentones et Virgiliocentones dicuntur quedam exceptiones facte de libris Homeri et de libris Virgilii; que excepciones in unum corpus coniuncte contexunt hystoriam de Iesu Christo; quarum 5 exceptores, prius transcurrentes dictorum auctorum libros, ubi invenerunt aliquid materie sue congruum, illud puncto signaverunt, ut postea redeuntes prompte invenirent quod materie sue aptum excipere vellent. Ab huius autem punctatione exceptiones in unum corpus redacte dicuntur centones. *Kentô* enim verbum grecum, in fine circumflexum, 10 idem est quod 'pungo,' unde dicitur 'cento, centonis' idem quod punctus vel punctatio. Unde et hee excepciones a quibusdam dicuntur Homerocentra et Virgiliocentra. Centrum enim est medius punctus circuli, et dicitur a *kento* quod est 'pungo,' adiecta hac litera 'r.' Homerocentonas autem est acusativus grecus. Composuit autem 15 Homerocentonas de Christo Eudochia, uxor Theodosii minoris filia Leontii philosophi Atteniensis, erudita a patre philosophicis disciplinis, cuius coadiutores fuerunt Patricius Ierosolimorum [193^A] presul, Comas atque Supplicius. Virgiliocentonas autem composuit Proba, uxor Adelfi. Hysidorus autem dicit: "Centones apud gramaticos vocari solent qui de 20 carminibus Homeri seu Virgilii ad propria opera more centenario ex multis hinc inde compositis in unum sarciunt corpus ad facultatem cuiusque materie. Denique Proba, uxor Adelfi, centonem ex Virgilio de fabrica mundi et ewangeliis plenissime expressit, materia composita secundum versus, et versibus secundum materiam concinnatis. Sic 25 quoque et quidam Pomponius ex eodem poeta, inter cetera stili sui ocia, Titirum in Christi honorem composuit; similiter et Eneydos."

64. "Circenses autem ludi," ut dicit Isidorus, "dicti sunt vel a circuendo, vel quod, ubi nunc mete sunt, olim gladii ponebantur quos quadrige circumibant et modo dicti circenses ab ensibus circa quos 30 currebant. Siquidem et in littore et ripis fluminum cursus agitantes gladios in ordine in ripe littore ponebant et erat artis equum circa pericula

---

3 homerocento *i.m. B** 　　5 quarum exceptores]quorum excepciones *R* 　　6 transcurrentes] discurrentes *R;* ascurrentes *H* 　　9 punctatione *corr. ex* punctione *B** 　　18 Comas] Thomas *RH* 　　19 virgiliocentonas *corr. ex* virgiliocentones *B** 　　20 solent *add. i.m. B** 　　22 sarciunt *corr. ex* saciunt *B** 　　23 materie] discipline *RH* 　　28 circenses ludi *i.m. B** 　　30 modo] inde *RH*

---

20 Centones Probae evulgatur apud *CSEL*, XVI, 1-568; et *PL*, XIX, 803, 818. Cf. Labourt, *Lettres*, III, 16: et M.-J. Lagrange, "Le prétendu messianisme de Virgile," *Revue biblique* (1922), pp. 552-572. 　　20 Isid. *Etym.*, I, xxxix, 25-26 　　28 Isid, *Etym.*, XVIII, xxvii, 3 — xxviii, 2

torquere. Inde et circenses dicti putantur quasi circum enses. Est autem
circus omne illud spacium quod circuire equi solent. Hunc Romani
dictum putant a circuitu equorum, eo quod ibi circum metas equi currant.
Greci vero a Circe filia solis, que patri suo hoc genus certaminis instituit,
5 asserunt nuncupatum, et ab ea circi appellacionem argumentantur."

65. Puto autem quod ludum circensem dicat hic Ieronimus ludum
circulatorum, quia qui docet quod nescit, in circuitu ambulat, nunquam
finem inveniens et semper periculo iminens; ibi est labor artificiosus at
magni sudoris, sine fructu laboris; quemadmodum secundum Ieronimum
10 est in composicione centonum.

66. Liber vero Genesis ebraice dicitur *bresith,* grece vero γένησις,
genesis, latine generacio. Γενῶ, *geno,* enim est grecum verbum
circumflexum, cuius futurum est γενῇσω, geneso, et inde nomen verbale
γένησις, *genesis.*

15 67. Exodus autem ebraice dicitur *ellesmoth,* grece *exodus* ab *ex*
preposicione greca et *odos* quod est via; latine autem exitus, eo quod
egressum populi Israel de Egypto digerit.

68. Tercius liber ebraice dicitur *vagetra,* quem nos dicimus
Leviticum, eo quod Levitarum ministeria et diversitatem victimarum
20 exequitur, et totus ordo Leviticus in eo adnotatur. Levite autem dicuntur
a Levi filio Aaron.

69. Quartus liber ebraice dicitur *vagedaber,* quem nos dicimus librum
Numerorum, quod in eo egresse de Egypto tribus dinumerantur et
quadriginta duarum per heremum mansionum descriptio continetur.

25 70. Quintus appellatur *elladabarim* ebraice, grece vero
Deuteronomion, a *deuteros* quod est secundus, et *nomos* quod est lex,
quasi secunda lex.

71. Moyses autem secundum linguam Egyptiacam dicitur a *moy* quod
est aqua, et *ses* quod est 'assumo,' quia assumptus est de aquis a filia
30 Pharaonis.

72. Hii quinque libri dicuntur Pentateucus, a *penta* quod est V, et
teucos quod est liber sive volumen.

6 ludus circulatori *i.m. B** 8 artificiosus] ambiciosus *RH* 11 genesis *i.m. B** 15
exodus ἔξοδος *i.m. B** 17 egressum] exitum *RH* 18 leviticus *i.m. B** 22
numerus *i.m. B** 22 vagedaber *corr. ex* vegedaber *B** 23 egresse] egressi *RH* 23
dinumerantur] eorumque *add. RH* 24 per heremum] *corr. ex* heremo *B**; parentum
R 24 mansionum] mansiones *RH* 24 descriptio *om. RH* 24 continetur]
continentur *RH* 26 deuteronomium *i.m. B** 28 moises *i.m. B** 29 assumo, qui]
assumptus quasi *R;* assumus quasi *H* 31 pentateuchus *i.m. B**

73. Iob interpretatur dolens, cuius libri principia et fines apud Hebreos prosaica oracione contexta sunt. Media autem ipsius ab eo loco quo ait: *Pereat dies in qua natus sum,* usque ad illum locum: *iccirco me reprehendo et ago penitentiam,* omnia heroico metro discurrunt. Hunc autem librum ponit Ieronimus statim post Pentateucum Moysi, quia, ut 5 putant quidam, eundem librum scripsit Moyses; vel ideo ponit hunc librum post Pentateucum ante Iosue [193^B] et Iudicum, quia ipse fuit Iobab, filius Zare de Bosra, de quo legitur in Genesi 36: *Mortuus est autem Balach, et regnavit pro eo Iobab, filius Zare de Bosra.* Verumtamen opiniones sunt iste, magis quam veritatis certitudo.   10

74. Liber autem Iosue appellatur a Iesu filio Nave, cuius hystoriam continent; qui eciam eiusdem hystorie secundum Hebreos scriptor extitit. Est autem idem nomen Iesus et Iosue et Osee. Dicitur autem ebraice Iosue ben Nun, id est filius Nun, id est Nave.

75. Liber autem Iudicum ebraice dicitur *sothim,* latine autem 15 Iudicum, a iudicibus qui prefuerunt populo post Iosue, antequam reges existerent. Hunc librum creditur edidisse Samuel.

76. Primus autem et secundus liber Regum dicuntur Samuel, in quorum libro primo Samuelis nativitas et sacerdocium et gesta describuntur; et iccirco ab eo nomen acceperunt; et quamvis hic liber Saul 20 et David hystoriam contineat; utrique tamen ad Samuel referuntur, quia ipse unxit Saul in regnum, ipse David in regem futurum; cuius libri primam partem conscripsit idem Samuel, sequentia vero eius usque ad calcem scripsit David.

77. Malachim liber proinde appellatur eo quod reges Iude et 25 Israelitice gentes gestaque eorum per ordinem digerat temporum. *Malac* enim hebraice, latine Regum interpretatur. Hunc librum Ieremias primo in unum volumen coegit, nam antea sparsus erat per singulorum regum hystorias.

78. Dicitur autem propheta grece *prophetes,* a greca preposicione *pro* 30 quod est ante, et verbo greco circumflexo *phô* quod est dico.

79. Osee autem interpretatur salvans vel salvatus, quia de "ira Dei in populum Israel ob crimen ydolatrie prophetasset; domui Iude salutem

---

1 Iob *i.m. B** 1 principia et fines] principium et finis *RH* 8-9 de Bosra ... de Bosra *om. RH* 11 iosue *i.m. B** 15 iudices *i.m. B** 18 regum. samueli *i.m. B** 25 malachim *i.m. B** 27 latine *add. i.m. B** 27 Regum] regnum *RH* 27 primo] primus *B* 30 propheta *i.m. B** 32 osee *i.m. B** 32 de ira] dum iram *RH*

---

1 Hier. *De nom. hebr.,* 88 *(PL.* XXIII, 883); habetur etiam apud Roberti Grosseteste *Comm. in Psalmos,* MS Vat. Ottobon. Iat. 185, fol. 204c 3 Iob III:3 Iob XLII:6 8 Gen. XXXVI:33 11 Hier. *Adv. Iovinianum,* I, 21 *(PL, L;1-n*XXIII, 250) 32 Hier. *De nom. Hebr.,* 75 *(PL* XXIII,) Isid. *Etym.* VII viii 10

pronunciavit, que per Ezechiam sublatis ydolis templo Domini purgato
facta esse monstratur."

80. Ioel: incipiens Dei, vel Deus, vel Dei est. Phatuel: latitudo Dei,
vel aperiens Deus.

5   81. Amos: fortis, sive robustus, vel populum tollens, vel populus
avulsus. "Prophecia enim eius ad populum fuit Israel qui iam avulsus erat
a Domino, et vitulis aureis serviebat, vel avulsus a regno stirpis David."

82. "Abdias: servus Domini, quia sicut Moises famulus Domini et
apostolus servus Christi, ita iste legatus ad gentes missus videt et predicat
10 que prophetali digna sunt ministerio et servitute." Secundum Ieronimum
autem iste Abdias specialiter dicitur servus Domini quia abscondit, pavit
centum prophetas quinquagenos et quinquagenos in speluncis, cum
interficeret Iezabel prophetas Domini.

83. Ionas: "columba, vel dolens; columba pro gemitu, quoniam in
15 ventre ceti triduo fuit; dolens autem vel propter tristiciam quam habuit de
salute Ninivitarum, vel propter hederam subito arescentem cuius
obumbraculo tegebatur contra solis ardorem."

84. Micheas: 'quis hic,' adverbium loci, vel 'quis iste:' morasti
interpretatur heres. Est autem vicus contra orientem *eleuteropoleos*.

20   85. Naum: germen, sive consolator, quia post increpacionem civitatis
sanguinum et illius eversionem consolatur Syon dicens: *Ecce super*
montes, et cetera.

86. Abacuc: amplexans; vel ex eo quod amabilis Domini fuit, vel
quod in certamen cum Deo congreditur more luctantis. Nullus enim tam
25 audaci voce ausus est Deum [193^C] ad disceptionem iustitie provocare,
cur in rebus humanis et mundi istius tanta rerum versatur iniquitas.

87. Sophonias: ab 'abscondens eum,' vel speculum, vel archanum
Domini interpretatur. Ipse enim archanorum Dei quadam prerogativa
cognitor existebat.

30   88. Aggeus interpretatur festivus et letus, quia "destructum templum
edificandum prophetizat, et post luctum captivitatis regressionis leticiam
predicat."

2 esse *clarius i.m. B**   3 ioel *i.m. B**   5 amos *i.m. B**   6 Prophecia] propheta
RH   8 abdias *i.m. B**   9 ita iste] iste lege *R;* ista *H*   9 missus] vulsus *RH*   14
ionas *i.m. B**   14 gemitu] genitu *R*   16 hederam] ederam *B*   18 micheas *i.m.*
*B**   20 naum *i.m. B**   20 civitatis] civitati *R*   23 abacuc *i.m. B**   24 certamen]
corr. ex certam *B;* certamine *R*   25 iustitie] in facie *R*   27 sophonias *i.m. B**   29
cognitor] cognitorum *R*   30 letus] fetus *H*   30 quia] post *add. RH*

3 Hier. *De nom. hebr.,* 76 *PL* XXIII 76) Loc. cit.   5-7 Isid. *Etym.,* VII viii 12   8
Etym., VII viii 17   14 *Etym.,* VII viii 14   18 Hier. *De nom. hebr.,* 76   20 Cf. Isid.
Etym., VII viii 13   21 Nahum I:15   23 Cf. Isid. *Etym.,* VII viii 14   27 *Etym.,* VII
viii 16 et Hier. *De nom. hebr.,* 77 (*PL* XXIII)   30 Isid. *Etym.,* VII viii 21

89. Zacharias interpretatur "memoria Domini; LXX° enim anno desolacionis templi completo, Zacharia predicante memoratus est Dominus populi sui, iussuque Darii reversus est Dei populus, et reedificatum est et urbs et templum."

90. Malachias interpretatur angelus meus, vel "angelus Domini, id 5 est nuncius; quicquid enim loquebatur, quasi a Domino essent mandata, ita credebantur et inde ita eius nomen. LXX^a transtulerunt dicentes: 'Assumpcio verbi Domini super Israel in manu angeli eius.'"

91. Isayas vero interpretatur salvator Domini, quia "salvatorem universarum gentium eiusque sacramenta amplius quam ceteri 10 predicavit."

92. "Ieremias: excelsus Domini, pro eo quod dictum est ei: *Ecce constitui te super gentes et regna.*" Iste quadruplex alfabetum descripsit diversis metris, quorum duo prima saphico metro scripta sunt, quia tres versiculos, qui sibi nexi sunt et ab una tantum litera incipiunt, heroicum 15 coma includit; tertium alphabetum trimetro scriptum est; quartum alfabetum simile primo et secundo habetur.

93. Ezechiel: fortitudo Dei, quia ei dictum est: *Ecce dedi faciem tuam valentiorem faciebus eorum, et frontem tuam duriorem frontibus eorum, ut adamantem et ut silicem dedi faciem tuam.*   20

94. "Daniel: iudicium Dei, sive quia in presbiterorum iudicio sententiam divine examinacionis exhibuit, dum reperta eorum falsitate Susannam ab interitu liberavit; sive quod visiones et sompnia a quibus per signa quedam et enigmata futura monstrabantur, sagaci mente discernens aperuit; hic et desideriorum vir appellatus est, quia panem 25 desiderii non manducavit, et vinum concupiscentie non bibit."

95. Philistorycus dicitur quasi 'philo hystoricus,' a *philos*, quod est amicus, et hystoricus. Dicitur autem hystoricus ab ὑστορῶ, *hystorô*, verbo greco circumflexo, quod est 'video,' vel 'honoris gratia visito.' Dicuntur autem proprie hystorici rerum visarum narratores, unde et 30 polistor dicitur Alexander quidam philosophus, quia multa viderat et expertus fuerat.

96. David autem interpretatur manu fortis, sive desiderabilis, quia fortissimus in preliis fuit, et desiderabilis in stirpe sua, de qua predixerat

---

1 zakarias *i.m. B**   5 malachias *i.m. B**   6 essent *corr. ex* esset *B**   9 isaias *i.m.*
B*   9 quia] qui *RH*   12 ieremias *i.m. B**   15 sibi] ibi *RH*   17 alfabetum simile]
alfabeticum similiter *R;* alfabetum similiter *H*   18 ezechiel *i.m. B**   21 daniel *i.m.*
B*   22 divine *clarius i.m. B**   27 philistoricus *i.m. B**   30 rerum] verum *B*   33
david *i.m. B**

---

1 Isid. *Etym.*, VII viii 20   5 Hier. *De nom. hebr.*, 78 (*PL* XXIII), Isid. *Etym.*, VII viii
22   9 *Etym.*, VII viii 7   12 *Etym.*, VII viii 8   Ierem. I:10   18 Isid. *Etym.*, VII viii
8   Ezech. III:8-9   21 Isid. *Etym.*, VII viii 9   33 Hier. *De nom. hebr.*, 53 (*PL* XXIII, 857)

propheta: *Veniet desideratus cuntis gentibus.* Istum per similitudinem
vocat hic Ieronimus nominibus VI poetarum quorum quidam, aut omnes,
lirico carmine quedam scripserant. Est autem liricum carmen, cum
precisi versus integris subiecti sunt, ut est apud Oratium: "Beatus ille qui
5 procul negociis," deinde sequitur precisus versus: "ut prisca gens
mortalium." Et dicitur liricum a lira. Lira autem dicta est 'ἀπὸ τοῦ
λυϱειν, *apo toy lyrein,* id est a varietate vocum, quod diversos sonos
efficiat; quia igitur David conscripsit psalmos apud hebreos metrico
carmine, more romani Flacci, et greci Pyndari, [193^D] nunc metro
10 iambico, nunc alkaico, nunc saphico trimetro, nunc pede exametro: ideo
dictorum poetarum nominibus eum descripsit Ieronimus. De Symonide
autem dicit Cicero in libro *De natura deorum,* quod non solum fuit poeta
suavis, verum eciam doctus et sapiens. Preterea Ysidorus dicit quod
Symonides miles adiecit grecis literis XVII inventis a Cadmo, et tribus
15 adiectis a Palamede, tres alias, videlicet ΨΞΘ psi xi thita, sed an iste
fuerit idem Symonides de quo locutus est Cycero ignoro. Sed de
Simonide poeta dicit idem Isidorus quod Symonidia metra dicuntur que
Simonides poeta liricus composuit. Aliqui libri habent Sinphonides, quod
magistri quidam glossant "consonator," sed corrupta est litera.
20   97. Salomon interpretatur pacificus eo quod in regno eius pax fuerit;
qui iuxta tria nomina sua tres libros edidit. Iuxta hoc nomen 'Salomon'
edidit librum Proverbiorum in quo de moribus tractat. Iuxta hoc nomen
'Ecclesiastes' edidit librum similiter nominatum in quo concionatur ad
universos et de rerum naturis disputat. Iuxta hoc nomen 'Itida,' quod
25 interpretatur 'amabilis Domino,' edidit Canticum canticorum in quo,
disputans de theologia, desponsacionis Christi et ecclesie canit
epithalamium. Est autem epythalamium carmen nubentium quod
decantatur a scolasticis in honorem sponsi et sponse. Dicitur autem ab *epi*
preposicione greca et nomine greco *thalamos* pro quo nos dicimus
30 thalamus, id est domus in quam ingrediuntur sponsus et sponsa.
     98. Hester interpretatur absconsa, cuius librum Esdras creditur
conscripsisse.
     99. Παϱαλειπω, *paralipo,* autem verbum grecum idem est quod
'pretermitto' vel 'relinquo,' et dicitur a *para* quod est seorsum et *leipo*

2 aut] ante *RH*   2 omnes] in *add. RH*   3 cum] ut *R*   12 verum *clarius i.m.*
*B**   17 composuit *corr. ex* componit *B**   19 consonator] quasi consolator *R*   23
concionatur] regulatur *R;* racionatur *H*   26 desponsacionis] dispensacionis *R*   27
epithalamium *i.m. B**   31 hester *i.m. B**   31 absconsa] absponsa *R*   34 para
*clarius i.m. B**

1 Aggaeus II:8   4 Horatii *Epodon,* II, 1-2   4 Isid. *Etym.,* I, xxxix, 24   6 *Etym.,*
VIII, vii, 4   11 Ciceronis *De natura deorum,* I, 60   13 Isid. *Etym,* I, iii, 6   16
Etym., I, xxxix, 19   20 Hier. *De nom. hebr.,* 93 (*PL,* XXIII, 887)   24 *De nom hebr.* 58
(*PL,* XXIII, 861); cf. 2 Reg. XII:25

quod est linquo, et inde *paralipomenos* participium passivum preteriti temporis, cuius genitivus pluralis est *paralipomenon,* id est "pretermissorum et reliquorum, quia ea que in Lege vel Regum libris vel omissa vel non plene relata sunt, in isto summatim ac breviter explicantur." 5

100. Ἐπιτομή, epitome autem idem est quod abreviacio sive incisio, ab *epi* preposicione et *thomos* quod est divisio.

101. Esdras interpretatur adiutor, Neemias consolator a Domino quia isti fuerunt in adiutorium et consolacionem populo redeunti ad patriam, et templum Domini reedificaverunt et murorum ac turrium opus 10 instauraverunt.

102. Proselitus autem grecum nomen est quod nos dicimus advena, et dicitur ab hac preposicione *pros* quod est 'ad,' et *eltho* verbo quod est 'venio.'

103. Matheus autem interpretatur donatus, qui ex publicano in 15 apostolatum translatus est.

104. Marcus interpretatur excelsus.

105. Lucas: 'consurgens' sive 'ipse elevans.'

106. Iohannes: 'in quo est gracia' vel 'cui donatum est.'

107. Paulus vero interpretatur mirabilis sive electus, quia multa signa 20 fecit et ab oriente usque in occasum Christi ewangelium in omnibus gentibus predicavit. De eius autem electione dicitur: *Segregate mihi Barnaban et Paulum ad opus quod elegi eos;* et iterum: *Ipse est vas eleccionis.* Latine autem Paulus idem est quod modicus, quia ipse fuit sui reputacione novissimus apostolorum et omnium sanctorum minimus. 25

108. Apocalipsis autem grecum nomen est quod latine dicitur revelacio, et derivatur ab hoc verbo ἀποκαλύπτω apocalypto, cuius futurum est ἀποκαλύψω *apocalipso;* unde et nomen verbale apocalypsis, et componitur ab *apo,* quod in composicione signat 're,' et *lypto* verbo quod est 'velo.' 30

109. Hermagoras: rethor quidam grecus de primis rethoribus fuit [194^A] qui tumidam habuit eloquentiam et plus polliciens quam intelligens, de quo et Tullius ait in *Rethorica prima:* "Nam Hermagoras quidem nec quid dicat attendere nec quid polliceatur intelligere videtur, qui oratoris materiam in causam et in questionem dividit." 35

1-2 participium … cuius *om. R*   6 epitome *i.m. B**   10-11 et … instauraverunt *add. i.m. B**   15 matheus 4 *i.m. B**   20 paulus *i.m. B**   21 in omnibus gentibus *add. i.m. B**   26 apocalipsis *i.m. B**   29 lypto *i.m. B**   35 materiam *clarius i.m. B**

---

3 Isid. *Etym.*, VI, ii, 12   8-11 cf. *Etym.*, VII, viii, 23   15 Hier. *De nom. hebr.*, 92 (*PL*, XXIII, 886)   18 *De nom. hebr.*, 113 (*PL*, XXIII, 899)   19 *De nom. hebr.*, 111 (*PL*, XXIII, 899)   20 *De nom. hebr.*, 108 (*PL*, XXIII, 897)   22 Act. XIII:2   23 Act. IX:15   26 Isid. *Etym.*, VI, ii, 49   33 Ciceronis *De inventione*, I, 8

110. "Gazophilacium autem erat archa ubi colligebantur in templo ea que ad indigentiam pauperum mittebantur. Compositum est autem de lingua persa et greca. *Gaza* enim lingua Persarum thesaurus dicitur, *phylasso* vero verbum idem est quod custodio;" inde gazophylacium
5 quasi thesauri custodia.

111. Cresus autem rex Lidorum fuit ditissimus.

112. Quorundam autem superiorum verborum aliquid licet modicum obscuritatis habentium brevem expositionem propter aliquos simpliciores redeundo subieci; scilicet 'futurus gencium predicator
10 instruendus erat:' instruendus per collacionem pocius quam per erudicionem, ait enim in epistula ad Galatas: *Michi autem qui videbantur aliquid esse nichil contulerunt.*

113. 'Eciam absque nobis per se probari debeat:' absque nobis, id est absque relacione ad nos propter se debet et a me et ab aliis laudari, quia et
15 ingenium docile per se laudabile est. Multo ergo fortius desiderium et studium ingenii docilis. Consideramus enim in hac laude non quid tu invenias apud nos, O Pauline, sed quid queras invenire apud nos. Queris enim invenire doctrinam vive vocis apud nos quos ex literis nostris nosti.

114. 'Mollis cera,' et cetera. Exemplum est quod ingenium docile
20 eciam sine doctore est laudabile.

115. 'Signatus est enim:' hec signacio est occulta Dei et hominis unio in unitatem persone.

116. 'Sciens literas:' philosophus.

117. 'Astronomicis, astrologicis:' Ieronimus enumerat simul
25 astronomiam sive astrologiam, quarum una est scientia de motibus astrorum, reliqua scientia iudiciorum; sed cum scientia iudiciorum sit perniciosa, quia supersticiosa, quomodo dicit eam inter ceteras mortalibus utilem? An quia una scientia bona, eius tamen usus non bonus sed supersticiosus? Sed si utilitas rei consistat in usu, forte ideo dicit eam
30 utilem quia ex illa parte qua iudicat de mutacionibus inferiorum elementorum per superiorum motus scientia utilis est, sed cum iudicat de futuris actibus voluntariis nec scientia quidem est, sed demoniorum fallacia.

118. 'Ac non sic,' et cetera: quasi dicat immo magis sic possumus

---

1 gazophilacium *i.m. B**   6 cresus *i.m. B**   6 ditissimus] Redit ad exposicionem *add. RH;* Redit ad exposicionem quorundam superiorum verborum huius epistule propter simpliciores *add. P*   7 licet] sed *RH*   12 nichil *corr. i.m. B**   14 absque *add. inter lineas B**   22 unitatem] unicione *R;* unitate *H*   24 simul *add. i.m. B**   29 si *add. i.m. B**   30 quia *corr. ex* qua *B**

1 Isid. *Etym.*, XX, ix, 1   11 Galat. II:6   24 Cf. infra, V, ix, 1

dicere Maronem Christianum, quia secundum eos qui centonas extraxerunt, illos versus scripsit de Christo cum tamen Christum non habuerit in fide.

119. Isti duo versus: "Iam redit et virgo," et "Iam nova progenies," sunt in *Bucolicis,* Egloga quarta, id est *Sicilidis muse;* et iste versus: "Nate 5 mee vires," est in libro *Eneidis,* libro primo. Iste versus: "Talia perstabat memorans," est in secundo libro *Eneidis.*

120. 'Nec hoc stultum quidem.' Aliqui libri non habent stultum, et est secundum hoc is sensus: immo, ut cum ira loquar, puerile est nec te scire quidem quod nescias. Sex antiqui libri habent stultum, et est sensus: 10 immo, ut cum ira loquar, nec hoc quidem est stultum, immo longius a racione et sapientia quam stultum. Est enim in mente stulta racionis possibilitas. Quid inquam? Nec eciam stultum est hoc, videlicet te scire quod nescis. Qui autem docet quod nescit, facit se scientem quod nescit; quia qui vere docet, scit illud quod docet. 15

121. 'Que non misteria:' Docet enim naturas racionem et mores et innumera misteria nostre reparacionis. Preterea, habet omnem sermonis ornatum.

122. *'Et in novissimo die:'* Dies iudicii est dies novissimus, quia impiis ultra non erit dies, bonis ultra non erit nox. 20

123. 'Quot principes,' et cetera. [194^B] Quia iudices Christum signant et varios prelatorum ecclesie status, et ordines racionis ad populum virium inferiorum.

124. 'Iezrael:' filius Osee de uxore Gomer. Due uxores, fornicaria scilicet et adultera, referuntur ad X tribus. 25

125. *'Emitte agnum:'* Agnus dominator terre Christus est. *'Petra deserti:'* secundum Ieronimum est Ruth que, mariti morte viduata, de Booz genuit Obez, de Obez Iesse, de Iesse David, de David Christum. 'Mons filie Syon:' Ierosolima vel ecclesia, in culmine virtutum constituta.

126. 'Eruca:' Assyrii, Babilonii, Caldei. 'Brucus:' Macedones et 30 omnes Alexandri successores. 'Locusta:' Medi et Perse. 'Rubigo:' Romani vel quatuor vicia principalia per hec signantur. Vel 'eruca:' mala cogitacio; 'brucus:' ei adquievisse; 'locusta:' eam perpetrasse; 'rubigo:' de perpetrato non penituisse.

127. 'XV graduum numerum efficiunt:' Numerus XV ab unitate per 35 singulas suas partes sibi coacervatus excrescit in centum XX, et CXX

---

2 versus *om. B*   12 stulta] multa *R*   17 nostre *clarius i.m. B**   23 virium] Israel *R*   25 adultera] adulteria *RH*   29 culmine] culmen *R*   34 perpetrato] petra *R*

---

4 Virgilii *Bucolica,* Ecloga IV, 6-7   6 Virgilii *Aeneidos,* I, 664 et II, 650   26 Isai. XVI: 1

econtrario efficit quindenarium predicto modo sibi coacervatum. Est
autem quindenarius graduum: partes vel septem et octo; item septem
pastores et octo primates; vel X verba legis et V libri Moysi; vel sicut
notatur in Psalmo quorum coacervacio efficit mistice CXX.

5   128. 'Amos pastor,' et cetera. Unde idem Amos: *Non sum propheta et
non sum filius prophete, sed armentarius sum ego vellicans sicomoros, et
tulit me dominus cum sequerer gregem.

129. 'Vacce pingues:' lascivi sacerdotes; 'domus maior:' Israel;
'domus minor:' Iuda; 'fictor:' Dominus;'locusta:' Senacherib; 'murus:'
10 apostoli; 'liti:' oleo Spiritus Sanctus et invincibiles; 'uncinus:' dispositio
supplicii peccatoribus.

130. 'Ysaiam:' Ysaias narrat ewangelicam hystoriam, conceptum de
virgine, incarnacionem et passionem.

131. 'Iesus' signat Iesum Christum; 'lapis:' per fortitudinem;
15 'oculorum septem:' propter spiritum septiformem; 'sordidis vestibus:'
sordide vestes caro infirma in similitudine carnis peccati; 'candelabrum:'
ecclesia; 'due olive:' lex et ewangelium; 'equi rufi varii et albi:' martires,
confessores et virgines.

132. 'Virga:' vindicta a Caldeis; 'olla succensa:' Ierusalem; 'pardus:'
20 populus Iudeorum varius et mobilis et instabilis.

133. Daniel fuit 'temporum conscius,' quia rerum quas predixit eciam
cunta tempora predixit, quod non fecerunt alii.

134. 'Et diem celebrem:'dies celebris XV^a dies mensis Adar.
Essentque dies isti epularum et leticie, et mitterent sibi invicem ciborum
25 *partes, et pauperibus muniscula largirentur.*

135. 'Non implesse quod volui,' hoc est non plene monstrasse
difficultatem intelligencie Scripture, ut intelligatur ex hoc quod
addiscitur sine doctore.

136. 'Audivimus tantum:' audivimus summatim continentiam
30 Scripture quam nosse et cupere debemus, que signatur per atrium
Domini, de qua hoc scimus quod illam nescimus.

137. 'Matheus Marcus,' et cetera: hii velud quatuor animalia,
circumtrahentes Christum; 'plenitudo sciencie' est in eorum ewangeliis;
'undique oculati' quia preterita presencia et futura vident; 'scintille:'
35 verba predicacionis; 'fulgura:' comminaciones; 'pedes:' affectus; 'in
sublime tendunt' contemplacione; 'pennati' virtutibus; ubique
discurrentes velud nubes ad predicandum; 'tenent se mutuo et perplexi

---

2-3 septem et octo *bis corr. ex* 7 et 8 *B**   5 pastor ... Amos *add. i.m. B**   10 uncinus
clarius i.m. B*   12 ewangelicam] evangelii *RH*   32 hii] sunt *add. R*

5 Amos VII:14   24 Esth. IX:22

sunt,' quia sibi invicem attestantur et concordant; 'rota in rota,' quia
allegoria in hystoria.

138. 'Luce *laus est in ewangelio,*' id est inde laudabilis quod scripsit
ewangelium, et ex arte simul et ewangelii scripsione argui potest quod
Actus apostolorum quos scripsit pleni sunt sensibus mysticis. [194^C]   5

139. De epistula autem quam scribit Ieronimus ad Desiderium hec
mihi videbantur aliqua propter minores exposicione egere.

140. 'Periculosum,' id est laboriosum, et in quo eciam facile errari
potest. 'Latratibus:' nota quod detractores canes sunt ad invicem
mordentes. 'Sugillacionem:' sugillacio latens et fraudulenta suffocatio. 10
'Ingenium quasi vinum probantes,' id est antiquorum ingenium
preferentes ingenio modernorum, cum econtra dicit Priscianus: "Quanto
iuniores tanto perspicaciores et ingenio floruisse et diligencia valuisse
omnium iudicio conprobantur eruditissimorum," quia vinum vetus
melius est vel reputantes ingenia modernorum sicut vinum novum, 15
videlicet ex tumore superbie despumancia quasi mustum. Unde Iob 32:
En venter meus quasi mustum absque spiraculo; vel probantes ingenium
ex parva libacione procedentium de ingenio sicut vinum probatur parva
prelibacione.

141. 'Fedari:' sicut non fedabatur oblacio auri et argenti oblacione 20
pilorum caprarum, sic nobilis translacio LXX interpretum non vilificatur
per meam translacionem.

142. Ysidorus: "Astericus apponitur in hiis que omissa sunt, ut
illucescant per eam notam, que deesse videntur. Stella enim aster dicitur
greco sermone, a quo astericus est derivatus.   25

143. "Obelus, id est virgula iacens, apponitur in verbis vel sentenciis
superflue iteratis, sive in hiis locis ubi lectio aliqua falsitate notata est, ut
quasi sagitta supervacua iugulet atque falsa confodiat. Sagitta enim grece
obelus dicitur." Notat igitur astericus quod illud quod antea defuit,
postea appositum elucescat. *Belos* autem grece idem est quod sagitta 30
latine, et per anteposicionem huius litere 'O' dicitur obelos. Obolus
autem genus ponderis est.

144. 'In nostris codicibus,' id est in translacione LXX. '*Ex Egypto*

---

3 inde] vite *RH*   7 aliqua] antequam *R*   13 iuniores] et cetera *add. B**   13-14
tanto ... eruditissimorum *add. i.m. B**   16 tumore *corr. ex* tunore *B;* timore *R*   16
Unde *add. inter lineas B**   20 non] notatur R   21 LXX *add. i.m. B**   29 Notat]
vocat *RH*   31 anteposicionem] apposicionem *R*   33 LXX *corr. ex* 70 *B**

---

3 2 Cor. VIII:18   6 Hier. *Praefatio in Pentateuchum,* apud *Biblia Sacra,* I (Romae,
1926), 63-69   12 Prisciani *De arte grammatica,* Prooemium, 1; apud Prisciani *Opera,* ed.
Augustus L. G. Krehl (Lipsiae, 1819), I, 4; et H. Keilii *Grammatici latini,* II (Lipsiae, 1865),
1.   17 Iob XXXII:19   23 Isid. *Etym.,* I, xxi, 2-3   33 Matth. II:15

vocavi filium meum:' secundum Ieronimum in epistula *Ad Pammachium de optimo genere interpretandi* et *Super Osee,* ebraica veritas est: *Quia puer Israel et dilexi eum et ex Egypto vocavi filium meum,* pro quo LXX transtulerunt: "Quia parvulus est Israel et dilexi eum et ex Egypto vocavi
5 filios eius.: *'Quoniam Nazareus:'* Ieronimus, epistula 36: "Hoc in Ysaia positum est. Nam in eo loco ubi nos legimus et transtulimus: *Exiet virga de radice Iesse et flos de radice eius descendet,* in hebreo iuxta illius lingue ydioma 'Nazareus' scribitur." *Super Ysaiam* vero dicit Ieronimus quod LXX "pro flore, qui hebraice dicitur *nezer,* germen transtulerunt," et
10 quod eruditi Hebreorum de hoc loco sumptum putant quod dicit Matheus: *Quoniam Nazarenus vocabitur.* "Sed sciendum quod hoc nomen *nezer* per sade literam scribitur, cuius proprietatem et sonum inter zitam et 'S' latinus sermo non exprimit. Est enim stridulus et strictis dentibus vix lingue impressione profertur. Porro Nazarei quod LXX
15 'sanctificatos' transtulerunt per zain semper scribitur elementum."

145. *'Videbunt in quem compunxerunt:'* Ieronimus, epistula 36: "quod Iohannes ewangelista sumit iuxta hebraicam veritatem: *videbunt in quem compunxerunt,* in LXX legimus: 'et aspicient ad me pro hiis que illuserunt vel insultaverunt.' "

20 146. *'Et flumina de ventre,'* et cetera: Dicunt quidam quod ubi nos habemus in Parabolis: *deriventur fontes tui foras,* ibi habet hebreus: "flumina de ventre eius," et cetera. Alii dicunt quod ubi nos habemus in Proverbiis: *vena cite os iusti,* ibi habet hebreus: *flumina,* et cetera. 'Et: *Que nec oculus vidit,'* et cetera. Item Ieronimus, epistula 36: "In Ysaia
25 [194^D] iuxta hebraicam veritatem ita legitur: *A seculo non audierunt neque auribus perceperunt, oculus non vidit, Deus, absque te que preparasti expectantibus te.* Hic LXX aliter multo transtulerunt: 'A seculo non audivimus, neque oculi nostri viderunt Deum absque te, et opera tua vera, et facies expectantibus te misericordiam.' " Hinc sumptum est
30 apostoli testimonium ad chorum, non expresso verbo ad verbum, set eodem sensu aliis sermonibus indicato.

---

5 eius] meos *R*   10 quod] aliqui *add. RH*   10 putant] *corr. ex* fuit totum *B**; fuit illud *RH*   15 semper *clarius i.m. B**   16-18 Ieronimus ... compunxerunt *om. RH*   18 LXX] ecclesiam *H*   20 nos *corr. ex* enim *i.m. B**   30 chorum] eorum *R;* corinth *H*

1 Hier. *Epist. LVII Ad Pammachium de optimo genere interpretandi,* VII, 6 *(CSEL,* LIV, 514-515)   2 Hier. *Comm. in Osee,* III, xi *(PL,* XXV, 914-915)   Osee XI:1   4 *Cit. ex* Hier. *Comm. in Osee,* III, 11; vel ex *Epist.* LVII, 6   5 Hier. *Epist.* LVII, 8 *(CSEL,* LIV, 515)   6 Isai. XI:1   8 Hier. *Comm. in Isaiam,* IV, xi *(PL,* XXIV, 144)   11 Matth. II:23   16 Hier. *Epist.* LVII, VII, 4 *(CSEL,* LIV, 513-514)   17 Ioan. XIX:37   20 Ioan. VII;38   21 Prov. V:16   23 Prov. X:11   24 1 Cor. II:9   24 Hier. *Epist. LVII,* IX, 6 *(CSEL,* LIV, 520)   25 Isai. LXIV:4

147. 'Sintagma' idem est quod coordinacio vel constructio. *Tatto* enim
vel *tasso* verbum grecum idem est quod 'ordino' et inde *taxis* femininum
nomen est, et *tagma* nomen neutrum, idem quod ordo vel ordinacio;
unde ex *sin* preposicione greca et *tagma* componitur 'sintagma.'

148. 'Apocriphum' autem idem est quod absconditum; *cripto* enim   5
verbum grecum idem est quod occulto, et inde componitur *apocripto*
idem quod 'abscondo,' et inde derivatur *apocriphum,* id est absconditum;
et dicuntur scripta quorum auctores incerti sunt apocripha.

149. 'Hyberas,' id est Hyspanas; Hyberii enim sunt, ut dicit Ysidorus,
Hispani, qui a Tubal filio Iaphept descenderunt. Hii enim ab Hybero 10
amne primum Hiberi, postea a Spanio Spani cognominati sunt.

150. 'Nenie' vero, ut quidam dicunt, sunt vana carmina que super
sepulchra mortuorum scribuntur, et ideo dicuntur hibere nenie quia apud
Hyspanos hic mos primum repertus fuit. Alii dicunt nenias esse cantus
nutricum ad sedandos fletus puerorum et ad eos consopiendum.   15

151. 'Causas erroris,' scilicet sectancium deliramenta apocriforum.

152. Ut autem habetur in Iosepho, iste Tholomeus fuit qui dictus est
Philadelphus, filius Tholomei filius Lagi; cuius precepto Demetrius
Falarais super bibliothecam regis constitutus studuit omnia per
universam terram inventa volumina congregare. Qui interrogatus a 20
Tholomeo quot milia codicum haberet, XX milia se iam habere respondit
et pauco post tempore usque ad L milia posse pervenire. Iste Ptolomeus
ad petitionem Aristei, de quo hic fit mentio, dimisit a captivitate liberos
plus quam centum milia Iudeos, pro singulo capite dans dominis eorum
dragmas CXX. Hic Ptolomeus peciit ab Elazaro, principe sacerdotum, ut 25
mitteret ei de unaquaque tribu Iudeorum sex senes et sapientes qui legem
Iudeorum greca lingua interpretarentur. Quod et ita factum est. De hoc
plenius scribitur in Iosepho *Antiquitatum* libro XII capite II°.

153. Augustinus autem non mendacium reputat septuaginta cellas
LXX interpretum. Ait enim in libro secundo *De doctrina Christiana:* "In 30
grecis translacionibus Septuaginta interpretum, quod ad vetus
testamentum attinet, excellit auctoritas. Qui iam per omnes periciores
ecclesias tanta presencia Spiritus Sancti interpretati esse dicuntur, ut os
unum tot hominum fuerit. Qui si, ut fertur, multique non indigni fide
predicant, singuli cellis eciam singulis separati cum essent interpretati, 35
nichil in alicuius eorum codice inventum est quod non eisdem verbis

1 constructio] confirmacio *R*   2 est *om. B*   14 primum] primo *RH*   15
consopiendum] composcendos *R;* concipiendos *H*   17 fuit *om. B*

9 Isid. *Etym.,* IX, ii, 29 *Etym.,* IX, ii, 109   17 Iosephi *Anti. Iud.* XII, 34-39   30 Aug.
De doctrina christiana, II, xv (*PL,* XXXIV, 46)

eodemque verborum ordine inveniretur in ceteris. Quis huic auctoritati
conferre aliquid, ne dum preferre audeat? Si autem contulerunt ut una
omnium communi tractatu iudicioque vox fieret, nec sic quidem
quemquam unum hominem qualibet pericia ad emendandum tot
5 seniorum doctorumque consensum aspirare oportet aut decet.
Quamobrem, si aliqui aliter in hebreis exemplaribus invenitur quam isti
posuerunt, cedendum esse arbitror divine dispensacioni que per eos facta
est, ut libri, quos gens iudea ceteris populis vel religione vel invidia
prodere nolebat, credituris per Dominum gentibus ministra regis
10 Tholomei potestate tanto ante proderentur. Itaque fieri potest ut sic illi
interpretati sint, quemadmodum congruere gentibus ille qui eos agebat et
qui unum os omnibus fecerat, Spiritus Sanctus iudicavit."

154. 'Duplicem divinitatem,' id est divinitatem duarum personarum.

155. 'Yperaspistis' grece idem est quod protector latine, et
15 componitur ab *yper* preposicione greca et *aspistis*. *Spizo* enim verbum
grecum idem est quod 'extendo;' inde *aspizo* quod est 'in circularem
figuram volvo;' unde dicitur aspis serpens [195^A] scilicet qui in modum
scuti circularis se girat; et similiter aspis signat scutum circulare; unde
aspizo idem est quod 'scuto protego;' et inde componitur *yperaspizo,* et
20 inde *yperaspistis.*

156. '*Economicum Xenophentis:*' economicum, id est dispensatorium.
Economus enim idem est quod dispensator. Est autem liber quem
composuit Xenephon forte de officio dispensatoris. Scribitur autem
secundum grecam scripturam non economus per 'e,' sed oiconomus per
25 'oi' diptongum, et dirivatur ab *oikos* quod est domus.

157. '*Pitagoras* Platonis:' liber quem composuit Plato, sicut *Thimeus*
Platonis; intitulabat enim libros suos a nominibus discipulorum vel eorum
quos introducebat loquentes.

158. Demostenes vero rethor creditur scripsisse librum pro defensione
30 cuiusdam qui dicebatur Thesiphon; unde sicut dicitur Cicero pro
Deiotharo, sic Demostenes pro Thesiphonte, et totus ille liber dicitur
Prothesiphon. Hos libros transtulit Tullius ex greco in latinum.

159. 'In quibus,' suple karismatibus;'interpretes fere tenent' ultimum
locum ad Corinthios I, 12, ubi dicit apostolus: *Et quosdam quidem posuit*
35 *Deus in ecclesia primo quidem apostolos,* et cetera. 'Illi,' id est Hebrei.

---

2 autem] aut *B*   4 pericia *corr. ex* paricia *B**   9 ministra regis] ministrarent
RH   13 Duplicem … personarum *om. RH*   14 Yperaspistis] Yperapistis *codd.*   21
dispensatorium] dispensacionum *R*   23-25 Scribitur … domus *ponit infra post:* ex greco
in latinum *B*   29 creditur *corr. i.m. ex* editur *B**   33 tenent] teneat *H*   33 ultimum]
novissimum *R*

---

34 1 Cor. XII:31

'Tui codices,' id est LXX interpretum. 'Aliud est:' totum hoc ironicum est, quasi dicat alienum est, si Hebrei probaverunt testimonia usurpata ab apostolis contra se ipsos, et hoc postea quam ab apostolis sunt usurpata; quasi "hoc non est."

160. 'Emendaciora:' quia emendatissima exemplaria sunt hebrea, 5 secundo greca, tercio latina. Prima enim sunt hebrea, secundo greca translata de hebreis, tercio latina translata de grecis; unde latina maxime inemendata.

---

1 ironicum] eroicum *R*   2 si] libri *R;* ly *H*   6-7 Prima ... latina *om. RH*

PARTICULA PRIMA

Cap. I, 1. Omnis scientia et sapientia materiam habet et subiectum aliquod, circa quod eiusdem versatur intentio. Unde et hec sapientia sacratissima, que theologia nominatur, subiectum habet circa quod 5 versatur. Istud subiectum a quibusdam putatur Christus integer, Verbum videlicet incarnatum cum corpore suo quod est ecclesia. Vel forte non inconvenienter diceretur subiectum huius sapientie illud unum, de quo ipse Salvator in ewangelio Iohannis ait:*Non pro hiis autem rogo tantum, sed pro eis qui credituri sunt, per verbum eorum in me, ut omnes unum* 10 *sint, sicut et tu Pater in me et ego in te, ut et ipsi in nobis unum sint, ut mundus credat quia tu me misisti.* In hoc namque uno de quo dicit: *ut et ipsi in nobis unum sint,* videntur aggregari aliquo modo iste unitates sive uniones, videlicet qua Verbum incarnatum est unus Christus, unus videlicet in persona Deus et homo, et qua ipse est unus in natura cum 15 ecclesia per assumptam humanam naturam, et insuper qua ecclesia reunitur ei per condignam assumpcionem, in sacramento eucaristie, illius carnis quam assumpsit de virgine, in qua crucifixus, mortuus est et sepultus, et a mortuis resurexit, et ad celos ascendit, iterum venturus iudicare vivos et mortuos. Ex quibus tribus unionibus videtur aggregari 20 unum quo dicitur Christus integer unus; de quo uno dicit Apostolus ad Ephesios: *Omnes enim vos unum estis in Christo Ihesu,* vel secundum quod habetur in greco: *Omnes enim vos* unus *estis in Christo Ihesu.* Videtur [195^B] quoque illud unum de quo dicit: *ut et ipsi in nobis unum sint,* adicere predictis, quod Filius Verbum sit unum in substancia cum 25 Patre, et per consequens cum Spiritu Sancto. Quam unitatem substancialem expressit Filius cum dixit: *Sicut et tu Pater in me et ego in te.* Adicit quoque et unitatem conformitatis nostre in suprema facie racionis

---

5 versatur] illud (et idem *R*) est unum subiectum huius sapientie quod exprimit Salvator in Iohanne cum dicit: Ut et ipsi in nobis unum sint *add. RCPH*   10 sicut. . .sint *om. P*   11 de subiecto theologie *i.m. B**   13 qua] quod *R*; quia *CHP;* contra *K*   14 et qua] tamen quia *RH*   18 et ad celos ascendit *om. P*   20 unum] de *add. R*   26-27 Sicut . . . Adicit *om. R*

2-52:5 Editur apud Gerald B. Phelan, "An unedited Text of Robert Grosseteste on the Subject–matter of Theology," *Revue néoscolastique de philosophie,* XXXVI (1934), 176–179   2-6 Capitulum de subiecto theologiae citatur a Duns Scoto, *Ordinatio,* Prologus, pars 3, qu. 3, IV, apud *Opera omnia* (Vatican City, 1950), I, 119–120. Cf. Gerald B. Phelan, "An unedited Text of Robert Grosseteste," p. 174 n. 1; et Beryl Smalley, "The Biblical Scholar," p. 80   8 Ioan, XVII:20–21   21 Galat. III:28   22 Cf. *Novum Testamentum Graecum,* Galat. III:28: πάντες γὰρ ὑμεις εἷς ἐστε ἐν χριστῷ Ἰησοῦ   26 Ioan. XVII:21

nostre cum summa Trinitate, ad quam conformitatem et deiformitatem inducimur per mediatorem Deum et hominem Christum, cum quo sumus unus Christus.

(RECENSIO PRIMA *CRHP*)

2 - 3 Considera quod dicitur qualiter unum, quo sumus unum cum Patre et Filio et Spiritu Sancto, quod eciam exprimitur apud Iohannem cum dicitur: *ut et ipsi in nobis unum sint,* conglutinare videtur in se unum substancie Patris et Filii et Spiritus Sancti, et unum unionis duarum naturarum personaliter in Christo, et unum quo sumus unum vel unus in Christo, et unum renovacionis spiritus mentis nostre cum summa Trinitate. Et quod ab hoc uno ordinabiliter descenditur in unitatem Trinitatis et Verbum incarnatum, et corpus eius quod est ecclesia, et in deiforme nostrum, et quod (cum H) omnes creature, secundum quod fluunt ab hoc uno et referuntur ad ipsum, ad istam scientiam pertinent,

(RECENSIO SECUNDA *BQ*)

2. Hoc igitur unum, quo sumus unum in Patre et Filio et Spiritu Sancto – ait enim: 5 *ut et ipsi in nobis unum sint* – conglutinare videtur in se unum substancie Patris et Filii et Spiritus Sancti, unum unionis duarum naturarum in persona Christi, et unum quo sumus omnes unum vel unus in Christo, et 10 unum renovacionis in spiritu mentis nostre cum summa Trinitate. Unde et ab hoc uno sic aggregato et unito, tamquam a subiecto, potest esse descensus ordinabilis in trinitatem, et trinitatis unitatem, et Verbum 15 incarnatum, et corpus eius quod est ecclesia, et in deiforme nostrum cum Trinitate.

3. Unde et sapiencie de istis partes erunt ordinabiliter ad istam sapienciam pertinentes. Creature eciam omnes, in 20 quantum habent essentialem ordinem ad dictum unum huius sapiencie subiectum, hoc est in quantum ab hoc uno fluunt et in hoc unum recurrunt, ad istam pertinent sapienciam, 25

licet secundum alias condiciones extra hanc sapienciam sint, et partes scienciarum aliarum.

Cap. II, 1. Sive igitur huius sapiencie subiectum sit istud unum quod diximus sive Christus integer, istius sapiencie subiectum neque per se notum est, neque per scienciam acceptum, sed sola fide assumptum et 30 creditum. Nec posset esse intellectum, nisi prius esset creditum. Non enim cadit vel comprehenditur in aliqua divisione entis secundum quod dividit ens humana philosophia. Nec est Creator solum, nec creatura

---

2 Deum et hominem] Dei et hominum *RH*   21 pertinent] Quomodo creature omnes ad istam scienciam pertinent et quomodo non *add. P;* quod omnia pertinent aliquo modo ad theologiam *i.m. B**   27 aliarum] Quod subiectum huius sciencie vel sapiencie est primo per solam fidem acceptum et quod credibilia sunt magis propria huius sciencie quam scibilia, et quod a credibilibus magis quam a scibilibus et quomodo et qualiter *add. RCHP*

7 *Cf. Ephes. IV:23*

solum. Et illud unum quod diximus, si queratur quid sit, non potest
responderi nisi dictum unum. Non enim est natura aliqua una, sed est
locus sapiencie quem huius mundi sapientes non poterunt invenire. De
quo dicit Iob: *Sapiencia ubi invenitur, et quis est locus intelligencie? nescit*
5 *homo precium eius, nec invenitur in terra suaviter vivencium. Abissus*
dicit: Non est in me, et mare loquitur: Non est mecum. Trahitur autem
sapiencia de occultis. Et: Abscondita est ab oculis omnium viventium.
Huius igitur, ut dictum est, sapiencie subiectum sola fides accipit.
Quapropter credibilia magis sunt huius sapiencie propria quam sint
10 scibilia. Unde magis debet a credibilibus quam a scibilibus sine fide previa
inchoare.

    2. Credibilia autem duplicia sunt: quedam enim sunt credibilia
propter ipsarum rerum verisimilitudinem, quedam vero propter dicentis
auctoritatem. In hac autem sapiencia credibilitas ex rerum
15 verisimilitudine accidens est. Nam que in hac sapiencia proprie credibilia
sunt, a dicentis auctoritate sunt credibilia. Unde, cum in hac scriptura
indifferens sit dicentis auctoritas, Dei videlicet loquentis *per os*
sanctorum, qui a seculo sunt prophetarum eius, indifferens est et
credendorum in hac scriptura credibilitas, nisi forte quis diceret quod que
20 per os Verbi incarnati Deus Pater locutus est nobis in Filio, sint magis
credibilia quam que locutus est nobis in prophetis. De eque autem
credibilibus, unde sunt eque credibilia, non est curandum quid prius
quidve posterius dicatur, nec alterum [195^C] ex altero sillogizandum, quia
ex hac parte unde sic credibilia sunt, nullum altero est notius; tamen de sic
25 eque credibilibus quedam sunt facilius imaginabilia et quedam difficilius.
Facillime vero ymaginabilia sunt species et forme huius mundi sensibilis,
utpote celum, terra, mare et que in eis sunt species sensibiles. Iste igitur
sensibiles mundi species, in quantum sunt extra certitudinem sensus et
sciencie et venientes sub fidem, sunt simpliciter fidei magis et facilius
30 capabiles. Quapropter hec scriptura que proponitur simpliciter toti
humano generi, a sensibilibus huius mundi secundum quod sub fidem
veniunt debet inchoari. Omnis namque doctrine primordia hiis quibus
proponitur eadem doctrina, debent esse magis capabilia.

    3. Species autem huius mundi, secundum quod nunc gubernantur,
35 habent sensus et sciencie certitudinem. Secundum ordinem vero quo
creabantur, non accipiuntur primo nisi per fidem. Mundi igitur sensibilis

3 quem] quam *RH*   8 sapiencie] vel sciencie *add. RHP*   12 duo genera credibilium
i.m. B.*   14-15 credibilitas . . . sapiencia *om. RH*   19 forte] quod *add. P*   28 sunt
extra] habent *P*   29 fidem] fide *R*   30 scriptura] sciencia *P*   34 quod theologia
debet incipere a mundi condicione *i.m. B**

4-8 Iob XXVIII:12–14, 18, 21   17 Luc. I:70

creacio, per modum quo mundus ymaginabilis est et per corporis exteriores sensus apprehensibilis, in primordio huius scripture debuit enarrari, ut quivis eciam rudis huiusmodi narracionem facillime possit per ymaginacionem et rerum corporalium ymagines apprehendere, et per dicentis auctoritatem in fide firmare.   5

   Cap. III, 1. Primus igitur sensus litere principii huius scripture est de creacione temporali et successiva corporalium et visibilium celi et terre, et visibilis ornatus eorum. Nec debet prima litere significacio expresse sonare creacionem angelorum, cum sint substancie solum intelligibiles, nec a communitate eorum quibus hec scriptura proponitur in principio 10 comprehensibiles; nec debet eciam primus litere sensus signare materie prime insensibilis et informis ex nichilo creacionem. Debet tamen in primo sensu litere ymaginabili de creacione mundi, mundus intelligibilis designari, ut habeat in hoc principio perfectus quod comedat, et parvulus quod sugat.   15

   2. Unde per sensum primum literalem mundi creati, signatur mundus increatus archetipus, id est eterne et incommutabiles raciones in mente divina mundi creati. Signatur eciam per literalem sensum ymaginabilem angelorum condicio et mundi creandi in mente angelica cognicio. Signatur quoque materie et forme primordialium ex nichilo 20 creacio, et mundi sensibilis ex illis primordialibus ordinata condicio. Signatur quoque allegorice ecclesie ordinacio, et tropologice per fidem et mores anime informacio. Sunt igitur in summa huius primordii de creacione mundi in sex diebus sex intellectus et exposicionum modi; qui forte senarius exposicionum per sex dies et eorum opera designantur.   25

   3. Mundus namque archetipus, id est sapiencia Patris genita, quid aliud est nisi primeva lux, et primus dies *illuminans omnem hominem venientem in hunc mundum.* In qua nulle sunt tenebre, sicut dicit Iohannes: *quia Deus lux est et tenebre in eo non sunt ulle.* Omnis autem lux creata habet aliquas tenebras aut actu aut potencia. Ista autem lux genita 30

---

1 mundus *add. i.m. B**; *om. RCHP*   3 quivis] quis *RCH*   3 rudis] rudus *QK*   6 qualis debet esse primus sensus litere huius in principio et cetera *i.m. B**   6 principii *om.* *RCH*   13 mundi *om. R*   14 quod] quid *RCHP*   15 sugat] suggat *B*   16 quod sensus primus literalis signat quinque mistic *i.m. B**   17 eterne] ecclesie *R*   20 et forme *om. R*   23 anime] conveniens *RCH*   26 quod sex intellectus huius litere per sex dies significantur *i.m. B**   30 creata] creatura *RH*

---

6 Cf. Richardi Rufi *Comm. in Sent.,* II, d. 12 (Balliol Coll. MS 62, foll. 126^D–127^A); cf. R.C. Dales, "The Influence of Grosseteste's 'Hexaëmeron' on the 'Sentences' Commentaries of Richard Fishacre, O.P. and Richard Rufus of Cornwall O.F.M.," *Viator,* II (1971), 271–300   6-25 Citatur a Ioanne Wyclyf, *Prologus Isaie,* Oxford, Magdalen Coll. MS lat. 55, fol. 1^C; cf. Beryl Smalley, "John Wyclif's *Postilla Super Totam Bibliam,"* *Bodleian Library Record,* IV (1953), 198   14 Cf. Roberti Grosseteste *Comm. in Psalmos* (MS Bologna, Archiginnasio A. 983, fol. 87^A)   27 Ioan. I:9   29 Ioan I:5

est Deo Patre dicente, quia diccio est Verbi generacio; non autem est
creata vel facta. Possumus tamen per lucis create factionem, eternam
intelligere lucis increate de luce ingenita generacionem. Hec lux in se est
manifestissima, et tamen quoad capacitatem nostram et sui
5 inaccessibilitatem est obscura; [195^D] que inaccessibilitatis obscuritas
potest dici vespera.

4. Secundus autem dies potest esse creata intelligentia angelica,
cuius vertibilitas arbitrii liberi in perpetuum mansuri est sicut volubile
firmamentum, super quod aqua superior est mutabilitas eius per
10 profectum in melius, et aqua inferior est mutabilitas eius per defectum in
peius.

5. Tercia vero dies est educcio materie et forme a nichilo in esse;
ipsaque materie fluxibilitas aqua est, que per formam congregatur et
sistitur; ipsaque materia velud terra de se producit et germinat species
15 rerum corporeas tanquam virentes herbas et arbores fructiferas.

6. Quartus vero dies est ecclesie constitucio et ordinacio; in qua sunt
maiores et minores prelati sicut luminare maius et luminare minus, qui
presunt lucentibus per sapienciam et virtutes, et tenebrosis per
ignoranciam et vicia quasi diei et nocti; qui singulis et universis
20 distingunt, signant et ordinant temporales motus et acciones congruas.

7. Quintus vero dies est formacio fluitantis anime ex aquis baptismi
et sapiencie salutaris in virtutem contemplativam ad superna volantem,
et virtutem activam in fluxum temporalium se inmiscentem.

8. Sextus vero dies est temporalis per sex dies mundi huius visibilis
25 formacio; in quo complevit Deus celum et terram et omnem ornatum
eorum, et creavit hominem ad ymaginem et similitudinem suam. Hii
igitur sex dies sunt huius scripture ordinatum et conveniens inicium.

Cap. IV, 1. Progressus vero ab hoc inicio debet esse per lineam
generacionis humani generis usque ad Christum salvatorem; cui
30 progressui convenit admisceri hystorias et actus prophetales, Christum et
corpus eius, quod est ecclesia, presignantes. Oportuit eciam de ipso
premitti prophetale testimonium, quod ipsum testificaretur tum verbis
nudis tum signacionibus allegoricis; et preter hoc congruebat scribi
regulas morales omni condicioni congruentes; et in hiis completur vetus

1 est] a *add. RCP*   1 dicente] docente *K*   5 inaccessibilitatem] inaccessibilem
sublimitatem *RCHP*   7 Secundus] Secunda *RKH*   13 fluxibilitas] flexibilitas *R*   13
congregatur] aggregatur *R*   14 sistitur] subsistitur *R;* subsistit *CH*   15 corporeas]
incorporeas *R*   16 constitucio] construccio *R*   20 temporales] corporales *R*   21
formacio] forma *H*   21 fluitantis] confluitantis *H;* fluctuantis *RQC;* fluctualiter *K*   23
in *om. P*   28 Progressus theologie *i.m. B* Sign. conc. 'de perfectione sacrae scripturae'
i.m. B*   De hoc signo concordantiali et omnibus sequentibus, vide* S.H. Thomson,
"Grosseteste's Concordantial Signs," *Medievalia et Humanistica,* IX (1955), 39–53   28
debet] debeat *R;* debeant *H*   30 prophetales] spiritales *R*

testamentum, in historia videlicet et prophecia et morali doctrina. Consequenter itaque oportuit scribi doctrinam et conversacionem apparentis͞in carne salvatoris Christi. Que quia non potuerunt perscribi singula – non enim, si per singula scriberentur, caperet mundus *eos qui scribendi* essent *libros* – sed oportuit ea in brevitatem coartari, 5 conveniebat et hiis planiorem exposicionem adici, et insuper regulas vivendi spiritaliter congruentes ewangelice gracie et novitati. Et ista complentur in quatuor Ewangeliis et Epistulis et Actibus apostolicis. Epistole enim habent ewangeliorum exposicionem et nove vite per doctrinam spiritaliter moralem informacionem. Actus vero apostolici 10 habent per exemplum instruccionem. Tandem congruebat ut describeretur mundi finis et consummacio, et ecclesie in futuro impermutabilis et eterna glorificacio; quod in Apocalipsi completum dinoscitur. Et cum statui glorificate ecclesie non succedet status alius, non est quod huic scripture possit adici amplius. Continet igitur in se hec 15 scriptura totum quod continet natura, quia post mundi creacionem non est nove speciei seu nature adiectio. Continet eciam totum quod est supra naturam, quod videlicet est nostre reparacionis et future glorificacionis. Continet [196^A] eciam totam moralitatem et totam scienciam racionalem. Ipse enim mundus archetipus est omnis rei racio et ars et regula et 20 racionalis sciencia. In ipso est omnis causa subsistendi et racio intelligendi et ordo vivendi. Unde patet quam veraciter dicit Augustinus, quod "quicquid homo extra hanc scripturam didicit, si noxium est in ista dampnatur, si utile est in ista invenitur." Et cum in ista quisque invenerit omnia que utiliter alibi didicit, multo habundancius inveniet ea que 25 nusquam omnino alibi sed in istius tantummodo scripture mirabili altitudine et mirabili humilitate discuntur. Est autem huius admirabilis scripture finis status glorie.

    Cap. V, 1. Unde, cum omnia ad finem oporteat dirigere, ars exposicionis huius scripture est ut totum quod in ea invenitur significet 30 ultimo aliquid de statu glorie, aut aliquid directe deducens in statum

---

3-4 perscribi singula] per singula scribi *P*   4 eos] omnes *RC*   5 ea] eam *B*   8 apostolicis] apostolorum *R*   10 spiritaliter] spiritualem *R*   11 exemplum] exempla et *P*   12 describeretur] scriberetur *RH*   14 alius] aliis *R; *alicuius *H*   15,24 *Sign. conc.* 'de perfectione sacrae scripturae' i.m. *B**   19 moralitatem] mortalitatem *BQ*   20 rei]res *P*   25 inveniet] in add. *R*   27 discuntur] dinoscuntur *R*   29 *Sign. conc.* 'de modo exponendi scripturam' i.m. *B**   30 *Sign. conc.* 'de perfectione sacrae scripturae' i.m. *B**   31 in] ad *RCH*

4-5 Cf. Ioan. XXI:25   15-22 Cf. Grosseteste *De operationibus solis* (ed. McEvoy) p. 51; evulgatur loc. cit. n. 39   22-27 Cf. loc. cit.; evulgatur n. 40   23 Aug. *De doctrina christiana*, II, 42 (PL, XXXIV, 65)

glorie, velud est fides, spes et karitas. Unde Basilius ait quod sermonum
huius doctrine finis est non dicencium laus, sed discencium salus. Et
Augustinus in libro *De doctrina christiana* ait: "Servabitur in locucionibus
figuratis regula huiusmodi, ut tamdiu versetur diligenti consideracione
5 quod legitur, donec ad regnum caritatis interpretacio perducatur. Si
autem hoc iam proprie sonat, nulla putetur figurata locutio."

2. Ne autem frustra desudet quis aut perniciose magis in hac
sapiencia, audiat qualem oporteat esse huius sapiencie auditorem; de quo
ait Basilius: "Qualis igitur auditus dignus sit magnitudine relatorum, vel
10 quemadmodum instructus esse debet animus ad rerum eiusmodi
percepcionem? Nimirum qui viciis carnalibus est immunis et erumpnis
minime secularibus offuscatus, quin eciam laboriosus et sollers et omnia
circumspectans, ut meritam Dei nocionem possit attrahere." Aristotiles
quoque in *Etica* sua ait: "Civilis doctrine non est auditor puer proprius,
15 expers enim est earum que secundum vitam operacionum; raciones
autem et ex hiis et circa has; amplius autem et passionum insecutores
inaniter audientes et infructuose, quia finis est non cognicio sed
operacio." Quanto magis igitur inaniter a talibus auditur sacra pagina!
Salomon quoque in Parabolis promittit se docturum sapienciam, et
20 tamen plurimum quod docet est purgacio affectus et aspectus mentis.

Cap. VI, 1. Et ne putemus scriptorem principii huius scripture, id
est Pentateuci, imperitum fuisse sermone vel sapiencia, licet verba eius
superficietenus inspecta non multam videantur habere venustatem
eloquencie aut profunditatem sapiencie, audiamus quales laudes eius
25 personat divinus Basilius dicens: "Moyses itaque est editor huius historie;
Moyses ille qui perhibetur apud Deum venustus fuisse, cum adhuc
maternis uberibus inhiaret; quem adoptavit filia Pharaonis et regio cultu
liberaliter educavit, philosophis Egipciorum erudicioni eius magistris
adhibitis; qui factum tirannidis exhorruit et ad humilitatem suorum se
30 civium convertit, contentus afflictari pocius cum pópulo Dei quam
fructum peccati capere temporalem. Qui amorem iusticie de ipsa natura
sortitus est, quippe qui priusquam plebis acciperet principatum, propter

8 sapiencie] sciencie *P*   9 qualis debet esse auditor theologie *i.m. B**   13 meritam]
merito *P*   19 sapienciam *om. R*   24 laus Moisi *i.m. B**   29 factum] *sic BQK;* semen
RCHP; recte: fastum

1 Eustathii *In Hexaëmeron S. Basilii Latina Metaphrasis*, I, 1, 2 (E. Amand de Mendieta
et St. Y. Rudberg, edd., *Eustathius ancienne version latine des neuf homélies sur
l'Hexaémeron de Basile de Césarée* [Berlin, 1958], p. 4); vide etiam St. Y. Rudberg, *Die
lateinischen Hexaemeron-übersetzungen des Eustathius* (Louvain, 1957)   3 Aug. *De
doct. christ.*, III, 54 *(CSEL LXXX, 93)*   9 Bas. *Hex.*, I, 1, 1 (ed. cit., p. 1)   13-18
Evulgatur apud J.T. Muckle, "Robert Grosseteste's use of Greek Sources in his
Hexameron," *Medievalia et Humanistica*, III (1945), 36   14 Aristotelis *Ethica
Nicomachea*, I, iii, 5–6   19 Cf. Prov. IV:11   25 Bas. *Hex.*, I, 1, 4–7 (ed. cit., pp. 4–5)

odium nequicie naturale usque ad necem videtur improbos persecutus. Qui ab hiis effugatus est, quibus ipse fuerat opitulatus; qui libentissime tumultibus [196^B] Egypciorum derelictis ad Ethiopiam est profectus, ibique ceterorum vacuus negociorum, per annos quadraginta rerum contemplacioni dans operam, octogesimumque etatis agens annum vidit 5 Deum ut erat homini videre possibile, immo ut nemini pocius licuit alii, secundum testimonium ipsius Domini: *Quia si fuerit propheta quis vestrum Domino, proprie per visum ei cognoscar, et per sompnium loquar; sed non ita ut famulus meus Moyses, qui in omni domo mea fidelis est. Ore ad os colloquar, in specie et non per figuram.*" Hic itaque qui in 10 potiendis presentibus Dei conspectibus angelis fuerat coequatus, qui a Deo ascultavit, disserit nobis.

2. Hec itaque beatus Basilius in laudem Moysi conscribit, qui in primo Pentateuchi libro, preter sensum hystoricum, hominis conditi in bonis naturalibus et gratuitis describit lapsum, et humani generis descensum in 15 spiritalem Egyptum, hoc est in tenebras viciorum. In secundo vero libro describit humani generis de spiritali Egypto regressum per baptismum, construitque ex baptizatis Deo tabernaculum. Et cum nemo sine peccato vivat egeatque cotidie homo peccati piaculo, in tercio libro describit hostias et expiaciones pro peccato. Et quia quanto plus augentur dona 20 spiritalia tanto plus augentur spiritalium nequiciarum nobis adversancium bella, ideo in quarto libro dinumerat et describit fortes ad prelia, et superatis hostibus, deducit Dei populum per penitencie heremum ad terre Promissionis ingressum. Qui quinto loco legem innovat, quia congruit vite novitas eis qui superaverunt rebellionem 25 carnis ad spiritum et dicunt cum Psalmista: *Cor meum et caro mea exultaverunt in Deum vivum.*

Cap. VII, 1. Primus itaque sensus huius litere omnibus ymaginabilis, quem prima facie pretendit hec litera, est quod Deus in principio temporis et rerum creatarum inicio fecit celum, quod ambit et 30 circumdat et continet omnia huius sensibilis mundi cetera corpora, et terram hanc visibilem quam calcamus et inhabitamus; que terra adhuc erat inanis, quia nondum germinaverat terrenascencia, et vacua ab animalibus que eam erant inhabitatura. Per hoc autem quod sequitur: *tenebre erant super faciem abyssi, et spiritus Domini ferebatur super* 35 *aquas,* manifeste insinuat quod inter celum et terram totum medium

---

2 opitulatus] optitulatus *B*   6 homini *om. P*   13 in *add. i.m. B**

---

7 Num. XII:6–8   26 Psalm, LXXXIII:3   18 construitque] conferuntque *R*   21 dona *om. R*   21 spiritalia] spiritalium *R*   23 ad] et *R*   28 literalis sensus huius in principio *i.m. B°*   33 nondum] non *RCH*   34 erant *add. i.m. B**

spacium repleverant aque, simul facte cum celo et terra; quas tamen forte
non dicit factas cum celo et terra, quia ille erant materiales rebus fiendis in
intermedio celi et terre. Uno enim momento proprie voluntatis
magnitudinem eorum que cernuntur extruxit. In principio enim mundi
5 moles, etsi non omnis mundi species, perfecta est. Super abissum
itaque aquarum mediarum inter celum et terram erant tenebre, quia
nondum erat lux earum tenebras illustrans; et spiritus, hoc est bona
voluntas, Domini ferebatur super has aquas per intencionem educendi
eas in species visibiles. Quod ut fieret, Verbo Dei primo de hiis aquis
10 facta est lux corporalis, aquarum dictas tenebras usque ad terram
illustrans; et spacium diurnum, hoc est XXIIII horarum equinoctialium
sic dividens ut in earum medietate terre habitacionem illustraret et in
altera medietate eidem lumen subduceret, fecit diem et noctem, que
simul iuncte [196^C] sunt unus dies naturalis.
15   2. Deinde Verbo Dei de dictis aquis factum est firmamentum in quo
nunc videmus celi luminaria; cuius firmamenti situs et locus multo est
inferior celo in principio facto. Remanserunt igitur de dictis
primordialibus aquis pars supra firmamentum, que totum undique
replevit spacium a firmamento superius usque ad primum celum, et pars
20 sub firmamento que totum undique replevit spacium a firmamento usque
ad terram deorsum. Istudque completum est in die secundo, quem
nondum sol fecit sed lux primo facta, diem et noctem dividens sui
illustracione et luminis subduccione. Tercio quoque die, quem reduxit
lux dicta, aque que erant sub firmamento congregate sunt, hoc est,
25 condensate ex vaporalibus in aquas spissas, quales nunc in mari et
fluminibus videmus; collecteque sunt in terre cavitatibus, que nunc sunt
loca marium et fluminum. Ipsa vero condensacione vaporalium aquarum
in aquas spissiores, cum inspissatum occupet minorem locum nec possit
remanere locus vacuus, pars aquarum vaporalium in tantum remansit
30 subtiliata et occupans maiorem locum quanto reliqua pars fuerat
condensata et occupans minorem locum. Sic quoque simul cum aquis
congregatis fiebat aer, quia vaporalis aque rarefaccio est aeris generacio;
et si fit subtiliacio et rarefaccio multa, generabitur eciam ignis et flamma.

3 voluntatis] voluntas *R*   7 spiritus] Domini ferebatur super aquas *add. RH*   11
equinoctialium *corr. ex* equinoxialium *B**   13 lumen subduceret] lucem seduceret *R;*
lumen induceret *H*   18 primor ...] *MS K desinit*   25 vaporalibus] vaporibus
RHP   27 marium] appellamus *add. R*   30 fuerat] fuerit *RH*   33 si fit] sic *RP;* si sit *H*

7 Cf. R. Rufi *Comm. in Sent.*, II, d. 12 (MS cit., fol. 127^B)   23 Cf. R. Grosseteste *De
fluxu et refluxu maris*, I, 52–70; III, 1–6 (ed. Dales, *Isis*, LVII [1966], 467)

Hac autem colleccione aquarum facta in maribus et fluminibus quemadmodum nunc videmus, et aere replente regionem hanc superiorem, Verbo Dei produxit terra qualia nunc videmus terrenascencia, quorum unumquodque per semen et plantacionem sibi simile secundum speciem produceret. Quarto autem die facta sunt 5 luminaria et stelle que nunc in firmamento collocata conspicimus, quorum motu et illuminacione fiunt divisim dies et nox, et signantur nobis temporum spacia et dimensiones. Quinto vero die ex aquis congregatis producta sunt Verbo Dei aquarum reptilia et celi volatilia, copulataque sunt Dei iusione ad permixtionem iam sobolis profuture. Sexto autem die 10 producta sunt de terra terrena animalia, et homo conditus ad ymaginem et similitudinem sui conditoris. Quod autem hoc modo successive per ordinem dierum temporalium formatus sit mundus et eius ornatus, astruunt Iosephus, Beda, Basilius, et Ambrosius, et Ieronimus, et nonnulli auctores alii, licet in plerisque aliis que pertinent ad 15 exposicionem literalem dissentire videantur, ut inferius, Deo adiuvante, plenius manifestabimus.

Cap. VIII, 1. Primum itaque verbum, videlicet: *In principio,* resonat temporis inicium, et mundum a temporis principio esse factum, et non esse ex parte anteriori interminatum et infinitum. Unde in hoc unico 20 verbo quod dicit: *In principio,* elidit errorem philosophorum qui dixerunt mundum non habuisse temporis inicium, quemadmodum dixit et probare nisus est Aristotiles in octavo *Physicorum;* similiter Plato in *Thimeo* inducit quendam qui infinitas inundaciones diluviorum asserit precessisse.

2. Sunt tamen quidam moderni, vanius istis philosophantes, immo 25 demencius istis desipientes, qui dicunt maxime Aristotilem non sensisse mundum carere temporis inicio, sed eum in hoc articulo catholice sensisse, et temporis et mundi inicium posuisse; quos arguit [196^D]

---

2 nunc] et sic *R; om. H*   2-3 et ... videmus *add. i.m. B**   4 plantacionem sibi simile] plantacionis substancialem *H*   5 simile] similem *R*   7 illuminacione] illustracione *RH*   7 fiunt] sunt *RH*   10 ad permixtionem iam] permixtionis causa *P*   10 profuture] profuturum *R*   13 ornatus] ornamenta *R; om. H*   18 plenior exposicio huius in principio et cetera *i.m. B°*   19 principio] inicio *RCH*   25 contra dicentes quod Aristotiles non sensit mundum duracione infinitum *i.m. B**

18-60:6 Vulgatur apud R.C. Dales, "A Note on Robert Grosseteste's *Hexameron,*" *Medievalia et Humanistica,* XV (1963), 69–70   18-61:26 Adducitur apud *Roberti Grosseteste Comm. in Phys.,* VIII (ed. Dales, p. 146, n. *f*)   Cf. R. Rufi *Comm. in Sent.,* II, d. 1 (MS cit., fol. 103^C)   Citatur ab Henrico de Harclay: *Quaestio disputata* 'Utrum mundus potuit fuisse ab eterno,' MS Assisi, Bibl. com. 172, fol. 149^r. Ex hoc MS editur apud E. Longpré, "Thomas d' York et Matthieu d' Aquasparta," *Archives d' histoire doctrinale et littéraire de Moyen Age,* I (1926), 270 Cf. etiam V. Doucet, "Descriptio Codicis 172 Bibliothecae Communalis Assisiensis," *Archivum Franciscanum Historicum,* XXV (1932), 257, 509   23 Platonis *Timaeus,* 23^B

manifeste ipsa litera Aristotilis, et media inducta ad eius conclusionem, et
ultima libri sui conclusio quam intendit probare de motore primo per
motus perpetuitatem. Expositores quoque omnes eiusdem loci
Aristotiles, tam greci quam arabes, dictum locum de perpetuitate motus
5 et temporis et mundi, id est eorum duracione ex parte utraque in
infinitum, concorditer exponunt. Boecius quoque in libro *De
consolacione philosophie* evidenter asserit tam Aristotilem quam
Platonem censuisse mundum inicio caruisse. Postquam enim diffinivit
eternitatem, volens eam ex collacione temporalium clarius liquere, ait:
10 quod "temporis patitur condicionem, licet illud sicuti de mundo censuit
Aristotiles nec ceperit unquam esse nec desinat vitaque eius cum
temporis infinitate tendatur, nondum tamen tale est ut eternum esse iure
credatur. Non enim totum simul infinite vite spacium comprehendit
atque complecitur, sed futura nondum transacta, iam non habet." Ex hiis
15 verbis manifestum est quod Aristotiles censuit mundum nec cepisse nec
desiturum esse, sed cum temporis infinitate protensum esse. Paulo
quoque post ait Boecius in eodem libro: "Non recte quidam, qui cum
audiunt visum Platoni mundum hunc non habuisse inicium temporis nec
habiturum esse defectum, hoc modo conditori conditum mundum fieri
20 coeternum putant. Aliud est enim per interminabilem duci vitam, quod
mundo Plato tribuit; aliud interminabilis vite totam pariter complexam
esse presenciam, quod divine mentis proprium esse manifestum est."
Augustinus autem in XI° libro *De civitate Dei* asserit quosdam
philosophos sensisse mundum eternum sine ullo inicio; qui ideo volunt
25 nec a Deo factum videri, "nimis," ut ipse ait, "aversi a veritate et letali
morbo impietatis insanientes."

3. Alii autem, ut ipse ait, mundum "quidem factum fatentur, non
tamen eum temporis volunt habere sed sue creacionis inicium, ut modo
quodam vix intelligibili semper sit factus." Afferunt eciam quidam de
30 antiquis Platonicis huius rei exemplum quod tangit Augustinus in libro
decimo *De civitate Dei* sic inquiens: "Quamquam et de mundo et de hiis
quos in mundo deos a Deo factos scribit Plato apertissime dicat eos
cepisse et habere inicium, finem tamen non habituros sed per conditoris
potentissimam voluntatem in eternum mansuros esse perhibeat, id
35 quomodo intelligant Platonici invenerunt: non esse hoc videlicet

---

1 ipsa *om. P*   8 censuisse] sensisse *RP*   27 diverse opiniones de mundi inicio *i.m.*
*B**   28 temporis] inicium *add. P*

---

3 Refertur apud D.E. Sharp, *Franciscan Philosophy at Oxford in the Thirteenth Century*
(Oxford, 1930), p. 43   7 Boethii *De cons. phil.*, V, prosa 6 (*PL*, LXIII, 858–859)   23
Aug. *De civ. Dei*, XI, 4 (*CSEL*, XL. 1, 515)   31 Aug. *De civ. Dei*, X, 31 (*CSEL*, XL. 1,
502–503). Cf. etiam R. Grosseteste *Comm. in Phys.*, I (ed. cit., p. 11)

temporis, sed substitucionis inicium. 'Sicut enim,' inquiunt, 'si pes ex
eternitate semper fuisset in pulvere, semper ei subesset vestigium; quod
tamen vestigium a calcante factum nemo dubitaret; nec alterum ab altero
prius esset, quamvis alterum ab altero factum esset; sic,' inquiunt, 'et
mundus atque dii in illo creati et semper fuerunt, semper existente qui   5
fecit, et tamen facti sunt'." In libro quoque *De civitate Dei* XII° refert
Augustinus Apuleum cum multis aliis credidisse mundum et hominem
semper fuisse. In eodem quoque libro, paulo inferius, recitat Augustinus
argumentum acutissimum philosophorum, quo nituntur [197^A] probare
mundum nunquam non fuisse sed sine inicio temporis extitisse, et tamen   10
factum fuisse. In libro quoque XIII *De civitate Dei* refert Platonem
sensisse mundum esse animal beatissimum, maximum et sempiternum.
Ambrosius quoque in libro *Exameron* ait: "Ipsum mundum semper fuisse
et fore Aristotiles usurpat dicere; contra autem Plato non semper fuisse
sed semper fore presumit astruere; plurimi vero alii nec fuisse semper nec   15
semper fore scriptis suis testificantur." Plato igitur videtur sibi ipsi
contrarius, quia, ut patet ex superioribus, alicubi affirmat mundum
carere inicio, alibi vero insinuat mundum habuisse inicium. Unde
Augustinus in libro XII° *De trinitate* ait Platonem apertissime confiteri
mundum non semper fuisse, hoc est esse cepisse, quamvis a nonnullis   20
contra quod loquitur sensisse credatur. Basilius quoque in *Exameron,*
omelia prima, ait: Quidam philosophorum creatori omnium Deo
visibilem hunc mundum coeternum esse pronunciant, et sine principio ac
fine haberi. Et quidam illorum nullo modo ab ipso factum concesserunt,
sed tanquam obumbracionem quandam virtutis esse divine; sponte enim   25
eum ferunt esse compositum, et quamvis Deum eius fateantur esse
auctorem, ita tamen fatentur ut sine voluntate ipsius processisse
confirment, sicut ex corpore umbram vel ex luce fulgorem. Plinius
quoque libro II° *De naturali hystoria* dicit mundum numen esse eternum,
immensum, neque genitum neque interiturum unquam.   30

    4. Ex hiis itaque et multis aliis que afferri possent nisi prohiberet
prolixitas, evidenter patet quod plurimi philosophorum simul cum

---

1 exemplum de pede et vestigio *i.m. B**   8 semper *om. P*   9 philosophorum] in *add.*
P   17 affirmat] insinuat *RH*   19 XII°]13° *RHP*   21 sensisse] concesisse *RH*

---

6 Aug. *De civ. Dei,* XII, 10 (*CSEL,* XL. 1, 582)   11 *De civ. Dei,* XIII, 16 (pp.
634–635)   13 Ambrosii *Hex.,* I, 1, 3 (*CSEL,* XXXII.1, 4)   19 Recte: Aug. *De civ.*
Dei, XII, 13 (*CSEL,* XL.1, 585)   21 Bas. *Hex.,* I, 2, 1 – I, 3, 8 (ed. cit., pp. 5–6)   28
Plinii *Nat. hist.,* II, i, 1, 1 (ed. Sillig, I, 101)   31 Refertur apud Sharp, *Franciscan*
Philosophy, pp. 43–44; et R.C. Dales, "A Note on Robert Grosseteste's *Hexameron,*" p.
70.   Citatur ab Henrico de Harclay, *op. cit.* (MS cit., fol. 149^r); vide Longpré, *art. cit.,* p.
270 et Doucet, *art. cit.,* pp. 257, 509

Aristotile asseruerunt mundum carere temporis principio; quos unius
verbi ictu percutit et elidit Moyses dicens: *In principio.* Hec adduximus
contra quosdam modernos, qui nituntur contra ipsum Aristotilem et suos
expositores et sacros simul expositores de Aristotile heretico facere
5 catholicum, mira cecitate et presumpcione putantes se limpidius
intelligere et verius interpretari Aristotilem ex litera latina corrupta
quam philosophos, tam gentiles quam catholicos, qui eius literam
incorruptam originalem grecam plenissime noverunt. Non igitur se
decipiant et frustra desudent ut Aristotilem faciant catholicum, ne
10 inutiliter tempus suum et vires ingenii consumant, et Aristotilem
catholicum constituendo, se ipsos hereticos faciant. Sed de hiis actenus.

5. Sciendum est autem quod illud quod decepit antiquos ut ponerent
mundum sine inicio, fuit precipue falsa ymaginacio, qua coacti sunt
ymaginari ante omne tempus tempus aliud, sicut ymaginatur fantasia
15 extra omnem locum locum alium, et extra omne spacium spacium aliud,
et hoc usque in infinitum. Unde et huius erroris purgacio non potest esse
nisi per hoc quod mentis affectus purgetur ab amore temporalium, ut
mentis aspectus immunis a fantasmatibus possit transcendere tempus et
intelligere simplicem eternitatem, ubi nulla est extensio secundum prius
20 et posterius, et a qua procedit omne tempus et prius et posterius. Decepti
erant quoque argumento illo quo dicebant: tota et plena causa cui nullam
oportet adicere condicio-[197^B]-nem ad hoc ut agat existente,
necessarium esse totum et plenum effectum eiusdem cause simul semper
cum ea coexistere. Deus autem talis causa est, quia omnipotens est, cui
25 nulla accidit nova condicio vel potencie vel sapiencie vel voluntatis, sed
semper uniformiter et uno modo se habet. Quapropter, si mundus ab eo
factus est, semper simul cum eo coextitit, et ita mundus sicut et ille sine
principio est. Quod si mundus factus non est, nichilominus sine principio
est. Hii afferunt exempla supra tacta de pede in pulvere et vestigio, de
30 corpore et umbra, de luce et fulgore.

6. Nec intelligunt quod verbum 'coexistencie simul pleni effectus
cum plena causa' implicat causam et effectum sub eiusdem generis cadere

1 unius] unus *P*   7 tam gentiles quam catholicos *add. i.m. B*   10 ingenii] sui *add.*
RH   11 actenus *om. P*   12 cause erroris philosophorum in ponendo mundum eternum
i.m. B°   15 locum alium *om. P*   18 aspectus] affectus *RH*   18 immunis *om.*
P   22 agat existente] aget ex isto *R;* agat ex isto *H*   25 sapiencie vel *om. RH*   29
tacta] dicta *P*   31 soluciones errorum *i.m. B*   32 cadere] eadem *RQH*

2 Editur apud *R. Grosseteste Comm. in Phys.* (ed. cit., p. xiv)   12 Vulgatur apud L.
Baur, *Die philosophischen Werke des Robert Grosseteste, Bischofs von Lincoln* (Münster i.
W., 1912) p. 95*; et Beryl Smalley, "The Biblical Scholar," pp. 87–88, n. 1   21 Citatur
apud Smalley, *op. cit.,* p. 88, n. 1

mensuram, utpote quod ambo sint temporalia, vel ambo eterna. Et in hiis quidem que participant eiusdem generis mensuram, necessaria est argumentacio supra dicta. Si autem causa et causatum non participent eiusdem generis essendi mensura, non potest eis coaptari illa regula ut dicatur: existente causa, necessario coexistit causatum. Cum igitur Deus 5 sit eternus, mundus quoque et motus et tempus sint temporales, tempus vero et eternitas non sint eiusdem generis mensure, non habet in hiis locum illa regula de cause et causati coexistencia. Habet autem locum, ut dictum est, cum causa et causatum participant eadem mensura. Quapropter Pater et Filius, quorum uterque eternus, et Pater causa Filii, 10 secundum Iohannem Crisostomum et Damacenum et Augustinum, et principium Filii coeterni sunt. Deus autem eternus causa est mundi temporalis et temporis, nec precedit ista tempore sed simplici eternitate. Item, quod dicunt omnem mutacionem ab alia mutacione preveniri, et omne instans esse medium preteriti et futuri, falsum est. Illam enim 15 mutacionem que est ex omnino non–ente in ens, non potest alia mutacio precedere, nec instans quod tempus inchoat est continuacio preteriti ad futurum, sed solum futuri inicium.

7. Bene igitur ait Moyses: *In principio.* Mundus enim, quia compositus est, factum esse se clamat. Quod autem factum est, habet esse 20 post non–esse, et ita essendi inicium temporale. Et forte simplicitas eternitatis arguit inicium et successionem temporis. Preterea, si tempus infinitum precessit, necesse est aut animas a corporibus exutas actu esse infinitas, aut unam esse omnium animam, aut eas in alia atque alia reverti corpora, aut eas esse mortales; quorum quodlibet est impossibile. Sic 25 igitur in sermonis sui principio, dicens: *In principio,* facit Moyses stragem excercitus gravissimorum et innumerabilium errorum.

Cap. IX, 1. Nec solum prosternit dictos errores per significatum huius nominis "principium," sed eciam per eiusdem nominis consignificatum destruit ponentes multitudinem principiorum. Ait enim: 30

---

1 mensuram] mensura *RQH*   2-4 mensuram ... essendi *om. RQH*   4 illa] in *R*   10 quorum] quod *R*   12 coeterni] coeternum *R*   19 opposiciones contra philosophos *i.m. B**   22 Preterea] Propterea *R*   24 omnium] omnem *R*   28 quod per consignificacionem singulos destruit ponentes multa principia *i.m. B**

---

1 Cf. R. Rufi *Comm. in Sent.,* II, d. 1 (MS cit., fol. 103^D)   11 Chrysost. *In epist. ad Hebr.,* hom. 2, n. 2 (*PG,* LXIII, 21); Damasc. *De fide orthodoxa,* VIII, 2 (*St. John Damascene De Fide Orthodoxa: Versions of Burgundio and Cerbanus,* ed. E. M. Buytaert, O.F.M. [Louvain and Paderborn, 1955], p. 30); Aug. *De trinitate,* V, 13–14 (*PL,* XLII, 920). Cf. etiam Grosseteste *De lib. arbitrio* (ed. Baur, pp. 186–187), *De ordine emanandi causatorum a Deo* (ed. Baur, pp. 147–150)   14 Cf. Boethii *De cons. phil.,* V. prosa 6 (*PL,* LXIII, 858). Vide etiam Grosseteste *Comm. in Phys.,* I et VIII (ed. cit., pp. 11, 147, 153, 154); et *De finitate motus et temporis,* II:157 (ed. Dales, *Traditio,* XIX [1963], 264) Vulgatur apud Grosseteste *Comm. in. Phys.,* VIII (ed. cit., p. 151, n. *k*)   21-22 Cf. Grosseteste *Comm. in Psalmos* (MS Bologna, Archiginnasio A. 983, fol. 112^D)

In principio, non quasi in multis, sed quasi in uno; in quo elidit iterato
Platonem simul et Aristotilem. Plato enim tria dixit esse principia et
Aristotiles duo, adiciens tercium quod vocabat operatorium. Sed hii duo
a multis in hac posicione non videntur esse reprehensibiles. Yle enim est
5 principium materiale omnium corporum, et species quam posuit
Aristotiles principium formale. Deus autem omnium est principium
[197^C] efficiens; ydea vero racio et forma est et ars omnium in mente
divina. Sed sciendum quod hii philosophi intellexerunt in nomine
principii carenciam inicii; et dixerunt hoc esse principium quod aliis fuit
10 causa subsistendi, ipsum tamen non esset ex aliquo, neque ex nichilo,
neque a temporis inicio. In hoc igitur erraverunt quod posuerunt aliud a
Deo tale principium quod neque esset ex nichilo, neque ex aliquo alio,
neque ab aliquo essendi inicio. Hoc enim est solius Dei proprium.

2. Materia autem prima et forma prima ex nichilo et a temporis inicio
15 creata sunt. Plato quoque erravit in idee posicione ex ea parte qua
asseruit ydeam exemplar extra Deum, ad quod intendens Deus fecit
mundum. Et ne quis putet Aristotilem et Platonem aliter sensisse de
principiis, audiat Ambrosium dicentem: "Aliqui hominum
presumptorum tria principia constituerunt omnium, deum et exemplar et
20 materia, sicut Plato discipulique eius; et ea incorrupta et increata ac sine
inicio esse asseruerunt, deumque non tanquam creatorem materie, sed
tanquam artificem ad exemplar, hoc est ydeam, intendentem fecisse
mundum de materia, quam vocant ylen, que gignendi causas rebus
omnibus dedisse asseritur. Ipsum quoque mundum incorruptum nec
25 creatum nec factum estimaverunt aliqui. Alii quoque, ut Aristotiles cum
suis disputandum putavit, ut duo principia ponerent materiam et
speciem, et tercium cum hiis, quod operatorium dicitur; cui suppeteret
competenter efficere quod adoriundum putasset." Ieronimus quoque et
Beda ceterique scriptores sacri super eisdem posicionibus eosdem
30 philosophos reprehendunt, licet Plato alicubi videatur sensisse non aliud
esse ideam quam raciones rerum in mente divina. Puto autem quod Plato
in hac posicione videatur sibi ipsi sensisse contraria, quemadmodum in
posicione perpetuitatis mundi, sicut supra tetigimus.

3. Non solum autem isti, sed et alii philosophi in posicione
35 principiorum erraverunt. Posuerunt enim plurimi eorum aut unum aut
multa principia preter Deum a nullo temporis inicio, neque ex materia

---

2 dixit] posuit *RH*   4 non *om. P*   8 philosophi *add. i.m. B*; om. P*   17 ne *om.*
R   26 suis] discipulis *add. P*   26 putavit] putaverat *R*   30-32 non ... sensisse *add.*
i.m. B*

---

18 Ambr. *Hex.,* I, i, 1 (*CSEL,* XXXII.1, 3)

alia, neque ex nichilo creata; quemadmodum Tales Millesius "aquam putavit rerum esse principium et hinc omnia elementa mundi ipsumque mundum et que in eo gignuntur existere; nichil autem huic operi quod mundo considerato tam mirabile aspicimus, ex divina mente preposuit." Anaximander vero unicuique rei proprie posuit principia, et 5 innumerabiles mundos ex illis esse dixit, nichilque divinum eis preposuit. Anaximines vero aeri finito rerum omnium causas dedit, "nec deos negavit aut tacuit; non tamen ab ipsis aerem factum, sed ipsos ex aere ortos credidit. Anaxagoras vero rerum omnium quas videmus effectorem divinum animum sensit et dixit, et ex infinita materia, que constaret 10 similibus inter se particulis rerum omnium quibus suis et propriis singula fierent, sed animo faciente divino. Diogenes vero aerem dixit rerum esse materiam de qua omnia fierent, sed eum esse compotem divine racionis, sine qua nichil ex eo fieri posset. Archilaus autem ipse et de particulis inter se similibus quibus singula queque fierent ita putavit constare 15 omnia, ut inesse eciam mentem diceret, que corpora eterna, id est illas particulas, coniungendo et dissipando ageret omnia." [197^D] Hii igitur omnes aliquid aliud quam Deum posuerunt principium non iniciatum, et ita, cum Deus sit tale principium, posuerunt per consequens principia plura, eciam illi qui non videntur ponere nisi principium unum.   20

4. Horum omnium errores unica unius verbi sillaba vel litera destruit Moyses. Consignificacione namque singularitatis et unitatis in hoc singulari nomine 'principio' destruit multitudinem principiorum. Ipsa autem singularitatis unitas in hoc nomine 'principio' extrema eius sillaba seu litera consignatur et perpenditur. Et est in hoc admirabilis 25 huius sapiencie profunditas, que eciam unius verbi sillaba vel litera tantam prosternit catervam errorum. Nec multum est nobis necessarium circa huiusmodi errores vane philosophancium disputare, quia ipsi se ipsos impugnant et destruunt. Unde beatus Basilius ait: "Plurima super rerum natura Grecorum philosophi disputarunt, sed nullus apud eos 30 sermo fixus habetur et stabilis, priore semper a sequente deiecto. Nichilque nobis opere precium est, que illorum sunt infirmare, cum ad destructionem propriam sibimet ipsi sufficiant."

Cap. X, 1. Nomen autem principii multiplicem habet intellectum. Dicitur enim principium in successione temporis et principium in ordine 35

---

1 opposiciones philosophorum de mundi principiis *i.m. B**   5 proprie *om. P*   22
Consignificacione *corr. ex* consignacione *et clarius scribit i.m. B**; consignacione *R*   25
*Sign. conc. 'de perfectione sacrae scripturae' i.m. B**   27 prosternit *add. i.m. B**   34
distinctio principii *i.m. B**

1-17 Cf. Aug. *De civ. Dei,* VIII, 2 (*CSEL,* XL.1, 355–356)   29 Bas. *Hex.,* I, 2, 2 (ed. cit., p. 5)   34 Cf. R. Rufi *Comm. in Sent.,* II, d. 12, MS cit., fol. 127^{A-B})

numerali, et principium in mole et magnitudine, principium quoque in
mocione. Sed hii intellectus principii non privant 'esse ab alio simpliciter,'
secundum quem intellectum tantum unicum est principium; sed innuunt
hoc quod dicitur principium 'esse primum in suo genere,' et 'non habere
5 prius in eodem genere.' Dicitur eciam ars 'principium' artificii, et
'principium' id ex quo fit facilius, et finis ultimus et optimus 'principium'
eius quod est ad finem. Simpliciter autem principium omnium dicitur
divina virtus ut primum movens et efficiens omnia. Omnes autem hii dicti
intellectus principii coacervantur in hoc nomine 'principium,' cum
10 dicitur: *In principio fecit Deus celum et terram.* Fecit enim Deus hec in
principio temporis. Principium autem temporis tripliciter intelligitur:
Uno modo instans primum indivisibile, ante quod nullum fuit tempus, et
ex quo incepit tocius temporis successio; et hoc temporis principium
tempus non est. Alio modo intelligitur temporis˙principium aliquod
15 momentum breve, quod tamen tempus est terminatum anterius ad
instans indivisibile primum. Tercio modo dicitur principium temporis
species temporis a qua specie incepit tempus. Deus itaque in primo
instanti temporis indivisibili subito fecit celum et terram, sive hiis signetur
informis natura spiritalis et corporalis, sive forma et materia prima, sive
20 celum quod ambit omnia cetera corpora et terra quam calcamus, aqua
vaporali occupante celi et terre medium; moles enim et magnitudo eorum
que cernuntur secundum omnes auctores subito extructa est; sive per
preoccupacionem in summa comprehendatur hiis duobus nominibus
quod postea per partes divisum est, secundum Augustinum super hunc
25 locum *Ad literam:* "Totum in uno et primo instanti factum est," licet
secundum alios auctores mundus iste visibilis, ut supra tetigimus,
successione sit factus.

2. Fuit quoque mundus factus in mense Nisan, in vernali videlicet
equinoctio, [198^A] de quo mense scriptum est in Exodo: *Mensis iste vobis*
30 *principium mensium: primus erit in mensibus anni.* Insinuavit itaque
Moyses quod mundi moles facta est subito in primo instanti temporis,
ante quod instans nullum omnino precesserat tempus. Quod instans
incoavit mensem Nisan, in cuius mensis inicio factus est mundus, in ipso
videlicet equinoctio vernali. Et decuit mundum et tempus a vernali

5 artificii] artificis *R*   8 ut primum] et principium *P*   10 hec] 3 *add. P*   11
temporis²] est *add. P*   13 temporis²] tempus *R*   14 intelligitur] intellectum *RH*   14
principium] est add. *RH*   20 terra] terram *P*   21 vaporali] vaporabili *R*   23
nominibus] modis *R*   27 successione] successive *RCHP*   28 Quod mundus fuit
conditus in vere *i.m. B**29 equinoctio *corr. ex* equinoxio *B**

7 Cf. James P. Reilly, Jr., "Thomas of York and the Efficacy of Secondary Causes,"
Mediaeval Studies, XV (1953), 225–232 Vide etiam infra I, x, 9   25 Cf. Aug. *De Gen. ad
litt.,* I, 9 (*CSEL,* XXVIII.1, 13)   28 Cf. R. Rufi *Comm. in Sent.,* II, d. 12 (MS cit., fol.
127^C)   29 Exod. XII:2

equinoctio incipere, quia ver est temperatissimum temporum et tempus generacionis et profectus; et dies equinoctialis hoc habet privilegium speciale inter ceteros dies, quod sol in ipsius equinoctialis diei unico circuitu diurno totam terram illustrat et nullam partem terre relinquit quin eam illuminet in aliqua parte diei naturalis equinoctialis. In alia vero 5 qualibet die naturali relinquit sol aliquam partem terre per totam illam diem non illuminatam. Plenior est igitur dies equinoctialis quoad actum illuminandi terram diebus ceteris. Dies autem equinoctialis auctumnalis est in tempore elongacionis solis et corrupcionis, et ideo ab illo equinoctio non fuit mundi perfectio incoanda. 10

3. In principio quoque ordinis numeralis creata erant celum et terra, quia ordo numeralis naturalis est ordo rerum numerandarum. Unde, sicut res sunt priores et posteriores in ordine naturali essendi, sic sunt priores seu posteriores in ordine numerali. Quia igitur celum et terra, secundum quod hic intelligenda sunt, naturaliter sunt priora ceteris 15 mundi partibus, eciam computanti creaturas secundum quod naturaliter ordinate sunt, celum et terra in numeracionis principio statim et primo occurrunt.

4. Hec·eciam duo creavit Deus tanquam in principio fundamentali molis et machine mundane. Unde est illud Psalmiste: *Inicio tu Domine* 20 *terram fundasti, et opera manuum tuarum sunt celi.* Et Sapiencia dicit: *Quando forcia faciebat fundamenta terre, eram penes illum, cunta componens.* Ysaias quoque dicit: *Numquid non intellexistis fundamenta terre;* et iterum idem propheta: *Manus quoque mea fundavit terram.* Idem eciam propheta quasi duo mundi fundamentalia principia celum et 25 terram insinuat cum in persona Dei dicit: *Celum est sedes mea, et terra scabellum pedum meorum.*

5. Si autem celum et terra intelligantur prima materia et prima forma sive natura corporalis et spiritalis informes, creata sunt celum et terra in principio, hoc est in prima mocione. Prima namque mocio est ex 30 pure non–ente et nichilo in esse deduccio.

6. Quicquid eciam intelligatur per 'celum' et 'terra', manifestum est quod eadem facta sunt in principio secundum quod ars dicitur

---

1 temporum] tempus *RCH;* tempus *corr. in* temporum *P*   3 unico] inicio *P*   5 illuminet] illuminat *R*   8 illuminandi] illuminantem *R*   8 equinoctialis *corr. ex* equinoxialis *B**   11 numeralis] universalis *RH*   13 sicut *om. P*   16 eciam computandi] et computando *RH*   17 sunt] sicut *R*   17 primo] in numeracionis principio *add. P*   29 natura] materia *RP*   30 est *om. P*   31 pure] puro *R;* pura *H*   32 'terra'] terram *RP et in locis sequentibus*

20   Psalm.   CI:26   22   Prov.   VIII:29–30   23   Isai.   XL:21   24   Isai. XLVIII:13   26 Isai. LXVI:1

principium. Prima enim et summa ars et ars omnium arcium et omnium rerum est ipsa eterna Dei sapiencia, in qua facta sunt omnia, sicut dicit Psalmista: *Omnia in sapiencia fecisti.* Hec ars et hoc principium est eternum Patris Verbum quod de se dicit: *Ego principium qui et loquor*
5 *vobis.* Apud hanc artem et hoc principium rerum omnium eciam instabilium stant cause, et rerum omnium mutabilium immutabiles manent origines, et omnium irracionibilium et temporalium sempiterne vivunt raciones.

7. Hoc idem principium est id ex quo facillime [198^B] fit universum.
10 *"Dixit enim et facta sunt;"* et quid diccione facilius?

8. Idem eciam principium est finis optimus rerum omnium.

9. Divina quoque virtus ex qua, per quam, et in qua sunt omnia, primum movens est et prima rerum omnium efficiens causa.

10. Tot igitur modis, et forte aliquibus qui me latent aliis, dicto
15 principio creavit Deus celum et terram in principio.

Cap. XI, 1. Creacio autem est educcio rei in esse ex nichilo; et sic congruit proprie creacio materie prime, in qua concreata est forma, que non est facta ex preiacenti materia. Dicimus tamen quandoque aliquid 'creatum' licet ex preiacenti materia sit factum, quia contingit resolvere
20 eius condicionem ad materiam primam que facta est ex nichilo. Et quia per nomen celi et terre non solum intelligitur hic quod immediate factum est ex nichilo, translacio LXX habet: "In principio *fecit* Deus celum et terram." Ea enim dicuntur fieri que eciam ex aliqua preiacenti materia facta sunt. Ambe igitur translaciones ad invicem collate insinuant quod
25 verbum creandi extenditur eciam ad ea que facta sunt ex aliqua preiacenti materia. Per hoc vero quod preterite dictum est 'creavit' vel 'fecit in principio', ostenditur quod ipse Creator plenitudinem essendi habuit in ipso principio, et ita quod non incepit esse a principio sed habet esse ab eterno. Si enim haberet esse a principio, non opus aliquod absolvisset in
30 primo principio. Ostenditur quoque per verbi preteriti consignificacionem incomprehensibilis celeritas operationis. Unde Ambrosius: "Pulcre ait: *In principio fecit,* ut incomprehensibilem celeritatem operis exprimeret, cum effectum prius operacionis implete quam inicium cepte explicavisset."Insinuatur eciam in eadem verbi
35 consignificacione nulla in operando successio aut ante operacionem

---

2 eterna *om. P*   7 omnium] rerum *add. RH*   11 Idem] Illud *R*   15 creavit *i.m.*
*B**   17 concreata] creata *RCH*   28 et . . . principio *add. i.m. B**   31
consignificacionem *corr. ex* consignacionem *B**; consignacionem *RH*

3 Psalm. CIII:24   4 Ioan. VIII:25   12 Cf. Reilly, *art. cit.,* 226.   16 Cf. R. Rufi
Comm. in Sent., II, d. 12 (MS cit., fol 127^D); et Richardi Fishacre *Comm. in Sent.,* II, d. 12
(Balliol Coll. MS 57, fol. 102^A)   32 Ambr. *Hex.,* I, 2, 5 (*CSEL,* XXXII.1, 5)

successiva deliberacio, sed solum simplex et tota simul eterna provisio; nulla quoque in operando instrumentorum aut alterius rei adminiculacio, sed operatricis virtutis infinita potencia; que tanto operi dedit consumacionem; quam non prehibet operis incoacio.

Cap. XII, 1. Nomine igitur celi et terre, ut supra dictum est, celum 5 quod continet omnia et terra hec visibilis primo sensu intelliguntur, quemadmodum credunt Beda, Ambrosius, et Basilius, et Ieronimus, et Iosephus, et nonnulli expositores alii. Vel in hiis duobus nominibus potest esse generalis comprehensio omnium creandorum posterius per partes explicandorum; vel per 'celum' et 'terra' intelliguntur forma prima 10 et materia prima, vel spiritalis corporalisque creatura, utraque tamen adhuc informis intellecta. Vel celum intelligi potest spiritalis creatura ab exordio quo facta est perfecta et beata; terra vero corporalis materies adhuc imperfecta, cuius informitatem insinuat cum subiungitur: *terra autem erat inanis et vacua.* Vel per 'celum' et 'terra' insinuari possunt 15 activum primum creatum et passivum primum, motivum et mobile, formativum et formabile. In cognicione quoque mentis angelice eo ordine facte sunt universe creature quo ordine sunt in eterna providencia disposite, et quo ordine naturali a providencia disponente processerunt in esse. 20

2. Allegorice vero per 'celum' et 'terra' signari possunt triumphans et militans ecclesia; et in militante ecclesia per celum contemplativi, et per terram activi. Itemque per celum [198^C] spiritales et per terram carnales animales; per celum celestes qui portant imaginem celestis, et per terram terreni qui portant ymaginem terreni. 25

3. Moraliter quoque in anima signari possunt per 'celum' et 'terra' virtus contemplativa et virtus activa; item racio superior et racio inferior; item simpliciter racio et sensualitas; item interior homo et exterior homo; item anima informata gracia et eadem a gracia privata; item virtutes naturales regitive sunt in anima sicut celum, et virtutes que reguntur sicut 30 terra.

4. Anagogice autem potest in mundi creacione mundus archetipus designari. Non tamen forte potest ab homine, et certe a me homine, exprimi quod insinuat Basilius in *Exameron,* omelia I, dicens: "Erat enim quidam, ut video, ante hunc mundum intellectu quidem nostro 35

---

3 operatricis] operantis *RCH*   5 celum et terra *i.m. B**   8 alii *add. i.m. B**   9 posterius *add i.m. B**   16 primum] principium *R*   16 primum^2] principium *R*   21 allegorice *i.m. B**   24 celestis] celi *R*   25 terreni] terre *RH*   26 moraliter celum et terra *i.m. B**   30 sicut] sunt *H*   32 anagogice *i.m. B**

---

5 Cf. R. Rufi *Comm. in Sent.,* II, d. 12 (MS cit., fol. 127^A)   14 Gen. I:2   34 Bas. *Hex.,* I, 5, 1–3 (ed. cit., p.9)

contemplabilis. Cum hystoria autem derelictus est propter ineptitudinem eorum qui introducuntur adhuc infancium secundum cognicionem. Erat, inquam, antiquissima creature ordinacio supermundanis virtutibus conveniens, orta sine tempore, sempiterna, sibique propria, in qua
5 conditor omnium Deus opera certa constituit, id est, lumen intelligibile conveniens beatitudini amancium Dominum, racionabiles invisibilesque dico naturas et omnium intellectibilium decoracionem; que capacitatem nostre mentis excedunt; quorum nec vocabula reperire possibile est. Hec substanciam invisibilis mundi replevisse sciendum est, sicut docet nos
10 Paulus dicens: *Quia in ipso creata sunt omnia, sive visibilia, sive invisibilia, sive throni, sive dominaciones, sive principatus, sive potestates, sive virtutes,* sive angelorum milicie, sive archangelorum conventus." Et paulo post in eadem omelia ait: "Non sine racione vel frustra hic mundus formatus est; quippe qui utilem necessariumque rebus esset exitum
15 prebiturus, si revera animorum racionabilium sicut diximus magisterium et divine nocionis erudicionem per visibilia hec et sensibilia tribuit menti nostre, regens nos ut ita dixerim manu, quo facilius invisibilia contemplemur; sicut dicit Apostolus: *Quia invisibilia a mundi composicione per ea que facta sunt conspiciuntur intellecta."* Huius igitur
20 anagogiam, que ex rebus creatis sursum ducit in raciones earum increatas eternas in mente divina, interpretari omitto quia interpretari nescio. Circa alias namque interpretaciones puer sum et non nisi balbuciendo loqui scio; quanto magis circa istam omnino loqui nescio. Redeundum igitur est ad nobis consueta.
25   Cap. XIII, 1. Potest autem preter dictas exposiciones per 'principium' intelligi Verbum incarnatum, in quo Deus Pater fecit unionem celi et terre, id est divine et humane nature; et in eodem Filio incarnato fecit celum et terram secundum omnes superiores intellectus celi et terre: fecit, inquam, per reparacionem. Celum enim angelorum
30 per quorundam angelorum lapsum detrimentum numeri suorum civium est passum. Omnis quoque creatura corporalis deterioracionem passa est in lapsu hominis. Sed Filio Dei incarnato et passo ad antiquam dignitatem reducta sunt omnia. In Filio quoque incarnato [198^D] reparabuntur

1 Cum] In *P*   5 intelligibile] intellectibile *P*   6 racionabiles] racionales *P*   9 est] quod *add. P*   12 angelorum *om. P*   19 Huius] Et huiusmodi *R*   22 namque] nostros *R;* nostras *H*   22 nisi *om. R*   23 omnino] omni modo *P*   24 est ad nobis consueta] nobis ad consueta est *P*   25 alia exposicio huius in principio fecit *i.m. B**   25 dictas] predictas *RQ*   30 per quorundam angelorum *add. i.m. B**   30 numeri *om. RHP;* omnium *Unger*

10 Col. I:16   13 Bas. *Hex.,* I, 6, 3 (ed. cit., pp. 10–11)   18 Cf. Rom. I:20   25-71:3 Editur apud D.J. Unger, "Robert Grosseteste Bishop of Lincoln (1235–1253), On the Reasons for the Incarnation," *Franciscan Studies,* XVI (1956), 23–25

omnia in generali resurrectione per futuram glorificacionem, cum fient
celum novum et terra nova, et inplebitur quod scriptum est: *Ecce nova
facio omnia.* Huic quoque exposicioni, qua per 'principium' intelligitur
Verbum incarnatum, consonat translacio Aquile, que sic habet: *In
capitulo fecit Deus celum et terram.* Capitulum enim diminutivum nomen 5
est a capite. Capud autem Christus est, sicut dicit Apostolus ad
Corinthios, epistula I: *Capud viri Christus;* et in epistula ad Ephesios ait:
Et ipsum dedit capud super omnem ecclesiam; et infra in eadem epistula:
Vir capud est mulieris, sicut Christus capud est ecclesie. Huius capitis
maximi secundum formam Dei imminucio est usque ad capitulum illa 10
exinanicio de qua dicit Apostolus ad Philippenses: *Qui cum in forma Dei
esset, non rapinam arbitratus est esse se equalem Deo: sed semetipsum
exinanivit formam servi accipiens, in similitudinem hominum factus et
habitu inventus ut homo. Humiliavit semetipsum factus obediens usque ad
mortem, mortem autem crucis.* Hec eciam imminucio est quam tangit alibi 15
Apostolus dicens: *Qui cum dives esset, pro nobis pauper factus est.*
Consonat autem huic exposicioni alia translacio quam recitat Basilius,
hec videlicet: "Summatim fecit Deus celum et terram." 'Summatim' enim
signat: in verbo abbreviante vel abbreviato. Hoc enim adverbium
'summatim' non consuevimus adicere nisi verbis sermocinandi, utpote 20
'summatim loquor,' 'summatim dico' et huiusmodi. Non enim dicimus
'summatim curro', vel 'summatim sedeo' vel huiusmodi. Summatim
itaque, hoc est in verbo abbreviante vel abbreviato, fecit Deus celum et
terram. Sed hoc dupliciter intelligi potest. Verbum enim Patris unum est
quo Pater dicit se, et in dicendo se verbo unico, verbo illo unico dicit 25
eciam omnia. Hoc igitur verbum est maxime abbrevians et abbreviatum,
quod existens unicum et tantum semel dictum loquitur omnia. Hec enim
est summa abbreviacio: omnium multitudinem in unici verbi et semel
dicti simplicitate comprehendere. Nec sicut verbum generale loquitur
Sapiencia sub intencione generali, sed expressissime et specialissime 30
eloquitur omnia. Alio modo dicitur hoc verbum seipsum abbrevians et
abbreviatum, quia *Verbum caro factum est et habitavit in nobis.* Verbum
igitur abbreviatum, Verbum est caro factum. Hoc est verbum de quo,
secundum aliam translacionem, dicit Ysaias: *Verbum consummans et*

5 enim *corr. ex* vero *B**   vero *RHP*   5 diminutivum] diminutum *RCHP*   19 signat]
hoc sonat *RCH;* hoc sonat vel significat *P*   20 adicere] dicere *RH*   21 dicimus *add.
i.m. B**   27-28 dictum . . . semel *om. R*   28 omnium] omnem *P*   30 sapiencia]
specialia *RCHP*   30 expressissime] expressive *RH*

2 Apoc. XXI:5   4 Hier. *Hebr. quaest. in Genesim,* I, 1 (*PL,* XXIII, 987A)   7 1 Cor.
XI:3   8 Ephes. I:22   9 Ephes. V:23   11 Philip. II:6–8   16 2 Cor. VIII:9   18
Bas. *Hex.* I, 6, 10 (ed. cit., p. 11)   32 Ioan. I:14   34 Isai. X:22–23, cit. ex Rom. IX:28

brevians in equitate, quia verbum breviatum faciet Dominus super terram; quia sicut ait apostolus ad Colossenses: *In ipso condita sunt universa in celis et in terra, visibilia et invisibilia.*

2. Secundum Ieronimum autem non est vis in ordine horum
5 verborum 'celum' et 'terra'; quasi prius diceretur celum, velud prius factum. Simul enim facta sunt que tamen simul proferri nequiverunt. Unde, ne intelligeretur quod ordo rerum sequeretur ordinem verborum, in Psalmo ponuntur ordine converso. Ait enim: *Et tu in principio, Domine, terram fundasti, et opera manuum tuarum sunt celi.* Basilius
10 tamen in hiis duobus constituit vim ordinis. Ait enim: "Ex duobus igitur summatibus elementis omnium substanciam designat extructam, celo quidem privilegia digniora contribuens, terram vero secundo in creature loco constituens." Est igitur inter hec duo prioritas et posterioritas dignitatis et ordinis, sed nequaquam temporis.

15   Cap. XIV, 1. Querit autem Augustinus cur non dicit: "Dixit Deus: Fiat celum et terra", sicut infra dicit: [199^A] *Dixit Deus: Fiat lux,* et *Dixit Deus: Fiat firmamentum.* Hanc autem questionem solvit per hoc quod in hiis duobus verbis, celum videlicet et terra, significatur hic informitas et imperfectio. Formam autem Verbi "non imitatur imperfectio, cum,
20 dissimilis ab eo quod summe et primitus est, informitate quadam tendit ad nichilum; sed tunc imitatur Verbi formam, cum et ipsa pro sui generis conversione ad id quod vere ac semper est, id est creatorem sue substancie, formam capit et fit perfecta creatura, Verbo Patri coeterno revocante ad se imperfeccionem creature, ut non sit informis. In qua
25 conversione et formacione pro suo modo imitatur Dei Verbum, hoc est Dei Filium. Non autem imitatur hanc Verbi formam, si non revocata ad creatorem informis et imperfecta permaneat. Propterea Filii commemoracio non ita fit quia Verbum, sed tantum quia principium est, cum dicitur: *In principio fecit Deus celum et terram;* exordium quippe
30 creature insinuatur adhuc in informitate imperfeccionis. Fit autem Filii commemoracio quia eciam Verbum est, in eo quod scriptum est: *Dixit Deus: Fiat,* ut per id quod principium est, insinuet exordium creature existentis ab illo adhuc imperfecte; per id autem quod Verbum est, insinuet perfeccionem creature revocate ad eum, ut formaretur

---

2 terram] quam litteram Isaie Apostolus ad Romanos ponit. In hoc libro (verbo *P*) abbreviato fecit Deus celum et terram *add. RCHP*   4 *Celum et terra:* quod non est vis in ordine *i.m. B**   15 questio cur dicit: dixit Deus fiat celum et terra *i.m. B**   22 id est] idem *add. P*   22 *Sign.conc. 'de forma' i.m. B**   25 Dei *om. P*   26 revocata] revocatur *P*

---

2 Colos. I:16   4 Cf. ps.–Bedae *Comm. in Pent.,* Gen., I:1(*PL,* XCI, 192B)   8 Psalm. CI:26, cit. ex Hebr. I:10   10 Bas. *Hex.,* I, 7, 6 (ed. cit., p. 12)   15 Cf. Aug. *De Gen. ad litt.,* I, 2–4 (*CSEL,* XXVIII.1, 7–8)

inherendo creatori et pro suo genere imitando formam sempiterne atque incommutabiliter inherentem Patri."

Cap. XV, 1. Quod autem Deus creavit materiam ex nichilo, et non condidit mundum ex materia ingenita sicut senserunt quidam vane philosophantes, ex hoc potest sciri, quia non esset creator omnipotens si 5 egeret materia preiacente sicut eget artifex unde formet opus, sed esset vere indigus et imperfectus. Sicut enim materia indiga est non potens se formare sed egens formatore, sic et formator est indigus qui non potest sibi substernere materiam sed solummodo ex substrata aliquid formare. Unde Augustinus in libro I° *Contra adversarium legis et prophetarum* ait: 10 "Neque materies omnino nichil est de qua in libro Sapiencie legitur: *Que fecisti mundum de materia informi.* Non ergo quia informis dicta est, omnino nichil est; nec Deo fuit ipsa coeterna, tanquam a nullo facta; nec alius eam fecit, ut haberet Deus de qua faceret mundum. Absit enim ut dicatur omnipotens non potuisse facere, nisi unde faceret inveniret. Ergo 15 et ipsam Deus fecit. Nec mala est putanda quia informis, sed bona est intelligenda (quia) formabilis, id est formacionis capax. Quoniam si boni aliquid est forma, nonnichil est boni esse capacem boni." Et paulo post ait: "Ita intelligendus est Deus de materia quidem informi fecisse mundum et simul eam concreasse cum mundo." Basilius quoque dicit 20 quod "si dixerimus materiam ingenitam, sine dubio coequamus eam cum Deo, in promerendis honoribus, et hiisdem quibus ipse privilegiis digna censebitur. Deinde si tanta est ut omnem divinam possit suscipere disciplinam, nichilominus eius substanciam Dei videbuntur potencie coequare." Ex hiis igitur racionibus auctenticis liquet materiam non esse 25 ingenitam, sed a Deo ex nichilo creatam.

Cap. XVI, 1. Potest autem hic dubitari an celum, quod secundum primum literalem sensum supradictum est omnia cetera mundi corpora circumdare, sit supra firmamentum quod secundo die factum commemoratur, et aque sint intermedie superiores firmamento, et 30 inferiores hoc celo. Quod autem hoc celum secundum literalem intellectum sit superius secundo die facto firmamento [199^B] et aquis super firmamentum, haberi potest ex auctoritatibus Ieronimi, Strabi, et

---

3 *Sign. conc. 'de materia' i.m. B** 3 probatio quod materia creata est ex nichilo *i.m.* *B** 6 esset] effectus *R* 7 indigus] indigens *P* 9 substernere] substituere *RH* 9 solummodo *om. P* 9 aliquid] sibi *add. RH* 10 I°] 5° *R* 21 *Sign. conc. 'de materia' i.m. B** 22-26 in . . . Deo *add. i.m. B**

---

3 Cf. Grosseteste *Comm. in Phys.*, I (ed. cit., pp. 29–30); vide etiam infra, IX, iv, 1 10 Aug. *Contra adversarium legis et prophetarum*, I, viii, 11 (*PL*, XLII, 609–610) 11 Sap. XI:18 19 *Contra adv.*, I, ix, 12 (p. 610) 21 Bas. *Hex.*, II, 2, 3 (ed. cit., pp. 19–20) 27 Cf. R. Rufi *Comm. in Sent.*, II, d. 12 (MS cit., fol. 127^A)

Bede, et Iohannis Damasceni, et Basilii. Ait enim Strabus: *"In principio fecit Deus celum et terram;* celum non visibile firmamentum, sed empireum vel igneum vel intellectuale; quod non ab ardore set a splendore igneum dicitur; quod statim repletum est angelis." Beda
5 quoque in libro *De natura rerum* dicit: "Celum superioris circuli proprio discretum termino et equalibus undique spaciis collocatum virtutes continet angelicas; que ad nos exeuntes etherea sibi corpora sumunt, ut possint eciam hominibus in edendo simulari, eademque reverse deponunt. Hoc Deus aquis glacialibus temperavit, ne inferiora
10 succenderet elementa. De hinc inferius celum non uniformi sed multiplici motu solidavit, nuncupans eum firmamentum propter sustentacionem superiorum aquarum." Item Beda in eodem ait: "Aquas super firmamentum positas, celis quidem spiritalibus humiliores sed tamen omni creatura corporali superiores, quidam ad inundacionem diluvii
15 servatas, alii vero reccius ad ignem siderum temperandum suspensas affirmant." Ex hiis tamen verbis Bede videtur quod celum illud supremum non sit corporale sed spiritale. Set hoc solvitur in glosa super Psalmum CXXXV, ubi dicitur: *"Qui fecit celos in intellectu,* id est intelligibiles, scilicet empireum; quod etsi sit corporeum, tamen tante est
20 tenuitatis ut a mortali videri non possit." Ieronimus quoque de hoc eodem celo ait: "Celum non de firmamento quod secundo die factum est, sed de celo spiritali et invisibili, quod factum statim impletum est a sanctis angelis." Iohannes quoque Damascenus ait: "Igitur est quidem 'celum celi,' quod primum est celum supra firmamentum existens. Ecce duo celi:
25 etenim firmamentum vocavit Deus celum," et paulo post: "Celum igitur celi volens dicere, 'celos celorum' dixit; quod ostendit celum celi quod est supra firmamentum." Basilius quoque querit an celum de quo dictum est: *In principio fecit Deus celum et terram,* sit idem quod firmamentum quod secundo die factum est. Et solvens dicit quod aliud est, sic inquiens:
30 "Secundo loco querendum est, si aliud preter id quod in inicio factum est celum firmamentum fuit, quod tamen et ipsum celum vocatur; vel si certe duo celi sunt, quamquam philosophi de celo disputantes tolerabilius

---

1 *Sign. conc. 'de caelo' i.m. B** quod primum celum est aliud quam firmamentum secundo die factum *i.m. B** 10 uniformi] informi *P* 18 CXXXV] CXXX *R* 31 certe] ceteri *R*

---

1 *Glossa ordinaria,* I, 1 (*PL,* CXIII, 68C) 5 Bedae *De natura rerum,* VII (*PL,* XC, 200–201) 12 *De nat. rer.* VIII (pp. 201–202) 18 *Glossa interlinearis,* invenitur apud Petri Lombardi *Comm. in Psalm.* CXXXV:5 (*PL,* CXCI, 1196B) 21 Locum Hier. non invenimus 23 Damasc. *De fide orthodoxa,* XX, 8 (ed. cit., pp. 81–82) 27 Cf. R. Rufi *Comm. in Sent.,* II, d. 12 (MS cit., fol. 127[A]). In margine huius MS legitur: "Basilius, In scripto episcopi Lincolniensis super opera 6 dierum, d. 1[a]." Vide Gedeon Gál apud *Archivum Franciscanum Historicum,* XLVIII (1955), 435. 30 Bas. *Hex.,* III, 3, 1–2 (ed. cit., p. 33)

adquiescent linguas suas truncandas exponere quam ut duos celos esse concedant. Unum enim asserunt celum, cuius naturam minime pati dicunt ut secundum vel tercium adiciatur ei; quoniam, inquiunt, tota celi substancia in unius conformacione consumpta est." Et paulo post ait: "Nos autem tantum absumus secundum celum discredere, ut tercium 5 profiteamur; cuius beatitudinis Paulus non est fraudatus aspectu. Nam Psalmus nominans celos celorum eciam plurimorum nobis subicit intellectum. Nec tamen admirabilior ista questio septem illis orbibus videtur, secundum quos ferri septem stelle consonanter ab omnibus predicantur; quos eciam reconditos in se dicunt exemplo cadorum uno 10 super alium commissorum; et eos contrariis adversus se motibus impulsos, et acutos cum gravibus temperantes concentum quemdam et armonie melos reddere [199^C] dulce confirmant." Et iterum, paucis interiectis, ait inferius: "Dictum est itaque a predecessoribus nostris non esse hanc secundi celi creacionem sed prioris exposicionem. Ibi enim 15 Scriptura carptim retulit celi terreque facturam. Hic curiosius tradidit nobis racionem qua unumquodque confectum est elementum. Nos autem dicimus quia quomodo et nomen aliud et usus proprius est in secundo, ita aliud esse necessario illud quod primo factum est celum, habens naturam validiorem que prestat rebus omnibus utilitatem precipuam." 20

2. Que autem sit huius celi precipua utilitas, edisserit idem Basilius, omelia secunda, dicens: "Arbitramur quia si fuit quippiam ante institucionem sensibilis huius et corruptibilis mundi, profecto in luce fuit. Neque enim dignitas angelorum neque omnium celestium militum, vel si quid est nominatum aut incompalpabile aut aliqua racionalis virtus vel 25 ministrator spiritus, degere posset tenebris, sed in luce et leticia decentem sibi habitum possidebat. De qua re neminem puto contradicturum, quisquis lumen illud quod super celos est in bonorum possessionibus operitur. De quo Salomon dicit: *Lux iustis semper,* et apostolus: *Gracias agentes Deo Patri, qui nos fecit ydoneos in porcionem* 30 *lucis sanctorum in luce.* Si enim dampnati in tenebras ultimas abiguntur, hii qui remuneraciones pro dignis operibus prestolantur, in ea sine dubio luce que est extra mundum quietis locum operiuntur. Igitur, quia constat factum esse celum precepcione Dei, subitoque distensum ac familiari circum terram rotunditate conclusum, habens corpus spissum et adeo 35 validum ut possit ea que extrinsecus habentur ab interioribus separare:

---

3 ut] nec *add. RP*   16 carptim] captim *B;* raptum *RP;* raptim *CH*   21 *Sign. conc. 'de caelo' i.m. B**   que sit utilitas primi celi *i.m. B**   30 Gracias] semper *add. P*

---

5 *Bas. Hex.,* III, 3, 7–8 (p.34)   14 *Hex.,* III, 3, 10–11 (p. 35)   22 *Hex.,* II, 5, 8–10 (ed. cit., p. 25)   29 Prov. XIII:9   30 Colos. I:12

ob hoc necessario post se regionem relictam luce carentem constituit,
utpote fulgore qui desuper radiabat excluso." Aristotiles quoque in libro
De celo et mundo dicit: "Nuper autem ostendimus et diximus quod non
est extra celum locus neque vacuum neque tempus. Si ergo hoc est
5 secundum illud, tunc propter illud quod est illic, non est in loco; neque
tempus potest facere ipsum vetus; neque aliquod extra ultimum incessus
alteratur, neque mutatur omnino sed est fixum; non mutatur neque
recipit impressiones." Vita ergo illic est fixa, sempiterna in secula
seculorum; que non finitur neque desinit, et est melior vita. Secundum
10 hos igitur auctores planum est, celum primum de quo dictum est *In
principio fecit Deus celum et terram* esse aliud quam firmamentum
secundo die factum; et quod illud celum superius est aquis que sunt super
firmamentum, nullo alio celesti corpore hoc celum primum continente; et
quod in eius luce, exterius superiusque diffusa, est beatorum habitacio
15 lucida, quieta, beata.

3. Iosephus autem et Gregorius Nisenus et quidam alii expositores,
econtrario predictis auctoribus, putant hoc celum et firmamentum
secundo die factum non esse diversa. Ait enim Iosephus: "Post hec,
secunda die, celum super omnia collocavit, eumque ab aliis distinguens in
20 semetipso constitutum esse precepit, et ei cristallum circumfigens
humidum eum et pluvialem ad utilitatem que fit ex ymbribus terre
congrue fabricatus est." [199^D] Gregorius quoque Nisenus celum de quo
dicit Moyses *In principio creavit Deus celum et terram* asserit esse
volubile. Et hoc volubile et terram immobilem affirmat quasi duo
25 fundamenta ceterorum mundi elementorum; cui celo proximo inferius
collocat ignem, deinde aerem, et tercio aquam.

Cap. XVII, 1. Horum autem auctorum controversiam non est
meum determinare, sed si celum istud primum sit aliud a firmamento
secundo die creato, videtur quod illud sit immobile. Cum enim omnia
30 propter hominem sint, ut compleatur videlicet humana generacio usque
ad complementum corporis Christi quod est ecclesia, motus celorum non
erit nisi propter generacionem hominum et eorum que hic inferius

---

1 post se *corr. ex* posse *B**; posse *P*   5 tunc propter illud *add. i.m. B**   6 aliquod]
tempus *R*   9 desinit] deficit *P*   11 fecit] creavit *R*   12 die *add. i.m. B**   12 illud]
idem *R*   13 celum primum *om. RH;* primum *om. P*   13 continente] conveniente
H   16,27 *Sign. conc. 'de caelo' i.m. B**   16 quod celum primum et firmamentum sunt
idem *i.m. B**   24 Et hoc volubile *om. R*   24 immobilem] mobilem *H*   27 quod
celum primum immobile *i.m. B**   32 hominum] humanam *RH*

---

3 Arist. *De caelo et mundo,* I, 9 (279^a). Exhibetur apud J.T. Muckle, "Robert
Grosseteste's Use of Greek Sources in his *Hexameron,*" p. 35   18 Iosephi *Ant. Iud.,* I, i,
1 (ed. Blatt, p. 127)   22 Greg. Nysseni *De hominis opificio,* I, 1 (ed. Forbesius, p.
115)   29 Cf. Grosseteste *Comm. in Phys.,* III (ed. cit., p. 58) et VIII (pp. 154–155); et *De
finitate motus et temporis,* III:9–13 (ed. cit., p. 265). Vide infra IX, iii, 5 et IX, i, 1

ministrant homini. Motus autem celi ad efficiendam generacionem in hiis inferioribus non est nisi ut circumferat stellam vel stellas in ipso celo collocatas. Stellarum enim circa terram circulacio per se est effectiva generacionis. Celum autem circumscripta stella ubique sibi simile est, nec aliter immutaret inferiora secundum unum situm quam secundum alium 5 nisi esset in eo stella. Quapropter omnis motus celi quo non moveretur stella nichil faceret ad generacionem, et ita esset eius motus inutilis. Hoc autem celum, quod ponitur esse super firmamentum et super aquas firmamento superiores, suo motu stellas, ut videtur, non moveret. Nec reputamus aliquid hoc quod quidam philosophi dixerunt, videlicet quod 10 motus celi est propter assimulacionem intelligencie moventis celum cum creatore, id est ut participet intelligencia movens in corpore celi per modum quo potest quicquid est illi corpori possibile. Set corpori celi nichil est in possibilitate, ut aiunt, nisi situs. Quapropter, ut participet omni situ sibi possibili, cum non possit simul, movet, ut aiunt, 15 intelligencia celum, ut sic assimuletur conditori participans pro modulo suo omni sibi possibili. Hanc racionem motus celi multis modis pro nichilo reputamus, quia nec hoc conceditur a plerisque auctoribus nostris, quod intelligencia moveat celum. Et iterum, si dicta racione moveret celum, tunc et homo eadem racione semper deberet esse in motu 20 terras et maria peragrando, ut adquirens omnem situm sibi possibilem in hoc magis assimularetur creatori qui simul habet omnia que habere potest. Hec est enim, ut aiunt, vera philosofia: assimulacio hominis suo creatori. Preterea, Deus stabilis manens dat cunta moveri, et agit omnino quietus; et quies assimulacior est statui divinitatis quam motus. Motui 25 enim omni inest imperfectio, et alicuius nondum habiti adquisicio, et alicuius habiti desercio. Quies autem est permanencia in habito, cum non tenditur ultra ad aliquid adhuc adquirendum. Quapropter status quietis et accio a quieto magis assimulantur, ut dictum est, statui divinitatis. Quapropter, si celum istud primum perpetuam habeat quietem, sive ab 30 angelo sive a natura propria, et quietum manens aliquid de virtute luminis sui transfundat in inferiora et agat in illa, multo verius assimulabitur statui eternitatis per huiusmodi actuosam quietem quam per aliquem modum mocionis. Terra autem licet tota quieta sit secundum locum,

9 videtur] dicitur R   12 intelligencia movens] intelligenciam motus R; om. P   14 in possibilitate] impossibile R; in potestate H; in impossibilitate vel potestate P   21 adquirens] adquiretur R; adquirendo CH; sibi adquirendo P   21 sibi om. P   23 Sign. conc. 'de caelo' i.m. B*   27 habito] quod add. R   27 non] nondum RHP   32 transfundat] transcendat R   33 actuosam] actus et RCHP

27 Cf. Grosseteste Comm. in Phys., V (ed. cit., p. 114) et VI (p. 121)   30-34 Cf. Grosseteste De operat. solis (ed. McEvoy), p. 64, ubi evulgatur

quelibet tamen eius pars habet inclinacionem deorsum et tendit ad inferius. Quapropter nec perfecta est ista quies [200^A] in qua est nisus ad motum. Propter hoc, multo magis congruere videtur quod aliquod sit corpus tale quod nec secundum totum nec secundum partem inclinet in
5 aliud quam habet; quod vera videlicet participet quiete et quieta accione, ut non privetur corporea natura pro modo possibilitatis et receptibilitatis sue creatoris sui similitudine. Adhuc congruum videtur esse, ut locus et habitacio quietis sanctorum sit quietus. Qui locus est celum primum, sicut supra dictum est. Item videtur congruere quod, sicut motus cuiuslibet
10 unius celi quod movetur est super duos polos immobiles velud super fundamenta motus sui, sic simpliciter motus mundi duo habet fundamenta quieta, que sint primum celum et infima terra. Huic immobilitati celi primi consonat Beda dicens hoc superius celum, quod a volubilitate mundi secretum est, mox ut creatum est sanctis angelis est
15 impletum. Ecce quod dicit celum hoc supremum, a mundi volubilitate secretum, et ita quietum.

Cap. XVIII, 1. Sequitur: *Terra erat inanis et vacua, et tenebre erant super faciem abissi, et spiritus Domini ferebatur super aquas.* Sensum quem prima facie pretendit hec litera superius breviter perstrinximus; cui
20 brevitati hic potest adici quod per 'faciem abissi' voluit insinuare diaphonitatem, hoc est perspicuitatem et naturalem potenciam secundum quam abissus fuit susceptiva illuminacionis et suscepta illuminacione manifestabilis. Facies enim rei est per quam res maxime manifestatur. Super hanc faciem adhuc erant tenebre, quia nondum erat
25 lux que superfusa abyssum illuminaret. Vel secundum Basilium, erat iam lux celi primi sed exterius protensa; cuius celi corpus inferiorem abissum obumbrabat, sicut patet ex verbis eius que supra posuimus.

2. Secundum vero alias significaciones terre quas supra insinuavimus, secundum quas terra significat aliquid informe et
30 imperfectum, formabile tamen et perficiendum: in quantum illud informe et imperfectum est, 'inane' et 'vacuum' est; inane quidem propter defectum utilium accionum quas exercere potest cum formatum est, et propter quas exercendas formandum est; vacuum vero, quia nondum suscipit in se aliorum defectus et egencias suplendas. Quelibet

---

2 inferius] inferiora *RCH*   9 cuiuslibet] uniuscuiusque *R*   11 fundamenta]
fundamentum *RP*   17 terra erat inanis *i.m. B**   20 abissi] hic *add. R*   22
illuminacionis] illustracionis *R et in locis seqq.*   32 exercere] exerere *B*

---

2 Cf. Marii *De elementis* (Brit. Mus. MS Cotton Galba E. IV, fol 192^D). Vide etiam R.C.
Dales, "Marius 'On the Elements' and the Twelfth–Century Science of Matter," *Viator,* III
(1972), 214   13 Cf. Bedae *Hex.*, I (*PL*, XCI, 13D–14A)   17-18 Gen. I:2   25 Cf.
supra I, xvi, 2   28 Cf. supra I, xii, 1

namque res formata et perfecta non solum agit utile aliquid ad alia in
ordine universitatis, sed insuper aliorum defectus aliquos in se suscipit
suplendos; que duo cum perficit, nec inane nec vacuum est. Tenebrosa
vero dicta est abissus secundum dictas significaciones propter
privacionem forme que lux est, quam nondum suscepit a superiore 5
formante. Omnis enim forma aliquod genus lucis est, quia omnis forma
manifestativa est. Et forte ista tria, inane, vacuum, et tenebrosum
correspondent forme, nature et accioni. Species namque, in quantum
complet materiam, forma est; in quantum inclinat et nititur in accionem,
natura est. Materia igitur, sive quod adhuc materiale, informe et 10
imperfectum est, in quantum per formam sibi comproporcionatam
nondum perfectum et illustratum est. In quantum vero caret plenitudine
inclinacionis motive ad actum, vacuum est; in quantum caret utili actione,
inane est. Vel e converso, carens luce ordinate accionis, tenebrosum est,
informe vero et imperfectum, inane est.   15

3. Significatur enim unum et idem per terram et abissum et aquam.
In omni namque motu quo de informi formatur aliquid et perficitur,
substat aliquod immobiliter ipsi motui; propter quam immobiliter
substracionem [200^B] terra dicitur, et similiter propter informitatem.
Materia enim et materiale unde materiale est, res informissima est, sicut 20
terra informissima est inter elementa. Dicitur eciam aqua propter
mutabilitatem et fluxibilitatem. Ipsa enim materia, ut dicit Augustinus,
est mutabilitas rerum mutabilium, capax formarum omnium in quas
mutantur res mutabiles. Dicitur eciam abissus, quia non tota penetratur a
luce comprehendentis intelligencie, nec tota eius possibilitas occupatur a 25
luce alicuius specialis forme, cum possibilis sit alias formas recipere.

Cap. XIX, 1. Secundum allegoriam autem et tropologiam,
secundum quas terra, abyssus et aqua significant supradicto modo aliquid
racionale informe, sic intelligere possumus inane, vacuum et
tenebrosum, ut videlicet in racionali adhuc informi intelligamus 30
secundum Dionisium illud esse purgandum, illuminandum et
consummandum. Divina enim operacio racionale mentis purgat,
illuminat et consummat. Carens itaque purgacione inane est; carens
illuminacione vacuum est; carens consummacione tenebrosum est.
Purgacio enim tollit sordes et defectus, et sic ab inanitate liberat. 35

4 est abissus *om. R;* abissus *om. H*   6 lucis *om. R*   9 in] ad *P*   18-19 immobiliter
substracionem] immobilem subsistenciam *RHP*   24 *Sign. conc. 'de materia' i.m.*
B*   27 allegorice *i.m. B**   32 racionale mentis] racionales mentes *R*

22 Aug. *Sermo* CCXIV, 2 (*PL*, XXXVIII, 1067) vel potius ps.–Aug. *Principia dialecticae,*
V, (*PL*, XXXII, 1410)   31 Ps.–Dionysii *De caelesti hierarchia, cum expositione Hugonis*
de S. Victore, c. III, 2 (*PL*, CLXXV, 991-993)

Illuminacio autem, que est *datum optimum descendens a Patre luminum,*
replet et tollit vacuum. Consummacio autem, que exerit plenitudinem
recepti luminis in manifestacionem perfecti operis, illustrat et tenebras
tollit. Vel ordine alio: lumine tolluntur tenebre, purgacione inanitas,
5 consummacione vacuitas. Vel mentis racionale, adhuc imperfectum et
informe, tenebrosum est in aspectu, vacuum in affectu, inane a bono
actu. Et forte possunt in hiis tribus privacionibus, inanitatis videlicet,
vacuitatis et tenebrositatis, signari in nondum formata racionali mente
inordinaciones potencie, sapiencie et voluntatis. Itemque mentis, spiritus
10 et carnis; et item superioris racionis et inferioris racionis et sensualitatis;
et item virtutis racionabilis et virtutis concupiscibilis et virtutis irascibilis;
itemque partis anime racionalis et partis sensibilis et partis vegetabilis; et
item cogitacionis, sermonis et operis.

2. Ista et superiora sub brevitate perstringimus ad vitandum
15 fastidium prolixitatis. Exigeret enim istorum plana exposicio ut
manifestaretur per quas proprietates speciales unumquodque dictorum
nominum, celi videlicet et terre, aque et abissi, inanis, vacui et tenebrosi,
signaret singula suorum signatorum; quod si fieret, in non modicum
volumen excresceret. Unde noverit lector huius sciencie quod, donec sic
20 possit exponere tam predicta quam ea que sequuntur, speculatur velud a
longe distans qui subtilem sculpturam magno interiecto loci spacio
contuetur, nec signatas apprehendit sculpture protracciones, nec
distinguit sculpture varietate formatum a ligno rudi et informi.
Augustinus autem secundum unam exposicionem intelligit per terram
25 corporalem materiam et naturam adhuc informem; que informitas
signatur cum subiungitur: *inanis et vacua.* Per celum autem et abyssum
intelligit angelicam naturam adhuc informem, nondum conversam ad
creatorem; cuius informitas insinuatur cum subditur: *et tenebre erant
super faciem abissi.*

30   Cap. XX, 1. *Et spiritus Dei.* Per spiritum autem de quo hic dicitur
quod *ferebatur super aquas* putaverunt quidam debere intelligi aera.
Quod insinuat Basilius super hunc locum in *Exameron,* omelia secunda,
et hanc eandem [200^C] sentenciam recitat Augustinus in VIII° libro *De
civitate Dei.* Unde putaverunt in hiis verbis quatuor mundi elementa

---

2 que *om. P*   3 manifestacionem] manifestacione *RH*   5 racionale] racionalis
RP   20 possit] posset *R*   22 contuetur] continetur *R*   23 varietate] varietatum
P   24 secundum] super *R*   30 Et spiritus Dei *add. i.m. B*; om. P*   33 eandem *om.*
P

---

24 Cf. Aug. *Confess.,* XII, xvii, 2   24-29 Citatur a Ioanne Wyclyf, *Prologus Isaie* (MS
cit., fol. 1^C); cf. Beryl Smalley, "John Wyclif's *Postilla Super Totam Bibliam,"* p. 198   32
Bas. *Hex.,* II, 2, 9–10 (ed. cit., pp. 20–21)   33 Aug. *De civ. Dei,* VIII, 11 (*CSEL,* XL.1,
372–373)

expresse signari, tribuentes igni locum celi et celi nomine ignem comprehendentes. Terra autem et aqua suis nominibus hic exprimuntur. Unde, si spiritus esset aer, essent quatuor elementa hic nominata.

2. Sed hanc exposicionem reprobant tam Basilius quam Augustinus. Licet enim aer dicatur spiritus et a Deo creatus sit, 5 inconsuetum est tamen ut appelletur spiritus Dei. Sed ex consuetudine Scripture intelligitur spiritus Dei Spiritus Sanctus a Patre et Filio procedens. Unde is est sensus: quod Spiritus Sanctus et bona voluntas Patris et Filii superferebatur informitati fluitanti formabili per intencionem deducendi eam in formacionem. Quedam autem 10 interpretacio habet 'fovebat' pro 'superferebatur;' quam interpretacionem sic exponit Basilius: "Fovebat et vivificabat aquarum naturam, ad similitudinem galline cubantis vitalem virtutem hiis que fovebantur iniciens." Ieronimus vero dicit "quod in Hebreo habetur *merepheth,* quod nos apellamus 'incubabat' sive 'confovebat' in 15 similitudine volucris ova calore animantis. Ex quo intelligimus," ut ait idem Ieronimus, "non de spiritu mundi," id est vento, "dici, ut nonnulli arbitrantur, sed de Spiritu Sancto," qui sicut fabri voluntas rebus fabricandis solet superferri ita in sua potestate habebat quomodo cunta disponeret. Et secundum Augustinum bene dicitur Spiritus Sanctus 20 superferri, ut insinuetur: "Quoniam egenus et indigus amor ita diligit ut rebus quas diligit subiciatur. Propterea commemoratur spiritus Dei, in quo sancta eius benivolencia dileccioque intelligitur, superferrique dictus est, ne faciendo opera sua per indigencie necessitatem pocius quam per habundanciam beneficiencie Deus amare putaretur."   25

3. Communis autem intellectus huius verbi quo dicitur spiritus superferri ad omnes dictas aque, terre, abyssi exposiciones est: quod Spiritus Sancti virtus aut per se solum aut in activis, significatis per celum, agit formans omnia informia, per terram et aquam et abyssum signata. Unde huius verbi *Spiritus Domini ferebatur super aquas* tot sunt spiritales 30 interpretaciones quot sunt spiritales significaciones terre et aque et abyssi.

Cap. XXI, 1. Litera autem LXX interpretum est: "Terra vero erat invisibilis et incomposita, et tenebra super abissum, et Spiritus Dei superferebatur super aquas." Et hanc literam exponunt Augustinus et 35

6-7 Sed ... Dei *om. R*   9 fluitanti] fluctanti *P*   10 formacionem] informacionem
P   11 superferebatur] secundum *add. R*   12 et] id est *P*   19 in] cum
R   21 indigus *corr. ex* indignus *B**; indigens *P*   27 exposiciones] exponens *R*

12 Bas. *Hex.,* II, 6, 3 (ed. cit., p. 26)   14 Hier. *Hebr. quaest. in Gen.,* I:2 (*PL,* XXIII, 987B–988A)   Cf. R. Fishacre *Comm. in Sent.,* II, d. 12 (MS cit., fol 102^C)   20 Aug. *De Gen. ad litt.,* I, 7 (*CSEL,* XXVIII.1, 11)

greci expositores. Secundum literam igitur terra erat invisibilis, quia
nondum erat homo qui posset eam cernere. Sed verius invisibilis dicta est,
quia obductis aquis erat tenebrosa, vel quia nondum erat lux cuius
illustracione visibilis fieret. Incomposita vero erat, quia carebat suo
5 naturali ornatu, hoc est terre nascentibus et animalibus terram
inhabitantibus. Terre nascencia enim ornant terram, quemadmodum
sculpture et picture domum. Animalia vero ornant eam, sicut inhabitator
suum habitaculum.

2. Spiritaliter autem omnia informia, per terram significata unde
10 informia sunt, omni intellectui invisibilia sunt. Omnis enim intellectus a
forma est; unde, sicut tenebra invisibilis est oculo carnis, sic et informe
invisibile est oculo mentis. Inornata quoque sunt ea que informia sunt
propter carenciam forme et speciei, et inde eciam tenebrosa.

3. Moraliter vero terra cordis nostri invisibilis est, cum se non
15 manifestat per lucem bone operacionis; cum videlicet non lucet lux nostra
coram hominibus. Incomposita vero est, cum non est ordinata in affectu;
tenebrosa vero, cum caret [200^D] luce sapiencie in mentis aspectu. Nobis
enim visibilis est terra interioris hominis per lucem exteriorem boni
operis. Vel e contrario ordine mens dicitur invisibilis Deo: que caret luce
20 sapiencie; affectus incompositus: qui caret amoris ordine; totum corpus
tenebrosum: quod caret bone operacionis lumine.

4. Secundum Basilium autem abyssus est"aqua nimia infinitum
habens profundum." Est autem abyssus grecum nomen, et secundum
grecam derivacionem dicitur abissus quasi invium et inpertransibile sive
25 infirmum. βύω, bio enim verbum grecum unde derivatur abyssus, duo
signat. Est enim idem quod 'ineo,' et idem quod 'firmo.' a quo verbo et ab
'a,' privativa preposicione, derivatur abyssus.

Cap. XXII, 1. Diversificantur autem hoc loco auctorum oppiniones
circa numerum corporum in principio factorum. Alii enim intelligunt
30 tantum tria corpora in principio facta, celum videlicet, et aquam, et
terram, quemadmodum personat superficies litere. Unde Augustinus in
libro *De diffinicionibus recte fidei* ait: "In principio creavit Deus celum et
terram et aquam ex nichilo, cum adhuc tenebre ipsam aquam occultarent,

7 et picture *om. P*   7 inhabitator] inhabitantes *R*   12 Inornata] Inordinata
RHP   15 lucem] lumen *RH*   16 affectu] affectum *R*   19 e contrario ordine]
econverso *P*   26 ineo] eo *Q*   27 preposicione] proposicione *P*   31 Augustinus]
Anselmus *R*   32 De diffinicionibus recte fidei] De similitudinibus *RP*   33 et aquam
om. RP

15 Cf. Matth. V:16   22 Bas. *Hex.*, II, 4, 6 (ed. cit., p. 23)   Cf. R. Fishacre *Comm. in
Sent.*, II, d. 12 (MS cit., fol. 102^B) et R. Rufi *Comm. in Sent.*, II, d. 12 (MS cit. fol.
128^A)   32 Recte: Gennadii *Liber de ecclesiasticis dogmatibus*, X (*PL*, LVIII, 983^{C-D});
habetur etiam apud Rabani *De universo*, IV, 10 (*PL*, CXI, 98B)   Cf. R. Fishacre *Comm. in
Sent.*, II, d. 12 (MS cit., fol. 102^C)

aqua terram absconderet; et tunc erant sancti angeli et omnes celestes virtutes." Alii autem credunt quatuor elementa in principio creata. Unde Ieronimus ait: "Notandum sane est quod in celo et in terra quatuor sunt intelligenda elementa. Nam et aquarum mentio postea fit, et in terre visceribus ferrum et lapides detinentur, quibus ignis latitat. Aer vero in 5 terra probatur esse, dum humecta terra temperiem solis acceptans vapores exalat largissimos." Basilius quoque quatuor elementa asserit facta in principio, eademque statim actu extitisse. Unde ait: "Cum diceret *In principio fecit Deus celum et terram,* plura reticuit, id est, ignem, aquam, aerem; que utique passiones quedam de illis principalibus 10 create sunt; que omnia, utpote mundi consummatoria, simul sine dubio processerunt.Sed hystoricus hec consulto preteriit, ut nostrum cor acueret ad industriam ex paucis occasionibus capiendam, que facit nos cogitantes investigare que desunt." Et paulo post ait, quod luce creata primo die, aer statim illustrabatur ex ea luce, sursum enim etheri erat 15 celoque vicinus.

Cap. XXIII, 1. Item in hoc loco sciendum est quod ex hoc verbo *tenebre erant super abissum* non sane intellecto nata est heresis Manicheorum, et Marcionis, et Valentini. Ut enim ait Augustinus: "Non nascuntur hereses, nisi dum scripture bone intelliguntur non bene et quod 20 in eis non bene intelligitur eciam temere et audacter asseritur." Sic igitur et isti, non bene intelligentes hoc verbum Scripture, in heresim lapsi sunt ut dicerent, sicut ait Basilius, tenebras non aerem obscuratum, "sed virtutem malignam, vel pocius ipsam maliciam habentem ex semetipsa principium, adversariam bonitati Dei; et hanc asserunt tenebrarum esse 25 naturam. Si enim Deus lumen est, inquiunt, sine dubio repugnans ei virtus obscuritas est secundum racionem sensus; non ex alia quadam mutuata substancia, sed est malicia sui genetrix, labes animarum, mortis effectrix, probitati contraria, quam et subsistere et non a Deo factam esse contendunt." Augustinus quoque de hac eadem secta in libro I *De Genesi* 30 *contra Manicheos* ait: "Manichei credunt esse gentem tenebrarum, in qua et corpora et formas et animas in illis corporibus fuisse arbitrantur. Ideo putant quod tenebre aliquid sint." Idem quoque Manichei, sicut

---

3 quatuor *corr. i.m. ex* 4 *B**   7 asserit] affert *R*   9 fecit] creavit *RP*   13 occasionibus] accionibus *Q*   17 unde nata est heresis manicheorum *i.m. B**   18 abissum] faciem abissi *R*   33 Idem] Immo *R;* Ideo *HP*

---

3 Cf. Bedae *Hex.,* I (*PL,* XCI, 15A–B)   Cf. R. Fishacre *Comm. in Sent.,* II, d. 12 (MS cit. fol. 102^C) et R. Rufi *Comm. in Sent.,* II, d. 12 (MS cit., foll. 127^B, 128^A)   7 Cf. R. Fishacre *loc. cit.* et R. Rufi *op. cit.* (fol. 128^A)   8 Bas. *Hex.,* II, 3, 4 (ed. cit., p. 21)   14 *Hex.,* II, 3, 5 (p. 21)   19 Aug. *In Ioannis evang.,* XVIII, 5, (*PL,* XXXV, 1536)   Cf. R. Fishacre *Comm. in Sent.,* II, d. 12 (MS cit., fol. 102^B)   23 Bas. *Hex.,* II, 4, 2–3 (ed. cit., p. 22)   30 Aug. *De Gen. contra Man.,* I iv, 7 (*PL,* XXXIV, 177)

Augustinus refert *Super Iohannem,* omelia I, per hoc quod musca nocet,
arguunt muscam esse malam; et ex similitudine [201^A] musce arguunt
apem esse malam, et consequenter locustam. Et sic gradatim deducunt ad
hoc quod omnia corpora sint mala, et ita quod Deus non fecit illa, set
5 diabolus. Dicunt eciam quod lapis et paries, et resticula, et lana, vitam
habeant et animam. Item Augustinus *Super Iohannem,* omelia XLII, ait
de heresi Manicheorum, quod ipsa "dicit esse quandam naturam mali, et
gentem quandam tenebrarum cum principibus suis, que ausa est pugnare
contra Deum; illum vero Deum, ne debellaret gens adversus regnum
10 eius, misisse contra eam, tanquam viscera sua, principes de luce sua;
eamque gentem fuisse debellatam, unde diabolus originem ducit. Hinc
dicunt ducere originem carnem nostram; et secundum hoc putant dictum
a Domino: *Vos ex patre diabolo estis,* quod essent illi velud natura mali,
ducentes originem de gente contraria tenebrarum."

15   2. Hii eciam dicunt Deum annunciatum in veteri testamento non
esse patrem Christi, sed quendam principem malorum angelorum. Hos
itaque et huiusmodi errores ex hoc loco male intellecto sibi originaliter
formaverunt. Inducitur enim hic sermo de tenebris, quasi de non creatis a
Deo. Cum enim dixit: *creavit celum et terram,* subiunxit: *tenebre erant*
20 *super abissum,* quasi cum hiis creatis. Ille aderant et existebant; et non a
creacione, quia non dicuntur create. Igitur, cum erant et non a Deo erant,
a se ipsis erant; et sine principio erant; et ita erant principium Deo
coequevum. Quod veraciter sequeretur, si tenebre aliquid essent, sicut
ipsi ymaginati sunt. Non enim intellexerunt tenebram nullam esse
25 essenciam sed tantum lucis privacionem. Immo, putaverunt tenebram
esse essenciam luci oppositam, naturaliter malam, immo naturaliter
ipsam maliciam, sicut lux que Deus est naturaliter est ipsa bonitas.

    Cap. XXIV, 1. Sed horum error penitus destruitur per omnes
probaciones quibus probant sacri expositores maliciam et privacionem et
30 tenebram nullam esse essenciam, sed essencie defectum. Quas
probaciones, quia note et prolixe sunt, hic interserere omittimus.

    2. Destruitur eciam eorum error hoc modo: si lux que Deus est et
tenebra illi luci contraria sibi invicem adversantur et repugnant, aut illa
contraria repugnancia sibi invicem sunt in virtute equalia, aut in
35 virtutibus sunt disparia. Si equalia sunt et semper sese contingunt,
semper et perpetuo sibi repugnant, neutro reliquum superante. Et ita

---

7 ipsa] ipsi *RH*   20 abissum] faciem abissi *R*   23 coequevum] coequalium *P*   35
Contra manicheos *i.m. B**

---

1 Aug. *In Ioannis evang.,* I, 1, 14 (*PL,* XXXV, 1386)   6 *In Ioannis evang.,* XLII, 10
(*PL,* XXXV, 1703) Cf. R. Fishacre *Comm. in Sent.,* II, d. 12 (MS cit., fol 102^B)   13
Ioan. VIII:44

sequitur quod perpetua sit in isto bello Dei miseria, dum confligit contra potestatem adversariam quam nunquam potest exsuperare. Si vero disparia sunt in virtute lux et tenebra, tunc quod forcius est aliquando vincet debilius et penitus adnichilabit, sicut est videre in disparibus repugnantibus, utpote in calore et frigore et huiusmodi naturis contrariis. 5 Aut igitur aliquando penitus nichil erit Deus exsuperante tenebra eius lucem, quod est inconvenientissimum, aut aliquando nichil erit tenebra a divina luce superata. Preterea, non esset Deus omnipotens, si vel ad momentum posset ei aliqua virtus alia resistere. Item, sicut dicit Augustinus *Super Iohannem*, omelia LXXXXIX: "Qui malum putant 10 esse substanciam quam non fecit Deus, mutabilem substanciam faciunt Deum." Plurima quoque huiusmodi circa hos nepharios errores possent dici, sed hec ad presens propter vitandam prolixitatem sufficiant.

8 Preterea] Propterea *P*   9 alia *om. P*   9 resistere] referre *R*   10 LXXXXIX] XXIX *R;* XCIX *H;* LXXXIX *P*   10 malum] malam *P*   12 Deum *add. i.m. B**

10 Aug. *In Ioannis evang.,* XCVIII, 4 (*PL,* XXXV, 1882)

PARTICULA SECUNDA

Cap. I, 1. *Dixit Deus: Fiat lux.* Hec dictio divina non sono [201^B]
vocali facta est, sicut sonuit vox Patris de nube dicens: *Hic est filius meus
dilectus,* quia frustra fieret sonus audibilis cum nondum erat auris
5 corporalis que illum sonum audiret. Nec verbo intellectuali intelligencie
create dixit: *Fiat lux.* Si enim hec lux prima fuit intelligencia angelica,
creanda aut per conversionem ad creatorem formanda, non in verbo et
per verbum angelice intelligencie dixit Deus: *Fiat lux,* sed Verbo sibi
coeterno nondum loquente in creatura per creaturam. Sed si hec lux erat
10 lux corporea, et intelligencia angelica iam erat creata, unde probabimus
quod non per verbum intellectuale angelicum locutus sit Deus et
formaverit inferiores creaturas? Multi namque philosophi opinantur
Deum per se creasse angelum, et angelum creasse et formasse corpora;
quod non faceret angelus nisi verbo intellectuali quod in illo et per illum
15 loqueretur Deus. Sed auctores, sacre pagine expositores, hanc
sentenciam habent reprobatam, asserentes quod Deus solo Verbo sibi
coeterno et nullius creature ministerio fecerit opera sex dierum in mundi
principio. Unde Augustinus in libro octavo super hunc locum *Ad literam:*
"Certissime tenere debemus Deum aut per substanciam suam loqui aut
20 per subditam sibi creaturam. Sed per substanciam suam non loquitur nisi
ad creandas omnes naturas; et spiritales vero atque intellectuales non
solum creandas sed eciam illuminandas, cum iam possint capere
locucionem eius qualis est in Verbo eius quod *in principio erat apud
Deum, et Deus erat Verbum,* per quod facta sunt omnia."
25   2. Item idem in eodem, libro IX: "Nunc iam videamus quomodo
accipiendum sit quod dixerit Deus: *Non est bonum esse hominem solum,*
utrum temporaliter vocibus ac sillabis editis dixerit Deus, an ipsa racio
commemorata est, que in Verbo Dei principaliter erat, ut sic femina
fieret. Quam racionem suscipiebat tunc Scriptura, cum diceret: *Et dixit
30 Deus: Fiat* hoc aut illud, quando primitus omnia condebantur."
Ieronimus quoque idem sentit dicens: "Dixit non more nostro per sonum
vocis corporeum, sed per Verbum unigenitum suum fecit." Basilius
quoque insinuat, quod sermo Dei in creandis rebus in mundi primordio

---

2 Sequitur *ante* Dixit *RHP*   4 auris] audibilis *add. P*   7 conversionem] conversacionem *B*   15 auctores *om. RH; canc. P*   18 octavo *corr. ex* 8 *B**   22 possint]
possent *P*   24 Deus in pri(ncipio) fecit omnia solo ver(bo) sine alicius creature ministerio
*i.m. B**

---

3 Matth. III:17   19 Aug. *De Gen. ad litt.,* VIII, 27 *(CSEL,* XXVII.1, 266)   25 *De
Gen. ad litt.,* IX, 2 (pp. 269-270)   26 Gen. II:18   31 Cf. Bedae *Hex.,* I *(PL,* XCI,
16D)   33 Bas. *Hex.,* II, 7, 8 (ed. cit., p. 27)

non est aliud quam proprie voluntatis momentum. Hoc idem insinuat Psalmus cum post invitacionem creaturarum ad laudem, causam laudandi subiungit dicens: *Quoniam ipse dixit et facta sunt.* Hoc enim pronomen 'ipse' discretivum est et exclusivum comparticipis in diccione et in faccione per Verbum.   5

3. Patet igitur auctoritate quod solo eterno Verbo, quod Deus loquitur eternaliter per suam substanciam, fecit omnia in principio, non usus alicuius creature ministerio. Hoc autem congruentissime provisum est ut in creando mundo non uteretur Deus creature ministerio, qui tamen in gubernando mundum creatum et in propagando, utitur creature 10 ministerio. Per hoc enim manifestavit nobis et sue potencie magnitudinem et sue bonitatis largitatem. Si enim in creando usus esset creature ministerio, posset videri impotens ut per se mundum crearet, et ideo, quasi indigens, usus fuisse creature ministerio. Sed cum cognoscimus quod summe virtutis est creare ex nichilo, et intelligimus 15 eum ex nichilo omnia creasse absque ministerii adminiculo, cognoscimus in hoc eum esse omnipotentem, et non uti ministerio in gubernacione et propagacione rerum creatarum quasi indigentem, sed quasi ex largitate bonitatis participium gubernacionis tribuentem. Sine ministerio itaque creavit, ut agnosceremus et timeremus eius summam potenciam; cum 20 ministerio tamen dignatur gubernare creata, ut cognoscamus et diligamus eius bonitatem [201^c] largissimam.

Cap. II, 1. *Dixit itaque Deus,* hoc est: Verbum sibi coeternum genuit. Diccio enim Verbi est generacio, et cum alius sit qui gignit et alius qui gignitur, habes hic duas personas, Patris videlicet et Filii, patenter 25 expressas; et in superioribus expressus fuit Dei spiritus. Unde iam tota Trinitas expressa est; bis videlicet Pater et Filius: semel cum dictum est supra *In principio fecit Deus,* et iterum cum dictum est nunc *Dixit Deus;* et semel Spiritus Sanctus, cum dictum est: *Spiritus Domini ferebatur super aquas.*   30

Cap. III, 1. Hoc Verbum Patri est coeternum, quia ipsum est splendor de luce, et intelligencia genita de memoria semper actu memorante, et imago de speculo semper ymaginem depromente, et Filius de eterno Patre cui nulla accidit innovacio, et *apud quem non est transmutacio nec vicissitudinis obumbracio.*   35

---

2 Psalmus] Psalmista *RQHP*   2 invitacionem] omnium *add. P*   6 idem probatur racione *i.m. B**   6 eterno] coeterno *RCH*   8-9 Hoc ... ministerio *om. R*   9-11 qui ... ministerio *add. i.m. B**   11-13 Per ... ministerio *om. H*   12 bonitatis] potencie *RC*   14 ideo] ita *R*   21 tamen *add. i.m. B**   32 semper *om. P*

---

4 Psalm. XXXII:9   34 Iac. I:17

2. Cum igitur hoc Verbum sit eternum, cur non est ei coeternum quod eodem Verbo est factum? Ad hanc questionem respondet Augustinus dicens: "Cum verbum sit temporis cum dicimus 'quando' et 'aliquando,' eternum tamen est in Verbo Dei quando fieri aliquid debeat,
5 et tunc fit quando fieri debuisse in illo Verbo est, in quo non est quando et aliquando, quoniam illud Verbum totum eternum est." Hoc verbum unicum est et semel dictum. Semel enim loquitur Deus, et secundo id ipsum non repetit. Quo unico et semel dicto Pater dicit se, et Filius dicit Patrem et se ipsum, et Filius et Pater dicunt omnia. Unde Augustinus in
10 libro VII De trinitate ait: "Pater Verbo quod genuit dicens est; non verbo quod profertur et sonat et transit; sed Verbo per quod omnia facta sunt, Verbo equali sibi, quo semper atque incommutabiliter dicit se ipsum." Item in libro quinto decimo De trinitate ait: "Pater tanquam se ipsum dicens genuit Verbum sibi equale per omnia. Non enim se ipsum integre
15 perfecteque dixisset, si aliquid minus aut amplius esset in eius Verbo quam in ipso." Et paulo post: "Novit itaque omnia Deus Pater in se ipso, novit in Filio; sed in ipso tanquam se ipsum, in Filio tanquam Verbum suum; quod Verbum natum est de hiis omnibus que sunt in se ipso. Omnia similiter novit et Filius in se, sed tanquam ea que nata sunt de hiis
20 que Pater novit in se ipso; in Patre autem, tanquam ea de quibus nata sunt que ipse Filius novit in se ipso. Sciunt ergo invicem Pater et Filius, sed ille gignendo, iste nascendo." Et uterque "simul omnia videt, quorum nullum est quod non semper videt" et ita, per consequens, quod non semper dicit; quia istud videre, dicere est. Idem quoque Super Iohannem
25 XLII ait: "Si Filius veritatem loquitur quam vidit apud Patrem, se vidit, se loquitur, quia ipse est veritas Patris, quam vidit apud Patrem." Dixit itaque Deus: Fiat lux, et facta est lux, quia ipsum Verbum virtus creatrix est. Unde Ambrosius ait: "Non ideo dixit, ut sequeretur operacio, sed dicto absolvit negocium. Unde pulcre illud Daviticum: Dixit et facta sunt,
30 quia dictum implevit effectus." Nec esset Deus omnipotens nisi dictione et verbo efficeret quod dicit. Eterno igitur Verbo operatur omnia. Unde Augustinus: "Non temporalibus quasi animi sui aut corporis motibus operatur Deus, sicut operatur homo vel angelus, sed eternis atque

---

1 (sunt non) omnia coeterna (eidem) verbo per quod sunt facta *i.m. B** 5 debuisse] debuisset *P* 6-7 Hoc ... est *add. i.m. B** 7 et secundo] ut ideo *P* 13 quinto decimo *corr. ex* 15 *B** 13 De trinitate *om. P* 17 ipso] se ipso *P* 17 Filio[2]] autem *add. P* 25 XLII] XLIII *P* 26 vidit] videt *P*

---

3 Aug. *De Gen. ad litt.,* I, 2 *(CSEL,* XXVIII.1, 6) 10 Aug. *De trinitate,* VII, i, 1 *(PL,* XLII, 933) 13 *De trinitate, XV, xiv,* 23 *(PL,* XLII, 1076) 16 *De trinitate, XV, xiv,* 23 (p. 1077) 25 Aug. *In Ioannis evangelium,* XLII, 2 *(PL,* XXXV, 1700) 28 Ambr. *Hex.,* I, 9, 33 *(CSEL,* XXXII.1, 35) 29 Psalm. XXXII:9 32 Aug. *De Gen. ad litt.,* I, 18 *(CSEL,* XXVIII.1, 26)

incommutabilibus et stabilibus racionibus coeterni sibi sui Verbi, et quodam, ut ita dixerim, fotu pariter coeterni Sancti Spiritus sui."

Cap. IV, 1. Itaque lux, que nunc facta dicitur secundum sensum primum literalem, ut supra dictum est, lux corporalis intelligitur, cuius illustracione fiebant primus et secundus et tercius dies. Unusquisque 5 illorum dierum habuit spacium XXIIII horarum equinoctialium, et secundum Bedam et Ieronimum hec lux corporalis, primo creata, habuit situm et locum in superioribus mundi [201^D] partibus in quibus nunc collocatur sol. Et circuibat lux illa totam terram ab oriente in occidentem, iterum revertens ad orientem in spacio XXIIII horarum equinoctialium 10 quemadmodum nunc in consimili temporis spacio circuit eam sol motu diurno; et lux illa sua presencia fecit diem, et in opposita parte terre, illius lucis umbra fecit noctem. Et sic divisit lucem ac tenebras, quemadmodum sol nunc dividit easdem. Verumtamen, ut Beda et Ieronimus asserunt, lux diurna tunc non fuit quantum nunc est clara, sed illa lux corporalis 15 talem prebuit terris illuminacionem, qualis nunc ante solis ortum solet esse. In hoc quoque distabat lux illa a luce solari, quod caloris fotu carebat; et quia sidera nondum erant, nox illius tridui omnino tenebrosa permansit, utpote que nullum adhuc habuit ex stellis fulgorem.

2. Secundum Basilium autem dies et nox fiebant in illo primo triduo 20 non circuicione et motu illius lucis corporalis circa terram, sed emissione luminis et splendoris ab illa luce fiebat dies, et contraccione eiusdem luminis et splendoris fiebat nox. Unde Basilius ait: "Tunc autem non solaris corporis motu, sed diffusione principalis luminis, modo se subducentis modo denuo reducentis, secundum divinam precepcionem 25 dies fiebat, noxque revertebatur." Hanc sentenciam Basilii secutus Iohannes Damascenus ait: "Igitur in primis quidem tribus diebus refuso et contracto lumine divino precepto dies et nox fiebat."

3. Augustinus autem in libro I super hunc locum *Ad literam* multa obicit contra successivam mundi condicionem per sex dies temporales, et 30

---

3 Lux corporalis *i.m. B**   6 habuit] habens *RQHP*   7 primo]die *add. RCHP*   10 iterum] inde *RH*   10 XXIIII *corr. ex* 24 *B**   10 equinoctialium *corr. ex* equinoxialium *B**   13 ac tenebras] a tenebris *R*   17 fotu *corr. ex* fetu *B**; fetu *R*   22   contraccione] occasione *P*

---

7 Cf. Bedae *Hex.*, I *(PL*, XCI, 18A); et *Glossa ordinaria*, Gen. I:4 *(PL*, CXIII, 71D) Cf. R. Fishacre *Comm. in Sent.*, II, d. 13 (MS cit., fol. 103^D); et R. Rufi *Comm. in Sent.*, II, d. 13 (MS cit., fol 130^A)   14 Cf. Bedae *Hex.*, I *(PL*, XCI, 23D): et *Glossa ordinaria (PL*, CXIII, 76D). Vide J.T. Muckle, "Did Robert Grosseteste attribute the *Hexameron* of St. Venerable Bede to St. Jerome?" *Mediaeval Studies*, XIII (1951), 243   20 Cf. R. Fishacre *Comm. in Sent.*, II, d. 13 (MS cit., fol. 103^D); et R. Rufi *Comm. in Sent.*, II, d. 13 (MS cit., fol. 130^A)   23 Bas. *Hex.*, II, 8, 1 (ed. cit., p. 28)   27 Damasc. *De fide orthodoxa*, XXI, 2 (ed. cit., p. 85)   29 Aug. *De Gen. ad litt.*, II, 8 *(CSEL*, XXVIII.1, 43-45)

contra utramque dictam sentenciam de triduo antequam sol fieret. Sunt etenim multa que contra ea videntur racionabiliter posse obici.

Cap. V, 1. Potest enim queri a Ieronimo et Beda et Basilio et eorum sequacibus, an in instanti facta fuerit lux dicta; et similiter, an
5 firmamentum subito fuerit factum, et congregacio aquarum in locum unum, et produccio de terra terre nascencium; et similiter aliarum dierum sequencium opera an fuerint subito an successive facta; et si successive facta, quanto temporis spacio fuerint facta: an videlicet toto diurno spacio in quo singulum operum factum est, an in spacio minori. Et puto,
10 quod ad hanc questionem dicti auctores responderent quod lux illa que faciebat primum triduum in instanti et subito facta est. Ipsa enim facta, inchoavit spacium prime diei, nec fuit aliquod momentum illius diei preteritum ante lucis illius perfeccionem. Similiter responderent quod sol factus est subito, in primo videlicet instanti quarte diei, quod instans fuit
15 inicium quarte diei et terminus diei tercie. Non enim fuit sol aut perfectus aut inchoatus in aliquo momento tercie diei, et tamen sol perfectus motu suo peregit spacium tocius quarte diei. Et hec ex circumstancia litere plana sunt.

2. Et forte ex horum similitudine racionabiliter conici potest, quod
20 reliquorum sex dierum opera subito in singulorum dierum iniciis perfecta sint, licet forte videatur quod congregacio aquarum in locum unum fuerit motus localis aut condensacionis, et germinacio plantarum et productio earum in perfectam magnitudinem fuerit motus crementi; quales motus non possunt fieri subito, sed cum temporis successione. Sed forte dicti
25 auctores responderent quod ista non fiebant in principio per motus successivos sed per mutaciones condicionis instantaneas [202^A], qualibus commutacionibus instantaneis perfecti sunt lux prima et sol. Secundum Augustinum namque, qui huiusmodi obicit contra successivam mundi condicionem, aquarum congregacio et plantarum germinacio et ad
30 perfectam magnitudinem deduccio facta fuerunt subito. Unde ipse ait in libro primo super hunc locum *Ad literam:* "Non dubitandum est ita esse utcumque istam informem materiam prope nichil, ut non sit facta nisi a Deo   et   rebus,   que   de   illa   formate   sunt,   simul

---

1 opposiciones contra su(ccessi)vam mundi cond(icionem) *i.m. B**   4 fuerit] sit *R;* sunt *H;* fuit *P*   7 fuerint] fuerunt *RH*   8 facta^1 *om. R*   8 quanto ... facta *add. i.m. B**   8 toto *om. P*   11 facta]et perfecta *add. RCHP*   12 diei *om. P*   13 illius] diei *add. RCH*   13 perfeccionem] preteritum *H*   25 quod] quia *RH*   26 instantaneas] instantaneos *B*   32 materiam] naturam *RC*

31 Aug. *De Gen. ad litt.,* I, 16 *(CSEL,* XXVIII.1, 22)

concreata sit." Item idem in libro *De mirabilibus divine scripture* ait:
"Quamvis per sex dierum alternacionem omnia creata peribentur, non
tamen per spacium temporis intelligitur, sed hiis operum vicissitudo
declaratur. Postea namque narrator historie divisit in sermone quod
Deus non divisit in operis perfeccione." Tamen idem Augustinus videtur 5
insinuare, in libro quinto et in libro sexto super hunc locum, quod Deus in
inicio temporis creavit simul et subito celum et terram et sidera perfecta
in species suas. Terre nascencia vero et animalia et homines primos
creavit in inicio temporis non perfecta in species suas, set creavit ea tunc
simul in racionibus causalibus et seminalibus. Deinde vero temporali 10
motu, post septem dies simul et subito completos in cognicione angelica,
formavit in species perfectas terre nascencia et animalia et primos
homines.

3. Obicitur quoque contra predictos auctores, quod dies non
precessit noctem in dicto triduo, cum tamen sonet litera Scripture diem 15
precessisse. Si enim, ut dicunt Ieronimus et Beda, lux illa gyravit circa
terram sicut nunc facit sol, simul erant dies et nox et vespera et mane,
habita simpliciter comparacione ad mundum, quemadmodum et nunc,
habito simpliciter respectu ad mundum, omni hora est dies ubi est solis
presencia, et omni hora est nox in opposita mundi parte ubi est solis 20
absencia, et omnia hora mane ubi sol oritur, et omni . hora vespere
opposito loco cui . sol occidit. Igitur, comparacione ad mundum
simpliciter, non potest dici quod dies precedat noctem, aut vespera
precedat mane, vel econverso. Igitur precessio diei ad noctem non est
simpliciter in respectu ad mundum, sed est in respectu alicuius loci 25
singularis signati in mundo. In illo autem triduo quod dicti auctores
ponunt, non fuit aliqua pars mundi dignior altera ut in eius emisperio
primo crearetur lux, cum nullam partem mundi adhuc inhabitaret homo
aut aliquod animal, aut ornarent terre nascencia; nec Deus aliter esset in
una parte mundi quam in alia, qui ubique est; set totam undique terram 30
consimilis operiret abyssi tenebrosa confusio. Sed ad hanc opposicionem,
quam non tacuit Augustinus, dicti auctores responderent solucionem,
quam idem Augustinus non siluit, videlicet quod illa lux facta fuit in

---

1 divine] sacre *R*   1 scripture] Lincolniensis considerat librum de mirabilibus scripture
fuisse Augustini *add. i.m. Q*   4 historie] operis *RC*   15 precessit] pressit *B*   16
precessisse] noctem *add. RCH* ₂   18,19 simpliciter] simplici *RCH*   19 habito] habita
RC   20,21 et] in *RH*   21 et] in *add. RH*   24 mane, vel] mane. Vel *R*   27 altera]
primo *add. RH*   29 esset *om. R*   32 auctores] doctores *P*   33 siluit] solvit *RH*

---

1 Ps.-Aug. *De mirabilibus sacre scripture,* I, 1 *(PL,* XXXV, 2152)   6 Aug. *De Gen. ad
litt.,* V, 4 et VI, 11 *(CSEl,* XXVIII.1, 142-145, 183-185)   16 Cf. R. Fishacre *Comm. in
Sent.,* II, d. 13 (MS cit., fol. 104^A); et R. Rufi *Comm. in Sent.,* II, d. 13 (MS cit., fol. 130^C)

emisperio illius partis mundi, quam partem homo fuerat inhabitaturus; et inde fuit illa pars huius lucis primicia dignior quod iam fuerat per providentiam disposita hominis inhabitacioni; et eciam ex hac lucis primicia eadem pars ceteris partibus dignior est effecta. Huic igitur parti
5 et non mundo simpliciter precessit in illo triduo dies noctem, et vespera mane. Item obicitur eisdem auctoribus, quod inutilis esset motus istius lucis [202^B] successio, cum nondum essent plante aut animalia que hac luce foverentur et viderent illam; nec opus fuit per eam lucem preparari materiam aliquam ut inde fierent sequencia, quia in prima condicione
10 rerum solo Verbo dixit Deus et facta sunt, ut supra diximus; nec usus est creature ministerio aut preparantis obsequio. Sed huic opposicioni posset responderi, innumeras res esse quarum utilitatem ignoramus, quas tamen utiles esse non dubitamus. Unde non sequitur lucis circuicionem successivam fuisse inutilem, licet huius specialem utilitatem ignoremus.
15 Et forte dicti auctores eius specialem utilitatem non ignoraverunt. Obicitur quoque eisdem ad quid sol postea sit conditus, si lux illa ad peragendum diem et noctem sufficiebat? Sed hoc solvitur per id quod supra a dictis auctoribus dictum est, videlicet quod lux illius tridui minor fuit quam sit nunc lux solis, et quod illa lux fomentali carebat calore quem
20 nunc habet sol.

4. Item contra emissionem et contraccionem luminis, qualem insinuant Basilius et Iohannes Damascenus, obicit Augustinus quod huiusmodi emissionis et contraccionis luminis nulla videtur in illo triduo fuisse causa; nec facile possit exemplum inveniri, "quo istam emissionem
25 contraccionemque lucis, ut diei noctisque vicissitudines fierent, probare possimus." Videtur tamen quod isti auctores huiusmodi contraccionis et emissionis luminis adinvenirent exemplum, quando tenebre per tres dies optinuerunt Egyptum. Tunc enim sol, existens in emisperio nostre habitabilis, in terram Iessen et in alias huiusmodi inhabitabiles regiones
30 radios sue lucis emittebat, et a terra Egipti radios eiusdem lucis eodem tempore contrahebat. Similiter videtur, quod in passione Domini tenebre que *facte sunt per universam terram ab hora sexta usque ad horam nonam* facte fuerint per radiorum solis contraccionem; nisi forte quis dicat quod

---

6 eisdem] illis *R*   8 preparari] preparare *RH*   12 innumeras] infinitas *RHP*   14 specialem] spiritalem *RQ;* spiritualem *H*   15 eius] huius *R*   15 specialem] spiritalem *RQ*   17 id] hoc *RH*   19 fomentali] fomentum *R*   21-23 qualem ... luminis *om.* *RH*   26 isti] dicti *RCH*   27 quando] scilicet *add.* *P*   29 inhabitabiles] habitabiles *P*   33 fuerint] sunt *R*

4-6 Cf. R. Rufi op. cit., II, d. 13 (fol. 130^C)   18 Cf. supra, II, iv, 1   21 Cf. R. Fishacre *Comm. in Sent.*, II, d. 13 (MS cit., fol. 103^D); et R. Rufi *Comm. in Sent.*, II, d. 13 (MS cit., fol 130^A)   22 Aug. *De Gen. ad litt.*, I, 16 *(CSEL,* XXVIII.1, 23)   27 Cf. Exod. X;22   28 Cf. R. Fishacre *Comm. in Sent.,* II, d. 13 (MS cit., fol 103^D)   Cf. Exod. X:21-22   29 Iessen sive Gessen; cf. Exod. IX:26   32 Matth. XXVII:45

vere sol in se ipso obscuratus tunc fuerit et luce privatus. Quod tamen dici non potest cum tenebre triduane fierent in Egipto.

5. Item si tria facta erant in principio, celum videlicet et terra et aqua perfecta secundum species suas, querit Augustinus cur non dixit Scriptura: "Dixit Deus: Fiat celum et terra et aqua," sicut dicit Scriptura 5 *Dixit Deus: Fiat lux,* et: *Fiat firmamentum,* et cetera sex dierum opera. Voluit enim Scriptura insinuare per verbum plenum dicentis plenam rei formacionem que verbo dicebatur. Unde, ex virtute verborum Scripture videtur aperte insinuari primo creacio informis materie ex nichilo, et consequenter ex informi materia mundi per species ordinata 10 consummacio; non quia informis materia formatis rebus tempore prior fuerit, quia non potest materia sine formacione subsistere, sed quod naturaliter precesserit materia res ex ea formatas, sicut vox materia verborum est. Verba vero formatam vocem indicant. Non tamen qui loquitur prius emittit informem vocem, quam possit postea colligere et 15 inde verba formare. Sic secundum Augustinum, Creator Deus non priorem tempore fecit informem materiam et eam postea per ordinem quarumcunque naturarum quasi secunda consideracione formavit, sed eam creando formavit et formando creavit. Et ita, secundum ipsum Augustinum, simul omnia concreata sunt secundum illud: *Qui vivit in* 20 *eternum creavit omnia simul.* Verumtamen sciendum quod ista non asserit Augustinus [202^C] pertinaciter, sed hec raciocinari nititur verisimiliter. In aliis quoque scriptis suis bene videtur consentire mundi creacioni successive.

6. Quemadmodum autem supra diximus sive fuerit mundi condicio 25 successiva, sicut sentiunt Beda, Ieronimus et Basilius, sive fuerit subito facta, sicut super hunc locum *Ad literam* raciocinari nititur Augustinus, nichilominus vera est Augustini exposicio secundum quam intelligit revolucionem sex dierum in mente angelica factam subito.

Cap. VI, 1. Intelligitur quoque per terram et aquam et abyssum 30 materia informis prima; et per lucem primo die conditam intelligitur natura angelica ad Creatorem Verbo eterno revocante conversa et hac conversione formata, que in sui naturali condicione huius conversionis respectu fuerat informis. Quod autem dicit: *Fiat,* referendum est secundum omnes exposiciones ad eam condicionem qua cunta subsistunt 35

---

5 Scriptura: "Dixit *add. i.m. B** 8 que] quo *R* 14 formatam] formata *R* 16 inde] in *RCHP* 20 illud] Eccli.18 *add. RHP* 23 scriptis]scripturis *RCH* 24 creacioni] creacionem *RC* 34 ... fiat et factum est ... condidit quia bonum *i.m. B**

---

2 Cf. Exod. X:21 4 Aug. *De Gen. ad litt.,* I, 3 *(CSEL,* XXVIII.1, 7) 19-20 *De Gen ad litt.,* IV, 33 (p. 133) 20 Eccli. XVIII:1

in eterno Verbo antequam subsistant in se ipsis. Quod autem dicit: *Facta est lux,* referendum est ad eam condicionem qua cunta fiunt in semetipsis. Visio autem Dei, qua *vidit lucem quod esset bona,* est eius beneplacitum, quo complacuit illi in lucis quam fecerat bonitate. Multis namque placet
5 aliquid ut fiat; quod tamen factum plerumque displicet, Deo autem non sic, sed quod ei placuit ut fieret, eciam factum eidem placet. Dixit igitur ut fieret, vidit ut factum maneret; vel vidit, hoc est a nobis videri fecit. Hoc enim ille facit, quod nos in illo et ille in nobis facit. Bonitas autem rei consistit in accione propter quam res specialiter facta est et eiusdem
10 accionis utilitate, et in ordine eiusdem rei ad se et ad alia queque in universitate. Quapropter, singulorum operum singularum dierum bonitates exponere esset operum specialium singularum dierum speciales naturas, et naturales acciones et utilitates, et ordinis sui pulcritudinem in universo pertractare. Quod quam difficile factum sit et inexplicabile,
15 nullum reor latere. Basilius itaque et Ambrosius, qui in explicandis naturis rerum singulis sex diebus creatarum desudaverunt, pro modo facultatis sue creatorum bonitatem exposuerunt, licet multis videatur quod magis ad ostentacionem pericie sue in naturis rerum talia conscripserunt.

20   2. *Vidit ergo Deus lucem quod esset bona,* hoc est, complacuit ei in lucis create utilitate, pulcritudine et ordine. *Et divisit lucem ac tenebras,* hoc est, rem formatam ab informi distinxit; non quod seorsum poneret hinc formatam et inde informem, remanente re in informitate, sed quod ipsa res, in quantum formata est, naturaliter distincta est a se ipsa
25 informi, licet nunquam secundum actum essendi informis extiterit. Res vero que in plenitudine formacionis considerata lux est, in ordine et utilitate sua considerata dies est. Ideo sequitur quod appellavit lucem diem, quia rem quam fecerat esse in se per formacionem, ordinavit in universitate per actum et usum utilem; et ab hoc ordine fecit
30 cognoscibilem et nominabilem. Rem igitur quam nominavit lucem a forma per quam est, nominavit diem ab ordine et usu quo utilis et bona est. Et quia Deus non solum ordinat ea que habent essenciam sed eciam defectus et privaciones, et ipsam inordinacionem redigit ad ordinem, ipsamque maliciam bene et ipsam turpitudinem pulcre ordinat, et de
35 quolibet malo aliquod bonum et utile facit, ideo eciam ipsam

---

2 fiunt] subsistunt *Q;* fiant *H*   5 plerumque] plurium *R;* plurimum *H*   6 eidem] illud *R*   7 est] et *add. P*   10 queque *corr. i.m. ex* que *B**   11 singulorum] angelorum *H*   11-12 singularum ... specialium *om. Q*   17 creatorum] creatoris *R*   23 remanente *corr. i.m. ex* manente *B**   27 dies *i.m. B**   35 aliquod] ad *R*

8 Cf. supra, Prooemium, 117

informitatem rei que dicitur tenebra ordinat bene [202^D] et decore et utiliter; et in hoc ordine nox dicitur, que in se tenebra vocabatur. Vespera autem est consummati operis terminus; mane vero future operacionis inicium. Omissa autem consideracione diverse racionis et intencionis in nominibus lucis et diei, et similiter tenebre et noctis, dici potest 5 simpliciter quod lux et dies est res formata seu rei formacio; nox vero et tenebra, defectio seu privacio rei a forma, quam privacionem habet omnis creatura vel actu vel potencia. Omnem enim formacionem precedit naturaliter forme privacio, et in omni re formata est naturaliter possibilitas deficiendi a sua forma, que enim perpetuo persistunt non 10 deficiencia, habent hoc a Creatoris gracia et voluntate, et non a sua naturali condicione. Privacio igitur predecens formam, et possibilitas deficiendi in re iam formata, et ipsa defeccio in hiis que deficiunt nuncipacione noctis intelligitur.

Cap. VII, 1. Item vespere et mane aliter intelliguntur. Prima 15 namque lux, ut dictum est, secundum Augustinum est angelica natura ad Deum conversa, et conversione que ad Deum est deiformis effecta. In qua deiformitate ipsa est quasi lux et dies, post tenebras negacionis existencie sue et post tenebras privacionis in se naturaliter precedentis hanc lucem sue deiformitatis, que erant quasi *tenebre super faciem abyssi.* 20 In hac vero luce et die cognovit Creatorem, et se ipsam in racione sua creatrice in mente divina. Huius itaque prime diei vespera est, post lucem dicte cognicionis, velud obscurior cognicio sue proprie nature in se, qua cognoscit quod ipsa non est hoc quod Deus. Cum vero, post hanc obscuriorem cognicionem sui in se, refert se ad laudandam ipsam lucem 25 que Deus est, cuius contemplacione formatur, et percipit in ipsa luce firmamentum creandum, fit mane, finiens velud primum diem naturalem et velud inchoans secundum diem. Est itaque secundus dies persistencia angeli in cognicione firmamenti in racione creatrice in mente divina. Vespera autem huius lucis fit cum ipsum firmamentum non in Verbo Dei 30 sicut ante, sed in ipsa eius natura cognoscitur; que cognicio, quoniam minor est, recte vespere nomine signatur. "Post quam fit mane quo concluditur secundus dies et incipit tercius; in quo mane itidem conversio est lucis huius, id est diei huius, ad laudandum Dominum quod operatus sit firmamentum et ad percipiendam de Verbo eius cognicionem creature 35

---

1 tenebra *i.m. B**   2 vespera. mane *i.m. B**   8 omnis] natura *add. R*   10 persistunt] consistunt *R*   15 quod in cognicione angelica *i.m. B**   20 hanc ... deiformitatis *add. i.m. B**   22 prime *om. P*   29 angeli *add. i.m. B**   35 percipiendam] percipiendum *RH*

---

16 Cf. Aug. *De Gen. ad litt.,* IV, 22-23 *(CSEL,* XXVIII.1, 121-123)   32 Aug. *De Gen. ad litt.,* IV, 22-23 *(CSEL,* XXVIII.1, 122-123)

que condenda est post firmamentum; et inde, hoc modo, cetera usque ad mane post vesperam sexti diei. Multum enim interest inter cognicionem cuiusque rei in Verbo Dei et cognicionem eius in natura eius, ut illud merito ad diem et mane pertineat, hoc ad vesperam et noctem, in
5 comparacione enim illius lucis que in Verbo Dei conspicitur, omnis cognicio qua creaturam quamlibet in se ipsa novimus non inmerito nox et vespera dici potest. Que rursus tantum differt ab errore vel ignorancia eorum qui nec ipsam creaturam sciunt, ut in eius comparacione non incongrue dicatur dies." Huiusmodi igitur circulacio a mane usque ad
10 mane in cognicione angelica dies est naturalis. Sed dies iste temporali caret successione, et septem dies hic commemorati non temporaliter sibi succedunt, sed in cognicione angelica simul sunt. Ibi itaque simul sunt dies et nox, et vespera et mane [203^A]. Habent tamen ibidem prius et posterius secundum naturam, quemadmodum solis splendor subito
15 pertransit et simul tempore illustrat loca soli viciniora et remociora cum tamen prius natura illustret loca proximiora.

2. Potest quoque intelligi divisio lucis ac tenebrarum in angelis stantibus atque cadentibus. Vidit enim Deus lucem quia bona est, id est angelicam naturam ad se conversam in angelis stantibus, et ordinavit
20 hanc lucem ad se conversam ad premium et beatitudinis confirmacionem. Lapsos vero angelos factosque tenebrosos privacione lucis deserte ordinavit Deus ad eternas et irremissibiles penas. Divisit igitur lucem et tenebras differenti secundum merita retribucione. Divisit eciam eas locorum distinctione suis retribucionibus congruencium. Angelis enim
25 stantibus deputavit celum lucidum et quietum beatitudinis habitaculum. Lapsis vero deputavit hunc aera tenebrosum inferni carcere tandem perpetuo claudendis.

Cap. VIII, 1. Nec putet aliquis, angelorum creacionem inter opera horum sex dierum esse omissam, quorum creacio et consumacio
30 nusquam congruencius in hiis sex diebus exprimitur quam per lucis condicionem. Nullius namque nature condicio in hiis diebus pretermissa est. Quod evidenter patet per conclusionem quam sic intulit legislator: *Vidit Deus cunta que fecerat, et erant valde bona:* et paulo post: *Et requievit Deus die septimo ab universo opere quod patrarat.* Ex hoc
35 namque patet quod die septimo cessavit a naturis condendis. Angelica

---

1 inde] in *R*   5 comparacione] corporacione *BQ*   6 ipsa] ipsam *P*   10 est *add.* *i.m.* *B**   15 et remociora *add. i.m. B*; om. P*   19-20 in ... conversam *om. P*   20 premium] primum *RH*   28 quod non est hic omissa angelorum condicio *i.m. B**   28 aliquis] quis *R*   32 sic] evidenter *R*   34 universo] omni *R*

---

33 Gen. I:31   34 Gen. II:2

igitur natura iam erat condita. Nec ante celum et terram condita erat,
quia in principio creavit celum et terram. Creata est igitur angelica natura
inter sex dierum opera. Nam eam esse opus Die manifestat ymnus trium
puerorum et Psalmus centesimus XLVIII^{us}. Quicquid autem aliquo sex
dierum creatum est, in verbis creacionis eiusdem diei est comprehensum. 5
Non enim dicitur hic vidisse nisi que verbis prioribus monstrata sunt
creata esse. Vidit autem cunta que fecerat. Igitur cuntorum creacio hic est
relata. Quod eciam angelus ad opus prime diei pertineat, patet ex verbis
Iob dicentis de Beemoth: *Ipse est principium viarum Dei;* vel secundum
aliam translacionem: "Hoc est inicium figmenti Domini." Ficcio autem 10
Dei faccio eius intelligitur, et vie eius operaciones eius intelliguntur.
Principium igitur viarum eius est principium creaturarum eius.

2. Per lucem igitur conditam intelligitur primo sensu lux visibilis
primos tres dies temporaliter peragens; et secundo natura angelica in Dei
contemplacionem conversa; tercio quoque intelligi potest quod lucis 15
condicio sit informis materie usque formacionem deductio. Omnis
namque forma quedam lux est et manifestacio materie quam informat, ut
ait Paulus: *Omne quod manifestatur lux est.*

Cap. IX, 1. Spiritaliter autem tam in ecclesia quam in qualibet
anima sancta fit lux, cum ipsa racionalis cognicio assurgit in 20
contemplacionem Trinitatis per intelligenciam a fantasmatibus
denudatam; vel in speculacionem intellectualium creaturarum et
incorporearum per intellectum; aut in cognicionem eorum que
temporaliter in salutem humani generis disposita sunt et administrata per
fidem. Tenebra autem intelligenda est, cum obscuratur intelligencia 25
divinorum, aut intellectus spiritalium, aut fides sacramentorum
temporalium per ignoranciam aut errorem. Et dividitur [203^B] hec lux ab
hac tenebra, recipiuntque diei et lucis nominacionem consimili modo ei
quem diximus superius, cum exposuimus divisionem lucis ac tenebrarum
in distinccione rei formate a se ipsa informi.   30

2. Quemadmodum autem intelligitur lux in cognicione veritatis in
mentis aspectu, intelligitur eciam lux in amore veritatis cognite in mentis
affectu; tenebra quoque in amoris viciosa inordinacione. Item allegorice

1 ante] autem si *H*   1 terram] terra *RCH*   3 eam] ea *P*   4 Quicquid] Quid *P*   8
verbis] verbo *RH*   11 faccio] creacio *RCH*   13 recapitulacio *i.m.* *B**   15
contemplacionem] contemplacione *RH*   16 usque] ad *add. RH*   16 formacionem
corr. ex informacionem *B;* informacionem *P*   19 spiritaliter *i.m.* *B**   20 anima *corr.*
ex alia B; alia *RH*   28 recipiuntque] recipitque *R*   32 eciam] hec *add. RHP*

3 Dan. III:51-90   7 Cf. R. Rufi *Comm. in Sent.,* II, d. 13 (MS cit., fol. 130^{B-C})   9
Iob XL:10   16-18 Vulgatur apud J.T. Muckle, "Robert Grosseteste's Use of Greek
Sources in his *Hexameron,*" p. 41   18 Ephes. V:13   33-97:4 Adducitur apud Beryl
Smalley, "The Biblical Scholar," p. 85, n. 3

lux ecclesie sunt prelati, sapientes et spiritales, qui lucent veritatis
cognicione et amore et bonorum operum exteriori spendore. Tenebre
vero sunt subditi tenebris ignorancie involuti et animales et carnales.
Item lux fit, cum sensus carnalis Scripture erumpit in sensum spiritalem;
5 quasi enim tunc lux de tenebris splendescit, cum historicus et carnalis
sensus Scripture in spiritalem intelligentiam clarescit.

3. Item lucis condicio potest intelligi primi parentis formacio in
gracia in paradiso; tenebra et nox et vespera, lapsus eiusdem ab ea quam
receperat gracia et in naturalibus bonis in quibus erat conditus per hunc
10 lapsum corruptela. Mane autem intelligi potest reversio ipsius ad graciam
per penitenciam. Similiter quoque in baptizatis est condicio lucis, cum
ipsi per sacramentum induunt Dominum Iesum Christum fiuntque lux in
Domino, qui in se ipsis prius fuerant tenebre; qui vero a gracia baptismi
per peccatum labuntur, quasi per vesperam in noctis tenebras decidunt;
15 qui autem de hiis per penitenciam redeunt, matutinam lucem iterato
recipiunt.

4. Item lucis condicio est per contemplacionem veritatis visio,
vespera vero descensus ad accionem, mane autem redicio ad
contemplacionem.

20 5. In hiis omnibus intellectibus facile potest ex supradictis intelligi
divisio lucis ac tenebrarum, et diei noctisque nuncupacio.

Cap. X, 1. Et quia in bonitate lucis quam vidit Deus intelligitur
utilitas ipsius et usus bonus, que agit in universo suis naturalibus
proprietatibus, de lucis corporalis proprietatibus pauca dicamus, ex
25 quibus intelligi valeant eciam proprietates rerum per lucem corporalem
mistice signatarum. Est itaque lux sui ipsius naturaliter undique
multiplicativa, et, ut ita dicam, generativitas quedam sui ipsius
quodammodo de sui substancia. Naturaliter enim lux undique se
multiplicat gignendo, et simul cum est generat. Quapropter replet
30 circumstantem locum subito; lux enim prior secundum locum gignit
lucem sequentem; et lux genita simul gignitur et est et gignit lucem sibi
proximo succedentem; et illa succedens adhuc succedentem ulterius; et
ita consequenter. Unde in instanti uno unus lucis punctus replere potest

3 involuti] obvoluti P   5-6 quasi ... spiritalem om. H   5 historicus] historicis
R   15 penitenciam corr. ex pacienciam B*   18 redicio] reducto RC; reduccio H   23
que] quam R; quem H   24 de ... proprietatibus add. i.m. B*   26 Sign. conc. 'de luce'
i.m. B*   27 generativitas] generativa R; generabilitas Q   28 sui] ipsius add. P   33
uno. om. RH   33 lucis] luminis R

22-104:20 Editur apud Muckle, "Grosseteste's Use of Greek Sources," pp. 41-43   26-
102:25 Paraphrasis est De luce opusculi (ed. Baur, pp. 51-59)   26-29 Cf. Grosseteste De
operat. solis (ed. McEvoy, p. 63, ubi evulgatur)   28-102:3 Cf. De operat. solis (ed. cit.,
p.89)

orbem lumine. Si autem lux esset lata locali motu, sicut ymaginantur quidam, necesse esset obscurorum locorum illuminacionem fieri non subito, sed successive. Et forte inde quod lux est naturaliter sui generativa, est eciam sui manifestativa, quia forte sui generativitas ipsa manifestabilitas est. Lux quoque secundum Augustinum est id quod in 5 natura corporea est subtilissimum; et ob hoc anime, que simpliciter incorporea est, maxime vicinum. Et ideo est ipsi anime in agendo per corpus velud instrumentum primum, per quod instrumentum primo motum movet cetera corpulenciora. Lux itaque instrumentalis anime in sentiendo [203^C] per sensus corporeos "primum per oculos sola et pura 10 diffunditur emicatque in radiis ad visibilia contuenda, deinde mixtura quadam primo cum aere puro, secundo cum aere caliginoso atque nebuloso, tercio cum corpulenciore humore, quarto cum terrena crassitudine, quinque sensus cum ipso ubi sola excellit oculorum sensu efficit." Lux igitur est per quam anima in omnibus sensibus agit et que 15 instrumentaliter in eisdem agit. Hec, secundum Augustinum in libro II *De libero arbitrio,* corpus est et in corporibus primum tenet locum. In epistola quoque *Ad Volusianum* idem Augustinus, loquens de vano quorundam intellectu de Deo, sic ait: "Hominum iste sensus est nichil nisi corpora valencium cogitare sive ista crassiora, sicut sunt humor atque 20 humus, sive subtiliora sicut aeris et lucis, sed tamen corpora." Et paulo post in eadem epistola ait: "Duo liquores ita miscentur ut neuter servet integritatem suam, quamquam et in corporibus ipsis aeri lux incorrupta misceatur." Ex hiis patet quod Augustinus lucem computat inter corpora.   25

2. Iohannes autem Damascenus dicit quod lumen est qualitas ignis; et ideo, ex igne semper generatum, non habet propriam ypostasim, id est subsistenciam. Idem tamen Iohannes in eodem *Sentenciarum* libro ait: "Non est aliud ignis nisi lumen, sicut quidam aiunt." Cum igitur horum auctorum utrasque sentencias credamus esse veras et sibi invicem non 30 contrarias, dicimus quod necesse est lucem dupliciter dici: signat enim

2 illuminacionem] illustracionem *R*   4 generativitas] generabilitas *Q*   5 Augustinum] De spiritu et anima, cap. 39 *add. R*   8 primo] primum *P*   14 cum ipso] et sic perficit et *P*   14 cum ... sola] ut nisi sola ipsa *R*   15-16 et ... agit *add. i.m. B**   16 in eisdem *om. P*   18 vano] vario *RCH*   22 neuter *corr. ex* neutrum *B**   26 Damascenus *om. RQCH*

5 Aug. *De Gen. ad litt.,* XII, 16 *(CSEL,* XXVIII:1, 401); et ps. -Aug. *De spiritu et anima,* XXII *(PL,* XL, 795)   5-7 Cf. Grosseteste *De operat. solis* (ed. McEvoy, p.65, ubi evulgatur)   16 Aug. *De libero arbitrio,* III, 58 *(CSEL,* LXXIV, 103)   19 Aug. *Epist.* CXXXVII, ii, 4 *(CSEL,* XLIV, 100-101)   22 *Epist.* CXXXVII, iii, 11 *(CSEL,* XLIV, 110)   26 Damasc. *De fide orth.,* VIII, 6 (ed. cit., p. 34)   28 *De fide orth.,* XXI, 1 (p. 84)

substanciam corpoream subtilissimam et incorporalitati proximam, naturaliter sui ipsius generativam; et significat accidentalem qualitatem, de lucis substancie naturali generativa accione procedentem. Ipsa enim generative accionis indeficiens mocio qualitas est substancie indeficienter
5 sese generantis. Motus enim in genere qualitatis est, quemadmodum et quies. Est quoque lux, ut dicit Augustinus, colorum regina, utpote eorumdem per incorporacionem effectiva et per superfusionem motiva. Lux namque incorporata in perspicuo humido color est; qui color sui speciem in aere propter incorporacionis sue retardacionem per se
10 generare non potest; sed lux colori superfusa movet eum in generacionis sue speciei actum. Sine luce itaque omnia corporea occulta sunt et ignota. Unde Iohannes Damascenus ait: "Aufer lumen et omnia in tenebris ignota manebunt, cum non possint proprium demonstrare decorem." Lux igitur est pulcritudo et ornatus omnis visibilis creature. Et, ut ait
15 Basilius: "Hec est facta natura, qua nichil voluptuosius fruendum cogitacionem potest subire mortalium."

3. "Prima vox Domini naturam luminis fabricavit ac tenebras dispulit, meroremque dissolvit et omnem speciem letam iocundamque subito produxit."

20 4. Hec per se pulcra est, quia eius "natura simplex est sibique per omnia similis;" quapropter maxime unita, et ad se per equalitatem concordissime proporcionata. Proporcionum autem concordia pulcritudo est; quapropter eciam sine corporearum figurarum armonica proporcione ipsa lux pulcra est et visui iocundissima. Unde et aurum sine
25 decore figurarum ex rutilanti fulgore pulcrum est; et stelle visui apparent pulcherrime, cum nullum tamen ostendant nobis decorem ex membrorum compaginacione aut figurarum proporcione, sed ex solo luminis fulgore. Ut enim dicit Ambrosius: [203^D] "Lucis natura huiusmodi est, ut non in numero, non in mensura, non in pondere ut alia,
30 sed omnis eius in aspectu gracia sit; ipsaque facit, ut eciam cetera membra

---

1 corpoream] corporalem *RCH*   3 substancie] substancia *RH*   5 qualitatis *corr. i.m. ex* qualitas *B** 10 superfusa *corr. i.m. ex* superflua *B** 10 generacionis] generantis *R*   11 omnia *om. P*   12 et omnia *om. P*   13 cum] et *P*   24 sine] lucis *RH*   25 decore] decori *H*

5-11 Cf. Grosseteste *De operat. solis* (ed. McEvoy, p. 90, ubi evulgatur)   6 Aug. *Conf.*, X, xxxiv, 51 *(CSEL, XXXIII.1, 265)*   8 Cf. Grossteste *De colore* (ed. Baur, pp. 78-79); *Comm. in Phys.*, V (ed. cit., pp. xvi, 112); *De iride* (ed. Baur., p. 78); *Comm. in Psalm.* (MS cit., foll. 15^C, 39^D). Vide etiam Dales, "Robert Grosseteste's Scientific Works," *Isis*, LII (1961), 396-398   12 Damasc. *De fide orth.*, XXI, 1 (ed. cit., p. 84)   14 Cf. Grosseteste *De operat. solis* (ed. McEvoy, p. 63, ubi evulgatur)   15 Bas. *Hex.*, II, 7, 7 (ed. cit., p. 27)   17 *Hex.*, II, 7, 1 (p. 26)   20 *Hex.*, II, 7, 10 (pp. 27-28)   28 Ambr. *Hex.*, I, 9, 34 *(CSEL, XXXII.1, 37)*

mundi digna sint laudibus." Hec, ut dicit Augustinus, cum de mundi
luminaribus radios suos terras usque pertendat, tamen eius radii per
queque immunda diffusi non contaminantur. Hec directum habet
incessum, et nullo modo incedit per curvum; subito pertransit lineam
longissimam. Et tante virtutis est quod sine temporis spacio replet omnia 5
subito. Cuius rei causam superius insinuavimus, et cuius testes sunt
Basilius, Ambrosius et Augustinus, unusquisque in libro suo *Exameron*
locum istum Geneseos exponentes. Lux quoque ad corporum politorum
superficies in angulis reflectitur equalibus, omniumque corporalium
formas et ymagines ubique representat, et quod in uno loco est per 10
substanciam in omni loco dinumerat et collocat per ymaginem et formam.
Hec est angelorum et sanctorum, ut testatur Basilius, supra celum
primum diffusa habitacio quietissima; hec in rebus corporalibus summe
Trinitatis per exemplum demonstracio manifestissima. Quapropter
Deus, qui lux est, ab ipsa luce cuius tanta est dignitas merito inchoavit sex 15
dierum opera.

5. Has lucis proprietates spiritalibus significatis aptandas diligencie
lectoris ad presens relinquimus, auxiliante Domino in posterum cum se
optulerit oportunitas et ipsi aliqua secundum intelligenciam spiritalem de
hiis dicturi.   20

Cap. XI, 1. Queritur autem in hoc loco, cur ultimo subinferat 'dies
unus' et non pocius dicat 'dies primus,' cum congruencius diceretur
primus ubi sequitur secundus et tercius. Sed secundum hystoricum
sensum huius rei multiplex est racio. Una videlicet, ut nox et dies
artificiales manifestentur esse diem unum naturalem; et quod nox cedat 25
in vim diei et lucis, tam noctem quam diem facientis. Lux enim, que sua
presencia facit diem, umbram terre proicit et figurat in partem
oppositam. Neque est nox aliud quam umbra terre a luce diem faciente in
partem oppositam proiecta. Nox igitur in diei cedit potestatem effectivam
et unitatem.   30

2. Altera vero est racio, ut omnis dies cum nocte sua, sive sit estivus
sive ybernus, indifferens ostendatur in dimensione temporali sensibili
secundum periodum reversionis sue ad ortum, et unius et prime diei
naturalis optineat indifferens et uniforme spacium. Omnes enim dies
naturales secundum uniformem solis motum equalem, qui apud 35

2 pertendat] protendat *R*   3 queque] quelibet *R*   6 superius] supra *RCH*   8
exponentes] exponens *RCH*   13 rebus] est *add. RC*   17 significatis] significantis *BQ;*
signans *R*   21 cur dicit (dies) unus, non p(rimus) *i.m. B**   22 congruencius]
conveniencius *R*   23 ubi] et *R*   23 sequitur] sequeretur *RCH*

1 Locum Augustini non invenimus   Cf. Grosseteste *De operat. solis* (ed. McEvoy, p. 89,
ubi evulgatur)   12 Bas. *Hex.*, II, 5, 9 (ed. cit., p. 25); vide supra, I, xvi, 2

astronomos appellatur motus solis medius, sibi invicem sunt equales. Sed
secundum solis motum diversum et secundum varia tempora
ascensionum diversorum signorum sunt dies naturales differentem
quantitatem habentes. Quia tamen eorum differencia est insensibilis,
5 simpliciter dicimus omnes dies naturales ad invicem esse equales. Cuius
equalitatis in omnibus unitas insinuatur cum dicitur 'dies unus' et non
'dies primus,' licet sequatur secundus et tercius.

3. Tercia racio est, quia per hoc insinuatur quod alii dies non sunt
nisi huius prime diei repeticio.

10 4. Quarta vero racio est, quia in nomine unitatis insinuatur quod
successio diei sit in se ipsam reversio circularis. Circulacio autem unicio
[204^A] quedam est, principio carens et fine. Has raciones insinuat
Basilius. Augustinus vero in libro XI *De civitate Dei* affert de hac re
racionem concordem exposicioni sue qua exponit lucem esse angelicam
15 naturam in Deum conversam, dicens: "Si ad istorum dierum opera Dei
pertinent angeli, ipsi sunt illa lux que diei nomen accepit; cuius unitas ut
commendaretur, non est dictus dies primus, sed dies unus. Nec alius est
dies secundus aut tercius aut ceteri; sed idem ipse unus ad implendum
senarium vel septenarium numerum repetitus est propter senariam vel
20 septenariam cognicionem" in participacione lucis eterne, que est
unigenitus Filius Dei.

---

6 equalitatis] equalitas *R*   6 in omnibus *add. i.m. B**   10 unitatis *om. P*   14 qua]
quam *R*   16 pertinent] pertineant *QHP*   16 lux *om. P*

13 Aug. *De civ. Dei,* XI, 9 *(CSEL,* XL.1, 524)

PARTICULA TERTIA

Cap. I, 1. *Dixit quoque Deus: Fiat firmamentum.* De Verbo Dei quo dixit: *Fiat firmamentum,* et quo dixit: Fiant cetera que sequuntur, et de beneplacito eius quo vidit quia bonum est, et de vespera et mane, non
5 opus est iterum similiterque disserere. Hoc tamen hic ad memoriam revocandum, quod non tociens dixit Deus "Fiat," quociens Scriptura hoc recitat; quia Deus Pater unum Verbum genuit in quo simul et semel omnia dicit, per quod et singula facta sunt. Sed Scriptura, condescendens parvulis, meminit pluries unicam Dei dictionem, quia mentes
10 parvulorum non unica apprehensione comprehendunt, quod Deus unico verbo loquitur et facit omnia; sed apprehendunt una apprehensione Deum suo Verbo fecisse unum, et apprehendunt alia apprehensione Deum suo Verbo fecisse aliud. Unde hec repeticio in Scriptura Dei dicentis non insinuat divine locucionis repeticionem, sed infirmorum de
15 unica locucione Dei repetitam apprehensionem, et impotenciam eorundem apprehendi una apprehensione unam multa operantem Dei locucionem.

Cap. II, 1. Firmamentum autem putant quidam in hoc loco intelligi aera, quia aer plerumque celum nominatur; ut cum dicitur: *Volucres celi;*
20 et iterum cum dicitur: *Celum dedit pluviam;*et cum dicuntur tonitrua in celo fieri; et Dominus in ewangelio: *Faciem,* inquit, *celi potestis probare.* Horum autem racio, qua dicunt firmamenti nomine hic intelligi aera, est quod firmamentum hic nominatum dividit inter aquas superiores et inferiores. Sed firmamento illo stellato, ut aiunt, non possunt esse aque
25 superiores, sed solum aere, ubi volant aves, sunt aque vaporaliter suspense superiores, que plerumque glomerantur in nubes et aquas pluviales. Quod autem aque non possint esse supra celum stellatum, nituntur probare per pondus aque et per locum huic elemento naturaliter deputatum. Proprius enim locus et naturalis huius elementi circa terram
30 et super terram est, quia hoc elementum terre proximum est in pondere,

---

3 sequuntur] non opus est disserere *add. P*   5 similiterque *om. P*   11 cur sepius dicit *Dixit Deus* cum semel tantum loquatur *i.m. B**   14 insinuat] tibi *add. RH;* ter *add. P*   16 unam multa] una multam *P*   16 operantem] operatricem *RH*   18 oppinio quod per firmamentum intelligitur aer *i.m. B**   21 ewangelio] Mt. 13 *add. P*   22 firmamenti] firmamentum *R*   24 illo] isto *RH*   25 vaporaliter] vaporabiliter *R*   26 plerumque] plurium *RH*   26 glomerantur] conglomerantur *H*   27 possint] possunt *P*   30 est[1] *om. P*

---

5 Cf. R. Rufi *Comm. in Sent.,* II, d. 14 (MS cit., fol 132[C])   19 Gen. I:30 *et al.*   20 Iacob. V:18   Ioan. XII:29   21 Luc. XII:56   Cf. Aug. *De Gen. ad litt.,* II,   4 *(CSEL,* XXVIII.1, 37)   24 Cf. loc. cit.

terra levius, et aere et igne ponderosius, ac per hoc ponderosius est omni celesti corpore. Unde, sicut aer in aqua missus tendit sursum et aer in spera superioris ignis positus tendit et movetur deorsum, sic multo fortius aqua posita super celi corpus igne subtilius moveretur deorsum et ibidem
5 non posset consistere. Augustinus autem huius consideracionis diligentiam laude dignam iudicat, quia quod sic dicitur [204^{B}] de firmamento et celo contra fidem non est; et in promtu positum est documentum quo ostenditur aera celum nominari.

Cap. III, 1. Verumtamen, iudicio eius et aliorum expositorum
10 verius intelligitur nomine firmamenti celum in quo locata sunt sidera; super quod veraciter sunt aque posite. Nec hoc esse improbabile nititur Augustinus probare: quia, si aque iste, quas videmus, in tantas minucias possunt dividi et tantum subtiliari et aliqua vi impressi caloris vel alio modo in tantum levigari, ut super hunc aera possint vaporabiliter in
15 nubibus suspendi, eadem racione eedem aque, minucius divise magisque subtiliate et levigate secundum proporcionem qua locus superior firmamento altior est loco nubium, ibidem suspendi poterunt. Et si virtus ea subtilians et levigans sit virtus fixa et manens, ibidem perseveranter manere poterunt.

20 2. Et in signum quod aque sint super firmamentum videtur esse frigiditas stelle saturni; que stella, propter situm quem habet ceteris sex planetis excelsiorem, et propter motum quem habet ex rotacione celi ab oriente in occidentem ceteris velociorem, deberet esse ceteris planetis ferventior, nisi aquis illis superioribus temperatus esset eiusdem stelle
25 fervor. Ipsarum namque aquarum naturalis frigiditas admisceri videtur virtuti eiusdem stelle calescenti, quemadmodum hic videmus quod positis iuxta se duobus corporibus, altero fervente et reliquo algente, aer circumstans minus fervet ex corpore fervente propter vicinitatem corporis algentis et minus alget ex corpore algente propter vicinitatem
30 corporis ferventis, commixtis videlicet utrorumque corporum activis virtutibus et utraque virtute ex alterius commixtione in sua accione inminuta.

---

2 celesti] ceteri *R*   2 aqua] aquam *RH*   3 superioris *om. RH*   3 et ... deorsum *om.* *R*   6 laude *om. R*   7 est^{l} *om. P*   8 ostenditur] ostendatur *RQCH*   9 quod super firma(mentum) stellatum sunt (aque) *i.m. B**   12 quia] quod *RCH*   12 videmus *om. R* 14 hunc *om. P*   20 probacio per sa(turni f)rigiditatem *i.m. B**   26 positis] expositis *Q* 28 minus] mius *B*   29 minus] nimis *BP*

5 Aug. *De Gen. ad litt.,* II, 4 (*CSEL,* XXVIII.1, 37)   9 Cf. R. Rufi *Comm. in Sent.,* II, d. 14 (MS cit., fol. 132^{D})   12 Aug. *De Gen. ad litt.,* II, 4 (*CSEL,* XXVIII.1, 37-38)   20 Cf. R. Rufi *Comm. in Sent.,* II, d. 14 (MS cit., fol. 132^{D})

3. Aliqui vero intelligunt aquarum naturam non vaporali tenuitate supra firmamentum sed glaciali soliditate suspendi. Cum enim cristallus lapis, cuius magna est firmitas magnaque perspicuitas, de aquis per congelacionem sit factus, quid mirum si et ibidem aque ille superiores velud in unum magnum cristallum sint consolidate; et sive quelibet pars 5 illius cristalli sit ponderosa sive levis, cum medium eius sit centrum terre quo tendunt omnia ponderosa et a quo nituntur omnia levia, ipsum totum cristallinum necesse est suis propriis nisibus immobiliter librari et super stabilitatem suam fundari, sicut terra suis ponderibus librata est et super propriam stabilitatem fundata. Si autem gravitate et levitate careat, 10 manifestum est quod nec sursum neque deorsum moveri debet.

4. Preterea, ponamus quod aque ille sint ponderose et fluide; nulla necessitas compellit eas deorsum fluere, cum secundum philosophos corpus celi neque sit rarefactibile neque condensabile neque per alterius corporis penetracionem divisibile. Nec cogit aliquid illas aquas 15 aliquorsum super firmamentum decurrere, cum extima firmamenti superficies ubique sit a centro mundi equidistans, planiciem habens spericam in nullo loco magis quam in alio depressam.

5. Sed quid in hiis querimus naturam, cum dicat Ambrosius: cum sermo Dei ortus nature sit, iure usurpat legem dare nature qui originem 20 dedit. Cum igitur ipse facit quasi potens et quasi virtus, "quid igitur miraris si supra firmamentum [204^C] celi potuit unda tante maiestatis operacione suspendi? De aliis hec collige; de hiis que viderunt oculi hominum, quomodo ad Iudeorum transitum, si racionem queris, se unda diviserit. Non solet hoc esse nature, ut aqua se discernat ab aqua et in 25 profundo interfusione aquarum terre medio separentur. Gelaverunt, inquit, fluctus et spiritus firmamenti cursum suum in solito fine frenarunt. Nonne potuit eciam aliter Hebreum populum liberare? Sed tibi voluit ostendere, ut eo spectaculo eciam illa que non vidisti estimares esse credenda. Iordanis quoque reflexo amne in suum fontem revertitur. 30 Herere aquam cum labitur inusitatum, rursum redire in superiora sine ullo repagulo impossibile habetur. Si quid impossibile ei qui dedit posse quibus voluit, dedit posse infirmitatibus, ut infirmus dicat: Omnia possum in eo qui me confortat?" Credibile autem valde est quod, sicut

---

1 de var(iis modi)s aquas supra firma(mentum) i.m. B*   12 ille] superiores add. RC
16 extima] extrema RH   17 ubique om. P   19 naturam om. P   33 quibus...posse om.
P

---

1 Cf. R. Rufi Comm. in Sent., II, d. 14 (MS cit., fol. 133^{A-B}). Cf. Bedae Hex, I (PL, XCI, 18); et Macrobii In somnium Scipionis comm., I, 20, 8 et II, 7, 6   9-10 Cf. Ovidii Metamorph., I, 13; cf. infra, IV, xv, 1   11 Cf. Grosseteste Comm. in Phys., III (ed. cit., p. 65) et De motu corporali et luce (ed. Baur, p. 91)   19 Ambr. Hex., II, 3, 10-11 (CSEL, XXXII.1, 49)   26-27 Exod. XV:8   33-34 Philipp. IV:13

Dominus *statuit* ad horam *aquas* Rubri maris et Iordanis *quasi in utre,*
contra solitum cursum nature, sic eciam multa faciat perpetuo manencia
contra et supra solitum nature cursum.

6. Sed quid prodest istas diversas sentencias recitasse, cum omnes
5 simul stare non possint? Ad hoc utique, ut sciamus modos possibiles
quibus potest fieri ut aque veraciter supra firmamentum existant, et
possimus respondere ad illos qui nituntur probare non posse esse aquas
supra celos, et ostendere eis plures modos quibus potest esse hoc quod
dicit Scriptura. Sacri enim expositores scripserunt ista non tam ut horum
10 aliquod unum esse assererent, quam ut modos possibiles ostenderent
quibus hoc potest esse quod Scriptura dicit esse.

7. Sed sicut dicit Augustinus: "Quomodo et qualeslibet aque ibi
sint, esse ibi eas minime dubitemus. Maior est enim huius scripture
auctoritas, quam omnis humani ingenii capacitas."

15 Cap. IV, 1. Vocatum est autem 'firmamentum' secundum
Augustinum non propter stacionem, sicut quidam putant, sed propter
firmitatem inalterabilis essencie, donec fiat celum novum et terra nova;
aut propter terminum aquarum intransgressibilem. Aut sicut Basilius ait:
"Signat firmamenti appellacio non duram fortemque naturam, que
20 fulcimine aliquo sustentatur et pondere. Nam multo proprius eiusmodi
vocabulum terra meruisset. Sed propter substanciam superiorum, que
subtilis et rara est nulloque sensu comprehensibilis habetur,
firmamentum nuncupavit, comparacione scilicet corporum leviorum,
que nec visu nec tactu valeamus attingere."

25 Cap. V, 1. Hoc idem dicitur celum, sed adhuc per
preoccupacionem, eo quod sit stellis pictum atque celatum. Vel celum
secundum Basilium "a cernendo vocatur, quod ex Grecorum ethimologia
melius colligitur." Ipsi enim celum vocant οὐρανός, *oyranos,* ἀπὸ τοῦ
ὁρᾶσθαι *apo toy orasthe,* id est a videre. Vel secundum Iohannem
30 Damascenum οὐρανός dicitur quasi ὁρα ἀνω, *ora ano,* id est videt
sursum. Vel celum a celando, quia tegit omnia, vel quasi casa ἥλιου, *elioy*
id est domus solis.

7 possimus] possumus *P*   9 tam] tamen *P*   10 unum *om. P*   10 assererent] asserunt
P   11 esse[1] *om. P*   15 (quar)e dictum est firmamentum et unde celum *i.m.*
B*   15 secundum] sicut dicit *RH*   19 non duram] fiduciam *RP*   26 pictum] punctum
R   26 celatum] collatum *H*   28 οὐρανος . . . id est *om. RH* id est *om. P*
30 Damascenum] dicitur *add. P*   31 ἥλιου elioy *om. P*

1 Psalm. LXXVII:13   12 Aug. *De Gen. ad litt.,* II, 5 (*CSEL,* XXVIII, 39)   15 Cf.
R. Rufi *Comm. in Sent.,* II, d. 14 (MS cit., fol. 132[C])   Aug. *De Gen. ad litt.,* II, 10 (*CSEL,*
XXVIII.1, 48)   17 Cf. Apoc. XXI:1   19 Bas. *Hex.,* III, 7, 2 (ed. cit., p. 40)   25 Cf.
Bedae *De orthographia,* s. v. caelo (*PL,* XC, 130)   27 Bas. *Hex.,* III, 8, 2 (ed. cit., pp.
41-42)   28-29 Cf. Amb. *Hex.,* II, 4, 15 et V,22, 73 (*CSEL,* XXXII.1, 54 et 193)   30
Damasc. *De fide orthod.,* XX, 8 (ed. cit., p. 82)   31-32 Cf. Bedae *De orthographia,* s. v.
caelo (*PL,* XC, 130)

Cap. VI, 1. Que sit autem huius firmamenti natura, et quot sint celi contenti in hoc uno celo quod dicitur firmamentum, quod videlicet est extentum in spissitudinem ab infima evagacione lune usque supra stellas fixas ubi collate sunt superiores aque, multi scrupulosissime investigaverunt. Sed nescio an aliqui veritatem [204^D] invenerunt; aut si 5 forte invenerunt, nescio an eorum aliqui se invenisse veritatem veraci et certa racione deprehenderint. Scribunt enim super hiis philosophi sibi invicem contraria. Alii enim tantum quatuor elementa esse affirmant, et totum illud quod firmamentum nominatur igneum esse natura, quemadmodum Plato videtur in *Timeo* sentire. Augustinus quoque in 10 pluribus locis huic sentencie consentire videtur. Iohannes quoque Damascenus aperte per implicacionem insinuat in libro *Sentenciarum* suarum, quod corpus immateriale, ut id quod apud Grecorum sapientes quintum dicitur corpus, impossibile est esse. Alii autem, ut Aristotiles et sui sequaces, quintum corpus esse contendunt preter quatuor naturas 15 elementares. Horum autem controversias et raciones in hoc loco ponere et nimis esset prolixum et auditoribus tediosum, et quoad intencionem presentem non videtur valde necessarium.

2. Iohannes autem Damascenus ait: "Deinde," hoc est post celum supremum quod continet omnia, "firmamentum vocavit Deus celum, 20 quod in medio aque genitum esse iussit, ordinans id separare per medium aque que erat super firmamentum, et per medium aque que erat subter firmamentum. Cuius naturam divus Basilius subtilem esse ait velud fumum, ex divina edoctus Scriptura. Alii vero," ut idem Iohannes ait, aquosam esse eius naturam aiunt, ut "in medio aquarum genitam; alii ex 25 quatuor elementis, alii, ut supra dictum est, corpus quintum." Idem quoque Iohannes ait: "Substanciam celi non oportet nos querere, ignotam nobis existentem."

Cap. VII, 1. Et subiungit: "Nullus autem animatos celos vel luminaria existimet. Inanimati enim sunt et insensibiles. Quare, etsi dicat 30 divina Scriptura: *Letentur celi et exultet terra,* eos qui in celis sunt angelos et qui in terra homines ad leticiam vocat." Taliter de firmamento et celo

---

1 (quod) nichil certum de natura firma(menti) et motibus eius adhuc (apud) nos inventum est *i.m. B**   2 *Sign. conc. 'de caelo' i.m. B**   4 collate] collocate *RQCH* 5-6 aliqui . . . an *om. P*   7 deprehenderint] comprehenderunt *RH*   13 ut id] ubi idem *R;* ut illud *H*   13 apud *om. R*   16 elementares] elementorum *R*   17 nimis] minus *RC* 18 valde] esse *add. RCH*

---

8 Cf. R. Rufi *Comm. in Sent.,* II, d. 14 (MS cit., fol. 133^C)   10 Platonis *Timaeus,* 32^{b-c} 10-11 Aug. *De Gen. ad litt.,* III, 4; *Enarr. in Psalm.* VI: 5; *De lib. arb.,* III, 5; *Sermo* 147, 6; *De Gen. imp.,* IV   12 Damasc. *De fide orthod.,* XXI, 1 (ed. cit., p. 8]   14 Arist. *De caelo,* I, 2 (268b)   19 Damasc. *De fide orthod. XX, 2 (pp. 78-79)*   27 *De fide orthod. XX, 10 (p. 83)*   29 *De fide orthod.,* XX, II (ed cit, p. 83   31 Psalm. XCV:11

sentit Iohannes Damascenus, non ignorans quantis nisibus conati sunt
philosophi probare celos esse animatos; et quidam illorum omnes celos
animatos anima una, quidam vero diversos diversis. Quidam autem
putaverunt celos moveri non ab anima unita eis in unitatem individualem,
5 sed ab intelligencia vel intelligenciis non unibilibus corpori in unitatem
personalem. Augustinus autem in libro *Encheridion* ait: "Sed nec illud
quidem certum habeo, utrum ad angelorum societatem pertineant sol et
luna et cunta sidera, quamvis nonnullis lucida esse corpora non consensu
vel intelligencia videantur; " in hiis videlicet verbis insinuans quod, si sunt
10 animata,   pertinent   ad   societatem   angelorum.   In   libro   vero
Retractacionum ait: "animal esse mundum istum, sicut Plato sensit
aliique philosophi plurimi, nec racione certa indagare potui nec
divinarum scripturarum auctoritate persuaderi posse cognovi. Unde tale
aliquid a me dictum, quo id accipi possit eciam in libro *De immortalitate*
15 *anime,* temere dictum notavi, non quia hoc falsum esse confirmo, sed
quia nec verum esse comprehendo quod sit animal mundus." Ieronimus
autem sentit celum et astra non esse animata, et inter hereses Origenis
enumerat quod ipse dixit solem et lunam et astra cetera esse animancia.
Cum itaque de celorum natura et motoribus celorum et de virtutibus
20 eorum motivis tam diversimode et tam incerte [205^A] sentiant philosophi
et auctores tanti, quid possum ego nisi meam circa hec ignoranciam simul
et dolere et fateri?

Cap. VIII, 1. De numero quoque celorum et motibus meam non
verecundor   ignoranciam   fateri,   licet   possem   super   hoc   tam
25 astronomorum quam philosophorum naturalium plerasque sentencias
enarrare. Nullum enim eorum scio aut mendacem convincere aut
veracem ostendere, quia nonnisi ambiguitatem nobis relinquunt. Quis
enim scit, an non moto firmamento, hoc est toto corpore a luna usque
supra stellas fixas, eodemque existente uno et unius omnino nature,

---

1 nisibus] vocibus *R;* vicibus *CH*   3 vero] una *H*   3 diversos *om. RCH*   6 nec *om. P*
8 non] cum *add. P*   9 insinuans] insinuatur *P*   15 quia] quasi *P*   19 natura . . . celorum
add. i.m. B*; om. Q; et . . . celorum *om. P*   20 motivis] motuum *RCH*
20 *Sign. conc.* 'de caelo' *i.m. B**   28 an] supra *add. R*   28 non moto] inmoto *RCHP*

---

3 una] Cf. Calc. *In Tim. comm.,* XCIX (ed. Waszink, p. 151)   3 diversis] Cf. Arist.
Metaph., XII, 8 (1073a) et Avicennae *De celo et mundo,* XII (apud *Opera,* Venetiis, 1508,
fol 41^A) et *Metaph.,* IX, 4 (ed. cit., foll. 104^C - 105^B)   Cf. Avicennae *De celo et mundo,* VII
(ed. cit., foll. 39^D - 40^A) et *Metaph.* IX, 3 (ed. cit., fol. 104^B)   6 Aug. *Enchiridion,*
LVIII, 15 (*PL,* XL, 260)   11 Aug. *Retract.,* I, x, 4 (*CSEL,* XXXVI, 55)   11 Platonis
Timaeus, 30^b 12 aliique philosophi] Calc. *In Tim. comm.,* XCIII; Macr. *In somn.
Scipionis comm.,* I, 14, 14; Virgilii *Aen.,* VI. 724-726, VIII. 403; Servii *In Vergilii Aeneidos
libros comm.,* ad. *Aen.* VI. 724 (ed. Thilo, Lipsiae, 1884, II, 102)   15 Aug. *De immort.
animae,* XV, 24 (*PL,* XXXII, 1033)   16-17 Hier. *Epist.* CXXIV, 4 (*CSEL,* LVI, 99-100)
et *Contra Ioannem Hierosolymitanum,* 17 (*PL,* XXIII, 385 B-C)   Cf. R. Rufi *Comm. in
Sent.,* II, d. 14 (MS cit., fol. 133^D)

moveantur stelle fixe et planete secundum vias circulorum et epiciclorum, quemadmodum videtur sentire Tholomeus de motibus eorum? Totum enim quod ipse dixit et demonstrare se credidit de siderum motibus, imaginari potest absque motibus celorum, licet ipse ponat firmamentum eniti contra stellas et stellas contra firmamentum. Non enim difficile est 5 ponere aliquam virtutem intellectivam vel virtutem eciam corporalem que stellas moveat per illos circuitus quos experimentis et instrumentis adinvenit Tholomeus sive astronomi qui ipsum precesserunt sive qui ipsum subsecuti sunt. Unde Augustinus ait: Si autem stat firmamentum, nichil impedit moveri et circuire sidera. Unde iterum scitur an tot sint 10 spere celorum, quot sunt planete note? Et insuper spera stellarum fixarum; et super illam, celum sine stellis quod movet totum inferius motu simplici diurno, sicut aiunt, ita ut in universo sint novem celi: septem videlicet celi septem planetarum, et celum stellatum, et celum applanon; ex quorum numero quidam credunt se probare numerum ordinum 15 angelicorum.

2. Dicunt quoque non esse plures celos, quia celum non est nisi propter stellam vel stellas quas movet, et non percipiuntur ex stellis plurium celorum motus. Si autem stelle moveantur nullo modo propriis motibus sed solum motibus celorum movencium ipsas, necesse est novem 20 esse celos, ut dicunt, dum tamen stelle fixe, preter motum diurnum, habeant motum accessionis et recessionis, et primum celum quod movetur non moveatur nisi motu circulari simplici.

3. Sed unde scietur quod non sint plures stelle erratice nobis invisibiles, generacioni tamen in inferiori mundo necessarie et utiles? 25 Dicunt enim philosophi galaxiam esse ex stellis minutis fixis nobis invisibilibus. Unde igitur sciri posset, nisi a divina revelacione, an non sint plurime huiusmodi stelle invisibiles nobis, quarum quelibet suum habeat celum movens ipsam ad profectum generacionis in mundo inferiori? Stelle enim que galaxiam constituunt, licet indistinguibiles sint 30 secundum visum, non carent effectu generacionis et profectus in mundo inferiori. Preterea, sicut secundum ipsos celum *applanon* et *anastron,* hoc

1 et planete *om.* P   3 credidit] credit R   4 licet ipse *om.* RC; sed H   5 ponat] potuit H   5 eniti] celi R; centri H   11 scitur] scietur RH   11 sint] sunt P   12 illam] illud R   12 quod] qui P   14 stellatum] stellarum R   16 angelicorum] angelorum RHP   19 nullo modo] non R   26 minutis] caniculis R   28 quarum] quorum BQHP   30-32 stelle . . . inferiori *om.* H   31 profectus] nisi *add.* R

3-5 Ptolemaei *Almagestum,* I, 8   9 Cf. Aug. *De. Gen. ad litt.,* II, 10 (*CSEL,* XXVIII.1, 48)   13-14 Alpetragii *De motibus celorum,* V, 8 (ed. Carmody, p. 83)   21 Alpetragii *De motibus celorum,* V, 7-8 (ed. cit., pp. 82-83)   26 Cf. sententiam Democriti apud Arist. *Meteor.,* I, 8 (345a) et Macr. *In somn. Scip. comm.,* I, 15, 6   32 anastron] Cf. Servii *In Verg. Aen. comm.* ad *Aen.* VI.645 (ed. cit., II, 90); et Mart. Capellae *De nupt.,* VIII, 815 (ed. Dick, p. 431)   Cf. Alpetragii *De motibus celorum,* V, 8 (ed. cit., p. 83)

est sine astris, necessarium est ut moveat inferiores celos et stellas eorum
motu diurno, et eius motus est non propter motum astri quod sit in se sed
astrorum que sunt in inferioribus celis, sic forte, cum quilibet planeta
plurimos habeat motus et forte plures quam adhuc sint deprehensi – quia
5 nullius eorum motus adhuc plene deprehensi sunt – eget quilibet planeta
preter proprium celum in quo est [205^B] alio celo, vel aliis celis, qui suis
motibus eius varios motus efficiant. Cum igitur hec ita se habeant, nullus
potest de numero celorum aut eorum motibus aut motoribus aut ipsorum
naturis aliquid certum profiteri, licet de talium sciencia inaniter se iactent
10 mundani philosophi. Raciocinaciones enim quas de hiis contexunt,
aranearum telis fragiliores existunt.

Cap. IX, 1. Nostram itaque ignoranciam dolentes ex divina voce
firmamentum esse teneamus. Cuius essencie causam, sicut dicit Basilius,
"apercius declaravit Scriptura, id est, *ut dividat inter aquam et aquam.*"
15 Nulli eciam dubium, quin firmamentum et per se et per stellas in eo
locatas, sive moveat eas aliquo modo sive non, magnum prestet
iuvamentum generacioni et profectui rerum inferiorum. Habent enim illa
celestia corpora lumen iuvativum caloris vitalis.

Cap. X, 1. Sed que utilitas aquarum super firmamentum? Iosephus
20 ait quod Deus, firmamento secundo die facto " cristallum circumfigens,
humidum eum et pluvialem ad utilitatem que fit ex ymbribus terre
congrue fabricatus est." Alii autem putant aquas supra firmamentum
repositas ad aquas diluvii refundendas; licet queri posset ab eis, quomodo
possint firmamentum inpenetrabile ut deorsum descenderent penetrare,
25 et quomodo non relinquerent locum vacuum cum in tanta descenderent
habundancia. Videtur enim eorum descensus impossibilis, nisi eorum
loco aliud subingrediatur aut pars ibi remanens magis rarefacta
ampliorem occupet locum.

2. Alii putant illas aquas ibi repositas ad fervorem siderum et etheris
30 temperandum, sicut meminit Beda in libro *De natura rerum,* cuius verba
in superioribus posuimus. Hanc eandem causam aquarum tam
superiorum quam inferiorum tangit Ambrosius dicens: "Cum dicant
orbem celi volvi stellis ardentibus refulgentem, nonne divina providencia
necessario prospexit, ut intra orbem celi et supra orbem redundaret aqua

3 que] qui *BH*   6 quo est] ipso et *R;* ipse est *C;* quo ipse est *HP*   15 Nulli] Nullum *P*
15 eo] se *RH*   19 que utilitas a(quarum in celo super)iori *i.m. B**   23 queri posset]
queritur prius *R*   24 possint] posuit *P*   32 dicens *om. P*

14 Bas. *Hex,* III, 2, 2 (ed. cit., p. 32)   19 Iosephi *Ant. Iud.,* I, i, 1, 30 (ed. cit., p. 127);
vide supra, I, xvi, 3   26 Cf. Grosseteste *De fluxu et refluxu maris,* I, 44-60   30 Bedae
De natura rerum, VII (*PL,* XC, 200-201); vide supra, I, xvi, 1   31 Cf. R. Rufi *Comm. in
Sent.,* II, d. 14 (MS cit., fol. 132^D)   32 Ambr. *Hex.,* II, 3, 12 (*CSEL,* XXXII.1, 50)

que illius ferventis axis incendia temperaret? Preterea, quia exundat ignis
et fervet, eciam aqua exundavit in terris, ne assurgentis solis et stellarum
micancium ardor exureret, et tenera rerum exordia insolitus vapor
lederet." Basilius quoque ait: "Aquarum habundancia valde fuit
necessaria, ut incessabiliter et sine intermissione pastum sibi ignis de hiis 5
attraheret." Iohannes quoque Damascenus ait: "Fecit Deus
firmamentum separans per medium aquam que erat super firmamentum
et aquam que erat sub firmamento. In medio autem abissi aquarum
firmatum est dominativa iussione. Unde et firmamentum dixit Deus fieri,
et factum est. Cuius autem gracia super firmamentum aquam Deus 10
imposuit? Propter solis et etheris calidissimum fervorem. Mox enim post
firmamentum ether expressus est. Sed et sol et luna cum stellis in
firmamento sunt. Et nisi super iaceret aqua, inflammatum iam utique
esset a calore firmamentum."

3. De utilitate autem aquarum inferiorum in opere sequentis diei 15
plenius dicendum est.

Cap. XI, 1. Considerandum est autem diligenter, quod verbum
fiendi in hoc loco ter memoratur, cum in condicione lucis non memoretur
nisi bis. Sed istud plenius edisserit Augustinus exponens hunc locum *Ad
literam:* Angelica [205^C] enim natura per lucem signata eternum habet 20
esse in Verbo Dei et alterum esse in se. Unde: *Dixit Deus: Fiat lux, et facta
est lux,* ut, quod ibi erat in Verbo, hoc esset hic in opere. Condicio vero
celi prius erat in Verbo Dei secundum genitam sapientiam, deinde facta
est in creatura spiritali, hoc est in cognicione angelorum secundum
creatam in illis sapientiam; deinde celum factum est, ut esset iam ipsa celi 25
creatura in genere proprio. Sic discrecio vel species aquarum atque
terrarum, sic nature lignorum et herbarum, sic luminaria celi, sic
animantia orta de terra et aquis. Quemadmodum ergo racio, qua creatura
conditur, prior est in Verbo quam fit in se ipsa creatura que conditur sic et
eiusdem racionis cognicio prius fit in creatura intellectuali, que peccato 30
tenebrata non est, ac deinde existit ipsa condicio creature. Neque enim
sicut nos ad percipiendam sapientiam proficiebant angeli, ut invisibilia
Dei per ea que facta sunt conspicerentur intellecta; qui, ex quo creati
sunt, ipsa Verbi eternitate sancta et pia contemplacione perfruuntur,
atque inde ista despicientes secundum id, quod intus vident, et recte facta 35

---

1 Preterea]Propterea *P*   3 micancium] meancium *RCH*   7 medium] mediam *RH*
9 dominativa] divina *RCH*   15 ¹autem] ubique *R; om. P*   17 cur ter dicitur verbum
(fiendi) *i.m. B**   27 sic¹] sicque *P*

---

4 Bas. *Hex.,* III, 5, 11 (ed. cit., p. 38)   6 Damasc. *De fide orthod.,* XXIII, 1 (ed. cit.,
pp. 98-99)   15 Vide infra, IV, xiii, 1-4   20 Aug. *De. Gen. ad litt.,* II, 8 (*CSEL,*
XXVIII.1, 43-45)

approbant et peccata improbant. Quapropter iam luce facta, in qua intelligimus ab eterna luce formatam racionalem angelicam creaturam, cum in ceteris formandis rebus audimus: *Et dixit Deus: Fiat,* intelligamus ad eternitatem Verbi Dei recurrentem Scripture intencionem. Cum vero
5 audimus: *Et sic est factum,* intelligamus in creatura intellectuali factam cognicionem racionis, que in Verbo Dei est, condite creature, ut in ea natura prius quodammodo facta sit, que anteriore quodam motu in ipso Dei Verbo prior faciendam esse cognovit, ut postremo, cum audimus repeti et dici, quod fecit Deus, iam intelligamus in suo genere fieri ipsam
10 creaturam." Basilius quoque notat geminacionem verbi fiendi hoc modo, dicens: *"Et dixit Deus: Fiat firmamentum.* Hec vox destinacionis indicat causam. Quod autem dixit: *Fecit Deus firmamentum,* perfeccionis est demonstracio."

2. Potest quoque et per triplicacionem verbi fiendi notari, ut primo
15 fiat res materialiter ex pure nichilo, deinde in racionibus causalibus et seminalibus inditis in ipsa materia et in elementis respectu elementatorum, tercio vero ut fiat res secundum formacionem in specie perfecta. Verumtamen, an omnia post primum diem condita habeant huiusmodi condicionem triplicem, non facile dixerim. Forte enim quod
20 firmamentum et luminaria non habuerunt in materia aut in elementis raciones causales et seminales inditas, secundum quas horum materia, de qua fiebant, habebat inclinacionem et naturalem aptitudinem motivam et activam ut firmamentum et luminaria inde in esse prodirent. Sed solum hoc forte habuit illorum materia in potencia, ut hec inde fieri possent;
25 sicut es habet in potencia passiva solum ut inde fiat statua, granum vero habet ut ex eo sit planta non solum in potencia passiva, sed eciam in racione causali seminali, inclinante ad hoc ut granum fiat planta. Hoc itaque universaliter dicere possumus, quod in triplicacione verbi fiendi notatur primo, quod res est in potencia activa Dei efficientis omnia ex
30 nichilo, eciam antequam creetur materia ex nichilo; secundo, quod creata materia sit res in potencia materiali, sive illa sit potencia solum passiva ut in ere, sive eciam activa ut in grano; [205^D] tercio, quod res sit in se in perfecta specie.

Cap. XII, 1. Vocavit autem Deus firmamentum celum, ut insinuaret
35 hac secunda nominacione ordinem et utilitatem celi in universitate.

---

6 cognicionem] condicionem *P* 18-27 Verumtamen . . . planta *om. RH*
23 prodirent] irent *P* 24, 25, 26 in potencia] impotencia *P* 26 sit] fiat *P* 27 causali] corporali *P* 34 vocavit Deus firmamentum celum *i.m. B manus tardior*

---

10 Bas. *Hex.,* III, 4, 14 (ed. cit., p. 37) 14 Cf. R. Rufi *Comm. in Sent.,* II, d. 14 (MS cit., fol. 134^D) 19-23 Cf. Grosseteste *De potentia et actu* (ed. Baur, p. 128); *Comm. in Phys.,* I (ed. cit., p. 30). Vide etiam D. Sharp, *Franciscan Philosophy at Oxford, p. 15*

Primum enim nomen nominat rem in se, et imponitur a forma ipsius rei constitutiva; secundum vero nomen nominat rem ab ordine suo in universitate, et imponitur a fine propter quem res est, vel a natura essencialiter ordinata ad finem proprium.

Cap. XIII, 1. Ieronimus autem in libro *Contra Iovinianum* dicit 5 "quod cum Scriptura in primo et tercio et quarto et quinto et sexto die expletis operibus singulorum dixerit: *Et vidit Deus quia bonum est,* in secundo die iuxta hebraicam veritatem hoc omnino subtraxit, nobis intelligenciam derelinquens non esse bonum duplicem numerum, quia ab unione dividit. Unde et in archa Noe omnia animalia, quecumque bina 10 ingrediuntur, immunda sunt." In hoc quoque numero bigamie irregularitas denotatur. Binarius igitur, in quantum unitatem scindit, tipus est malicie que ab unitate recedit. In quantum vero recurrit in unitatem et duos unit, typus est concordie et gemine caritatis.

2. Sciendum tamen, quod in translacione Septuaginta, expleto 15 opere huius diei et firmamento vocato celo, subiungitur: *Et vidit Deus quia bonum.* Unde Augustinus et Basilius, illam translacionem exponentes, quid per hoc insinuetur in huius diei opere non tacent. Ait enim Augustinus: "Porro cum audimus: *Et vidit Deus quia bonum est,* intelligamus benignitati Dei placuisse quod factum est, ut pro modo sui 20 generis maneret quod placuit ut fieret, cum *spiritus Dei superferebatur super aquas."* Basilius vero ait: "Bonum dicit opus quod artis sue racione pensatur et ad finem future commoditatis intendit." Non ambiguendum est autem, Spiritus Sancti provisione factum esse ut una interpretacio adderet quod reliqua siluit; quatinus ambabus interpretacionibus collatis 25 pateret gemina binarii significacio, cuius primo et per se est divisio et ab unitate recessus. Et ideo malicie et defeccionis est typus, quas per aspectum beneplaciti non videt Deus. Qui quoque numerus item est a multitudine et divisione in unitatem et concordiam propinquissimus et vicinissimus recursus, et ita gemine caritatis tipus, quam aspectu summi 30 beneplaciti semper videt Deus.

Cap. XIV, 1. Allegorice autem per firmamentum intelligi potest angelica natura condita in propria liberi arbitrii potestate, que potestas naturaliter media est inter profectibilitatem in melius et defectibilitatem

---

3 vel] et *P*   5 cur non dicit: vidit Deus quod esset bonum *i.m. B manus tardior* 7 expletis] completis *RCH*   19 est *om. P*   26 significacio] signo *P*   28 Qui] quia *RH* 30 ita] tam *BQCH*   32 allegoria *i.m. B**

---

5 Hier. *Adversus Iovinianum,* I, 16 (*PL*, XXIII, 246C)   Cf. R. Fishacre *Comm. in Sent.,* II, d. 14 (MS cit., fol. 108^A); et R.Rufi *Comm. in Sent.,* II, d. 14 (MS cit., fol. 134^D)   12 Vide Gratiani *Decretum,* dist. XXVI, capp. 1-3   19 Aug. *De Gen. ad litt.,* II, 8 (*CSEL,* XXVIII.1, 45)   22 Bas. *Hex.,* III, 10, 1 (ed. cit., p. 44)

in peius, quasi firmamentum quoddam inter aquas superiores et aquas
inferiores, que proprias habent ad invicem distinctiones. Profectibilitas
enim non exit in actum nisi per graciam prevenientem et subsequentem.
Defectibilitas vero exit in actum per solam propriam voluntatem a bono
5 deficientem.

2. Vel per firmamentum intelligitur angelica natura in libero arbitrio
creata, ad Deum conversa et in beatitudine confirmata. Cuius nature
condicio per celum creatum superius intelligitur, ad Deum vero conversio
per lucis faccionem, conversorum angelorum ad Deum confirmacio per
10 firmamenti constitucionem. Et huic exposicioni consonat Gregorius in
exposicione Ezechielis, ubi exponit hoc verbum: *Et similitudo super
capita animalium firmamenti quasi aspectus* [206^A] *cristalli horribilis.*
Similiter et Rabanus in libro primo *De natura rerum.* Ipsa igitur eterna
permansio, firmata in amore conditoris, firmamentum est. Dulcedo
15 quam haurit amor firmatus in Deo de Deo, aqua superior est. Cognicio et
ordinatus amor sibi subiectorum, aqua inferior est.

3. Vel superiores aque, sic exposito firmamento, sunt naturalis
labilitas angelice nature a formacione qua formatur in conversione ad
Deum. Licet enim confirmati sint angeli in bono, habent tamen
20 secundum primam condicionem labilitatem a bono: alioquin illorum
quidam non cecidissent. Inferiores vero aque sunt labilitas angeli a bonis
naturalibus in · quibus fuit conditus. Ab utroque tamen lapsu per
confirmacionem servatur.

4. Alii autem intelligunt firmamentum ad literam; et per aquas
25 superiores intelligunt angelos qui steterunt; per inferiores vero aquas
angelos qui ceciderunt. Unde Basilius ait: "Dicunt eas aquas que super
celos sunt laudare Dominum, id est, optimas virtutes que digne sunt, ob
sue meritum puritatis, decentibus celebrare laudibus Conditorem. Eas
vero que continentur inferius spiritus esse pravitatis affirmant, ex
30 altitudine naturali in profundum malicie devolutos." Verumtamen, hanc
exposicionem non approbat Basilius, precipue quia introducta est ad hoc
ut insinuetur quod aque elementares non sunt supra firmamentum. Que
insinuacio falsa est, cum veraciter aquas veras ibidem esse constet.

5. Alii vero per aquas superiores intelligunt simpliciter ipsam
35 naturam angelicam, racionalem videlicet naturam incorpoream; per
aquas vero inferiores intelligunt racionalem naturam corpoream, id est,

---

8 vero] vera *R*   9 faccionem] facciones *R*   11 exponit] exponitur *RH*   12 aspectus
om. P   15 de Deo *om. P*   24 intelligunt] per *add. RHP*   25 intelligunt *om. RH*
33 veras *om. P*   33 ibidem] ibi *RH*

---

11 Cf. Greg. *Hom. in Ezech.,* I, vii, 18 (*PL,* LXXVI, 849 A-B)   12 Ezech. I:22   13
Rabani *De universo,* I, 5 (*PL,* CXI, 29D-30A)   26 Bas. *Hex,* III, 9, 2 (ed. cit., p. 43)

hominem.

6. Ambrosius autem ait: "Nec preterit retulisse aliquos celos celorum ad intelligibiles virtutes, firmamentum ad operatorias; et ideo laudare celos et enarrare gloriam Dei, firmamentum autem enunciare opera Dei; sed non quasi spiritualia, sed quasi opera mundi enarrant."   5

7. Gregorius vero exponens supradictum verbum Ezechielis ait: "Potest autem firmamenti nomine ipse per figuram noster Redemptor intelligi, verus Deus super omnia, et factus inter omnia, homo perfectus in quo natura nostra apud Patrem confirmata est. De quo eciam per Psalmistam prophetando dicitur: *Fiat manus tua super virum dextere tue,* 10 *et super filium hominis quem confirmasti tibi.* Humana etenim natura, priusquam a creatore omnium susciperetur, terra erat, nam firmamentum non erat. Peccatori quippe homini dictum est: *Terra es, et in terram ibis.* At postquam assumpta est ab auctore omnium, atque in celis sullevata et super angelos ducta, firmamentum facta est que terra 15 fuit. Sed firmamentum quod aspicitur, cuius habeat similitudinem subinfertur cum dicitur: *Quasi aspectus cristalli horribilis.* Cristallus, sicut dictum est, ex aqua congelascit et robusta fit. Scimus vero quanta sit aque mobilitas. Corpus autem Redemptoris nostri, quia usque ad mortem passioni subiacuit, aque simile iuxta aliquid fuit, quia nascendo, 20 crescendo, lassescendo, esuriendo, sitiendo, moriendo, usque ad passionem suam per momenta temporum mobiliter decurrit. Cuius cursum propheta intuens ait: *Exultavit ut gigas ad* [206^B] *currendam viam.* Sed quia per resurrectionis sue gloriam ex ipsa sua corrupcione in incorrupcionis virtutem convaluit, quasi cristalli more ex aqua duruit, ut 25 in illo et hec eadem natura esset et ipsa iam que fuerat corrupcionis mutabilitas non esset. Aqua ergo in cristallum versa est, quando corrupcionis eius infirmitas per resurrectionem suam ad incorrupcionis est firmitatem mutata." Ipse autem mediator Dei et hominum yma summis reconciliat, secundum quod homo minor Patre, tamen omni 30 creatura superior. Ipse namque mediator est firmamentum firmatum inter aquas inferiores et superiores, hoc est inter yma et summa que conciliat, et inter creaturas racionales et Deum.

8. Item per firmamentum intelligitur sacra Scriptura, de quo dicitur in Ysaya: *Celum sicut liber plicabitur.* Cum enim sacra Scriptura 35 describitur in mentis nostre aspectu et affectu, firmat eam et in celestem

6 verbum] locum *RH*   7 ipse] tempore *R*   8 et] an *R*   14 assumpta] sumpta *Q*
33 conciliat] reconciliat *P*   33 et'] hoc est *R*

2 Ambr. *Hex.,* II, 4, 17 (*CSEL,* XXXII.1, 56)   6 Cf. Ezech. I:22   Greg. *Hom. in Ezech.,* I, vii, 19 (*PL,* LXXVI, 849B-850A)   10 Psalm. LXXIX:18   13 Gen. III:19   17 Ezech. I:22   17 Cristallus] Vide supra, III, iii, 3   Psalm. XVIII:6   35 Isai. XXXIV:4

deducit conversacionem; quo firmamento Scripture angeli sunt
superiores qui non legunt in libro scripture, sed in libro vite. Inferiores
vero aque sunt humana sciencia, inferior ista sacra Scriptura, fluida et
mutabilis, que nunc proficit per doctrinam, nunc defluit per oblivionem.
5 In isto autem firmamento sacre Scripture collocatur et resplendet sol
sapiencie, luna intelligencie, et stelle moralium preceptorum.

9. Item firmamentum est discipline sacre Scripture firma discrecio,
que discernit inter carnales et spiritales velud inter aquas superiores et
inferiores.

10   10. Item firmamentum est sermo propheticus: aque superiores, hoc
est priores, lex Mosaica; aque vero inferiores, hoc est posteriores, lex
nova. Utramque autem legem, quasi firmamentum quoddam medium,
firmat, distinguit et secernit sermo propheticus.

11. Per firmamentum quoque in medio aquarum signati sunt prelati
15 ecclesie, qui fidei firmitate et fortitudinis robore animique strenuitate
firmissime, doctrina quoque lucidi, contemplativos quasi superiores
aquas sursum tenent ne labantur ad inferiora neque secularibus negociis
se implicent, et implicitos secularibus negociis quasi aquas mobiles sub se
cohercent ne contemplativorum tranquillitatem perturbent. De hoc
20 firmamento secundum translacionem Septuaginta scribitur in Daniele:
Iusti fulgebunt quasi stelle, et intelligentes quasi firmamentum. Eidem
quoque ecclesiarum prelati et predicatores novi testamenti quasi
firmamentum constituti sunt inter aquas superiores, antiquos videlicet
patres, et aquas inferiores, subiectos videlicet sibi populos fideles. Isti
25 aquas utrasque mediant et discernunt, et discernendo conciliant, quando
sic predicant fidem christianis populis, ut non diffiteantur eandem
descendisse a patribus antiquis.

12. Idem quoque firmamentum inter aquas et aquas dividit, quando
nec circumcisionem in prepucium nec prepucium in circumcisionem
30 transire permittit. In hoc firmamento enituit Paulus in epistula ad Galatas
et ad Romanos, non permittens Iudeos cum ceremonialibus transire in
percepcionem sacramentorum gracie, nec baptizatos ex gentibus ritus
cerimoniales observare.

13. Hoc eciam firmamento per septiformem spiritum discernit, qui
35 sunt filii lucis et qui filii tenebrarum, qui supercelestem habent puritatem

2 superiores] aque *add.* RCQH   8 discernit] discrevit *RCQ*   16 contemplativos]
contemplacionis *RC;* contemplaciones *H*   20 Daniele] 12 *add.* P   21 Eidem] Idem *P*
24 inferiores] sibi *add.* RCH   24 subiectos] subditos *H*   24 videlicet] scilicet *RCH*
24 Isti] Inter *RC*   25 aquas] quas *CH*   26 diffiteantur] dissideantur *P* 32 percepcionem]
precepcionem *R*   34 firmamento *corr. ex* firmamentum *B;* firmamentum *RCH*

2 Dan. XII:3   34-35 Cf. 1 Thess. V:5

et qui carnalem habent fluiditatem.

14. Prelatorum quoque vita inter [206^C] activam et contemplativam quasi media quedam firmata est et ex utrisque compacta. Eorum quoque cura et diligencia debet se interponere mediam inter huius mundi potentes et pauperes, ne sinat violentiam potentum transire in 5 oppressionem pauperum, nec insolenciam pauperum in fraudem et contemptum dominatus potencium.

Cap. XV, 1. Moraliter autem firmamentum signat in homine liberi arbitrii postestatem, quemadmodum supra expositum est in angelo.

2. Signat quoque fortitudinis virtutem animique constanciam et 10 robur paciencie; quod nullis adversis quatitur aut frangitur, nullis illecebris trahitur; quod in divina dileccione firmatum dicit cum apostolo; *Certus sum quia neque mors, neque vita, neque angeli, neque principatus, neque potestates, neque virtutes, neque instancia, neque futura, neque fortitudo, neque altitudo, neque profundum, neque creatura alia poterit* 15 *nos separare a caritate Dei, que est in Christo Iesu Domino nostro.*

3. Hoc firmamentum constitutum est medium inter cogitaciones de divinis et celestibus et cogitaciones que invigilant caducarum rerum ad humanos usus disponendarum sollicitudinibus, quasi inter aquas superiores et inferiores, utrisque quod suum est providens, discernens et 20 distribuens.

4. Hoc firmamentum quoque firmatum est medium inter adversa et prospera; inter pugnas que afforis veniunt et timores qui deintus insurgunt; inter gloriam et ignobilitatem; inter infamiam et bonam famam. Per hanc firmitatem *tribulacionem patimur* cum apostolo, *sed* 25 *non angustiamur; aporiamur, et non destituimur; persecucionem patimur, sed non derelinquimur; deicimur, et non perimus; mortificamur et ecce vivimus; castigamur et non mortificamur; quasi tristes, semper autem gaudentes; sicut egentes, multos autem locupletantes; tanquam nichil habentes et omnia possidentes.* Hec firmitas est decor et fortitudo, de 30 quibus dicitur in Psalmo: *Dominus regnavit, decorem indutus est. Indutus est Dominus fortitudinem.* Decorem enim induitur quem bona fama vel prosperitas aliqua non elevat; fortitudinem vero quem infamia vel adversitas aliqua non deprimit. Hec igitur et huiusmodi sunt aque

---

1 carnalem] corporalem *P*   5 sinat] sinant *R*   6 nec . . . pauperum *om. R*
7 potencium *corr. i.m. ex* pauperum   *B**;potentum *RCH*   8 moraliter *i.m. B**
11 adversis] adversitatibus *RCH*   23 qui *corr. ex* que *B;* que *RH*   27 derelinquimur]
delinquimur *P*   32 fortitudinem] et precinxit se *add. P*   33 elevat] levat *R*

---

9 Cf. supra, III, xiv, 1-3   13 Rom. VIII:38-39   25 Cf. 2 Cor. VI:8   26 2 Cor.
IV:8-9   28 2 Cor. VI:9-10   31 Psalm. XCII:1

superiores et inferiores, inter quas mens et robur fortitudinis confirmatur.

Cap. XVI, 1. Licet vero, sicut supra diximus, ignorentur a nobis celi natura et celorum numerus, et an celum aliquod moveatur, et si moventur
5 celi, qui sunt modi motuum illorum; tamen non ab re est, si celi proprietates, quasdam nobis certas quasdam vero minus certas, ab expositoribus tamen suppositas et in misticas significaciones assumptas, pro modulo nostro hic interserere curemus, ut habeat lector parvulus in promptu – non enim sapientibus et perfectis ista scribimus – ex quibus
10 proprietatibus et similitudinibus possit faciliter aptare celum supradictis significatis et alibi dicendis.

2. "Est itaque celum corpus primum, natura simplicissimum, de corpulencia habens minimum, quia subtilissimum; et tamen, ut dicit Iob, *solidissimum quasi ere fusum,* primum mundi fundamentum, quantitate
15 maximum, qualitate lucidum, figuracione spericum, locali situ supremum, amplitudine visibilium et invisibilium creaturarum infra se contentivum, beatorum spirituum habitaculum. Et licet ubique sit Deus, tamen specialiter est Dei sedes nuncupatum, quia in corpore mundi maxima species est celi, manifestiorque relucet [206^D] in eo divine virtutis
20 operacio." Et sicut dicit Iohannes Damascenus: "Deus incircumscriptibilis in loco non est. Dicitur tamen in loco esse et dicitur locus esse Dei, ubi manifesta eius operacio fit. Nam ipse quidem per omnia inmiscibiliter pertransit, et omnibus tradit suam operacionem secundum uniuscuiusque aptitudinem et susceptivam virtutem. Dicitur
25 igitur Dei locus qui plus participat operacione eius. Propterea celum tronus eius est."

3. De celo autem quod nos dicimus aquis inferius et nominamus firmamentum asserunt philosophi, nec huic assercioni contradicunt sed in hanc sentenciam pronius consentiunt expositores sacri, videlicet quod
30 ipsum est mobile super axem immobilem et super duos polos motu circulari simplici et uniformi, ab oriente in occidentem. Volvitque secum motu diurno totum quod est inferius cum sole et luna et stellis, usque ad

---

3 (de) celi proprietatibus *i.m. B** 5 illorum] celorum *P* 9 perfectis] provectis *R* 10 *Sign. conc. 'de caelo' i.m. B** 17-18 spirituum . . . corpore *om. H* 18 specialiter] spiritaliter *R* 20 operacio] operacione *P* 23 immiscibiliter] invisibiliter *P* 28 assercione *om. R* 29 pronius] pronus *CH*

---

3 Cf. supra, III, viii, 2   12-13 Cf. Grosseteste *De operat. solis* (ed. McEvoy, 64, ubi evulgatur)   14 Iob XXXVII:18   17-26 Cf. Grosseteste *De operat. solis* (ed. McEvoy, p. 65, ubi evulgatur)   20 Damasc. *De fide orthod.,* XIII, 2 (ed. cit., p. 57)

sublunarem globum. Virtutique illius motive obedit totum usque ad sublunarem globum ordine uniformi et imperturbato.

4. Virtus quoque ipsius motiva extendit se usque in hec inferiora elementa. Unde eciam ignem superiorem creditur secum circumrotare; quod ex cometis sequentibus rotacionem motus diurni nituntur astruere. 5 Pervenit quoque huius virtutis motive accio usque ad aquas, et in aquis marinis fluxus exuberacionem pro magna parte efficit. Et hec tria elementa minus obediunt motui celi, nec imitantur ipsum uno modo semper et uno ordine, sed nunc amplius, nunc minus. Quod in hiis tamen superius est et purius et levius, magis obedit; et quod minus tale, obedit et 10 sequitur minus. Terra autem sola huic virtuti non obedit, ut suscipiat ab illa mocionem localem. Habet igitur celum hoc motum uniformem, ordinatum, imperturbatum, omnium tamen motuum velocissimum; moveturque quietum, quia, licet in partibus permutet situm, tamen in toto nec situm permutat nec locum. Turbatis igitur inferioribus et velud 15 casualiter et sine ordine fluitantibus, celum et celestia ordinis sui tenorem nec ad momentum vel minimum deserunt. Motu autem diurno processivo ab oriente in occidentem et reversivo ad orientem precedit celum stellarum et planetarum motum secundum eandem viam. Relinquit quoque eas posterius, sive ille proprio motu vel celorum suorum motibus 20 incedant contra motum celi diurnum, sive incedentes in eandem partem cum celo incurtent a celi motu.

5. Est quoque motus celi primum subiectum temporis et omnium ceterorum motuum mensura. Est quoque effectivus generacionis et profectus in hoc mundo inferiori. Celum quoque, ut aiunt, maxime est 25 unum unitate triplici: continuacionis videlicet unitate, et quia per formam totalem est unum, et per motum unum simplicissimum et uniformissimum continuum. Celum quoque virtutem sui luminis effectricem generacionis et profectus in loco terre maxime congregat et imprimit, nec potest in alio loco tantam sui luminis virtutem congregare. 30 Unde alius locus extra terram et mundi medium non posset esse tam

---

1 globum] ordine uniformi et imperturbato *add. P*   1 Virtutique] Virtutisque *P*   1-2 Virtutique . . . globum *ponunt post* imperturbato *RCHP*   1 ad] idem *add. P*   8 imitantur] mutantur *RC*   9 tamen] cum *R*   10-11 et³ . . . non obedit *om. H*   11 ut] nec *R*   15 igitur] istis *add. R*   16 fluitantibus] fluctuantibus *RP*   18 in . . . orientem *om. H*   18 reversivo *corr. ex* reversio *B;* reversio *R*   19 viam *om. P*   20 ille] illo *RQH*   22 incurtent] incurrent *P*   28 uniformissimum] informissimum *P*   29 generacionis *om. R*   31 extra terram et] ex *R*

1-19 Virtutique . . . secundum eandem viam] paraphrasis est Alpetragii *De motibus celorum*, IV, 1-8 (ed. cit, pp. 80-82); cf. Grosseteste *De fluxu et refluxu maris*, I, 30-44 et *De motu supercaelestium* (ed. Baur, pp. 99-100)   5 Cf. Grosseteste *De cometis*, 6 (ed. Thomson, p. 22)   23 Cf. Grosseteste *Comm. in Phys.*, IV (ed. cit., p. 105)   25-28 Cf. Grosseteste *De operat. solis* (ed. McEvoy, p. 64, ubi evulgatur)

conveniens generacioni vegetabilium et sensibilium.

6. Omne namque corpus luminosum a quolibet sui puncto undique
[207^A] circa se lumen dirigit; et omnium linearum luminosarum ab eodem
puncto corporis luminosi directarum illa linea luminosa maioris est
5 virtutis et fortius agens operacionem luminis, que a corpore luminoso
procedit ad angulos undique equales super corporis luminosi
superficiem. Et quelibet linea luminosa alia quanto propinquior est linee
exeunti ad angulos equales, tanto eidem in fortitudine accionis magis
accedit; et quanto ab illa remocior est, tanto in agendo per impressionem
10 luminis minoris est virtutis. Omne quoque corpus luminosum spericum
concavum a quolibet puncto sui dirigit unam lineam radiosam in centrum
illius corporis sperici ad angulos equales super superficiem concavam
illius corporis sperici; ad aliud vero punctum preter centrum signatum
non possunt concurrere nisi due linee radiose ad angulos equales
15 exeuntes a superficie concava illius corporis, ille videlicet due linee que
veniunt a punctis oppositis per diametrum spere transeuntem per
punctum extra centrum signatum. Que due linee non sunt nisi una
diameter spere, secta in duas partes in puncto preter centrum signato.
Item, ad quodlibet punctum intra corpus spericum luminosum pervenit
20 unica linea radiosa a quolibet puncto superficiei sperice corporis
luminosi. Unde, in quolibet puncto intra concavum spere luminose
aggregantur tot linee luminose quot in alio, hoc est, quot sunt puncta in
concava superficie corporis sperici luminosi. Quoad numerositatem
igitur luminis quodlibet punctum intra speram luminosam equaliter habet
25 de lumine; sed quoad fortitudinem virtutis luminis centrum recipit
maximum de lumine, quia a quolibet puncto corporis circumdàntis
luminosi recipit lineam unam ab illo puncto egredientem maxime
virtuosam in accione luminis, cum quodlibet punctum preter centrum
non recipiat nisi duas tantum lineas tales. Et quodlibet punctum preter
30 centrum, quanto est centro propinquius, tanto recipit de virtute luminis
maius; et quanto est a centro remocius, tanto recipit de virtute luminis
minus, quia in puncto propinquiori centro aggregantur plures radii minus

---

2 undique] ubique *RCHP*   3 circa] contra *H*   7 propinquior] proprior *RCH*   9 illa]
illo *R*   9 per impressionem *om. R*   13 centrum] vero *add. P*   16 transeuntem]
transeuntis *R;* transeuntes *H*   21 in] a *P*   22 aggregantur] congregantur *P*   23 concava]
in *add. Q*   23 superficie] superficiei *R*   25 recipit] percipit *RH*   32 Quia . . . minus *om.*
P   32 aggregantur] egrediantur *R*

---

2 Cf. Grosseteste *De luce* (ed. Baur, p. 51); *De lineis, angulis et figuris* (ed. Baur, pp.
60-63); *De operat. solis* (ed. McEvoy, p. 64); et *De natura locorum* (ed. Baur, pp. 66-
68)   Cf. R. Rufi *Comm. in Sent.*, II, d. 17 (MS cit., fol. 146^D)   10-28 Cf. Grosseteste *De*
operat. solis ed. McEvoy, p. 64, ubi evulgatur)   31-32 Cf. Grosseteste *De calore solis* (ed.
Baur, p. 83)

oblique egredientes a superficie concava circumdantis luminosi, et in
puncto remociori a centro congregantur plures radii magis oblique
egressi. Est ista manifesta sunt ex sciencia perspective.

7. Ex istis vero manifestum est quia, cum celum sit corpus spericum
luminosum et terra respectu celi non obtineat nisi vicem puncti, quod in   5
terra est aggregacio maxima virtutis luminis celi et luminosorum
corporum in celo contentorum. Et cum accio luminis celestium corporum
sit generativa et provectiva vegetabilium et sensibilium, manifestum
quod terra, vicem centri obtinens, maxime congruit eorundem
generacioni et provectui. Si autem terra vere esset punctum et indivisibile   10
secundum magnitudinem, non caperet vegetabilia et sensibilia. Si vero
esset habens magnitudinem respectu celi, non caperet sufficienter [207^B]
de virtute luminis ad generacionem et provectum sensibilium et
vegetabilium. Quapropter oportuit et celum esse quantitate magnum, et
terram parvam; et respectu celi habens instar puncti; dum tamen non   15
impediatur pre parvitate, quin sit sufficiens receptaculum sensibilium et
vegetabilium. Ut autem dicit Aristotiles in libro *De animalibus*, sermo de
celo est cum labore et difficultate, nec comprehenditur nisi parva sciencia
substanciarum celestium propter magnitudinem nobilitatis earum.

demonstracio quod terra
maxime recipit de influencia
luminis celestis

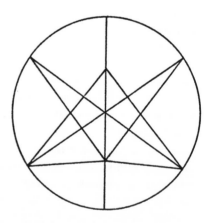

4 istis] hiis *P*   4 quia] quod *R*   8 manifestum] est *add. P*   11 secundum] per *P*
13 provectum] proveccionem *RCH*   15 instar] instans *H*   20-30 *Hanc figuram cum
inscriptione add. in margine B* f. 206^V.

17 Cf. Arist. *Part. anim.*, I, 5 (644b) = *De animalibus*, XI (Cambridge, Granville and
Gaius Coll. MS 109/78, fol 62

PARTICULA QUARTA

Cap. I, 1. Dixit vero Deus: *Congregentur aque que sub celo sunt in locum unum et appareat arida.* Queritur hic primo cur mutato loquendi modo dicit: *Congregentur aque,* et: *Appareat arida;* et non dicit observato
5 superiori modo loquendi: "Fiat aquarum congregacio," et: "Fiat aride apparicio." Et est hec questio validior contra sententiam expositorum qui dicunt hoc die factam aque speciem et terre. Ad quam questionem respondet Augustinus dicens: "Quoniam per enumeracionem dierum iam ex informi queque formata numerantur, et ex ista corporali materia
10 iam factum celum narraverat, cuius multum distat species a terrenis, iam, quod ex ea formandum in infima parte restabat, noluit sub hiis verbis in rerum creandarum ordinem inserere, ut diceretur: 'Fiat,' non acceptura ista residua informitate talem speciem, qualem acceperat celum, sed eciam inferiorem et infirmiorem atque informitati proximam, ut hiis
15 pocius verbis, cum dicitur: *Congregentur aque,* et: *Appareat arida,* acceperint hec duo istas species proprias notissimas nobisque tractabiles, aqua mobilem, terra immobilem. Et ideo de illa dictum est: *Congregentur,* de hac autem: *Appareat;* aqua enim est labiliter fluxa, terra stabiliter fixa." Summa igitur dicte racionis est quod quia hee infime
20 species minus imitantur formam dicentis verbi quam species lucis et celi, informiora enim sunt illis, non dictum est de hiis: "Dixit Deus: Fiat." De illis vero formacioribus dictum est: "Dixit Deus: Fiat." Is enim loquendi modus insinuat propinquam imitacionem rei facte ad verbum per quod fit. Habere enim fieri et esse velud proximo impressum et sigillatum a
25 verbo quod est ipsum esse, et vere per se ens, nec aliud aliquid est quam esse et ens – quicquid enim nominando de Deo dixeris in hoc verbo quod est esse instauratur – formacius est quam aliquid quod post esse potest dici. Ideo in luce et celo et luminaribus, quorum esse formacius est et quorum forma ad esse propinquius est, dictum est: "Dixit Deus: Fiat." In
30 inferioribus vero formandis, ut terra et aqua et terrenascentibus et irracionabilibus animantibus, dictum est verbum a verbo essendi remocius, ut: "congregentur," "germinet," "producat." In homine vero faciendo quasi hiis utrisque maius aliquid insinuatur, cum dicitur: *Dixit Deus: Faciamus hominem* et cetera.

---

2 hic primo *add. i.m. B** 2-3 questio cur hic mutat(ur) loquendi modus(*illeg.*) de hoc *i.m. B** 6 questio] racio *RCH* 9 iam *om. P* 11 noluit] voluit *P* 19 hee *corr. i.m. ex* hic *B** 20 minus imitantur] mutantur *RQ;* nimis imitantur *P* 21 informiora *corr. i.m. ex* inferiora *B** 22 vero] non *add. RCP* 21-22 De illis vero forma(cioribus) dictum est: Dixit Deus: (Fiat) *add. i.m. B** 27 post] potest *P* 28 est *om. P* 32 vero *add. i.m. B**

---

2 Cf. R. Rufi *Comm. in Sent.,* II, d. 14 (MS cit., foll. 134^D-135^A) 8 Aug. *De Gen. ad litt., II, 11 (CSEL, XXVIII.1,50)*

2. Et forte in hiis verborum et modorum loquendi distinctionibus potest aliud quid notari, videlicet quod ubi exprimenda erat sola creantis potencia, nulla adhuc preexistente potencia materiali passiva, dictum est: "Creavit Deus;" ubi vero exprimenda erat solummodo materialis potencia passiva, receptiva solum, cum potencia Creatoris activa, dictum 5 est: "Dixit Deus: Fiat;" ubi vero exprimenda erat potencia in materia, non passiva et receptiva solum, sed eciam [207^C] inclinativa et motiva ad actum essendi, dictum est: "Dixit Deus: Congregentur, germinet, producat." Materia namque prima et spiritalis natura, designate per terram et celum in principio creata, ex nichilo facte sunt; nec precessit eas 10 potencia, nisi sola activa potencia creatrix. Verbum autem creandi signat fieri ex nichilo. Lux vero, si corporalis intelligatur, et celum et luminaria ex materia facta sunt habente potenciam passivam ut inde fierent ista. Sed non videtur quod fuerit in eorum materia aliqua vis inclinativa ad hoc ut hec specialiter prodirent de sua materia. Omnis enim vis in materia 15 motiva et inclinativa materie ad aliquid melius et formacius a superiori virtute impressa est. Que, cum impressa est, nititur redire pro modo suo in suum principium, et renovare materiam cui imprimitur, prout potest, ad sui principii conformitatem. Est enim in impressionibus virtutum talium quasi humiliacio maioris ad minus, ut humiliatum maius reducat 20 quod est minus ad suam maioritatem secundum receptibilitatem eius quod reducitur. Vis igitur imprimens se materie, et cum impressa est inclinativa materie ad melius, prius est separata in univoco vel analogo. Igitur, cum non fuerit ante celum et lucem corporalem et luminaria forma corporalis nobilior istis formatis, non fuit, ut videtur, corporale creatum 25 quod se posset imprimere materie horum, ut impressum inclinaret materiam ad esse istorum. Forma enim prima concreata in materia, licet videatur inclinare materiam ad perfeccionem, non tamen videtur quod unde forma prima est inclinet materiam ad hoc vel illud esse speciale. Si igitur lux et celum et luminaria facta sunt ex materia habente solum 30 potenciam receptivam ut hec de illa fierent, convenienter est hoc insinuatum per hunc loquendi modum: *Fiat lux; Fiat firmamentum; Fiant luminaria.* Si enim locucio artificis esset vis operatoria, diceret eri: "Fiat

---

1 alia eiusdem racio *i.m. B**   3 potencia] persona *RCH*   3 materiali] naturali *RCH* 4 solummodo *om. P*   9 designate] designata *RCHP*   10 facte] facta *RQHP*   11 sola] solum *R*   11 creatrix] creandi *RH*   16 a superiori *om. R*   17 Que . . . est *om. R*   17 modo] modulo *RH*   18 suum principium] simplicitatem *Q*   18 materiam] naturam *RC*   22 reducitur] reducit *RCHP*   32 insinuatum] infirmitatum *Q;* manifestum *R;* manifestatum *CH*

---

1 Cf. R. Rufi *Comm. in Sent.,* II, d. 14 (MS cit., fol. 135^A) et R. Fishacre *Comm. in Sent.,* II, d. 14 (MS cit., fol. 108^A); d. 15 (fol. 110^D)   32 Cf. Fishacre loc. cit.

ex te statua," et non diceret: "Producas statuam." Grano autem diceret:
"Producas plantam, " quasi "quod habes in te virtutem enitentem ad hoc
ut fit ex te planta."

3. Facto autem celo et dirigente lumen ad celi medium quod idem
5 est mundi et terre medium, forte ex impressione luminis indita fuit aquis,
sive fuerint aque secundum speciem sive materialiter, vis inclinativa ad
congregacionem, et terre, ablatis aquis, ad germinacionem. Factis vero
luminaribus, ex eorum luminibus imprimebatur aquis et terre vis
inclinativa ad sensibilium produccionem. In corporali tamen materia non
10 potuit esse vis inclinativa in hominis racionalis consumacionem. Que vero
habuerunt inclinacionem in materia ad actum essendi aliquid perfectum,
non egressa sunt in actum essendi nisi per auctum eterni Verbi.
Huiusmodi enim potencia inclinativa per se insufficiens est actum suum
educere. Nil autem impedit dictum modum de impressione potencie
15 inclinative ad actum essendi, sive fuerit rerum creacio successiva, sive
fuerit subita et simul. Lumen simul cum est, sicut supra dictum est,
ubique se imprimit. Impressum autem in inferiori materia, simul cum
imprimitur inclinat eam ad aliquid imprimenti luci assimulacius.

4. Volo autem scire lectorem quod si qua non ex auctenticis verbis
20 scribendo intersero, non enunciativo modo eadem profero, sed exercicii
loco auditoribus intimo, "coniecturis quibusdam [207^D] atque indiciis
veritatis persequens vestigia."

Cap. II, 1. Hoc itaque verbum: *Congregentur aque que sub celo sunt*
in locum unum, et appareat arida, tripliciter potest intelligi secundum
25 sensum naturalis hystorie.

2. Uno modo, ut aque temporaliter preexistentes totam undique
terre superficiem cooperuissent, et ad verbum precepcionis Dei terra
subsidens concavas partes preberet quibus fluctuantes aquas reciperet, et
ipse decursus aquarum precepcione Dei in loca terre depressiora
30 congregacio aquarum diceretur. Et iste modus conveniens fuit si iam
erant quatuor elementa secundum species suas perfecta, ut videlicet

---

4 (qua)n(do) primo imprimebantur virtu(tes) inclinative ad actum (essen)di *i.m.* *B**
9 produccionem] prediccionem *Q*   16 Lumen]+enim *del. B**; enim *add.* P   17
materia *om.* P   19 (quo)d non auctenticum hic (nec) assertive *i.m.* *B**   23
congregantur (aque) triplex intellectus *i.m. B**

17 Cf. supra II, x 1   19-22 Volo autem scire . . . persequens vestigia] evulgatur apud
Beryl Smalley, "The Biblical Scholar, D. A. Callus, ed., *Robert Grosseteste, Scholar and*
Bishop (Oxford, 1955), p. 79, n. 1   21 Greg. Nys. *De opificio hominis,* XVII, 15 (ed.
Forbes, p. 207); cf. etiam Grosseteste *De cessatione legalium* apud MS *B,* fol. 183^B 23
Cf. R. Rufi *Comm. in Sent.,* II, d. 14 (MS cit., fol. 135^A)   26 Bedae *Hex.,* I *(PL,* XCI,
20B)

ethereus ignis optineret locum superiorem, aer vero locum inferius
consequentem, deinde aqua terris undique circumflua terram undique
equaliter elevatam operiret. Hiis enim sic se prehabentibus, terra
prebente partes hinc depressas illinc vero elevatas, oportuit aquam
fluidam mole ponderis in loca depressiora concurrere, elevacioribus terre   5
partibus denudatis. Et sic potest intelligi aquarum congregacio in locum
unum eciam absque illarum condensacione. Nil tamen prohibet ambo
fuisse, videlicet aquarum in maiorem spissitudinem quam prehabuerant
condensacionem, aere rarefacto ad proporcionem condensacionis
aquarum, et condensatam aquam in inferiora loca decurrisse.   10

3. Aliter quoque intelligitur aquarum congregacio. Si enim nondum
erat aer in specie sua, sed aque vaporabiles et tenues totum occupaverant
spacium inter terram et celum, sicut senserunt Ieronimus et Beda, tunc in
verbo congregandi intelligitur vaporalium aquarum inspissacio et
condensacio in aquas densas potabiles et navigabiles; quibus condensatis 15
necessario minorem locum occupantibus, pars vaporabilium rarefacta est
in aeris tenuitatem, aere sic rarefacto implente locum quem aque
deseruerunt. Cum hoc autem modo congregacionis aquarum coextitit
eciam condensatarum recepcio in partes terre depressiores, sive
preextitit terra secundum suam superficiem quemadmodum nunc est 20
inequalis, sive ad preceptum congregacionis aquarum et apparicionis
aride terra, prius undique equalis, partes prebuit in superficie quasdam
humiliores, quasdam vero elevaciores. Fuit enim possibilis uterque
modorum istorum.

Cap. III, 1. Tercio vero modo exponit Augustinus hunc locum 25
Contra Manicheos querentes: "Si totum aquis plenum erat, quomodo
poterant aque congregari in locum unum?" Quibus respondet dicens:
"Sed iam superius dictum est, nomine aquarum materiam illam
appellatam super quam ferebatur spiritus Dei, unde erat Deus omnia
formaturus. Nunc vero cum dicitur: *Congregetur aqua, que sub celo est, in* 30
congregacionem unam, hoc dicitur ut illa materia incorporalis corporalis
formetur in eam speciem quam habent aque iste visibiles. Ipsa enim

---

3 equaliter *om. P*   3 elevatam] elementum *R*   4 illinc] illuc *R;* illic *CH*   5
concurrere] acuere *RC;* decurrere *H*   5 elevacioribus] elevatis *Q;* elevacionibus *H*   7
illarum] aliqua *Q*   7 condensacione *corr. ex* condicione *B**   12 occupaverant]
occupabant *RCH*   17 tenuitatem] tenuitate *P*   27 congregari *corr. ex* congregare
B*   31 hoc] hic *P*   31 incorporalis *om. PL*   32 quam *cl. i.m. B**

---

11 Bedae *Hex.,* I *(PL,* XCI, 20A-B) et ps.-Bedae *Comm. in Pent.,* Gen. *(PL,* XCI,
195D-196A)   Cf. R. Fishacre *Comm. in Sent.,* II, d. 14 (MS cit., fol. 108^A-B); vide etiam
infra VIII, xxxii, 1   15 Cf. Grosseteste *De fluxu et refluxu maris,* I, 61-69   26 Aug. *De*
Gen. contra Man., I, xii, 18 *(PL,* XXXIV, 181-182)

congregacio in unum, ipsa est aquarum formacio istarum quas videmus et
tangimus. Omnis enim forma ad unitatis regulam cogitur. Et quod
dicitur: *Appareat arida,* quid aliud dici intelligendum est, nisi ut illa
materia accipiat visibilem formam, quam nunc habet terra, quam
5 videmus et tangimus? Superius ergo quod nominabatur terra invisibilis et
incomposita, materie confusio et obscuritas nominabatur; et quod
nominabatur aqua super quam ferebatur spiritus Dei, eadem rursus
materia nominabatur. Nunc vero aqua ista et terra formantur ex illa
materia, que illis nominibus [208^A] appellabatur, antequam formas istas,
10 quas nunc videmus, acciperet." Ista autem Augustini exposicio consonat
sentencie eius de formacione mundi non successiva. Insinuaturque nobis
per verbum congregacionis, quod omnis forma tendit et trahit ad
unitatem; et per verbum apparicionis quod omnis forma ducit quod
formatum est in manifestacionem.

15   2. Nullam autem dictarum exposicionum asserunt expositores nisi
tanquam possibilem. Unde eidem auctores diversas ponunt sentencias
sub disiunctione. Et forte Moyses non intendebat nisi sentenciam
communem modis particularibus possibilibus, reliquitque sanctis
expositoribus modorum possibilium investigacionem et divisionem.

20   3. Querit autem Basilius "cur id quod per naturam inest aquis, id
est, ut ad procliviora contendant, hoc ad precepcionem Creatoris sermo
convertit." Fluidum namque ponderosum sponte sine precepto decurrit
ad profundius. Et est hec questio conveniens ad ponentes mundi
formacionem successivam. Ad quam questionem ipse respondet, quod
25 ipsa precepcio naturam defluendi ad profundius ex vi ponderis indidit
aquis. Ait enim: "Debes advertere quia vox Dei nature formatrix est, et
precepcio que tunc data est creature disposicionem cuntis que forent
gignenda prebebat. Nam et dies et nox semel facte sunt et ex illo usque
nunc, sibimet vicibus succedendo, curriculorum suorum tempora certis
30 porcionibus divisa custodiunt. Iussum est naturam aquarum diffluere, et
nunquam defecit obsequendo mandatis." Nec est ista Basilii responsio
contraria ei quod aque habuerunt ex impresso lumine celi vim
inclinativam ad congregacionem. Quia eciam illa vis inclinativa verbo de
firmamento fiendo facta est, nec potuit eciam aquis impressa per se in
35 actum egredi, nisi per actum et efficientiam eterni Verbi dicentis:

4 accipiat *corr. ex* accipiet *B**   10 quas] qua *R*   10 nunc] modo *RCH*   11
sentencie] dictis *R;* divine (?) *H*   11 non *om. RCHP*   13 apparicionis] apporiacionis *B*
14 manifestacionem] formacionem *Q*   15 asserunt] asseruerunt *P*   16 eidem *corr. ex*
idem *B;* idem *QHP*   20 inest] iure *P*   26 advertere *corr. ex* avertere *B**   33 eciam
cl. i.m. B*   33 de] Dei *RQH*

20 Bas. *Hex.,* IV, 2, 4 (ed. cit., p. 47)   26 Hex., IV, 2, 9-IV, 3, 1 (p. 48)

Congregentur aque. Per hoc enim verbum effectum est quod vis illa a principio per tempora sequencia erumpit in suum actum. Totum igitur, eterno Verbo dicente, effectum est, videlicet vis motiva eiusque impressio et ab impressa virtute actualis et perseverans mocio.

Cap. IV, 1. Locus autem unus in quo congregate sunt aque ut 5 appareret arida, dupliciter potest intelligi. Uno modo videlicet quod unus locus congregacionis aquarum sit omnia loca depressa in superficie terre, per que decurrunt flumina, et in quibus stant non fluentia stagna et lacus, et que continent maria, cum occultis meatibus subterraneis per quos aqua maris intrinsecus irrigat et humectat terram et erumpit in fontes et stagna 10 lacusque contingit. Et hec loca omnia aquarum receptacula dicuntur locus unus, quia continuata sunt omnia. Sicut enim in humano corpore unus est maximus locus sanguinis, videlicet epar, ad quod perveniunt multe vene per quas recipit liquorem materiam sanguinis, et a quo digrediuntur multe vene per quas transmittit sanguinis humorem per 15 totum corpus ad totius corporis irrigacionem, et est epar, cum omnibus venis sibi continuatis per totum corpus diffusis, unus locus sanguinis: sic mare, cum omnibus meatibus vel in superficie terre existentibus vel interius penetrantibus, propter continuitatis unitatem unus est aquarum omnium locus. Et sicut posset dici quod corpus humanum est unus locus 20 sanguinis quia ubique per corpus [208^B] penetrat sanguis, sic potest dici quod terra tota est unus locus aquarum quia per totum corpus terre penetrat aqua per occultos meatus, sicut per totum hominis corpus penetrat sanguis per venas.

2. Vel aliter: ipse locus maris solummodo dicitur locus unus in quo 25 precepte sunt aque congregari. Illic enim merito dicuntur omnes congregari, quo magis naturaliter omnes aque tendunt. Sed omnia flumina et omnes aque per universam terram sparse, sicut a precipua origine a mari veniunt, et velud ad principium in mare currunt. Et est mare locus magis naturalis aquis, quemadmodum epar est locus 30 precipuus sanguinis. Licet igitur non omnes aque in mari sint, in mare tamen omnes dicuntur congregari propter naturalem decursum quem habent ad mare, velud ad originale quo tendunt principium. Nec est

---

5 (locus) unus aquarum *i.m. B**   14 quas] quos *BP*   14-15 recipit ... quas *om. RCH*
15 sanguinis *corr. ex* sanguis *B**   26 Illic] Illuc *R*   28 per *corr. ex* que *B**   28
precipua] principio *R*   31 mare] mari *RCHP*   32 decursum] cursum *P*   32 quem]
quod *B;* que *Q*   33 habent] haberent *R*

5 Cf. R. Fishacre *Comm. in Sent.,* II, d. 14 (MS cit., fol. 108^B) et R. Rufi *Comm. in Sent.,*
II, d. 14 (MS cit., fol. 135^B)   9 Cf. Bedae *Hex.* I *(PL,* XCI, 20B-C)   Cf. Grosseteste *De fluxu et refluxu maris,* III, 2-6, 35-39

contra hoc opposicio de lacubus, cum habeant, ut dictum est, occultam
continuitatem cum mari et per vias subterraneas occultum a mari
nutrimentum et in mare defluxum. Et eciam licet carerent lacus
continuacione cum mari, nichilominus tamen vere diceretur et esset locus
5 maris locus naturalis aquarum omnium. "Nam sicut ignis in parvulis
quibusque ac diversis materiis est dispersus, prebens omnibus usum
necessarium, totus tamen in ethere et spera ignis dicitur contineri;
similiterque aer, licet singulis corporibus sit illapsus, universum tamen
orbem terre complectitur. Et simpliciter locus aeris dicitur qui circa
10 terram et maria undique proximus habetur. Sic et aquarum natura,
quamvis variis commissa stacionibus teneatur, una tamen est maxima
congregacio que omne illud elementatum discernit a ceteris," et unus
illius elementi locus naturalis.

Cap. V, 1. Sciendum autem quod si de terre spericitate aliquid
15 tollatur eciam per linee vel superficiei recte reseccionem, quemadmodum
si de circulo per cordam abscinderetur circuli porcio, ubi facta est de terra
huiusmodi reseccio, licet non fuerit per lineam curvatam et arcuatam
deorsum versus, ibi est locus profundior et naturaliter aquarum
contentivus usque ad replecionem porcionis sperice de terra resecte. Nec
20 poterit aqua exuberare extra locum resecte porcionis, donec in tantum
habundent aque, quod earum superficies sit porcio maioris spere quam sit
spera terre. Verbi gracia: Sit spera terre cuius centrum est *a,* et porcio
resecta per rectam *b d* sit *b c d;* erit itaque *b c d* porcio locus aquarum
receptivus usque ad replecionem *b c d* porcionis; et erit earum maxima
25 profunditas linea ducta a puncto *c* medio inter *b* et *d* in arcu *b c d*
perpendiculariter usque ad rectam *b d;* nec replebitur aquis dicta porcio,
donec earum superficies coequetur et conmensuretur arcui *b c d;* nec
poterunt exuberare ultra terminos *b* et *d,* donec earum superficies sit
porcio maioris spere quam sit porcio *b c d;* nec attingent aque usque ad
30 terminos *b* et *d.;* quamdiu sunt pauciores quam que possint replere
porcionem *b c d. (Hic exhibent figuram MSS. BQ: vide p.* 157.)

Cap. VI, 1. Notandum item quod quidam putant quod non tam quia
terre superficies, ab aquis nudata, superior est superficie aquarum maris
non inundat mare super terram, quam quia aque maris, virtute huius
35 precepti; *Congregentur aque* et cetera, statuuntur in mari quasi in utre, et

1 opposicio]opinio *RQC*   1 ut]ubi *P*   2 subterraneas]et *add. P*   12
elementatum] elèmentum *RQC*   16 ubi] hic *Q*   22 est *om. P*   23 per] lineam *add.*
Q   23 locus *om. P*   27-28 coequetur . . . superficies *om. Q*   30 quamdiu sunt]
quidam sint *R*   32 cur aque maris (non trans) grediuntur terminos *i.m. B**   34 non]
nam *R*   34 inundat] inundant *P*   34 maris²] maiori *R*

5 Bas. *Hex.,* IV, 4, 6 (ed. cit., p. 50)

non transgrediuntur terminos hac precepcione sibi positos [208^C], neque convertuntur operire terram, cohibite verbo precepcionis huius; quemadmodum insinuat Iob cum de mari loqueretur dicens: *Circumdedi illud terminis meis, et posui vectem et hostia, et dixi: Usque huc venies, et non ultra procedes amplius, et hic confringes tumentes fluctus tuos.*   5

2. Huius autem rei signum, videlicet quod aqua maris plus continetur ne operiat terram dicte precepcionis virtute quam terre super aquas maris elevacione, dicunt Basilius et Ambrosius esse quod mare Rubrum altius est quam terra Egypti, et terra Egypti humilior mari. Ait enim Basilius: *"Congregetur aqua in congregacionem unam:* ut non 10 scilicet illa que influit, expletis conceptaculis superfusa, cuntos simul terminos inundaret. Iccirco iussa fuit in unam congregacionem redigi. Quod si secus esset, que racio vetare poterat mare Rubrum, ut non Egyptum totam, que utique devexior habetur, invaderet proximoque pelago misceret, nisi precepto Conditoris esset inhibitum? Nam quia 15 humilior est Egyptus Rubro mari, certissime docemur ab hiis qui Egyptium et Indicum mare coniungere voluerunt, quorum primus Sesostres Egiptius, secundus Darius Medus. Hec ideo dixi, ut divine sanctionis potentiam nosceremus." Similiter et Ambrosius ait: "Nisi vis statuti celestis inhiberet, quid obstaret quin per plana Egypti, que 20 maxime humilioribus iacens vallibus campestris esse asseritur, mare Rubrum Egypcio pelago misceretur?" Relato quoque proposito amborum regum prenominatorum a Basilio, adiungit Ambrosius: "Et fortasse, ne latius se mare effunderet de superioribus ad inferiora precipitans, ideo molimina sua rex uterque revocavit."   25

Cap. VII, 1. Sequitur: *Et appareat arida.* Si preextitit secundum tempus terra, sicut sonat in superficie precedens Scripture litera, apparet hic quod terra fuit a principio visibilis per naturam et colorem, sed invisibilis usque modo per aquarum superfusionem. Dicebatur quoque secundum literam Septuaginta terra invisibilis. Quod ante lucis 30 creacionem tripliciter erat: primo, propter lucis absenciam; secundo, propter aquarum densam superfusionem; tercio, quia nondum erat

2 terram] quasi *add. RCHP*   2 verbo *corr. ex* vero *B**   7 operiat] operiatur *Q*   9 de mari rubro *i.m. B**   10 Congregetur aqua] Congregentur aque *P*   10 non *om. P* 12 Iccirco] Icirco *B*   17 Egyptium] Egyptum *P*   26 appareat arida *i.m. B**   26 Si] Sicut *R*   27 apparet] appareat *RCH*   29 superfusionem] superinfusionem *P*

1-2 Cf. Psalm. CIII:9 et LXXVII:13   3 Iob XXXVIII:10-11   10 Bas. *Hex.*, IV, 3, 6-8 (ed. cit., p. 49)   19 Ambr. *Hex.*, III, 2, 11 *(CSEL*, XXXII.1, 67)   26 Cf. R. Fishacre *Comm. in Sent.*, II, d. 14 (MS cit., fol. 108^B) et R. Rufi *Comm. in Sent.*, II, d. 14 (MS cit., fol 135^B)

animal quod videre posset. Creata vero luce, remansit invisibilis
dupliciter, videlicet propter aquarum densam superfusionem que
prohibebat lucis perspicuam illustracionem, et quia nullus adhuc oculus
erat qui videret. Nunc vero, congregatis aquis in locum unum, est terra
5 visibilis et oculo apparibilis, per proprium a principio sibi inditum
colorem et per lucis presentis superfusionem, remoto aquarum prius
interiectarum impedimento. Invisibilis tamen adhuc extitit, quia nondum
erat oculus qui videret; verumtamen, propter plures visibilitatis iam
existentes causas simpliciter nunc debuit terra insinuari visibilis, quod et
10 factum est, cum ait: *Appareat arida.*

2. Nec putet aliquis terram non potuisse a principio fuisse
coloratam, ideo quia color est lux in perspicuo et nondum erat lux creata;
quia si erat condicio rerum successiva, erat ignis huic terre calcabili a
principio conmixtus, sicut et nunc est, cuius lucis incorporacio in humore
15 terrestri reddebat terram coloratam. Non enim hec elementa que hic
apud nos sentimus sunt pura, sed singulis singula permixta et a
predominantibus denominata.

Cap. VIII, 1. Quod autem dicit: *Appareat arida,* [208^D] et non dicit:
"Appareat terra," talis est causa, quam assignat Basilius et quam non
20 tacet Ambrosius, videlicet: "Ne iterum eam incompositam
demonstraret, utpote limosam et adhuc ex aquarum inundacione
deformem, atque invalidam; simulque ne soli causam terrene siccitatis
quispiam asscriberet, merito nativitate solis anteriorem telluris
ariditatem Creator instituit. Non solum enim aqua que superfuerat terre,
25 sed eciam illa que in profundioribus partibus latitabat, famulata precepto
dominantis effluxit." Arida itaque precepta facta est et ante solem apta
terrenascencium germinacioni. Terra autem dici posset eciam si adhuc
limosa esset et germinacioni inepta.

Cap. IX, 1. Sciendum quoque quod nostra translacio non facit nisi
30 bis mencionem de fienda aquarum congregacione et apparicione aride.
Habet enim sic: *Congregentur aque que sub celo sunt in locum unum, et
appareat arida; factumque est ita; et vocavit Deus aridam terram;*

5 per *om. P*   8 visibilitatis] invisibilitatis *Q;* visibiliter *R*   9 nunc] non *R* et *corr. ex*
est *B**   19-20 quam non tacet *om. RCHP*   22 deformem *add. i.m. B**   24 que *om.*
P   24 terre *add. i.m. B**   26 itaque precepta] atque precepit *R*   26 est *add i.m. B**
28 germinacioni] generacioni *Q*   29 quod n(ostra translacio) non dicit (nisi bis: Fiat) *i.m.*
*B**

11-17 Cf. Grosseteste *De operat. solis* (ed. McEvoy, p. 69, ubi evulgatur)   12 Cf.
Grosseteste *De colore* (ed. Baur, p. 78); vide supra II, x, 2   19 Bas. *Hex.,* IV, 5, 2-3 (ed.
cit., pp. 51-52)   20 Ambr. *Hex.,* III, 4, 17 *(CSEL,* XXXII.1, 70-71)

congregacionesque aquarum appellavit maria. Nec ulterior fit istorum repeticio. Basilius quoque dicit super hunc locum terciam repeticionem de fiendis aquis et apparicione aride in usu Ebreorum non exprimi. Quomodo igitur dicit Augustinus in opere cuiuslibet diei, excepto die primo, trinam exprimi condicionem eiusdem operis? Sed advertendum 5 quod translacio Septuaginta, quam exponit Augustinus, ter exprimit congregacionis aquarum et apparicionis aride condicionem. Habet enim sic: "Congregetur aqua que sub celo est in congregaciones ipsarum, et appareat arida; et factum est sic; et congregata est aqua que sub celo est in congregaciones ipsarum, et apparuit arida; et vocavit Deus aridam 10 terram, et congregaciones aquarum vocavit maria." Basilius quoque hanc terciam repeticionem dicit esse in multis codicibus, sed certissima exemplaria ibidem habent obelum, qui est adnullacionis signum, eo quod in ebreis codicibus hec repeticio non habetur.

Cap. X, 1. Sequitur: *Et vocavit Deus aridam terram.* Huiusmodi 15 vocacio tripliciter potest intelligi. Primo videlicet, ut primum nomen exprimat rem et secundum nomen exprimat rei nominacionem, ut is sit sensu: "Hec res arida habeat hoc nomen et hanc nuncupacionem, que est terra." Et est primum nomen significative dictum in rei designacionem, secundum vero materialiter in ipsius nominacionis rei demonstracionem. 20 Potest enim res esse, et nullo adhuc nomine prolativo nuncupari. Deus autem, sicut Verbo suo eterno temporaliter fecit aridam, sic eodem Verbo statuit ut nomine prolativo nuncuparetur terra. Non enim ipse in principio nomen sonorum protulit, sed quale ab homine proferendum esset suo Verbo instituit et preordinavit. 25

2. Vel potest alio modo hoc nomen 'arida' referri ad designacionem speciei, perfecte simul secundum formam substancialem et formas naturales per quas apta est statim ad usum propter quem facta est, et hoc nomen 'terra' referri ad idem, sed generaliter intellectum, licet nondum sit secundum accidencia naturalia perfectum ut possit explere usum 30 propter quem est factum. Potest enim dici terra que adhuc est limosa et aquosa nullisque culturis vel ferendis frugibus apta.

---

1 Nec] Aut *R*   1 istorum] eorum *RH;* illorum *C*   3 apparicione] apparacionis *P* 3 exprimi] exprimet *R*   6 exprimi] exponit *P*   7 congregacionis] congregaciones *P* 7-8 Habet enim sic *om. RP*   8 ipsarum] aquarum *P*   9 est¹ *om. P*   11 vocavit] appellavit *P*   13 adnullacionis] adnichilacionis *RCH*   15 et v(ocavit Deus) aridam (terram) tripliciter (exponitur) *i.m. B**   19 designacionem] consignacionem *RH*   20 secundum . . . demonstracionem *om. Q*   20 nominacionis *om. P*   21 et *cl. i.m. B**   21 prolativo] probacio *RC;* probative *QH*   23 prolativo] probacio *RC*   29 referri] potest *add. RCH*   31-32 et aquosa] ac liquosa *R*

1,5 Cf. R. Fishacre *Comm. in Sent.,* II, d. 14 (MS cit., fol. 108^B) et R. Rufi *Comm. in Sent.,* II, d. 14 (MS cit., fol. 135^C)   2 Bas. *Hex.,* IV, 5, 4 (ed. cit., p. 52)

3. Tercio vero modo, ut supra dictum est, potest primum nomen referri ad speciem et formam, in quantum complet materiam et constituit rem in esse primo perfecto, secundum vero nomen ad eandem [209^A] formam, in quantum ipsa est natura et principium movens actum propter
5 quem res facta est et complens rem in esse suo secundo. Et istud videtur bene congruere in hiis duobus nominibus. Arida enim a siccitate dicitur, que est forma terre perfectiva secundum speciem et substanciam. Terra vero dicitur ab usu et utilitate propter quam facta est, ab eo videlicet quod teritur ab inhabitatoribus quibus facta est ad habitaculum, et ab agricolis
10 per terre culturam, ut germinet virentes herbas et producat arbores fructiferas. Huic eciam congruit vocabulum grecum. Terra enim grece dicitur γῆ, ge, ab hoc verbo greco circumflexo γῶ, gô, quod est 'capio' vel 'recipio,' eo quod ipsa est receptaculum animalium et terrenascencium. Dicitur eciam grece a fixione, quia non fertur sed immobilem habet
15 stacionem; quod convenit quieti habitacionis. Et forte hec melius paterent in nominibus ebreis, si quis eorum sciret institucionem et derivacionem et ethimologiam. Et forte iste triplex modus exposicionis aptari potest aliis locis ubi dicitur aliquid vocari sic vel sic. Hec autem subillata clausula: *Et vidit Deus quod esset bonum,* refertur tam ad
20 aquarum congregacionem in locum unum quam ad aride apparicionem. Utriusque autem bonum utriusque est utilitas, quam per proprietates naturales agit in rerum universitate.

Cap. XI, 1. Spiritaliter autem aqua est labilitas et defectibilitas racionalis creature a bono gratuito et a bono naturali in vicium mentis et
25 corrupcionem nature. Cum autem racionalis creatura per hanc labilitatem defluit in vicium et corrupcionem, ita quod mentis et nature stabilitas velud absorbetur et operitur et sterilis et incomposita redditur, velud defluentibus aquis terra tota contegitur. Hee igitur aque in locum unum congregantur, cum amor mentis racionalis a se et a creaturis
30 abstrahitur et avertitur, et in summum et simplex et unicum bonum convertitur. Per adherenciam enim cum summo bono continetur et cohercetur, ne defluat per predictam labilitatem. Et sic apparet mentis racionalis per adherenciam cum summo bono fixa et firma stabilitas velud arida, apta ad germinandum virtutum germina et ad producendum
35 forcium operum robora. Propter hoc et Psalmista ait: *Mihi autem adherere Deo bonum est.* Et iterum: *Fortitudinem meam ad te custodiam.*

4 movens] ad *add. Q*   12 γῆ, ge *om. H*   12 γῶ *om. RQHP*   12 gô] gero *RQP;*
om. H   18 locis ubi] Hoc autem *R*   21 per *om. P*   22 universitate] universitatem
RQ   23 labilitas et] stabilitas sue *R*   26 et¹] in *add. P*   27 sterilis] stabilis *R*   32
cohercetur] coheretur *R*   32 apparet] appetit *R*

7 Cf. R. Fishacre *Comm. in Sent.,* II, d. 14 (MS cit., fol. 108^B)   11 Cf. Grosseteste
Comm. in Phys., IV (ed. cit., p. 72)   35 Psalm. LXXXII: 28   36 Psalm. LVIII:10

Nec mirum si sic sistitur et continetur labilitas mentis racionalis, quia qui
adheret Deo unus spiritus est; Deus autem spiritus indefluxibilis est. In
eundem quoque locum congregatur fluiditas humane cognicionis et
memorie, ut perstet mens fixa in cognicione et memoria celestium, et non
defluat in oblivionem eorum per sollicitudinem temporalium et operiatur 5
mentis constancia velud aquis inundantibus arida. In mente autem
racionali adherente cum Deo, licet actu non defluat per affectus
libidinosos in vicia aut per sollicitas cogitaciones inferiorum in
oblivionem celestium, habet tamen in se istas fluxibilitates, sed, ut dictum
est, cohercitas, et quasi quibusdam litorum terminis contentas, ne 10
erumpentes absorbeant et alluant mentis statum; ipsaque mentis in bono
fixa stabilitas est velud terre apparens ariditas.

2. Item inferiores aque, ut supra dictum est, maligni spiritus possunt
intelligi, qui propria nequicia congregantur in unam nocendi et apostasie
voluntatem, et divina [209^B] potencia et cohercione in hoc aera caliginoso 15
continentur, rudentibus inferni detracti, in Tartarum traditi, in iudicium
cruciandi reservati. Cohercentur quoque divine potestatis limitibus, ne
temptent nos supra id quod ferre possumus. Horum igitur turbulentus et
inquietabilis tumultus, infra dictos terminos clausus, quasi mare fervens
est, quod quiescere non potest nec tamen terminos sibi positos preterire. 20

3. Per hanc congregacionem aquarum in locum unum apparet terra
triumphantis ecclesie arida; quasi enim fluctuabat, cum Lucifer in celo
conditus tumultuando et pereffluendo dixit: *In celum conscendam, super
astra Dei exaltabo solium meum; sedebo in monte testamenti, in lateribus
aquilonis; ascendam super altitudinem nubium, similis ero Altissimo.* In 25
huius defluxionis tumultu multos sibi consentientes in fluctuacionem
tumultuantem conmovit. Soliditatem quoque stantium angelorum
vehementibus temptacionum fluctibus velud terram inferiorem impulit et
opprimere nisus est. Et dico velud terram inferiorem, quia ipse aliis
clarior conditus est. Sed ab hac aquarum inundacione desiccata est terra 30
ecclesie trimphantis, quando superbia Luciferi cum suis angelis apostatis
ad inferos detracta est, et concidit, ut dicit Ysaias, cadaver eius, in

---

2 est] cum eo *add. RHP*   2 indeflexibilis *P*   2 est] ad Corinthios I, 6 *add. P*   3
quoque] autem *P*   3 fluiditas] fluxibilitas *P*   4 non *om. P*   8 vicia] viciis *R*   8 in²
*add. i.m. B**   9 tamen *om. P*   10 litorum] item non *R*   10 terminis] finibus
Q   11 bono] una *R*   14 qui] quia *RHP*   17 cruciandi *om. P*   17 limitibus *cl. i.m.*
*B**   18 ferre] fere *B*   19 clausus *corr. ex* clausos *B**   19 quasi] quoque *R*   22
quasi] quia *RH*   22 enim *om. P*   23 conditus] est *add. R*   24 sedebo] in sede
P   26 multos] cunctos *Q*   28 terram] terra *Q*; in *add. R*

---

9 Cf. Isai. XIV:15   16 Cf. II Petr. II:4   18 Cf. I Cor. X:13   23 Isai. XIV:13-
14   32 Cf. Isai. XIV:11-15. Habetur etiam apud Grosseteste *Comm. in Psalmos* (MS
Bologna, Archiginnasio A. 983, fol. 89^A)

profundum laci. Per cohercionem quoque, qua cohibetur malignus
spiritus ne temptet fideles supra id quod possunt, sicca et fructifera est
terra ecclesie militantis. Nisi enim esset temptacionum ipsius impetus
potestate divina cohercitus, inundaret et operiret stabilitatem ecclesie,
5 totamque redderet ceno libidinum limosam et infecundam. Unde Iob ait:
Nunquid pones circulum in naribus eius? Super quod verbum dicit
Gregorius in *Moralibus:* "Circulus ei in naribus ponitur, dum
circumducta proteccionis superne fortitudine, eius sagacia retinetur."
Sicut per nares insidie, ita per circulum divine virtutis potencia
10 designatur, que, cum apprehendi nos temptacionibus prohibet, miris
ordinibus antiqui hostis insidias circumplectens tenet. Idem est igitur in
naribus eius ponere circulum, quod congregare has aquas in locum unum.
Plenissime autem congregabuntur aque iste in locum unum dampnacionis
eterne in die iudicii, quando amplius non permittentur non solum alicui
15 temptando non prevalere, sed nec aliquem ex parte aliqua temptacione
pulsare, et tota ecclesia, ex militante et triumphante in unam
triumphantem collecta, ab omnibus temptacionis illius fluctibus omnino
erit libera. Consimiliter et mali, qui sunt corpus diaboli et per aquas
consimiliter designati, congregantur nunc in unum locum, seu
20 infidelitatis seu male voluntatis, ad persequendum bonos; qui tandem
congregabuntur in uno loco Iehenne et ignis eterni, dicente Salvatore: *Ite
maledicti in ignem eternum, qui preparatus est diabolo et angelis eius.*
Interim autem cohercetur malorum impetus sub divina potestate
cohercente, tum timore, tum ignorancia, tum impotencia, quasi
25 quibusdam litoribus, ne noceant bonis quantum vellent et persecucionum
inundacionibus eos operiant. De hac cohercione corporis diaboli per
typum maris et littorum dicit Dominus in libro Iob: *Posui vectem et hostia,
et dixi: Huc usque venies, et non ultra procedes amplius, et hic confringes
tumentes fluctus tuos.* Hac [209^C] itaque aquarum collectione apparet
30 arida, hoc est ecclesia, malorum inundacione non oppressa, licet multum
pulsata.

    4. Secundum Ambrosium autem super hunc locum, mare et
aquarum congregacio signant ecclesiam que congregatur velud in locum
unum, in unam videlicet fidem, unam spem, unam caritatem, et unum

---

8 proteccionis] proteccione *P*   11 antiqui] iniqui *R*   11 igitur *om. P*   14
permittentur] permittent *P*   17 triumphantem *om. P*   17 fluctibus] stantis *R*; flantibus
H   20 voluntati *R*   21 uno loco] unum locum *P*   21 ignis eterni] igni eterno
RH   26 inundacionibus] vel *add. P.*   33 signant] est *P*   33 ecclesiam] ecclesia *P*

1-2 Cf. I Cor. X:13   6 Iob XL:21   7 Greg. *Moralia in Iob,* XXXIII, xi, 21 *(PL,*
LXXVI, 685A)   21 Matth. XXV:41   27 Iob XXXVIII:10-11   32 Cf. Ambr. *Hex.,*
III, 1, 3-3, 13 *(CSEL,* XXXII.1, 60-68)

baptisma, et unum corpus capitis sui Christi. Et quemadmodum in
principio congregate sunt aque de montibus et vallibus, de paludosis et
planiciebus campestribus, sic et ecclesia collecta est de fluxu populorum,
quorum quidam prius fluitabant in montibus et tumoribus superbie, alii
vero in vallibus pusillanimitatis timide, quidam autem in paludosis et 5
cenosis luxurie, quidam vero in campestri planicie evagantis licencie. Hec
est congregacio de qua dicit Ysaias in persona Domini loquens ad
ecclesiam: *Ad punctum in modico dereliqui te, et in miseracionibus
magnis congregabo te.* Et de eadem congregacione iterum ait: *Ecce isti de
longe venient, et ecce illi ab aquilone et mari, et isti de terra australi.* Et 10
iterum: *Ab oriente adducam semen tuum, et ab occidente congregabo te.
Dicam aquiloni: Da; et austro: Noli prohibere; Affer filios meos de
longinquo, et filias meas ab extremis terre.* Et Dominus in Matheo ait:
*Multi ab oriente et occidente venient, et recumbent cum Abraham, Ysaac,
et Iacob in regno celorum.* Hac autem congregacione facta, apparet arida, 15
terra videlicet carnis populorum sic congregatorum a fluxu per varias
concupiscentias desiccata, de quo in Psalmo: *Quoniam ipsius est mare, et
ipse fecit illud, et siccam manus eius formaverunt.* Ecclesie autem sic
collecte congruunt maris proprietates. Ipsa namque fluit et exuberat
caritatis latitudine, qua se extendit eciam ad inimicorum dileccionem. 20
Refluit vero et in se contrahitur sui ipsius consideracione ex iudicii
timore. Confringit autem tumores proprios in proprie fragilitatis
recordacione. Quasi in vili et levi sabulone continue resonat vocibus
psalmodie et amarescit gemittibus penitencie.

5. Item omnes aque huius mundi naturales visibiles et tangibiles 25
congregantur in unum baptismi sacramentum, velud in locum unum.
Baptizatus enim Dominus tactu sue carnis elementum aque mundavit et
vim abluendi contulit, accedente verbo ad elementum ut fiat
sacramentum. Per lavacrum autem baptismi denudatur terra cordis
baptizatorum a profluvio tam originalis quam actualis peccati. Et sic 30
apparet arida, siciens rorem gracie et ymbrem doctrine, ut germinet
plantaria operacionis bone.

---

3 campestribus] campestris *R*   4 fluitabant] fluctabant *RQ*; fluctuabant H   5
timide]tumide *R*   19 congruunt]congruit *P*   19 proprietates] proprietas *P*   20
latitudine qua] latitudinem quia *RH*   21 contrahitur]continentur *R*   21 sui ipsius]
superius *R*   22 tumores]timores *R*   23 recordacione]consideracione *P*   23
resonat]personat *Q*   27 mundavit] inundavit *P*   29 baptismi] baptisma *R*   31
germinet] germinent *R*

---

8 Isai. LIV:7   9 Isai. XLIX:12   11 Isai. XLIII:5-6   14 Matth. VIII:11   17
Psalm. XCIV:5

6. Vel aque congregantur in locum unum, cum cunte gentes convocantur in legis naturalis observacionem. Item congregantur in locum unum, cum coacte sunt in primi parentis cirographum.

Cap. XII, 1. Moraliter autem fluxibilitas sensuum carnalium in
5 voluptates velud aque primarie sunt, que terram carnis et cordis alluunt et limosam sterilemque reddunt; prius enim quod animale et carnale est, et deinde quod spiritale. In has aquas effusus est Ruben, primogenitus Iacob, cui pater ait: *Effusus es aqua, non crescas.* Iste aque in locum unum congregantur, cum fluxus desideriorum carnalium in voluptates
10 cohercetur. Hec autem cohercio, quasi [209^D] limitibus et hostiis et vectibus quibusdam, efficitur tum timore iudicii et Iehenne, tum peccandi verecundia et rubore, tum ipsius peccati abhominata feda turpitudine. Quis enim se non cohiberet a peccando, si frequenter meditaretur iudicis omnipotentis et omniscientis districtionem, qui nil relinquit indiscussum,
15 nil quod non condigne remuneretur secundum meritum? Si eciam consideraret quanta erit ruboris confusio hiis quorum non remisse sunt iniquitates neque tecta peccata, quando sedente iudicio aperti erunt libri et illuminabuntur abscondita tenebrarum et manifestabuntur consilia cordium cuntaque cuntorum cuntis archana patebunt. Si animadverteret
20 eciam quanta est peccati turpitudo, que ymaginem et similitudinem Dei deformat in similitudinem iumentorum et volucrum et quadrupedum et serpentum; hiis enim comparatus est homo et similis factus peccato, cum esset conditus in honore ymaginis sui creatoris. Est eciam quibusdam a voluptuoso defluxu cohercio claustrum, et vita claustralis, et disciplina
25 regularis; quibusdam vero carnis per ieiunium edomacio, et vestium asperitas, et recogitacio preteritorum annorum in amaritudine anime; aliis autem tribulacio, et morbus, et persecucio. Huiusmodi enim velud forcia repagula seu scopulosa littora fluxibus voluptuosis obsistunt.

Apparet autem terra carnis arida a predictis concupiscenciarum fluctibus,
30 cum oculus avertitur ne videat vanitatem, et auris obturatur ne audiat

---

2 convocantur] adiuvantur *RCH*   5 que] quia *RH*   7 has aquas] hiis aquis *Q*   10 cohercetur] cohercentur *RH*   11 peccandi *corr. ex* peccam *B**   14 omnipotentis *add. i.m. B**   14 districtionem] discrecionem *R*   17 iudicio] iudice *RCH*   18 abscondita ... manifestabuntur *om. Q*   23 esset *corr. ex* esse *B**   23 quibusdam *corr. ex* quidam *B**   25 carnis *add. i.m. B**   27 morbus] moribus *RQ*   27 Huiusmodi *corr. i.m. ex* huius *B**   30 obturatur] obscuratur *Q*

8 Gen. XLIX:4   15-17 Cf. Psalm. XXXI:1 15-19 Habetur etiam apud Grosseteste *Comm. in Psalmos* (MS Vat. Ottob. lat. 185, fol. 213^B)   17 Cf. Dan. VII:10   18-19 Cf. I Cor. IV:5   20-22 Cf. Gen. I:26 et Rom. I:23   30 Cf. Psalm. CXVIII:37 et Isai. XXXIII:15

sanguinem, et ori ponitur custodia ne declinet in verba malicie; cum
manus et pedes alligantur in compedibus et manicis ferreis divinorum
preceptorum, ne hii currant ad effundendum sanguinem vel ille
percuciant impie; et simpliciter, cum omnia membra immobilitatem
servant, ne exhibeantur arma iniquitatis peccato.   5

2. Secundum Gregorium autem in *Moralibus,* mare est "cor
nostrum furore turbidum, rixis amarum, elacione superbie tumidum,
fraude malicie obscurum." Istud mare predictis cohercionibus quasi
litoribus retinendum est, ne erumpat in actum pravi operis et quasi
alluvione cooperiat terram carnis.   10

3. In fine autem mundi, quando fiet celum novum et terra nova et
corruptibile hoc induet incorrupcionem et mortale hoc immortalitatem,
congregabuntur aque corruptibilitatis et mutabilitatis et penalitatis et
mortalitatis mundi glorificandi et innovandi secundum qualitates lucidas
et incorruptibiles et corporum nostrorum glorificandorum in locum   15
unum, penalem videlicet, in quo reprobi cum diabolo et angelis eius
perpetuo punientur. In mundi enim innovacione et corporum nostrorum
resurrectione omnis mutabilitas defluet et remanebit in locis penalibus, et
apparebit arida, hoc est, pars residua corporalis creature ab omni fluxu
corrupcionis et alteracionis libera.   20

4. Hec itaque de spiritali sensu ad presens dicta sint. Et quia bonum,
quod vidit Deus in aquarum congregacione et apparicione aride, aque,
maris et terre comprehendit utilitates, de naturalibus eorum
proprietatibus, per quas suas excercent utilitates, pauca dicemus.

Cap. XIII, 1. "Aqua igitur dicta est, quod superficies eius equalis   25
sit. Duo validissima humane vite elementa, ignis et aqua; unde graviter
dampnantur, quibus ignis et aqua interdicitur. Aquarum elementum
ceteris omnibus imperat. Aque enim celum temperant, terram
fecundant, aerem exa- [210^A] -lacionibus suis incorporant, scandunt in
sublime et celum sibi vendicant. Quid enim mirabilius aquis in celo   30

---

2 manus] et *add. B;* eciam *add. P*   3 ille] illi *RCH*   6 autem *om. P*   9 operis]
corporis *R*   11 et². *corr. i.m. ex* in *B**   12 induet] induat *RCH*   12 immortalitatem]
ad Corinthios I, 15 *add. P*   13 corruptibilitatis] concupiscibilitatis *RCHP*   13-14 et
mortal (itatis) *add. i.m. B**   15 glorificandorum] glorificando *RCH*   15 in *add. i.m.*
B*   21 sint *corr. ex* sunt *B;* sunt *Q;* sufficiant *RCH*   25 de aqua *i.m. B**   26 *Sign.*
conc. 'de aqua' i.m. B*   27 interdicitur] interducitur *B;* indicitur *P*

---

1 Cf. Psalm. CXL:3-4   2 Cf. Psalm. CIL:8 et Act. XXI:11   3 Cf. Psalm. XIII:3 et
Isai. LVIII:4   4-5 Cf. Rom. VI:13   6 Greg. *Moralia in Iob,* XXVIII, xix, 43 *(PL,*
LXXVI, 474B)   11 Cf. Apoc. XXI:1   12 Cf. I Cor. XV:53   25 Isid. *Etym.,* XIII,
xii, 1-4; cf. Plinii *Nat. hist.,* XXXI, i, 1, 1-3. Citatur etiam apud Grosseteste *Comm. in*
Psalmos (MS Vat. Ottob. lat. 185, fol. 203 ^{C})

stantibus? Parum sit in tantam pervenisse altitudinem, rapiunt et secum
piscium examina, effuse omnium in terra nascencium causa fiunt. Fruges
gignunt, arbores, fructices herbasque producunt, sordes detergunt,
peccata abluunt, potum cuntis animantibus tribuunt." Aqua est terre in
5 se non conmanentis et similiter corporum terrenorum unitiva,
penetrativa, et repletiva; caloris solaris et stellarum et ignis elementi
fomentativa et nutritiva; atque per hoc ipsa est huius inferioris mundi
temperancia. Nisi enim suis exalacionibus calorem superiorem
temperaret, omnia hec inferiora brevi tempore in conflagracionem
10 verterentur. Hec, ut possit tante evaporacioni sufficere, magna est
quantitate, et, ut dicit Basilius, usque ad terre fundum pertingit. Hec a
terrenis animalibus potata, penetrare facit nutrimentum in carnis vitalem
vegetacionem; secundum se tamen qualitate caret gustabili, omnium
saporum receptiva. Piscibus vero est vivendi spiraculum, quemadmodum
15 terrenis animalibus aer. Et, ut dicit Basilius: "Multi piscium non incubant
suis ovis sicut aves, nec nidos edificant, nec cum labore proprios natos
enutriunt; sed aqua suscipiens ovum facit animal." Hec, cum sit in mari
salsa, per evaporacionem sullimata et refusa per pluviam itemque colata
per terram, amaritudine deposita, dulcem recipit qualitatem effecta
20 potabilis. Eadem quoque fervidam qualitatem recipit, cum per certa
quedam metalla transcurrit; et fit non solum calida, sed et ardens;
erumpensque cum caliditate balneantibus in ea contra varias egritudines
fertur esse salubris.

2. Aqua quoque, ut dicit Aristotiles in libro *De animalibus,*
25 "calidior est intra quam aer extra de nocte. Propter hoc maior mansio
alicuius animalis in die est super terram, et in nocte in aqua." Et multa
animalia "multociens fiunt multorum colorum propter diversitatem
aquarum. Nam aque calide faciunt pilos albos, et frigide nigros. Et causa
huius est: quoniam in aquis calidis est spiritus plus quam aqua, et cum aer
30 calescit, efficitur ex eo albedo sicut accidit spume."

3. Aqua quoque quanto fuerit clarior, tanto putabitur tenebrosior,
cum non descendit in ipsam lumen solis. Hec semper movetur ad
profundius, et non sistitur in quiete, donec equetur superficies eius

---

4 terre] eciam *P*   5 conmanentis] conmanent que in se *P*   5 similiter corporum]
simpliciter corpora *R;* que se eciam *H*   6 et¹ *om. P*   8 enim] in *RH*   14 spiraculum]
receptaculum *P corr. ex* spiraculum   15 animalibus] est *add. P*   16 sicut *corr. ex* ut *B**
18 colata *corr. ex* colatam *B**   19-20 effecta . . . qualitatem *om. Q*   32 lumen] lux
RH   32-33 ad profundius *om. R*

---

11 Cf. Bas. *Hex.*, III, 6, 1 (ed. cit., p. 39)   15 *Hex.*, VII, 2, 12 (ed. cit., p. 91)   25
Arist. *Hist. anim.*, II, 10 (503a) = *De anim.*, II (MS cit., fol. 16ᵛ)   27 Arist. *Gen. anim.*,
V, 6 (786b) = *De anim.*, XIX (MS cit., fol. 106ᵛ)

secundum equidistanciam ubique a centro terre. Hec reflectit radios lucis, et lumina a celestibus recepta refundit in celestia, in hoc lucentis corporis vicem agens; et per accionem reflexionis luminis omnium rerum corporearum de se depromit omnimodas ymagines. Speciem igitur et pulcritudinem omnium exprimit corporalium. Hec radios luminis in se 5 penetrantes confringit et in ampliorem extendit latitudinem. Unde et res in se visas facit apparere maiores.

4. Propter has igitur et huiusmodi aque multimodas utilitates dicit Iohannes Damascenus quod aqua est "factura Dei optima," "optimum elementorum, et plurimo usu utillimum." Aqua vero que de petra manat, 10 levior et limpidior est, et procurat purgacionem ventris. Que vero de paludibus argellosis emanat, gravior est. Aqua cocta salutem corpori operatur et medetur; et quia omnibus infirmitatibus aqua necessaria est, inter omnes aquas aqua [210^B] pluvialis optima est, et levis, et dulcis, et facile digeritur, cito calefit, et cito infrigidatur. De fontanis eligitur illa 15 aqua que ad solis ortum tendit et ad meridiem et de montibus altius exit; hec enim propinquat pluvialibus. Que vero contra occidentem currunt vel septemtrionem pessime sunt; petram enim in vesica et renibus creant, et mulierem sterilem faciunt, corpori torporem inferunt, et rigore nimio menstrua stringunt. Inhibent in egritudine sudorem prorumpere. Hec de 20 utilitatibus aque simpliciter dicta sunt.

Cap. XIV, 1. De mari autem specialiter sciendum, quod mare est aquarum in locum unum congregacio multiplicata per diversa nomina secundum diversa loca, sed tamen continuacione una, semper motu vaga, sonora, spumosa, in fluxu et refluxu lune motum imitans, a lune virtute 25 mota et vapore de profundo sui ascendente, cuius vis eciam in tempestate cohibetur infirmissime omnium vilis sabulonis pulvere. Hoc primo omnium animancia et vivencia divino nutu imperata produxit.

2. Adde ad hanc graciam quod ea que timemus in terris, amamus in aquis; etenim noxia in terris, in aquis innoxia sunt; et sibi inimica in terris, 30 ibidem concordia. In incolis maris, scilicet piscibus, non sunt adulteria

10 utillimum] utilissimum *P*   12 paludibus] paludis *P*   12 emanat *om. P*   15
calefit] calescit *RQC*   19 inferunt *om. BQ*   20 prorumpere] erumpere *RCH*   22
de mari *i.m. B**   23 *Sign. conc. 'de maribus' i.m. B**   24 secundum] per *P*   24
motu] mota *RHP*   25 imitans] mutans *RQP*

1-7 Cf. Grosseteste *De iride* (ed. Baur, pp. 74-75)   8 Damasc. *De fide orth.*, XXIII, 1 et
5 (ed. cit., pp. 98 et 102)   9-14 Habetur etiam apud Grosseteste *Comm. in Psalmos*, (MS
Vat. Ottob. lat. 185, fol. 203^C)   12 Cf. Plinii *Hist. nat.*, XXXI, iii, 38-40 (ed. Sillig,
IV, 437)   15 Cf. *Hist. nat.* XXXI, iii, 26, 43 (p. 438)   25 Cf. Grosseteste *De fluxu et
refluxu maris*, I, 70-140; et *De impressionibus aeris* (ed. Baur, p. 48)   25-26 Cf. *De fluxu*,
I, 141-163; et *De impr. aeris* (p. 48)   31 Cf. Ambr. *Hex.*, V, 3, 9 (*CSEL*, XXXII.1, 147)

nature; et sine posicione limitum limites servant. Nec evagantur ultra
terminos suos, nisi aliqui fetus pariendi necessitate, aut intemperiei
vitande, aut gracia temperiei assequende; nactoque fine transgressionis
ultra limites, et non limitatos, ad proprios redeunt fluctus, quasi ad
5 domestica habitacula. Mare terras necessario infundit humore,
hospicium et capud fluviorum, fons ymbrium, invectio commeatuum,
quo sibi distantes populi copulantur, quo preliorum removentur pericula,
subsidium in necessitatibus, refugium in periculis, gracia in voluptatibus,
salubritas valitudinis, separatorum coniunctio, itineris compendium,
10 transfugium laborancium, subsidium vectigalium, sterilitatis alimentum.
Salsum autem est mare, ut fertur, ex solis adustione, qui adussit partes
terreas commixtas partibus aqueis insipidis. Ex qua commixcione fit
amaritudo, et de amaritudine per adustionem salsedo.

3. Adde his quod mare cingit terram in crucis modum, ambiens eam
15 sub equinoctiali circulo, transiens ab oriente per occidens, revertensque
iterum in oriens; et ambit terram transiens per oriens et occidens et
austrum et septentrionem sub utroque polo. Mare eciam aureum vellus
gignit, et alcione ovis suis incubante per septem dies et aliis VII pullos
nutriente, mare ibidem omnino quiescit.

20   4. Preterea, ut dicit Aristotiles in libro *De animalibus:* "Animalia
que manent in aqua et recipiunt aquam maris in interius eorum, non
gustant aliquid de agresti." "Et in mari sunt quedam in quibus est dubium
utrum sint animalia aut plante. Et sunt continua cum locis in quibus
inveniuntur; et plura ex eis corrumpuntur si mutentur ab illis locis."
25 Inspissatur quoque mare post ascensionem stelle que appellatur
Canicula. Mare quoque producit animalia "multiplicioris forme quam
sint animalia terrena, quoniam natura humidi est conveniencior creacioni
quam terra; et animalia in mari magis sunt humida et corpulenta quam in
aqua dulci" [210^C], quoniam natura maris est calida, et est in mari multa
30 pars terrestris qua generantur modi dure teste.

1 limitum *om. RHP*   2 aliqui] alicuius *RH*   3 assequende] assequente *R*   4 et
om. P   6 invectio *corr. ex* invencio *B**   7 copulantur] compellantur *RCHP*   8
refugium in periculis *om. Q*   12 aqueis *om. RHP*   12 qua] quorum *RCHP*   17
septentrionem] septentrionalem *H;* plagam *add. RCH*   18-19 et aliis VII *om. P*   21
aquam] aquas *P*   23 in] ubi *P*   23 quibus *om. RP*   24 inveniuntur] reperiuntur
P   24 ex eis] ab illis *P*   25 appellatur] vocatur *Q*   27 natura humidi] naturalis
humiditas *RP*

5 domestica habitacula] Cf. Ambr. *Hex.*, V, 10, 26 (p. 160)   5-10 Cf. *Hex.* IV, 5, 22
(pp. 73-74)   11 Cf. Arist. *Meteor.*, II, 3 (356b)   18 aureum vellus] Cf. Ambr. *Hex.*, V,
11, 33 (*CSEL*, XXXII.1, 167)   18 alcione] Cf. *Hex.* V, 13, 40 (p. 172); Bas. *Hex.*, VII, 5
(ed. cit., p. 106); Arist. *Hist. anim.*, IX, 14 (616a)   20 Arist. *Hist. anim.*, I, 1 (487b) = *De
anim.*, I (MS cit., fol. 9^v)   22 *Hist. anim.*, VIII, 1 (588b) = *De anim.*, VII (MS cit, fol.
38^r)   26 Arist. *Gen. anim.*, III, 2 (761a-b) = *De anim.*, XVII (MS cit., fol. 99^r)

Cap. XV, 1. Terra autem que pertinet ad huius diei condicionem, licet ante diem primum superius facta enarretur, est corpus infimum et medium, omnium primorum corporum huius mundi corpulentissimum, et de subtilitate et simplicitate nature habens minimum. Hec est alterum mundi fundamentum, natura corpus frigidum et siccum, quantitate 5 minimum, qualitate obscurum et tenebrosum, figuracione spericum, nisi aque glutino non conmansivum, secundum totum quietum licet in suis partibus plerumque suscipiat motum, omnium corporalium vivencium habitaculum; *pedum Dei scabellum,* quia in corpore mundi minima est species huius elementi, minusque relucet in eo divine virtutis operacio. 10 Propter hoc videtur illud contingere Deus quasi suo extremo et ultimo. Hoc, ut dicit poeta, est propriis ponderibus equilibrata. Quelibet enim suarum parcium pondere suo nititur ad tocius medium; quo nisu et qua inclinacione singularium parcium ad situm in medio centrum tota circa centrum equilibrata suspenditur. Unde et Psalmista ait: *Qui fundasti* 15 *terram super stabilitatem suam, non inclinabitur in seculum seculi.* Et Iob ait: *Qui extendit aquilonem super vacuum, et appendit terram super nihilum.* Hec est omnium mundi corporum virtutis luminis celi et celestium luminarium maxime susceptiva, et ideo velud mater omnium fecundissima, et terrenascentibus venustissime ornata.   20

2. Et si luminaria celestia tantum corpora sunt et non vivencia, cum omnis vita sit melior et nobilior eo quod vita non est, et per consequens vivens unde vivens est melius et nobilius non vivente, terrenascencia autem per animam vegetabilem vivencia sunt, eciam preter animalia et hominem que terram ornant est ipsa terra per terrenascencia nobilior in 25 ornatu quam firmamentum per sidera. Unde in dignitate et nobilitate ornatus sui recuperat quod minus habet nobilitatis in sui substancia. Ipsa enim in se est omnium mundi corporum villissimum corpus et ignobilissimum. Sed hanc ignobilitatis iacturam restaurat per suum ornatum. Celum autem ornatur nobilius quam terra, si conferantur ad 30 invicem ornancium corpora.

1 (De terr)a *i.m. B* Sign. conc. 'de terra' i.m. B** 3 omnium] immo *add. R* 4 subtilitate] sublimitate *Q* 4-6 Hec . . . minimum *om. RH* 5 siccum] et *add. P* 11 Deus *om. P* 12 Hoc] Hec *RCHP* 12 propriis ponderibus equilibrata] ponderibus librata suis *RCH* 12 equilibrata] librata *P* 14 situm] suum *P* 16 Iob *corr. i.m. ex* propheta *B** 17 Qui . . . vacuum *in textu manu Grosseteste B** 17 Qui *om. P* 17 (et appen)dit terram super (nihilum) *add i.m. B** 18 Hec est] hoc *Q* 18 virtutis] virtus *P* 20 et] hec est *add. RCHP* 21 non *om. Q* 26 quam *om. P*

9 I Par. XXVIII:2 12 Cf. Ovidii *Metamorph.,* I, 13; citatur etiam apud Grosseteste *Comm. in Psalmos* (MS Bologna, Archiginnasio A. 983, foll. 70^{A,} 96^{C}) 15 Psalm. CIII:5 17 Iob XXVI:7 18-20 Cf. Grosseteste *De operat. solis* (ed. McEvoy, p. 72, ubi evulgatur)

3. Si vero conferatur vivens non viventi, ornatus terre nobilior est ornatu firmamenti. Accedit eciam huic gracie de ornatus sui dignitate, quod ipsa conceptus suos prima protulit in lucem. Prius enim dictum est: *Germinet terra herbam virentem et lignum pomiferum,* quam dictum sit:
5 *Fiant luminaria in firmamento celi.* Hec, licet secundum se sit situ infima, in vertice tamen Olimpi montis supra regionem nubium est elevata.

4. Hec ad presens breviter perstricta sint de utilitatibus aque, maris, et terre; propter quas et alias que me latent, forte maiores, dictum est: *Et vidit Deus quia bonum.* Secundum Basilium enim 'bonum' de quo dicitur:
10 *Vidit Deus quia bonum,* rei facte comprehendit utilitatem. Et in huius verbi explanacionem ipse et Ambrosius singulorum factorum naturales usus enarrare conati sunt. Nos autem non singula generum que illi excellenter prosecuti sunt, sed genera singulorum pro nostra parvitate tenuiter persequimur.

15   Cap. XVI, 1. Sequitur: *Germinet terra herbam virentem et facientem semen,* et cetera. Quare terrenascencium germinacio [210^D] ad opus diei quo terra facta est pertineat, et quare tamen distinctam habeat narracionem, hiis verbis insinuat Augustinus: "Hic moderamen ordinatoris advertendum est, ut, quoniam distincta quedam creatura est
20 herbarum atque lignorum ab specie terrarum et aquarum, ut in elementis numerari non possint, seorsum de illis diceretur ut exirent de terra; et seorsum illis redderentur illa solita verba, ut diceretur: 'Fiat, et sic factum est;' ac deinde repeteretur, quod factum est; seorsum quoque indicaretur Deum vidisse quia bonum est; tamen, quia fixa radicibus continuantur
25 terris et connectuntur, ista quoque pertinere ad eundem diem voluerit."

Cap. XVII, 1. Secundum Ieronimum autem ista precepcione perfecta sunt terrenascencia secundum formam et magnitudinem; sicut homo, propter quem cunta sunt condita, perfecte etatis creditur factus.

---

1 vero *om. P*   3 protulit] contulit *RCH*   5 licet *cl. i.m. B**   7 perstricta] pertractata *RCHP*   7 sint] sunt *RQCHP*   8-9 Et vidit Deus quia bonum] Vidit Deus cunta que fecerat et erant valde bona *P*   9 enim] vero *P*   10 quia] quod esset *P*   12 que] qui *B*   14 persequimur] prosequimur *P*   15 (germine)t terra. Cur hoc preceptum pert(ineat ad) huius diei opus *i.m.a.m. B*   16 diei *corr. ex* dei *B;* dei *P*   17 quare] qualiter *RCHP*   22 Fiat *add. i.m. B**   25 voluerit] voluit *P*   26 quod terrenascentia subito sunt producta *i.m.a.m. B*   26 autem *om. P*   28 quod mundus conditus in vere. prima positio *i.m.a.m. B*

5-6 Cf. Aug. *De Gen. ad litt.,* III, 2 (*CSEL,* XXVIII.1, 64); Lucani *De bello civili,* II, 271; Claudiani *De consulatu Fl. Mallii Theodori panegyris,* 206, 210   9 Cf. Bas. *Hex.,* IV, 6-7 (ed. cit., pp. 53-55)   11 Cf. Ambr. *Hex.,* III, 5, 20-22 (*CSEL,* XXXII.1, 73-74)   18 Aug. *De Gen. ad litt.,* II, 12 (*CSEL,* XXVIII. 1, 50-51)   26 Cf. Bedae *Hex.,* I (*PL,* XCI, 21)   27 Cf. Grosseteste *Comm. in Psalmos* (MS Bologna, Archiginnasio A. 983, fol. 96^C); et vide infra VIII, xiii, 6; IX, iii, 5; IX, ix, 1

Notat quoque idem Ieronimus ex hiis verbis quod mundus factus sit et ornatus vernali tempore. Hoc enim tempus naturaliter convenit germinacioni terrenascencium; et verisimile est quod virtus precepcionis per quam nunc germinant terrenascencia tempore vernali, eadem consimili tempore in principio germinare fecit. Basilius quoque similiter 5 sentit cum Ieronimo, videlicet quod terrenascencia hac precepcione subito sint perfecta. Ait enim: "Huius igitur edicione sermonis omnia confestim nemora densabantur; arbores eciam quibus mos est in altum surgere, id est, olea, vel cedrus, et cupressus, et pinus, nec non frutices foliis vestiebantur, et frondibus virgulta. Quin eciam que coronaria 10 vocitantur, roseta dico, et mirteta, et laureta, sub uno temporis momento, cum non anteessent, singula cum sui proprietate surgebant; alterum ab altero manifestissima probacione discretum, et certa designacione productum." Ambo tamen isti auctores, ut supra dictum est, credunt hos sex dies per temporum successionem cucurrisse. Alii 15 autem credunt quod terrenascencia in racionibus causalibus et seminalibus sint simul subito facta; per temporis tamen aliquod spacium ad perfectionem producta.

2. Preceptum igitur germinandi in principio terrenascencia de terra produxit, et veluti lex quedam nature fuit, et inhesit terre creandi 20 fructiferandique sibi prebens postmodum facultatem. Igitur, ut ait Basilius, "parva precepcio ista cogit eam vires proprias, quantas habet, singulis annorum circulis ad informandum genus herbarum, seminum, lignorumque producere. Nam sicut turbo pineus, ictu prioris verberis incitatus, curvatis spaciis gyros explicat tortuosos, acutoque semel 25 fundamine defixus semetipsum circumfert; ita nature racio ex priore Dei mandato sortita principium, per omne transit evum, donec ad communem terminum finemque perveniat."

Cap. XVIII, 1. Modum autem et ordinem germinacionis decurrentis temporaliter usque in finem mundi describit Basilius dicens: 30 "Usque nunc igitur prime disposicioni testis est ordo nascencium. Germinacio enim omnia que germinantur antevenit, et si quid de radice prorumpit, ut crocus et gramen, prius id germinare necesse est, et post

---

9 et¹] vel *P*   9 non *corr. ex* nos *B*＊   9 frutices *om. P*   13 manifestissima] manifesta *P*   15-16 hos . . . credunt *add. i.m. B*＊   19 primum preceptum decurrit usque nunc *i.m. B*＊   20 creandi] crescendi *R*   25 exemplum de torco *i.m. B*＊   29 modus germinacionis *i.m. B*＊   31 disposicioni] disposicionis *P*   33 prorumpit] provenit *P*

---

1 Vide B. Pererii *Commentarii et disputationes in Genesim,* I (Romae, 1589), 84-90, 289-291   15 E. g., Aug., ut cit. supra IV, xvi, 1   21 Bas. *Hex.,* V, 10, 1-2 (ed. cit., pp. 68-69)   30 Hex., V, 3, 2-6 (pp. 58-59)

hoc fenum viride fieri, atque ita in frugem maturam stipula iam flavescente produci. Semen igitur cum ceciderit in solum et mediocriter fuerit humore et calore mollitum, mox gremio terre connectitur, quedam subinde genitiva fomenta suscipiens, et in venas eius sensim labendo
5 demergitur, [211^A] sparsisque minutissimis febris tumorem superiecte telluris nascendo perrumpit, fundatumque iam firmiter facile consurgit, tot numero sursum calamos erigens, quot deorsum radices extenderit. Atque ita teneritudo germinis tepefacta, subiecto vapore, qui tractu caloris illapsus est per radices, terre nutrimentis adhibetur; partemque
10 sui diffundit in culmum, partem ducit in corticem, partem ministrat in grana, partem porrigit in aristas. Et hoc modo congregacione perfecta, paulatim ad sui mensuram singula queque perveniunt. Ergo sive triticum fuerit, sive legumen, sive olus, sive arbustum, sufficienter instruere poterit tuum sensum, quo possis intueri sapienciam conditoris artificis;
15 quomodo tanquam genibus quibusdam stipula frumenti succingitur, ut crebris compaginibus alligata, facilius valeat onus subvectare spicarum, cum gravitudine maturitatis implete, deorsum ceperit inclinari. Propterea calamus avene totus vacuus habetur, quia nullum gerit pondus in capite. Triticum autem longe aliter natura munivit, cuius grana
20 admodum providenter locavit in thecis, ut non diripiantur ab avibus. Et iccirco racionabiliter aristas, velud causa custodie, sicut hastas apposuit, quarum aculeis minores bestie repellantur."

Cap. XIX, 1. Ei autem quod sequitur, videlicet: *Herbam virentem et facientem semen*, adiungendum est per subintellectum: *iuxta genus suum*.
25 Hoc enim modo expresse ponitur in translacione Septuginta: "Germinet terra herbam pabuli seminans semen secundum genus et secundum similitudinem;" et in recapitulacione, tam secundum literam nostram quam secundum literam Septuaginta, repetitur hec particula: *secundum genus*, adiuncta ad: *herbam virentem et afferentem semen*. Hec igitur
30 particula: *secundum genus*, tam ad: *herbam virentem*, quam ad: *lignum pomiferum* refertur. Et est sensus huius verbi ut, videlicet, omnis species herbe et arboris producat semen generativum consimilis herbe vel arboris semen producenti, ut, videlicet, calamus ex calamo, rosa ex rosa, quercus ex quercu, et cedrus ex cedro per similitudinem cognacionis exoriatur.
35 Non enim species una speciem alteram mediante semine de se producit.

8 teneritudo *corr. ex* temeritudo *B*   9 est] et *P*   14 tuum] tutum *P*   16 valeat]
poterit *P*   17 cum] magnitudine vel *add. P*   17 inclinari] inclinare *P*   20 thecis *corr.*
ex tecis *B**; techis *P*   23-24 herbam virentem et facientem semen secundum genus *i.m.*
B*   23 quod] quid *B; om. H*   24 quid sit: secundum genus *i.m. B**   26 genus et]
semen suum *P*   29 genus] suum *add. P.*   29 herbam] herba *P*

2. Videtur tamen econtrario in quibusdam provenire. Plerumque enim fulvum triticum serentes, nigrum colligimus. Sed hoc solvit Basilius dicens istud non pertinere ad mutacionem generis, sed infirmitatem quandam et langorem germinis esse. "Neque enim desiit esse frumentum quod adustione nigratum est, quia nimietate frigoris excocta species, in 5 alium se et colorem transtulit et saporem. Sicut, econtra, ager si fecundus extiterit et celi clemencia pociatur, mox ad pristinum statum revertetur." Per nomen itaque generis intelligitur species et natura cum virtute generativa nature sibi similis. Unde, ne putaremus per nomen generis naturam generalem posse intelligi, in repeticione pro nomine generis 10 ponit nomen speciei, ut, videlicet, ex collacione duorum nominum intelligeremus specialem naturam cum virtute generativa, quod totum non posset exprimere per nomen generis solum vel per nomen solum speciei. Ideo unum nomen [211^B] preponens quo non plene suam expresserat intencionem, alterum adicit; quibus coniunctis, satis exprimit 15 quod intendit. Unde et Septuaginta non contenti sunt dicere: "secundum genus," sed addunt: "et secundum similitudinem," ut intelligatur substancialis similitudo, que solum est secundum naturam specialem, et generativitas naturalis. Tunc igitur est semen secundum genus et similitudinem vel secundum genus et speciem, cum aptum natum est 20 generare consimile secundum naturam specialem, quale est illud quod illud semen seminavit.

Cap. XX, 1. Lignum autem pomiferum pro fructifero posuit. Unde et translacio Septuaginta habet: "lignum fructiferum." Omnis enim arborum fructus nomine pomi comprehenditur.   25

2. Est autem differencia inter fructum et semen. In omni namque fructu est semen, sed non omne semen fructus dicitur. Semen itaque proprie dicitur quod totum oportet terre inseri, ut ex eo conveniens fiat germinacio; quale est granum tritici. Non enim germinat pars eius in terra proiecta. Fructus autem est quod in se continet huiusmodi semen, et 30 preter hoc habet aliquid circumdans semen, quod divisum a semine cedere potest in nutrimentum vel medicamentum; qualia sunt poma, et dactili, et pruna, et cerasa, que preter semen cibum prebent. Fructus quoque melior est arbore, quia propter fructum est arbor. Habet enim

---

1 oppinio de nigro tritico *i.m. B**   3 mutacionem] imitacionem *R*   7 revertetur] revertitur *P*   9 nature *om. R*; natura *H*   11 collacione] collectione *P*   15 adicit] adiecit *RHP*   19 specialem] corporalem *R*; generalem *H*   20 genus^1] suum *add. P*.   23 lignum pomiferum *i.m. B**   25 arborum] arbor *P*   26 differencia inter fructum et semen *i.m. B**   27 itaque *corr. ex* namque *B**   28 fiat] fiet *B*   33 cerasa] cerusa *P*   33-34 Fructus . . . arbor *om. P*

---

4 Bas. *Hex.*, V, 5, 3 (ed. cit., p. 61)

forte fructus aliquid efficacius ad nutrimentum vel medicamentum quam habeat in se ipsa arboris substancia, licet hoc plerumque lateat.

Cap. XXI, 1. Sed cur dicit: *Cuius semen sit in semet ipso?* Nonne sufficeret dixisse: *lignum pomiferum faciens fructum iuxta genus suum,*
5 nisi adiceret: *cuius semen sit in semet ipso?* Nunquid per hanc adiectionem insinuare voluit quod semen seminale, hoc est, potens producere simile seminanti, non sit solum ex nutrimento, sicut putant quidam physici, sed sit decisum ex substancia seminantis, per creacionem in esse producta? Verbi gracia: Corpus primi parentis de limo terre formatum est, cui
10 corpori ut permaneret, subministravit assumptum nutrimentum. De nutrimento itaque solo, iam assimulato corpori nutriendo et preparato uniri substancie corporis nutriendi, dicunt quidam phisici semen descindi, et ex tali semine prolem posse procreari.

2. Aliis autem videtur tale semen, ex nutrimento videlicet solo
15 decisum, non esse semen seminale, hoc est prolis productibile, sed dicunt quo oportet semen seminale, vel totaliter vel in parte, descindi ab illa corporis substancia Ade quam creavit Deus in principio de limo terre; et sic decisum semen transit in carnem filii substancialem, assumpto nutrimento iuvandam ad permanenciam. Similiter in filio non erit semen
20 seminale nisi quod a carne eius substanciali decisum est, et non solum ab assumpto nutrimento. Et nisi esset iste modus decisionis seminis seminalis non solum a nutrimento sed a carne vera substanciali — quam vocant quidam 'carnem secundum speciem,' sicut adgeneratam ex nutrimento vocant 'carnem secundum materiam' — non vere, ut aiunt,
25 fuissemus omnes in lumbis Ade, si hec itaque sentencia vera est. Et similiter sit in terrenascentibus quod semen seminale sit in eis non ex assumpto nutrimento, [211^C] sed ex substancia virtute preceptionis Dei de terra producta. Illud insinuare voluit per hanc adieccionem: *cuius semen sit in semet ipso.* Si enim esset semen de solo ab extrinsecus
30 assumpto nutrimento, esset semen eius in altero, et non discretive in semet ipso. In ipso quidem esset per continenciam et per impressas ab ipso alteraciones usque ad qualitates seminis, sed non esset signanter in semet ipso. Quod enim in semet ipso est, in veritate substancie ipsius esse videtur.

---

2 plerumque] pleraque *R*   3 cuius semen sit in (semetipso) *i.m. B**   4 sufficeret] sufficisset *P*   5 Nunquid] Quidquid *P*   15 non]nonne *R*   15 prolis *om. P*   19 in filio *om. R*   21-22 et . . . nutrimento *om. R*   23 adgeneratam] generatum *RHP*   24 ut *corr. ex* aut *B**   25 si hec] sed huius *R*

---

7 seqq. Vide scholion utilissimum apud S. Bonaventurae *Opera omnia* (Quaracchi, 1885), II, 733   22-24 Cf. Arist. *De gen. et corr.,* I, 5 (321a-322a)   25 Cf. Grosseteste *Dictum* 93 (Thomson, *Writings,* p. 226)

3. Potuit quoque per hanc adieccionem insinuare discrecionem propagacionis in plantis et animalibus. Femina namque animalium recipit semen a mare, et non habet in semet ipsa semen totum seminale. Femina vero in plantis non recipit intra se semen a mare decisum, sed tam mas quam femina in plantis habet in se ipso semen quod a se ipso solum 5 descindit, nec recipit aliunde partem seminis corporalem. Femina vero animalium recipit a mare partem corporalem tocius seminis unde propagabitur animal; et pars a mare recepta activa est et formativa. Pars vero seminis quam dat femina, materialis est, passiva et formabilis. Nec igitur mas nec femina in animalibus habet corporaliter totum semen in 10 semet ipso. In plantis autem tam mas quam femina habet in semet ipso totum semen, ut dictum est, corporaliter. Femina tamen in plantis virtutem activam generacionis recipit a mare, sicut patet in palmis manifeste, quarum femine tempore germinacionis fructuum inclinant ramos ad mares palmarum, et, cum virtutem seminalem activam a 15 maribus receperint, erigunt ramos prius inclinatos; sterilescunt quoque femine palmarum abscisis maribus palmis quibus fuerant propinque.

Cap. XXII, 1. Item queritur quid sibi vult hec adieccio: *super terram.* Nunquid insinuare vult auctor per eam, semen non posse esse in radicibus que non sunt super terram sed in terra, sed solum in ea parte 20 que super terram crescendo exurgit? Sed contra hoc videtur esse hoc quod dicit Basilius, videlicet: quia "quedam eorum que terra producit, in radicibus et in fundo creduntur virtutem seminis optinere, sicut calamus et alia mille, que sunt de tellure nascencia, redivivam prolem in radice custodiunt." An forte nec vim sementivam haberent huiusmodi in radice, 25 nisi per virtutem partis superioris super terram per crementum erumpentis? An forte insinuare voluit aliud, videlicet quod in terra fuit vis prima seminalis primarum plantarum de terra solummodo precepto primo productarum. Plantarum autem deinceps producendarum fuit semen non iam in terra solum, ut primo, sed in ipsis plantis que iam de 30 terra exuperant; quasi dicat: primarum plantarum vis sementiva unde orientur in terra fuit; sed vis sementiva unde sequentes plante oriture sunt iam est super terram; in ipsa videlicet substancia plantarum primarum que superiores sunt ipsa terra, non solum elevacione partis erumpentis in auras, sed tocius nature sue dignitate et nobilitate. Unde 35

---

4 se¹ *om. P*   6 nec] non *P*   6 recipit] preter *Q*   12 ut dictum est *om. P*   20-21 in ea . . . terram *om. Q*   21 exurgit] insurgit *RCH*   21 hoc¹ *om. P*   24 sunt *om. P*   26 per virtutem] pro virtute *Q*   32 orientur . . . unde *om. RQCH*

---

13 Cf. Bas. *Hex.*, V, 7, 8 (ed. cit., p. 65)   22 Hex., V, 2, 4 (p. 57)

hec superioritas ad nature plantarum preminenciam, respectu terre
materialis ad ipsas, referri potest.

Cap. XXIII, 1. Translacio autem Septuaginta sic habet: "Germinet
terra herbam pabuli, seminans semen secundum genus et secundum
5 similitudinem; et lignum fructiferum faciens fructum, cuius semen ipsius
in ipso secundum genus super terram." Ut haberi potest ex Basilio, hiis
verbis notatur [211^D] ordo produccionis herbarum in consummacionem,
qui ordo in condicione primarum plantarum naturaliter solum fuit si
subitum et non successivum ortum habuerunt. Nunc autem successive per
10 temporum momenta decurrit: ut videlicet ex germinacione prima fit
erupcio in herbam, deinde perfeccio in pabulum, tercio consummacio in
semen. Ait enim sic: "Primum est in generacione nascencium
germinacio, deinde cum paulisper emerserit, herba fit, et cum creverit
pabulum habetur. Eademque paulatim pubescens articulatur; et ita
15 usque ad tempestivam maturitatem seminis coalescit." Primo igitur est
germinacio; post hoc pabuli successio, quam mox seminis continuacio
comitatur. Et hic ordo in verbis legislatoris secundum Septuaginta
evidenter exprimitur.

Cap. XXIV, 1. Et animadvertendum est quod hec diccio 'seminans'
20 in translacione Septuaginta in greca lingua est neutri generis, et non est
manifestum in illa lingua per terminacionem diccionis aut appositum
articulum, utrum sit nominativi casus vel acusativi. Habet enim vocem ad
utrumque dictum casum communem; et forte hoc ideo factum est, ut
possit communiter referri ad hanc diccionem 'terra' et ad hanc diccionem
25 'herbam,' quarum utraque alteri cooperatur in seminacionis operacione.
Herba enim per terre cooperacionem semen producit, et similiter terra
per herbam in herba semen producit. Nec potest quis dicere quod
referatur ad hanc diccionem 'pabuli,' quia hec diccio 'pabuli' in greco est
tam masculini generis quam genitivi casus, et ita duplicem habens
30 dissonanciam ad hanc diccionem 'seminans' neutri generis.

Cap. XXV, 1. Notandum quoque quod terrenascencium produccio
ante luminaria facta est, sicut testatur Basilius, ne videatur eorum
produccioni sol causam prestitisse, et ne sic daretur infidelibus occasio
venerandi solem, utpote terrenascencium quendam auctorem.

---

3 germinet terra et cetera *i.m. B** 5 ipsius] sit *add. P* 6 ipso] semetipso *P* 6
ut]ubi *P* 6 Basilio] in *add. RP* 8 si *om. P* 14 pubescens] procedens vel rubescens
P 19 seminans neutri generis *i.m. B** 25 cooperatur *RCHP* 29 genitivi]
nominativi *RCH* 31 cur terrenascencia ante solem *i.m. B** 32 ne] nec *B*

12 Bas. *Hex.*, V, 1, 3 (ed. cit., p. 56)   32 Cf. *Hex.*, VI, 2, 2-3 (ed. cit., p. 71)

2. Consequenter quoque querit Basilius super hunc locum, cur prius provisum est pecoribus pabulum quam nobis. Cuius rei sollucio est, quod plurima olerum et radicum non pecoribus solum sed et hominibus sunt in pabulum. Alia vero hominibus sunt in medicinam; et que cedunt in cibum pecorum, cum pecora sint hominibus in cibum, eciam per medium 5 hominibus sunt in cibum; et ita principaliter homini sunt provisa. Et eciam, licet non peccasset homo, nec carnes comesturus esset, nec medicina eguisset, tamen in hominis pastum principaliter essent terrenascencia. Unde et infra dicitur primis hominibus: *Ecce dedi vobis omnem herbam afferentem semen super terram, et universa ligna que* 10 *habent in semetipsis semen generis sui, ut sint vobis in escam et cuntis animantibus terre.* Et si qua forte non essent homini in cibum, essent ei in aliquem utilem usum.

Cap. XXVI, 1. Item, cum hec litera insinuet omnem herbam esse sementivam et omnem lignum fructiferum in prima condicione, nunc 15 autem videamus plures herbas nullum facere semen, et plurima genera arborum, ut salices et ulmos, nullum afferre fructum, videtur quod aut nunc sint alique species herbarum et arborum que in principio non fuerunt condite, aut quod quedam tunc seminales et fructifere nunc sint in sterilitatem verse. Sed Augustinus hoc solvit pro [212^A] parte dicens 20 quod nomine fructus quelibet utilitas intelligitur.

2. Basilius vero intelligit per nomen seminis quamlibet vim sementivam, sive sit in radicibus, sive in ramis, sive in manifesta formacione seminis. Unde, ut ipse ait: "Verum esse probatum est, quia unicuique terrenascentium aut semen suppetit renovandi generis, aut vis 25 quedam seminaria adiuncta est." "Deinde," ut ipse ait, "subtiliter inquirentibus patefiet aut seminarias esse omnes arbores, aut similem semini habere virtutem. Populus enim vel ulmus, vel salix et alie tales, fructum quidem nullum videntur afferre manifestum; sed tamen in eis semen, si quis attentius scrutetur, inveniet. Subiectum est enim earum 30 foliis granum quod μιϭχομ, mischum, nuncupare solent hii qui vocabulorum composicionibus operam dederunt, et hoc vim seminis optinet. Nam ea que de ramorum plantacione nascuntur, ex semet ipsis quam plurimum radices fundunt. Forsitan et gemme ille que de stirpe

---

3 et *om.BQ*; eciam *H*   3 in *om. P*   4 Alia] Alii *B*   6 cibum *corr. ex* cebum *B**   5 preter] per *P*   8 eguisset] *corr. ex.* eguisse *B**   11 semen] sementem *P*   11 sui *om. P*   20 solvit] solum *P*   28 salix] salis *P*   30 enim] in *add. P*   30 earum] eorum *BQ*   31 μιϭχομ] mistichum *P*   32 vocabulorum]nuncupationibus et *add. P*

---

1 Cf. Bas *Hex.* V, 1, 6-7 (p. 56)   20 Cf. Aug. *De Gen. ad litt.*, III, 18 (*CSEL*, XXVIII.1, 83)   24 Bas. *Hex.*, V, 2, 5 (ed. cit., p. 57)   26 *Hex., V, 6, 5-7 (pp. 62-63)*

trunduntur, racionem quandam seminis habent, quas agricultores avulsas
causa reparandi generis pastinare creduntur."

3. Vel posset dici, ut tangit Basilius, quod ea que sunt utiliora et
vitam nostram suis fructibus sustentant et nutriunt, velud magis
5 memoratu digna, hic expresse referuntur a legislatore.

Cap. XXVII, 1. Queritur hic quoque de spinis et tribulis et herbis
venenosis, quando et cur orta sint. Et potest esse ad hoc triplex responsio.

2. Una, videlicet, quod post hominis peccatum facta sint, ut per hec
arguatur homo super peccato, et erudiatur flagello. Unde Augustinus in
10 libro *De Genesi contra Manicheos* ait: "Ergo sic dicendum est quod per
peccatum hominis terra maledicta sit ut spinas pareret, non ut ipsa penas
sentiret que sine sensu est, sed ut peccati humani crimen semper
hominibus ante oculos poneret, quo admonerentur aliquando a peccatis
et ad Dei precepta converti. Herbe autem venenose ad penam vel ad
15 excercitacionem mortalium create sunt; et hoc tantum propter peccatum,
quia mortales post peccatum facti sumus. Per infructuosas insultatur
hominibus, ut intelligant quam sit erubescendum sine fructu bonorum
operum esse in agro Dei, hoc est in ecclesia, et ut timeant ne deserat illos
Deus, quia et ipsi in agris suis infructuosas arbores deserunt, nec aliquam
20 culturam eis adhibent. Ante peccatum ergo hominis non est scriptum
quod terra protulerit nisi herbam pabuli et ligna fructuosa. Post peccatum
autem videmus multa horrida et infructuosa nasci."

3. Vel posset esse quod ante hominis peccatum facta essent, non
tamen essent homini ad laborem vel in aliquam lesionem, sed per
25 peccatum conversa essent illi in laborem et punicionem. Unde non dicit
Scriptura simpliciter in ma勒diccione terre in opere hominis: *Spinas et
tribulos germinabit,* sed addit: *tibi;* quasi dicat: 'In tui penam et laborem
germinabit de cetero que prius simpliciter germinavit.' Hanc sentenciam
magis insinuat Augustinus exponens hunc locum ad literam. Ait enim:
30 "Possumus autem absolute respondere, spinas et tribulos post peccatum
terram homini ad laborem peperisse, non quod alibi antea nascerentur et
post in agris quos homo coleret, sed et prius et postea, in eisdem locis;

2 reparandi] recuperandi *P*   5   referuntur *corr. ex* referentur *B**   6 questio de
spinis et huiusmodi *i.m. B**   6-7 herbis venenosis] aliis nocivis *R*   16   infructuosas]
vero arbores *add. RCP*   18 Dei] Domini *P*   18 ne] ut *R*   23-24 non . . . essent *om.*
R   24 essent]esset *C*   24 ad laborem *om. R*   29 hunc] huc *B*   31 alibi] ista *add.*
P   31 antea *add. i.m. B**

3 Cf. Bas. *Hex.,* V, 6, 4 (ed. cit., p. 61)   10 Aug. *De Gen. contra Man.,* I, xiii, 19 (*PL,*
XXXIV, 182)   26 Gen. III:18   30 Aug. *De Gen. ad litt.,* III, 18 (*CSEL,* XXVIII.1,
83-84)

prius tamen non homini, sed post. Unde *pariet tibi,* id est, ut tibi nasci incipiant ad laborem que ad pastum tantummodo aliis animalibus ante nascebantur." Si autem secundum istam Augustini [212[B]] sentenciam huiusmodi species terrenascencium fuerunt ante hominis peccatum, dupliciter potest hoc subdividi, videlicet, vel quod ille species easdem 5 haberent figuras asperas et qualitates nocivas quas nunc habent, sed tamen non possent ante peccatum homini nocere propter firmitudinem sanitatis humani corporis; post peccatum vero, infirmato humano corpore, eedem species secundum easdem quas prehabuerant figuras et qualitates facte sunt lesive et nocive; quemadmodum videmus quod unus 10 et idem splendor lucis qui oculo sano est iocundus, eidem infirmato nocivus et penalis efficitur; et hoc videtur magis sentire Augustinus, ut hominis infirmacione et non rerum ipsarum mutacione facte sint homini res huiusmodi penales et nocive.

4. Vel quod eedem species, ante hominis peccatum existentes, non 15 habuerunt quales nunc habent asperas figuras et perniciosas qualitates, set peccante homine immutacionem receperint secundum figuras et qualitates. Unde Basilius ait quod "illo tempore rosa sine spina fuit. Nam postea pulcritudini eius adiuncta est, ut esset videlicet voluptati sollicitudo contigua, reminiscentibus nobis peccatum, cuius gracia dumos 20 et vepres germinare nobis terra dampnata est." Quid autem horum trium verius fuerit, non facile dixerim; nec auctores aliquid horum proponunt singulariter secundum certam assercionem, sed secundum possibilitatis ostensionem; quilibet enim dictorum trium modorum de condicione spinarum et tribulorum et huiusmodi fuit possibilis. 25

Cap. XXVIII, 1. Considerandum quoque quod terrenascencia dividuntur hic bifarie, in herbam videlicet et lignum. Unde querendum est hic, que sint horum distinctive differencie. Videntur autem per translacionem Septuaginta ista sic differre videlicet quod herba naturaliter nata sit in pabulum animalium, ipsa vero ligna nequaquam 30 naturaliter in pabulum animalium sint nata sed in fructificacionem pabuli tam hominis quam animalium irracionabilium, licet quorundam lignorum teneritudines, adhuc herbe similes, comedant pleraque animalia.

---

3 si autem *om. R*   4 fuerunt *corr. ex* fiunt B*   9 prehabuerant] prius habuerant R; prehabuerunt P   13 sint *corr. ex* sunt B*   17-18 set . . . qualitates *om. P*   20 reminiscentibus] reminiscens P   22 non facile dixerim *om. Q*   24 quilibet] quibus R   24 dictorum] predictorum R   25 fuit possib(ilis) *add. i.m.* B*   26 differencia inter (herbam et) lignum *i.m.* B*   28 distinctive *corr. ex* distinctione B*   29 differre videlicet *tr. ex* vid. dif. B*   33 teneritudines] temeritudines RQP

---

18 Bas. *Hex.,* V, 6, 3 (ed. cit., p. 62)

2. Item videtur quod herba sit proprie que in una solis periodo secundum accessionem et recessionem complet etatem naturalem et augmentum naturale et decrementum, et eciam semel tantum semen profert de eodem stipite, licet forte pluries de eadem radice erumpat in
5 herbam sementivam. Arbor vero sit que pluribus solis periodis permanens de eodem stipite pluries fructificat.

3. Non intelligendum est autem unam solis periodum secundum accessionem et recessionem esse simpliciter idem quod annum, sed in omnibus regionibus que sunt inter circulum solsticialem et polum est una
10 huiusmodi periodus idem quod annus. In regionibus vero que sunt sub equinoctiali circulo, vel prope sub illo, transit sol bis in uno anno super verticem capitis, et bis recedit a vertice capitis, semel videlicet ad septentrionem et semel ad meridiem. Bis quoque redit ad capitis verticem. Propter hoc in illis regionibus, ut pote in regionibus Indie, est in
15 uno anno bis estas, sole videlicet existente in equinoctio vernali, et iterum in equinoctio autumnali, et transeunte illis temporibus in meridie per verticem capitis. Et bis in anno est eisdem regionibus hyems, semel videlicet cum sol est circiter punctum solsticii estivalis, et iterum cum peragrat partes solsticii hyemalis. Unde in illis regi – [212^C] – onibus bis
20 serunt et bis metunt in uno anno, et gemina est herbarum renovacio, sole faciente geminas periodos secundum accessionem et recessionem.

Cap. XXIX, 1. Spiritaliter autem terra que germinat herbas virentes et ligna fructifera ecclesia potest intelligi, tam triumphans quam militans, et cor cuiuslibet fidelis; que terra germinat herbam bone voluntatis
25 virentem vegetacione gracie spiritalis. Profert autem hec herba semen, cum vult fieri et esse in altero bonum quod factum est et est in se ipsa, et, modis quibus potest, ad hoc nititur et operatur ut fiat et sit tale bonum in altero, quale habet in se ipsa. Semen enim naturaliter tendit in generacionem nature sibi consimilis. Vis agnoscere herbam ferentem
30 semen secundum genus suum? Audi Paulum dicentem: *Volo omnes homines esse sicut me ipsum.* Et iterum: *Quis infirmatur, et ego non infirmor?* Et iterum idem ait: *Optabam anathema esse a Christo pro fratribus meis, qui sunt cognati mei secundum carnem.*

---

1 que] qui *BP*   2 secundum] per *P*   11 in *om. BQ*   19 partes] partem
RCH   19 hyemalis] vernalis *R*   22 spiritaliter *i.m. B**

---

10 Cf. Grosseteste *De sphaera*, 2 (ed. Baur, p. 17); *De natura locorum* (ed. Baur, p. 67) et
Comm. in Psalmos (MS Bologna, Archiginnasio A. 983, fol. 31^C)   30 1 Cor.
VII:7   31 2 Cor. XI:29   32 Rom. IX:3

2. Huius igitur estuans desiderium, ut essent fratres sui et omnes alii tales in fide Christi qualis erat ipse, semen fuit, quod eciam in mentibus multorum germinavit in herbam bone voluntatis, prolativam iterato huiusmodi seminis. Qualis autem fuit voluntas in Paulo ut alii essent sicut ipse, talis est et efficacior in ecclesia triumphante et in ecclesia militante. 5 Et talis est eciam in singulis sanctis et fidelibus, licet tepidior in multis. Bona voluntas igitur qua viget et viret bene volens in se, quasi herba est. Voluntas vero qua estuat alios esse ut se, quasi semen est. Hoc semen maturum erat in Moyse cum dixit: *Quis tribuat ut omnis populus prophetet et det eis Deus spiritum suum?* Et iterum cum dixit: *Aut dimitte* 10 *eis hanc noxam, aut dele me de libro tuo quem scripsisti.* Virtutem proferendi hoc semen infudit Dominus cum dixit: *Omnia quecumque vultis ut faciant vobis homines, ita et vos facite eis.*

3. Ligna autem proprie referuntur ad virtutes sitas in fortitudine, que est considerata periculorum suscepcio et laborum perpessio, utpote 15 ad magnificenciam, fidenciam, pacienciam, et perseveranciam. Hee enim sunt inter ceteras virtutes velud robora quedam excelsiora et duriora inter herbas humiliores et molliores. Proferunt autem hec ligna fructum secundum genus suum, quemadmodum dictum est supra quod herba profert semen in genere suo. Profert eciam fructum sui generis, 20 cum protegit et eripit pauperem de manu potentis, qualiter se vellet eripi de manu forciorum eius et diripiencium eum. Generaliter autem in fructificacione intelligitur de virtute procedens bona operacio, et item virtutis operantis eterna remuneracio.

4. Item virentes herbe sunt pietatis sciencie, ferentes semen in verbo 25 doctrine, quod seminatum in auditoris mente germinat seminanti consimile. Proporcionaliter quoque ligna sunt sciencie ordinatrices virtutum fortitudinis. Et sicut omnia terrenascencia bifarie dividuntur, in herbas videlicet et ligna, sic et omnes virtutes bifarie dividuntur, in virtutes videlicet sitas in parte concupiscibili mentis racionalis et in 30 virtutes sitas in parte eius irascibili. Secundum Gregorium autem terra ecclesie profert pabulum verbi, quo reficit velud herba, et profert umbraculum [212^D] et proteccionem patrocinii velud ramosa ligna.

---

1 Huius] Huiusmodi *QH*   3 germinavit] geminavit *B*   6 in multis *om. Q*   8 ut] in *add. RHP*   9 Quis] mihi *add. P*   11 tuo] vite *P*   12 semen *add. i.m. B*   14 referuntur ad virtutes *om. R;* proferunt *H*   16 Hee] Hec *RH*   22 et] ad *RH*   22 diripiencium] diripiendum *RCH*   26 seminanti consimile] seminat consilio *R*   27 sunt *add. i.m. B**   29 in] Inter *P*   32 profert] velud herba *add. RCH*

---

9 Num. XI:29   10 Exod. XXXII:31   12 Matth. VII:12   31 Cf. Greg. *Moralia in Iob*, XIX, xix, 29 (*PL*, LXXVI, 117A)

5. Potest quoque viror herbe intelligi novella adhuc et tenera sanctitatis conversacio, robur vero ligni, conversacio eadem cum creverit in solidam perfeccionem. Vita quoque activa quasi pastus est quidam iumentorum, sensuum videlicet carnis; contemplativa vero vita quasi
5 crescit in robur perfeccionis. Facit autem quisque semen et fructum iuxta genus suum, cum non degenerat a summo bono ad cuius ymaginem conditus est, sed secundum hanc generacionem et renovacionem ymaginis sui Conditoris vivit et conversatur. Habet autem semen in semet ipso, cum id quod facit secundum Dei voluntatem a naturali bono non
10 discrepat, sed idem totum indivisibiliter facit per naturale liberum arbitrium quod Deus operatur in eo per graciam. Profert autem hoc semen super terram, cum subicit spiritui carnales affectus.

6. Potest eciam terra intelligi sensus literalis Scripture, que moralis interpretacionis humili simplicitate pascit simplices,· velud quibusdam
15 herbis iumenta. De excelsa vero profunditate allegorie et anagogie velud de quibusdam roboribus fructificat sapientibus tanquam racionabilibus hominibus. Hanc itaque spiritalem germinacionem de terra spiritali vidit Deus aspectu beneplaciti quod esset bona. Vidit quoque et ipsam naturalem germinacionem vegetabilium de terra naturali quod esset
20 bona, significans germinacionem spiritalem per suas proprietates et utilitates naturales.

Cap. XXX, 1. Sunt autem vegetabilium de terra naturaliter germinatorum quedam naturales proprietates huiusmodi. Omne vegetabile vim habet et vitam vegetativam, que motiva est materie
25 corporis vegetati a medio ipsius corporis secundum dilatacionem in omnem partem. Nec facit vita vegetativa hanc mocionem dilatacionis solummodo sicut vis rarefactiva movens materiam undique in ampliorem magnitudinis extensionem, sed formans et figurans corpus vegetatum interius et exterius in instrumenta nutricioni et generacioni conveniencia,
30 deducensque materiam per incrementa ad perfeccionem et magnitudinem sue speciei congruentem. Incipit autem vita vegetativa formare et figurare corpus vegetatum ab intimo et medio, quasi a cordis centro, consequenter partes consequentes formans et figurans, ita quod partes propiores prius, et partes posteriores posterius, donec induxerit
35 formam et figuram in totam materiam, deinde formatum ducens per crementum in debitam magnitudinem. Licet enim vegetabilia non habent

2 Robur . . . conversacio om. P   7 et] in P   13 que] quia R; om. P   16 tanquam]
in add. RP   20 spiritalem corr. ex spiritales B*   22 de vegetabilibus in genere i.m.
B*   26 Sign. conc. 'de plantis' i.m. B*   28 et] est P   28 vegetatum] vegetativum
R   29 in om. P   30 deducensque] deducens P   31 et magnitudinem] in
magnitudine P   36 crementum] incrementum R

cor, habent tamen aliquid cordi proporcionale unde principaliter incipit
accio virtutis vegetative. Et forte virtus et vita vegetativa agit in formando
corpus vegetatum velud primo instrumento activo, lumine celorum
collecto et incorporato in centro cordis, vel eius quod est cordi
proporcionale.   5

2. Omnes namque celi, eciam luminaribus circumscriptis, lumina
sua transmittunt deorsum, et, ut supra dictum est, in virtute maxima
congregantur in punctis que sunt circa mundi medium, hoc est in terra.
Cum igitur colleccio luminum celorum omnium incorporatur alicui
materie apte suscepcioni vite vegetabilis, eadem luminum colleccio per 10
regimen vite vegetabilis a puncto colleccionis sue in materia [213^A]
motibus movet materiam circularibus et regularibus multis, ex quibus
agregatis fit motus unus regulariter irregularis, formans et figurans
corpus vegetatum secundum formas et figuras regulariter irregulares.
Lumen namque cuiuslibet celi eiusdem nature est cum celo cuius est 15
lumen. Unde naturaliter habet cum celo cuius est lumen consimilem
motum circularem. Quapropter, incorporatum materie, nititur deducere
materiam secundum sui naturalem circulacionem; et plus minusve
deducit eam secundum quod ipsum est forcius aut debilius in movendo et
materia plus vel minus motive obediens accioni. Cum igitur in eadem 20
materia incorporantur multa huiusmodi lumina, habencia singula
singulas naturales sibi circulaciones, et preter hoc, sicut celi inferiores
preter proprios motus recipiunt modos motuum a celis superioribus, et
per hoc multiformes giraciones, sic lumina celorum inferiorum cum
incorporantur materie recipiunt proporcionaliter a luminibus celorum 25
superiorum multiformes giraciones: possibile est, ex commixtione
huiusmodi luminum in eadem materia, ipsam materiam secundum
variam sui obedienciam ad motus et giraciones ipsorum luminum in
quamvis figuram irregularem regularissime deduci.

3. Et si quis corpora vegetabilium subtilius perspiciat, inveniet 30
omnem eorum figuracionem et plasmacionem per motus girativos
perfectam. Quia vero vis vegetativa non potest predicto modo materiam
dilatando formare, neque sic formatam in quantitatem perfectam
deducere, neque in esse conservare propter continuum materie
defluxum, nisi adveniente ab extrinsecus materiali iuvamento unde 35
augeat rei augmentande quantitatem et restauret eius deperdita per

---

6 eciam] in Q 12 multis *add. i.m. sup. B** 21 incorporantur *om. R*   21 multa
om. P   24-25 cum . . . recipiunt *om. R*   30 corpora] opera *P*   31 girativos] giracionis
RH   32 materiam *om. P*   35 extrinsecus] intrinseco *R;* extrinseco *QH*

---

7 Cf. supra III, xvi, 6   22-23 Cf. Grosseteste *De operat. solis* (ed. McEvoy, p. 89, ubi
evulgatur)

materie defluxum, eget vita vegetativa necessario virtute attractiva
nutrimenti, et virtute retentiva attracti, et virtute degestiva retenti,
decoquente retentum et segregante purum eius ab impuro et assimulante
segregatum purum corpori nutriendo, et tandem uniente secundum
5 substanciam quod prius assimulatum erat secundum complexionis
qualitatem. Eget quoque vita vegetativa quarta virtute, videlicet impuri
et superflui expulsiva, ne ipsius putredine corpus corrumpatur et ab
attrahendo recens nutrimentum prepediatur. Hee autem quatuor
virtutes, vite vegetative et nutritive deservientes, operantur suas acciones
10 per quatuor primas naturales qualitates. Attractiva namque attrahit per
calidum et siccum, et retentiva retinet per frigidum et siccum. Digestiva
quoque decoquit et digerit per calidum et humidum. Expulsiva vero eicit
per frigidum et humidum. Frigidum namque constringit, humidum
lubricat et mollit, calidum dilatat et decoquit et que unius nature sunt
15 congregat et segregat que extranee sunt nature, siccum vero suggit, sistit
et quietat. Item vis attractiva attrahit per villos longitudinales, et
retentiva retinet per villos latitudinales, et expulsiva expellit per villos
transversales; et hos villos potest quilibet visu discernere in fissionibus
arborum et eciam in coctis carnibus animalium.
20   4. Omnis autem vita vegetativa nutrit propter salutem individui et
esse sui in se. Aug – [213^{B}] – mentat autem propter sui perfeccionem in
magnitudine. Generat vero propter sui perpetuitatem in sua specie.
Germinant autem vegetabilia ordine et modo supra descripto a beato
Basilio. Insuper quoque, ut idem Basilius ait: "Quorum terrenascencium
25 vertices sunt excelsi, radices multiplices et profundiores habentur,
icciroque diffuse, quas velud fundamina quedam natura subiecit, quibus
moles superposita valeat sustentari." Nec sufficit mens aliqua aut alicuius
facundia rimari aut comprehendere aut effari, "quomodo unus idemque
humor per arbustorum radices attractus, in officia numerosa dispergitur,
30 aliter ipsam radicem nutriens, aliter corticem, aliter truncum, et aliter
medullam; et quomodo nunc folium fit, nunc in palmites ramosque
formatur, et fructibus prebet alimenta crescendi. Ex ipso enim humore
vitis quidem vinum generat, olea oleum, et hic quidem dulcis, ibi pinguis

2 degestiva *corr. ex* degesti *B**   2 retenti *add. i.m. B**   4 uniente] vivente *R;*
veniente *Q;* unientem *H*   12 digerit] derigit *Q*   17 retentiva . . . latitudinales *om.*
R   17 latitudinales] longitudinales *H*   23 descripto] dicto *P*   26 natura] suscepit vel
add. P   32 alimenta] essendi vel *add. P*

8 Cf. Alfredi Anglici *De motu cordis,* XIII, 3 (ed. Baeumker, p. 64) et Siegfried Wenzel,
"Robert Grosseteste's Treatise on Confession, 'Deus Est'," *Franciscan Studies,* XXX
(1970), 262   23-24 Cf. Bas. *Hex.,* V, 3, 2-6 (ed. cit., pp. 58-59) ut cit., supra IV,
xviii,1   24 *Hex.,* V, 7, 2 (ed. cit., p. 64)   28 *Hex.,* V, *8, 6-8 (pp. 66-67)*

efficitur. Et in ipsis fructibus multiplex ad modum saporis mutacio demonstratur. Lacrimas eciam quasdam per ramos eadem humoris fundit materia, quarum quanta sit inter se differencia pulcritudinis et utilitatis nullus poterit explicare. Hinc enim lacrima cinnami, hinc succus balsami, hinc eciam species electri in morem lapidis obdurati." Hinc resine varie, 5
quarum quot differencie tot medicine.

5. Omnes autem plante non sentiente sed vitali motu appetunt quo feracius sint uberiusque fructuose, repelluntque contrarium. Crescunt quoque melius ex inbibicione aque pluvialis quam fluminum aut fontium, et accipiunt cibum a terra factum completum per radices suas. Et propter 10
hoc non est in arboribus grossa et manifesta superfluitas, quoniam terra et calor qui est in ea faciunt in eis quod faciunt in animalibus ventres. Sunt quoque plante paucorum membrorum organicorum, quoniam natura earum est fixa; et quando operaciones fuerint pauce, erunt eciam organa pauca. Plantarum autem operacio non est nisi exitus fructus et seminis. 15
Plurime autem plante, postquam abscinduntur, sunt perfecte nature, et propter hoc exeunt ex una arbore multe arbores. Est quoque maior virtus earum inferius, et pars inferior stipitis maior superiori, excepta palma. Habet enim palma quo a cuntis arborum generibus differt. Omnis namque arbor in suo robore iuxta terram vasta subsistit, sed crescendo 20
superius angusṭatur; et quanto paulisper sullimior, tanto in altum subtilior redditur. Palma vero minoris amplitudinis ab ymis inchoat et iuxta ramos ac fructus ampliori robore exurgit; et que tenuis ab ymis proficit, vastior ad summa succrescit. Sterilescunt autem arbores propter multitudinem cibi, et corrumpuntur earum fructus et diminuuntur; et 25
arbores que multum faciunt fructum, desiccantur cito; et in quibus est humor pinguis, non fluunt earum folia, et diminucio humoris calidi et pinguis facit fluxum foliorum.

6. Radix autem plante mediatrix est inter plantam et cibum. Et ideo vocant eam Greci radicem et causam vite plantarum, quia ipsa causam 30
vite plantis adducit. *Riza* enim grece, radix dicitur latine; et derivatur a *rio,* quod est fluo, et *zoe,* quod est vita, quasi 'vitam influens.'

---

4 cinnami] cinnamomi *P*   7 plante *om. P*   10 a terra factum completum] suum completum a terra *P*   10 factum] suum *R*   10 completum] accepit *add. Q*   11 grossa] gressa *R*   14 operaciones] appariciones *RH*   20 subsistit] consistit *RH*   21 sullimior] sublimior *P*   22 redditur] reddit *R*   22 inchoat *corr. ex* incholat *B**   23 exurgit] exurgere *R*   24 arbores *add. i.m. B**   29 plantam] palmam *R*   31 plantis] plantarum *RH*

---

31 Cf. Grosseteste *Sermo: Egredietur virga de radice Jesse* (vide Thomson, *Writings,* p. 166). Etymologia quam proponit Grosseteste differt ab Isidoro; congruit autem ei quae habetur apud *Etymologion magnum,* ed. Fridericus Sylburgius (Lipsiae, 1816)

7. Arbores quoque silvestres [213^C] magis fructificant quam
hortenses, sed fructus hortensium meliores sunt quam silvestrium. Est
quoque arborum melior insicio similium in similia proporcionalia; et non
provenit faciliter de semine malo planta bona; nec ex bono semine arbor
5 mala; cum hec econverso in animali multociens contingant. Arbor eciam
durum corticem habens sterilis effecta, si findatur radix eius et fissure illi
lapis inmittatur, rursus fiet fertilis. Habent eciam arbores sexus
distinctionem; et est masculus spissior, durior, minus humorosus, et
fructus eius brevior. Arbusta quoque que tardius crescunt, annos
10 perdurant plurimos; et que in temporis brevitate proficiunt, celerius
arescunt; et quasi cum festinant esse, tendunt ad non-esse; et in altum
arbor crescere cogitur, que per ramos diffundi prohibetur.

8. Specialis autem usus et finis vegetabilium est, quod ipsa sunt in se
vel in suis seminibus et fructibus esca sensibilium. Unde est illud: *Ecce*
15 *dedi vobis omnem herbam afferentem semen et universa ligna ut sint vobis*
in escam et cuntis animantibus terre. Nec fuissent homini in alium usum
necessitatis huius vite preter quam in escam nisi peccasset homo. Nunc
autem, eidem corrupto per peccatum preter hunc usum, sunt ei in usum
medicine, et plura in usum indumentorum, ut linum et alia huiusmodi de
20 quibus texitur indumentum. Et solidiora terrenascencium sunt ei in usum
edificiorum, et municionum, et instrumentorum tam bellicorum quam
variarum arcium mecanicarum. Sunt quoque ei in usum vehiculorum, ut
pontium et navium.

2 hortenses] ortenses *B*   2 hortensium] ortensium *B*   3 insicio] incisio *RCP;* viscisio
H   5 contingant] contingat *P*   6 findatur] fundatur *P*   7 inmittatur] mutatur
Q   12 prohibetur] perhibetur *P*   13 usus] est *add. P*   17 nisi] nec *R*   19 linum]
lumen *RQH*   20 terrenascencium] terrenascencia *R*

Haec figura respicit ad p. 127. Cap. V. 1. (B fol. 208 i.m.; Q fol. 54 i.m.)

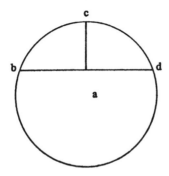

PARTICULA QUINTA

Cap. I, 1. *Fiant luminaria in firmamento celi et dividant diem et noctem.* Quarto die refulgent luminaria in firmamento celi, pulcherrima omnium corporum huius sensibilis mundi. Et forte propter eminentiam
5 pulcritudinis eorum inter corporalia, medio loco in ordine condicionis collocantur. In septenario namque dierum ad mundi condicionem pertinencium, quartus dies quo luminaria sunt condita medium optinet locum, quaternarius enim in ordine parcium septenarii medius est. Congruit autem pulcritudini disposicionis ut rebus dispositis secundum
10 numerum imparem, primum concinnat ultimo, et secundum penultimo, et tercium ante penultimo; et sic deinceps donec perveniatur ad singulare medium, quod respectu altrinsecus dispositorum habeat aliquod speciale prerogativum. Ad hunc modum videtur quod sit quedam pulcritudo disposicionis in rebus conditis, annumerato septimo die quietis. Licet
15 enim quies qua requievit Deus ab omnibus operibus suis non sit aliquod operum eius, potest tamen cum operibus a quibus dicitur facta quies recipere numeracionem et disposicionem conferentem universitati decentem pulcritudinem.

2. Lux igitur primo die facta, et principium operum Dei et decor
20 creaturarum, confertur quieti qua requievit Deus die septimo ab operibus faciendis. Et si lux primo die condita sit mens angelica in Deum conversa, est evidenter lucis et quietis convenientissima coaptacio, quia lux mentis angelice in Dei eternitate que est ipsa quies, quietissime perstat, et interminabiliter; et in mente racionali quie – [213^D] – tata in fruicione Dei
25 est finalis quies omnium rerum conditarum. Firmamentum vero secundo die factum confertur animalibus et homini sexto die factis. Sicut enim firmamentum est rerum corporalium quedam continencia et clausio sub magnitudinis sue ambitu, sic homo est rerum mundanarum continencia et clausio sub potestatis sue dominio; dictum est namque ei ut presit
30 universe creature. Terre nascencia autem tercio die producta de terra ab aquis desiccata conferuntur progenitis quinto die de aquis. Quod enim summam habet vitam in vegetabilibus et minimam vitam in aquatilibus fere unum sunt. Aquatilia enim petris adherencia fixa sunt, ut plante, et media quedam inter plantas et animalia. Quapropter congrueret ut
35 plantarum et aquatilium esset coniuncta condicio, nisi ad ornatum universitatis interponeretur medium habens specialis decoris privilegium. Quod si dicat aliquis ea que adinvicem contulimus non

---

7 condita *corr. ex* condite B^* 21 condita] facta Q;facta vel condita P 28 homo *corr. i.m. ex* habere B^* 31 de]in Q 31 aquis] creata *add. Q*

---

30 Cf. Gen. I:26

correspondere sibi secundum paritatem et ita non observari pulcritudinis
ordinem, respondemus ei saltem in hoc ordine pulcritudinis observari,
quod sicut primus ternarius descendit a maximo in suo ordine per
medium ad ymum, sic secundus ternarius ascendit ab ymo in suo ordine
5 per medium ad summum, descenditur enim a luce per firmamentum ad
formacionem elementorum cum terre nascentibus, et ascenditur ab
aquatilibus per animalia et hominem ad Dei quietem a suis operibus. Est
igitur correspondencia pulcra per descensionem utrumque ab extremis ad
medium et per ascensionem utrumque a medio ad extrema, interposito
10 medio forme luculencioris.

3. Potest autem et aliter racio ordinis assignari, videlicet ut
secundum ordinem primorum corporum huius mundi, fiant eorundem
corporum ornamenta; primum enim post lucem factum est
firmamentum, deinde aqua congregata, ut sic tandem appareret arida,
15 cuius aride condicioni coniuncta est condicio sibi radicitus affixorum. Hiis
igitur hoc ordine conditis, correspondenti ordine prius ornandum erat
firmamentum luminaribus ad quod pertinet ignis ethereus. Deinde
ornanda erant elementa aeris et aque avibus et piscibus de aqua
productis. Tercio vero ornanda erat terra animalibus, ut induceretur
20 homo in mundi habitaculum perfectum et ornatum. Sunt forte et
forciores raciones huius ordinis. Si enim ex celorum luminibus germinant
terre nascencia et ex luminibus luminarium habent causas et raciones
seminales animalia, manifestum est quod dictum ordinem servari
oportuit in rerum condicione, quemadmodum supra insinuavimus.

25   Cap. II, 1. Est autem in hoc loco firmum argumentum contra
quosdam philosophos qui dicunt et probare nituntur luminaria esse
eiusdem condicionis cum firmamento et singulum luminarium esse unius
et eiusdem creacionis et eiusdem nature cum celo in quo est ipsum
luminare. Si enim esset, ut ipsi dicunt, condicio luminarium, pertineret
30 ad secundum diem quo conditum est firmamentum multo forcius quam
condicio terre nascencium, que sunt alterius nature quam terra, pertinet
ad opus tercie diei quo condita est terra. Non igitur sunt luminaria unius
et eiusdem creacionis cum celis in quibus sunt, sed sunt alterius creacionis
ornatus firmamenti, sicut ornatus aque natatilia, [214^{A}] et terre animalia.

---

2 ordine] ordinem P   4 ymum] minimum RH; unum P   13 factum corr. ex factam
B*   21 luminibus corr. i.m. ex lu B*   25 quod luminaria non sunt eiusdem condicionis
cum firmamento i.m. B*

25 Cf. Grosseteste De generatione stellarum (ed. Baur, pp. 32-36)   25-29 Cf.
Grosseteste Comm. in Phys., III (ed. cit., p. 65)

Cap. III, 1. Posita sunt autem in firmamento, hoc est intra corpus ipsius firmamenti, si nomine firmamenti intelligatur totum corpus quod est a sublunari globo usque ad aquas superiores, sic enim dictum firmamentum comprehendit omnes celos in quibus sunt luminaria. Si autem firmamentum dicatur sola spera applanes et anastros, illa scilicet 5 que creditur esse superior eciam stellis fixis, tunc luminaria posita sunt in firmamento, id est subtus firmamentum, et in ipso secundum apparenciam in visu et secundum consecutionem motus. Consequuntur enim omnia luminaria motum illius supreme spere que est ab oriente in occidentem. Verisimilius tamen est quod nomine firmamenti intelligatur 10 totum corpus ab infimo spere lune usque ad supremum illius spere que, superioribus aquis contigua, primum habet motum circularem.

Cap. IV, 1. In firmamento itaque celi verbo precipientis facta sunt luminaria. Sed unde facta sint, ex verbis Scripture non est perspicuum: utrum, videlicet, facta sint ex corpore firmamenti quod quidam putant 15 esse corpus quintum preter quatuor elementa; an sint facta ex quatuor elementis tali moderamine adinvicem conmixtis, quod ex eis facta luminarium corpora nec gravia sint nec levia, nec contrarietatis actuali pugna, necessario dissolubilia; an eciam facta sint ex illa luce primaria que secundum quosdam facta corporalis temporaliter peregit tres primos 20 dies; an ex aliquo alio, iussu Creatoris in esse prodierint.

Cap. V, 1. Preterea de luce luminarium varia videtur inter sacros expositores esse sentencia. Augustinus enim et alii quam plures expositores latini arbitrantur corpora luminarium et eorum luces unius esse nature et unius creacionis. Basilius vero et Iohannes Damascenus 25 arbitrantur corpora luminarium nunc quarto die facta esse vehicula prime lucis que primo die fuit condita, quemadmodum lucerna est vehiculum ignis.

2. Basilius namque exponens hanc literam Septuaginta: *Fiant luminaria in firmamento celi in lucem super terram ut dividant* et cetera, 30 vel ut alii transtulerunt a greco in latinum: *in splendorem,* vel *apparicionem super terram,* ait: "Animadverte quomodo Scriptura per naturam resonanter demonstravit quod voluit: pro 'illuminacione' enim apparicionem dixit, quod utique non repugnat his que de luce predicta sunt. Nam tunc quidem ipsa luminis natura introducta est; nunc autem 35

---

7 subtus] subditus *Q*   14 *Sign. conc. 'de sole' i.m. B*   17 *Sign. conc. 'de stellis' i.m.*
B *   26 corpora *om. P*   26, 35   *Sign. conc. 'de luce' i.m. B* *

---

6 Vide supra, III, viii, 3   14 Cf. Grosseteste *De generatione stellarum* (ed. Baur, pp. 32-36)   15-16 Arist.*De caelo*, I, 2 (268b)   22 Cf. Aug. *De Gen. ad litt.*, II, 15 et IV, 2 (*CSEL*, XXVIII.1, 57, 98)   Cf. R. Rufi *Comm. in Sent.*, II, d. 14 (MS cit., fol. 135^D)   25 Cf. R. Fishacre *Comm. in Sent.*, II, d. 14 (MS cit., fol. 108^D)   25 Damasc. *De fide orthod.*, XXI, 3 (ed. cit., p. 86)   32 Bas. *Hex.*, VI, 2, 8-9 (ed. cit., p. 72)

hoc solare corpus effectum est esse vehiculum illi primogenito lumini.
Sicut enim aliud est ignis et aliud lucerna, quorum aliud illustrandi vim
possidet, aliud ministrandi causa luminis, hiis qui eius indigent est
formatum; sic mundissime illi et sincerissime in materiali luci vehicula
5 nunc luminaria parata sunt." Iohannes quoque Damascenus, cum de
luminaribus loqueretur, sole videlicet, luna et stellis, concludens
subinfert: "Luminaribus igitur hiis primum creatum lumen Conditor
imposuit, non ut impotens eis dare aliud lumen apporians alio lumine, sed
ut non vacans illud remaneret lumen. Luminare enim est non ipsum
10 lumen, sed luminis receptaculum."

3. Affert autem Basilius sue assercionis probabilitatem, videlicet
quod aliud est lux et aliud subiectum eius. Unde cum nos possimus
racione et intellectu a suo subiecto lucem dividere, [214^B] multo fortius
Deus potest hoc abinvicem nutu suo secundum actum existendi separare
15 et post separacionem coniungere. Nec improbabile videbitur hoc si quis
attendat quod in rubo factum est quem vidit Moyses ardentem, et non
tamen comburebatur. Ibi enim secundum vocem Psalmiste: *Vox Domini
intercidebat flammam ignis.* Habebat enim ignis ille in rubo virtutem
operantem a claritate, ardendi autem virtutem habuit vacantem.
20 Quemadmodum et in retribucionibus delictorum racio quedam secrecior
docet nos percipiendam esse ignis extremi naturam quo mundus ante
iudicium comburetur, "cuius lux ad illuminandos deputabitur iustos.
Ardor autem ad concremandos proficiet peccatores." Adducit eciam
Basilius in argumentum divisibilitatis naturalis lucis a corporibus
25 luminarium, hoc quod videmus in passionibus lune, quomodo scilicet ipsa
in eadem corporis sui parte nunc lucet, nunc privatur lumine. Secundum
grecos itaque expositores, et secundum literam Septuaginta quam ipsi
exponunt, corpora luminarium facta sunt in prime lucis vehicula.

Cap. VI, 1. Ipsa autem corpora lucentia, sive luceant ex illa luce
30 primaria, sive ex luce in illis quarto die concreata, sicut sentiunt nostri
auctores, facta sunt ut dividant diem et noctem. Sed hec noctis et diei
divisio pluribus modis intelligi potest.

2. Luminaria enim inter se dividunt diem et noctem,
quemadmodum plures potentes inter se dividunt ea que recipiunt
35 separatim in segregatas potestates. Quemadmodum si duo potentes

---

6 *Sign. conc. 'de stellis' i.m. B*   21 extremi] extremam *RCHP*   28 in *add. i.m. B*
29 corpora] corporis *R*   30-31 *Sign. conc. 'de modo exponendi scripturam' i.m. B*

7 Damasc. *De fide orthod.,* XXI, 3 (ed. cit., pp. 85-86)   11 Bas. *Hex.,* VI, 3, 5 (ed. cit.,
p. 73)   16 Cf. Exod. III:2   17 Psalm. XXVIII:7   24 Bas. *Hex.,* VI, 3, 6 (ed. cit., p.
73)

unam aliquam regionem secundum diversas medietates in segregatas et proprias assumerent potestates, uno excercente potestatem in medietatem unam et reliquo in reliquam; sic, ut dicit Psalmista: *Fecit Deus luminaria magna, solem in potestatem diei, lunam et stellas in potestatem noctis.* Est enim sol super diem potestativus utpote qui sua 5 presencia diem efficit, et ineffabile prestat moderamen et iuvamentum motibus et actibus appropriatis diurno tempori. Basilius tamen dicit solem non esse diei effectorem, sed pocius moderatorem, quia lux primo condita ante solem fecerat diem, et delata a sole, diei perstat effectrix propria. Luna vero et stelle, licet noctem non efficiant, prestant tamen 10 moderamen et iuvamentum quam plurimum motibus et actibus nocturno tempori proprie deputatis. Item sol quasi in suam recepit sortem mensuraciones diurnorum spaciorum, luna vero et stelle nocturnorum.

3. Plures autem qui res varias in sortes suas et quasi cuniculorum distribuciones recipiunt, easdem res dividere dicuntur, sicut filii Israel 15 terram Promissionis diviserunt. Item sol dividit utrumque, diem videlicet et noctem, huic prestans luminis beneficium, illi vero luminis beneficium non subministrans. Dicitur enim quis duo aliqua dividere et secernere, cum uni prestat beneficium quod alii subtrahit; ea enim velud in retribucione distinguit. Similiter luna et stelle diem et noctem dividunt, 20 quia nocti prestant luminis beneficium, quod nequaquam diei subministrant.

4. Specialiter autem sol dividit diem et noctem, quia presencia sui luminis facit diem, et proiciens umbram terre in opposita parte facit noctem. Item sol motu suo et sitibus variis dividit et distinguit diem per 25 signatas [214^C] medietates et quartas et horas et horarum momenta. Luna vero et stelle consimiliter dividunt noctem. Nec consuevimus dicere alios modos divisionum quibus plures plura dividunt, nisi hos pretractos cum unum scilicet uni, et alterum alteri tribuitur; vel cum uterque eorum qui dicitur dividere, utrumque eorum que dicuntur dividi, secernit a reliquo; 30 vel cum unus partitur per porciones unum, et reliquos reliquum. Facta sunt igitur luminaria ut istis modis dividant diem et noctem.

5. Augustinus autem dicit ideo facta esse luminaria ut terram et habitatores eius illuminent, ne inducerentur in tenebrosam

---

5 potestativus] potestatem habens *R;* potestatus *H*   5 utpote] ut puta *H*   7 diurno] diuterno *P*   10 *Sign. conc. 'de luce' i.m. B**   11 moderamen] moderatorem *P*   14 cuniculorum] funiculorum *P*   24 et *add. i.m. B**   24 opposita parte] oppositam partem *RCHP*   31 cum unus *add. i.m. B**   32 diem *corr. ex* idem *et clarius scr. i.m. B**
34 ne] ut *R*

---

3 Psalm. CXXXV:7-9   7 Cf. Bas. *Hex.,* VI, 3, 9-10 (ed. cit., p. 73)   33 Aug. *De Gen. ad litt.,* II, 13 (*CSEL*, XXVIII.1, 53)

habitacionem. Dies autem, ut dictum est, est presencia luminis solis super terram, et, secundum Augustinum, dies factus est propter vigiliam et propter motus et acciones vigilie convenientes. Nox vero est umbra terre proiecta circumfulgente solis lumine, et facta est propter sompnum et
5 quietem et reparacionem corporum lassatorum diurnis operibus ad iteratum usum laboris. Unde et nox diei servit, sicut sompnus vigilie et sicut resumpcio vigoris per quietem deservit accioni.

     Cap. VII, 1. Sequitur: *Et sint in signa.* Secundum Augustinum *Ad Ianuarium,* luminaria quoque facta sunt in signa quadruplicia. Sunt enim
10 in signa qualitatum aeris, quod eciam ipse Dominus manifestat cum dicit: *Facto vespere dicitis: Serenum erit, rubicundum est enim celum. Et mane: Hodie erit tempestas, rutilat enim triste celum. Faciem ergo celi diiudicare nostis.* Ex sitibus igitur luminarium et ex ortu et occasu eorum et ex visibilibus impressionibus quas faciunt in superioribus, certa possunt
15 sumi signa qualitatum aeris, ventorum et pluviarum, grandinum, nivium et tonitruorum, tempestatis quoque et serenitatis. Sunt eciam luminaria in signa viarum, tam nautis per mare quam viatoribus per arenas et vastas solitudines. Ad luminaria enim aspicientes, iter suum directe dirigunt usque ad destinatum locum conferentes situm loci quo tendunt in terra ad
20 situs et vias luminarium in celo. Sunt quoque luminaria signa distinctionis et numeracionis determinatarum mensurarum temporis. Sunt eciam in signa spiritualium similitudinum, sed hoc quartum genus existendi in signum quod insinuat Augustinus, quasi speciale celi luminaribus, commune est creaturis omnibus. Ut enim ipse Augustinus testatur, ex
25 omni creatura est per aliquam similitudinem significacio mistica trahenda. Sed forte istud quadam speciali prerogativa inter corporalia assignatur celi luminaribus, quia in hiis est signacio spiritalium maior et evidentior et in Scriptura celebrior quam in ceteris corporalibus. Sunt eciam quinto modo luminaria in signum consummacionis seculi. Unde
30 ipse Dominus, requirentibus discipulis signum adventus eius in maiestate, inter cetera signa hoc connumeravit, dicens: *Erunt signa in sole et luna et stellis.* Ioel quoque propheta ait: *Sol convertetur in tenebras et luna in sanguinem antequam veniat dies Domini, magnus et horribilis.*

---

8 *Sign. conc. 'de modo exponendi scripuram' i.m. B**   9 quoque facta *om. BQ:* quoque *om. P*   20 distinctionis *corr. ex* destinacionis *B**; descipcionis *R;* distruccionis *C;* discripcionis *H;* distincciones et numeraciones *P*

---

8 Aug. *Ad inquisitiones Ianuarii,* II, 6-8 = Epist. LV, 11-14 (*CSEL*, XXXIV.2, 181-186)   Cf. R. Fishacre *Comm. in Sent.,* II, d. 8 (MS cit., fol. 94[C]) et d. 14 (fol. 109[B-C]); et R. Rufi *Comm. in Sent.,* II, d. 14 (MS cit., fol. 136[A-C])   11 Matth. XVI:2-4   21-28 Cf. Grosseteste *De operat. solis* (ed. McEvoy, p. 56)   24 Cf. Aug. *Ad inquisitiones Ianuarii,* II, 6 = Epist. LV, II (*CSEL*, XXXIV.2, 181)   31 Luc. XXI:25   32 Joel. II:31

Et Marcus ait: *Sol contenebrabitur et luna non dabit splendorem suum et stelle celi erunt decidentes.* In hec igitur V signorum genera facta sunt celi luminaria.

Cap. VIII, 1. Et propter hec omnes artifices quorum opera proficiunt, aut detrimentum paciuntur per aeris qualitates, aut per 5 temporum mutaciones a luminaribus signa con– [214^D] –siderant et recipiunt. Unde Basilius ait: "Necessarias igitur humane vite, sicut longior usus docet, signorum notaciones et observaciones invenies, si tamen non amplius eas quam oportet inquiras. Multa enim super futuris ymbribus possumus dicere; plurima quoque de vaporibus terrarum, 10 motibusque ventorum, seu per partes veniencium, seu generaliter ubique spirancium, et utrum violenter, an placide sint venturi. Unum itaque ex demonstracionibus habetur solum, quod ostendit Dominus, dicens futuram tempestatem cum celum ceperit igneo rubore tristari. Nebulis enim subeuntibus, obfuscati radii rutilo sanguineoque colore cernuntur, 15 aeris videlicet densitate talem speciem nostris obtutibus exhibente, qui necdum vi valoris expressus, propter exalantes subinde vapores, et augmentis aquarum magis magisque crassatus, certissimam tempestatem regionibus in quibus fuerit glomeratus intentat. Similiter eciam fit quando habetur luna circumflua, vel cum solem circumdederit area que 20 vocatur, nimirum aquarum multitudinem, aut ventorum fremitus futuros annuntiat, vel cum visi circa eum fuerint discurrentes, hii qui soles contrarii nominantur; profecto casus aliquos etherei tractus iminere portendunt. Sicut et virge ille que in iridis colore sub matutinis nubibus ostenduntur, vehementes pluvias et procellas, aut omnino aliquam 25 perturbacionem celi significant. Plurima eciam indicia crescente vel senescente luna, qui huic sciencie studerunt notasse dicuntur; asserentes quod aer terre proximus, necessario pro lune scematibus qualitatibusque vertatur. Nam cum fuerit tercia, si gracilis et minime cornibus obtunsis appareat, serenitatem stabilem firmamque declarat. Sin autem 30 rubicunda pinguisque cornibus habeatur, hymbres nimios australemque violenciam minitatur. Horum igitur observacio quantum commoditatis impendat hominibus, quis ignoret? Possunt enim navigaturi intra portum retinere classem, futura pericula previdentes. Viator item cautus effectus ex celi tristicia, tranquillitatis tempus expectat. Agricultores quoque 35 seminibus et plantis sollicitam diligentiam commodantes, ex memoratis

---

5 detrimentum] decrementum *Q*   30 *Sign. conc. 'de luna' i.m. B**

1 Marc. XIII:24   7 Bas. *Hex.,* VI, 4, 2-20 (ed. cit., pp. 74-75)   13 Cf. Matth. XVI:3

instructi signis oportunitatem congruam prestolantur. Siquidem
solucionis rerum eciam omnium in sole lunaque et stellis, visenda
prodigia Dominus predicavit dicens: *Sol vertetur in sanguinem, et luna*
non dabit lucem suam." Hec igitur signa licita sunt ad considerandum,
5 quia soliditatem habent veritatis. Alia autem signa plena inanitatis et
falsitatis, que fingunt matematici in luminaribus consistere, profanum est
considerare; et si non esset profanum, esset tamen infructuosum et
vanum.

Cap. IX, 1. Ponamus enim quod constellaciones habeant effectum
10 et significacionem super opera liberi arbitrii et super eventus qui dicuntur
fortuiti et super mores hominum, non esset tamen possibile aliquem
mathematicum de hiis rebus iudicare. Fiunt enim iudicia astrorum per
situm celi et loca signata siderum et aspectus eorum adinvicem et partes
planetarum et domos et exaltaciones et cetera esse vix dinumerabilia,
15 omnibus collatis adinvicem; et ad signatum locum [215^A] in terra, in
momento signato questionis facte super actu aut eventu futuro, vel in
momento nativitatis pueri vel in momento revolucionis anni. Sed
impossibile est ista per artem astronomicam et instrumenta astronomica
ita certe sumere et istorum minucias sic secernere, ut possit astrologus
20 dicere de duobus natis in eadem domo, vel eciam in eadem civitate in uno
et eodem hore momento, vel eciam in duabus momentis sese propinque
sequentibus, duarum constellacionum eorumdem natorum diversitatem
et differenciam. Et hoc valde manifestum est eis qui motus astrorum et
quantum possint astronomi per instrumenta astronomica certius
25 noverunt. Non enim possunt quantumcumque periti in arte astronomica
et quantumcumque experti et expediti in operacionibus artis assignare
duobus sic natis in signo vel gradu ascendente unius minuti, vel eciam
secundi vel tercii, differenciam. Similiter nec in locis siderum nec in aliis
innumeris que ipsi dicunt necessaria esse ad certitudinem iudiciorum.
30 Propterea non poterunt duobus taliter natis differentes eventus aut
naturas aut actus voluntarios iudicando distribuere, ut dicant iste talis et
talis erit, verbi gracia, castus, prudens, fortis, dives; ille vero luxuriosus,
stultus, debilis, deformis et pauper; cum tamen hec diversitas morum in
eisdem natis frequenter sit futura. Similiter non poterunt duobus in

---

4 licita] lucida *P*   5 contra iudicia astrorum *i.m. B**   9 quod non potest iudicari de
duobus natis in ci(vitate) *i.m. a.m. B*   13 quod stelle non sunt cause rerum nec liberi
arbitrii *i.m. tertius manus B*   16 questionis] quovis *Q*   24 possint] possunt *P*   27
natis *add. i.m. B**   29 iudiciorum] iudicorum *P*   30 taliter *om. P*

3-4 Cf. Ezech. XXXII:7; Joel. II:31; Act. II:20   5 Cf. supra, Prooemium, 117 et Dales,
"Grosseteste's Views on Astrology," pp. 357-363

eadem civitate eodem hore momento super eadem re querentibus diversa per iudicii certitudinem pronunciare, cum tamen diversus eisdem multumque dissimilis accidet eventus. Indifferentem enim habebunt ambo sic querentes questionis constellacionem, quantum attinet ad scienciam et investigacionem iudici astrorum quantum vis perito et 5 expedito possibilem, licet tamen secundum veritatem multum differens sit signorum et stellarum situs, et esse celi respectu duorum quantum vis propinquorum et parvorum momentorum, et in eodem eciam indivisibili momento, respectu duorum quantumlibet propinquorum locorum.

2. Non est eciam adhuc tanta certitudo inventa in motibus siderum, 10 quod possit ab astronomo veraciter sciri in quo indivisibili momento respectu alicuius signati loci sit secundum veritatem anni revolucio; neque sciuntur adhuc secundum veritatem loca planetarum in signato momento; quod manifestum est hiis qui multum excercitati sunt in consideracionibus et tabulis astronomicis. Quapropter cum dependeret 15 certitudo iudiciorum si haberent stelle efficienciam et signacionem super singulares actus liberi arbitrii et singulares eventus fortuitos ex certis locis et certis aspectibus et ceteris esse certis siderum in certis et signatis momentis respectu certorum et signatorum locorum, manifestum est quod non est astronomo possibile iudicare et pronunciare per 20 constellaciones de singularibus fortuitis eventus, aut nati moribus aut eciam naturalibus complexionibus. Iacob enim et Esau sicut multam habebant in moribus differenciam, sic constat quod et in naturalibus complexionibus cum unus esset levis, et alter pilosus. Contra huiusmodi inanem conatum iudicum, plenius disputat Augustinus in libro V De 25 civitate Dei, ex qua disputa– [215^B] –cione manifestum est quod eciam si singulares hominum eventus acciderent penitus ex constellacionibus, esset tamen omnis assercio iudicum matematicorum super huiusmodi incerta et temeraria.

Cap. X, 1. Nec est verum nec nisi disputacionis gracia concedendum 30 quod stelle habeant effectum super liberum arbitrium vel super mores et actus voluntarios hominum. Liberum enim arbitrium mentis racionalis in ordine rerum naturali nulli subicitur nisi soli Deo, sed omnibus corporalibus creaturis prelatum est. Unde cum agens nobilius sit paciente, non potest corporalis natura in arbitrii libertatem per suam 35 accionem passiones inprimere, esset enim natura corporalis libertate

---

4 questionis] quovis Q   14 momento] secundum veritatem add. P   20 est add. i.m.
B*   21 eventus] eventibus P   23 constat] constant R   28 assercio] affectus Q   33
nulli] insuper add. RH; superbire H

---

22 Cf. Gen. XXV:24 seqq.   25-26 Aug. De civ. Dei, V, 3-9 (CSEL, XL.1, 213-228)

arbitrii nobilior et superior si eidem passiones imprimeret. Qui igitur
ponunt astris efficienciam in liberum arbitrium, naturam anime racionalis
et dignitatem humane condicionis subiciunt nature corporali; et inimici
sunt humane nature, cum eam subiciant sibi naturaliter subiecto
5 auferantque ei esse ymaginem Dei. Ymago enim est summa et
propinquissima similitudo. Blasfemi quoque sunt in Deum, quia
detrahunt Deo suam dignitatem, cum mentem racionalem, quam
concedunt esse Dei ymaginem, ponant corporibus inferiorem. Si enim
corpus vel aliquid vilius corpore esset Dei ymago et summa similitudo,
10 non esset Deus hoc quod ipse est sed aliquid minus quam est, et ita non
esset Deus.

    2. Sed forte aliqui matematici dicent quod stelle habent spiritus
incorporeos viventes et racionales, et per spiritus suos agunt in spiritus
hominum et per corpora sua in corpora hominum. Sed hec eorum diccio
15 omnino vana est, quia eciam si concederemus eis hoc quod ipsi temerarie
asserunt, nullo tamen modo verum esset quod spiritus stelle superior
esset natura spiritu hominis, cum homo secundum spiritum suum sit
Trinitatis ymago. Convincit quoque eos Scripture auctoritas que in
Deuteronomio dicit: *Solem et lunam et omnia sidera creata a Deo in*
20 *ministerium cuntis gentibus que sub celo sunt.* Si enim creata sunt in
ministerium homini, magis naturale est quod ipsa agantur et imperentur
et recipiant ab homine quam econtra agant vel imperent vel imprimant
homini. Quod declaravit Iosue, ad cuius imperium sol stetit. Preterea
natura libertatis arbitrii est quod ipsa est in sui ipsius potestate potens
25 sponte proficere, adiutrice sola divina gracia. A nullo autem cogi potest
in defectum.

    3. Sed forte adhuc dicent huiusmodi vanitatis professores quod
sidera faciunt in corporibus humanis multas et manifestas impressiones,
et paciente corpore necesse est animam compati. Corpus enim, ut dicunt
30 medici, sequitur animam in accionibus anime, et anima sequitur corpus in
passionibus corporis. Hoc est, cum patitur corpus, ipsa compatitur, non
quia corpus agat in ipsam, sed quia ipsamet movet se ipsam
comproporcionaliter motibus corporis cui unitur; quemadmodum moto
speculo super quod reflectitur radius solis, commovetur et reflexus

2 liberum arbitrium] liberi arbitrii *P*   3 nature] creature *R*   8 corporibus]
inferioribus *add. RHP*   9 corpus] corporis *P*   10 quam] ipse *add. P*   12 forte *om.*
P   21 ipsa]ipsi *R*   21 imperentur]imperantur *RCH*   22 econtra]econverso *P*   24
sui] sua *P*   30 anime *om. P*   34 et] eciam *P*

5-6 Cf. infra, VIII, i, 1-2 et Muckle, "The Hexameron of Robert Grosseteste," pp.
151-153   19 Deut. IV:19   29-31 Fortasse conferendum est Joannis Scoti *De divisione*
naturae, V, 35 (*PL*, CXXII, 957C)   29-33 Cf. Grosseteste *De artibus liberalibus* (ed.
Baur, p. 5)   32-33 Cf. Grosseteste *De lineis* (ed. Baur, pp. 62-63)

radius, non quia speculum moveat radium, sed quia radius per naturam propriam generat se in directum et continuum vel ad angulum equalem angulo incidenti super politum obstaculum. Quia igitur sidera immutant corpora, et mutatis corporibus compaciuntur et anime, dicent huiusmodi astrologi quod ad [215^C] scienciam iudiciorum pertineat iudicare et 5 pronunciare de omnibus motibus et passionibus anime, quas habet ex compassione cum suo corpore.

4. Sed eciam istis dicendum est, quod corpus humanum velud duobus subiacet motoribus. Recipit enim multas passiones et impressiones a sideribus, et recipit eciam motus et impressiones ab anime 10 proprie accionibus. Et cum anima secundum vim racionabilem subiecta est Deo, potens est secundum eandem vim imperare virtutibus inferioribus, et potencior est in afficiendo corpus proprium quam sint corpora celestia. Unde quantumcumque moveat saturnus vel mars corpus, sive hic sanguinem constringendo sive ille sanguinem accendendo 15 ut proveniat tristicia vel ira in anima, plus potest racio bene ordinata in contrarium operando ut sit in anima gaudium et mansuetudo, et per hoc nulla aut parva et imminuta sit in sanguine et corporeis spiritibus ab accione saturni vel martis constrictio vel inflammacio. Plus enim potest vera animi mansuetudo in temperanciam et quietacionem sanguinis et 20 spirituum quam possit aliqua vis marcialis in eorundem perturbacionem; et plus potest verum gaudium in dilatacionem sanguinis et spirituum quam possit saturnus in eorum constrictionem. Quod facile patere potest ex contrario quia videmus quod tristica vel ira mentis plus et magis subito immutat et constringit vel perturbat et inflammat sanguinem et spiritus 25 quam faciat aliqua siderum vel aeris vel alterius corporis continentis accio. Quapropter cum non cadat sub astronomicum iudicium mens racionalis bene ordinata, nec cadet sub idem iudicium animus secundum inferiorum potenciarum passiones vel actus; nec eciam corpus secundum affecciones corporales que possunt communiter et ex stellis et ex anime 30 imprimi accionibus.

5. Quod si dicat aliquis quod mali homines qui sequuntur libidines et passiones carnales subiacent iudicio astrorum, dicendum est ei quod qui nunc malus est, subito potest fieri bonus. Nec hoc predicere est in astronomi potestate, cum hominis conversio sit per operacionem divine 35 gracie.

---

3 politum] positum *RH*   3 Quia] Cum *P*   4 dicent] dicunt *P*   5 iudiciorum]
iudicorum *B*   11 racionabilem] racionalem *RCH*   17 contrarium] contra *BQP*   23
saturnus] saturnis *B*   27 astronomicum iudicium] astronomico iudicio *H*   28 idem
iudicium] eodem iudicio *RHP*

---

8 Cf. R. Fishacre *Comm. in Sent.*, II, d. 24 (MS cit., fol. 130^C)

6. Preterea contra disposiciones quas imprimunt sidera, possunt contra operari fortius medicine consuetudines et studia.

7. Preterea valde ridicula sunt quedam ex quibus astrologi quidam eventus et effigies natorum conantur predicere. Ut enim ait Basilius:
5 "Declarat illum crispo capillo futurum et alacrem; quoniam in ariete posita est eius hora, talis enim est species eius animalis; eritque magne potencie, quoniam est principalis aries. Presidalem quoque futurum et questuosum, quoniam pecus istud sine molestia depositam lanam facile resumit ministrante natura. Qui autem sub tauro creatus est, tirannicus
10 erit et laboriosus, idemque servilis, taurus enim iugo submittere colla consuevit. Qui vero signo scorpii nascitur, vulnificus habebitur, utpote similis illi. Qui autem sub hora libre fuerit editus, iustus efficitur, propter equitatem que servatur in trutina. Quid hiis risibilius fieri poterit? Aries igitur, ex quo genesim mutuaris hominibus, duodecima pars habetur celi,
15 in quo si sol constiterit, etherea signa contingit. Libra quoque vel taurus duodecima est porcio signiferi circuli.Quomodo igitur principales inde causas asserendo vite mortalium, de terrenis pecudibus nascencium formas mentes, et dicis munificum hominem arietinum, [215^{D}] forte non quia morum eiusmodi pars illa perfectrix est, sed quia natura talis est
20 ovis? Hortaris ergo ex prelata dignitate stellarum, aut pocius suadere conaris, per hostias mutas accomodare tibi consensum. Quod si de animalibus assumptas morum proprietates habet populus, ipse quoque subiacet necessitatibus asserciones afferre, que nichil nobiscum videntur habere commune. Verum hec illorum argumenta similia sunt cassibus
25 aranearum, in quibus si culex aut musca consederit, tenetur innexa. Cum autem de fortioribus aliquid inciderit, ipsum quidem mox penetrat, textus autem perrumpit invalidos."

8. Ad hoc, si stelle vel natura vel voluntate ad malum cogunt, vel malum persuadeant, male sunt. Et si natura male sunt, conditor eorum
30 Deus malus esse convincitur, quod blasfemum est dicere. Si vero voluntate male sunt, est in celestibus peccatum et error. Item si valeret constellacio, sicut fingunt astronomi, periret, ut supra dictum est, libertas arbitrii; similiter cassa esset providencia et negociacio, et infructuosa pietas et religio christiana, et ad Deum facta omnino. Nullorum quoque
35 actuum essemus Domini nec prodesset aliquid prudencia consilii. Hec autem et huiusmodi non posse stare cum astronomicis iudiciis vel cum fatalibus constellacionibus evidenter ostendunt non solum auctores et

---

2 operari] opera Q   29 male^{2}] mali P

---

5 Bas. *Hex.*, VI, 6, 1-6 (ed. cit., pp. 77-78)

expositores Scripture sacre, sed eciam quamplurimi gentium philosophi, quorum demonstraciones hic interserere omittimus, ne lectorem multa prolixitate gravemus.

Cap. XI, 1. Hec tamen in calce volumus admonere, quod huiusmodi iudices seducti sunt et seductores, et eorum doctrina impia est et profana, 5 diabolo dictante conscripta. Ideoque et libri eorum comburendi; et non solum isti, sed eciam qui consulunt tales sunt perditi. Unde Augustinus, super Psalmum nonagessimum primum: "Forte quidem tunc videntur christiani, quando nichil mali paciuntur domus eorum; quando aliqua ibi tribulacio est, currunt ad phitonem, aut sortilegum, aut matematicum. 10 Dicitur illi nomen Christi; subsannat, torquet os. Dicitur illi: fidelis, cur consulis matematicum? Et ille: recede a me: ipse michi prodidit res meas; nam perdidissem, et in planctu remansissem. Homo bone, nonne signas te signo crucis Christi? Et lex omnia ista prohibet. Gaudes quia res tuas invenisti; et non es tristis quia tu peristi? Quanto melius tunica periret 15 quam anima tua?" Item Augustinus *Super Iohannem,* loquens de matematicis et de hiis qui eos consulunt, ait: "Dant isti nummos, illi accipiunt, cum se homines hominibus vendunt; dant isti nummos, ut se vanitatibus vendant. Intrant autem ad matematicum, ut emant sibi dominos, quales matematico dare placuerit; vel saturnum vel iovem vel 20 mercurium vel siquid aliud sacrilegi hominis. Intravit liber, ut nummis datis servus exiret. Immo vero non intraret, si liber esset. Intravit quo eum dominus error, et domina cupiditas traxit." In eadem quoque omelia super Iohannem insinuat Augustinus se combussisse libros matematicorum, sicut apostolorum temporibus factum est. Exposito 25 quoque ad populum Psalmo sexagesimo primo, introduxit Augustinus quendam matematicum penitentem, ut in populo monstraretur; quo ostenso, sub hiis verbis ad populum de eodem lucutus est: "Illa ecclesie sitis eciam istum, quem videtis, bibere vult. Similiter eciam ut noveritis quam multi in commixtione christianorum ore suo benedicant, et corde 30 suo maledicant, iste ex christiano et ex fideli penitens redit, [216^A] et territus postestate Domini, convertitur ad misericordiam Domini. Seductus enim ab inimico cum esset fidelis, diu matematicus fuit. Seductus seducens, deceptus decepiens, illexit, fefellit, multa mendacia locutus est contra Deum, qui potestatem dedit hominibus faciendi quod 35 bonum est et non faciendi quod malum est. Iste dicebat quod adulterium

---

6 comburendi] sunt *add. P*   36 et . . . est *add. i.m. B**

4 Cf. R. Fishacre *Comm. in Sent.,* II, d. 14 (MS cit., fol. 109^C)   8 Aug. *Enarratio in Psalmum XCI,* 7 (*PL,* XXXVII, 1175)   17 Aug. *In Joan. evang.,* IX, ii, 11 (*PL,* XXXV, 1457)   28 Aug. *Enarratio in Psalmum LXI,* 23 (*PL,* XXXVI, 746-747)

non voluntas propria faciebat, sed venus; et homicidium non faciebat
propria voluntas, sed mars; et iustum non faciebat Dominus, sed iovis; et
talia mala sacrilega non parva. Quam multis eum putatis Christianis
nummos abstulisse? Quam multi ab illo emerunt mendacium?
5 Quibus dicebamus: Filii hominum, quousque graves corde? Utquid
diligitis vanitatem, et queritis mendacium? Modo, sicut de illo
credendum est, horruit mendacium, et multorum hominum illectorem se
a diabolo aliquando sensit illectum. Convertitur ad Deum penitens.
Putamus, fratres, de magno timore cordis accidisse. Quid enim dicturi
10 sumus? Namque si ex pagano converteretur matematicus, magnum
quidem esset gaudium; sed tamen posset videri quia si conversus esset,
clericatum quereret in ecclesia. Penitens est iste; non querit nisi solam
misericordiam. Commendandus ergo est et oculis et cordibus vestris.
Eum quem videtis cordibus amate, oculis custodite. Videte illum. Scitote
15 illum. Et quacumque ille transierit, fratribus ceteris qui modo hic non
sunt, ostendite illum. Et ista diligencia misericordia est, ne ille seductor
redeat ad cor et oppugnet. Custodite vos. Non vos lateat conversacio
eius, via eius; ut testimonio vestro confirmetur vere illum ad Deum esse
conversum. Non enim silebit fama de vita eius, quando sic vobis et
20 videndus et miserandus offertur. Nostis in Actibus apostolorum scriptum
quia multi perditi, id est, talium arcium et doctrinarum nephariarum
sectatores, omnes codices suos ad apostolos attulerunt; et incensi sunt
libri tam multi, ut pertineret ad scriptorem estimacionem eorum facere,
et summam precii conscribere. Hoc utique propter gloriam Dei, ne tales
25 eciam perditi desperarentur ab illo qui novit querere quod perierat.
Perierat ergo iste; nunc quesitus, inventus, adductus est; portat secum
codices incendendos, per quos fuerat incendendus, ut illis in ignem
missis, ipse transeat ad refrigerium." Item Augustinus super hunc locum
postquam sua disputacione iudices astrorum confutavit, hoc modo
30 subinfert dicens: "Ideoque fatendum est, quando ab istis vera dicuntur,
instinctu quodam occultissimo dici, quem nescientes humane mentes
paciuntur. Quod cum ad decipiendos homines fit, spirituum seductorum
operacio est; quibus quedam vera de temporalibus rebus nosse
permittitur, partim quia subtiliorum sensus acumine, partim quia
35 corporibus subtilioribus vigent, partim experiencia callidiore propter tam
magnam longitudinem vite, partim a sanctis angelis, quod ipsi ab
omnipotente Deo discunt, eciam iussu eius sibi revelantibus, qui merita

21 arcium *add. i.m.* B*

20   Cf. Act. XIX:19   30 Aug. *De Gen. ad litt.*, II, 17 (*CSEL*, XXVIII. 1, 61-62)

humana occultissime iusticie sinceritate distribuit. Aliquando autem idem nefandi spiritus eciam que ipsi facturi sunt velud divinando predicunt. Quapropter bono christiano sive matematici sive quilibet impie divinancium, maxime dicentes vera, cavendi sunt, ne consorcio demonum animam [216^B] deceptam pacto quodam societatis irreciant." 5

Cap. XII, 1. Sequitur: *et tempora.* Hic videtur quod tempus nunc incipit, sicut super hunc locum tangit Augustinus. Et ideo tres dies priores non fuisse temporales sed in mente angelica distinguendos, et quod vespera et mane fuerint inicium et terminus rei condite; vel formacio rei, et privacio forme; vel aliquid consimile. 10

2. Secundum illos igitur qui dicunt illos tres dies fuisse temporales, distinguendum est quod tempus dupliciter dicitur: Uno namque modo dicitur tempus morarum spacium quod a futura expectacione per presens in preteritum transit; quod necesse fuit esse eciam sine sideribus, si aliquis motus vel corporalis vel spiritualis condicionem istorum 15 luminarium precessit. Alio vero modo dicuntur tempora, ut dicit Augustinus, "que per sidera fiunt, non solum spacia morarum, sed vicissitudines affeccionum celi huius." Hec igitur tempora, id est distinctas et determinatas et signabiles morarum dimensiones, primo fecerunt sidera ordinatis motibus discurrentia. 20

3. Simpliciter autem tempus est mora et numerus motus rerum mutabilium. Luminaria igitur sunt in tempora quatuor anni, secundum Basilium, determinata certis dimensionibus, et certis eciam qualitatibus. Sol enim motu suo quatuor anni tempora signat nobis et determinat, id est, ver dum pertransit zodiacum ab equinoctiali puncto, principio 25 videlicet arietis, usque ad solsticium estivale, videlicet principium cancri; estatem dum pertransit a principio cancri usque ad equinoctium autumnale, videlicet principium libre; autumnum dum pertransit a principio libre usque ad solsticium hyemale, videlicet principium capricorni; hyemem vero dum pertransit ab solsticio, usque ad 30 equinoctium vernale. Hec et sic signata spacia motus solis dicuntur quatuor anni tempora simpliciter respectu mundi.

4. Respectu autem singularum parcium habitacionis dicitur ver cuique parti quarta anni que ei est temperacior secundum calidum et

---

6 *Sign. conc. 'de modo exponendi scripturam' i.m. B**   7 priores] primos *P*   12 *Sign. conc. 'de tempore' i.m. B**   18 Hec] H *clarius i.m. B**   21 et] vel *P*   23 eciam] *om. P*   28-29 autumnum . . . libre *om. P*   29 principium *om. P*   30 ab] hoc *add. P*

---

7 Cf. Aug. *De Gen. ad litt.,* II, 14 (*CSEL,* XXVIII.1, 53-54)   11 Cf. R. Rufi *Comm. in Sent.,* II, d. 14 (MS cit., foll. 136^C-137^A)   17 Aug. *De Gen. ad litt.,* II, 14 (*CSEL,* XXVIII.1, 54)   23 Cf. Bas. *Hex.,* VI, 8, 2 (ed. cit., p. 80)

humidum, cuius beneficio arbores fruticesque frondescunt et animalia cunta terrena vel aquatilia, genitali calore stimulata, propagacionem generis successione prolis extendunt. Estas vero cuiusque regionis est illa pars anni que eidem regioni, secundum calidum et siccum, est flagrancior
5 et torridior. Unde maturandis seminibus atque pomis facultas optata prestatur. Illa vero pars anni que cuilibet regioni est siccior et frigidior, eidem regioni est auctumpnus, que congruit colligendis frugibus, quas estas ad maturitatem produxit. Illa vero pars anni que cuique regioni frigidior est et humidior, eidem est hiems, habens nebulas et vapores
10 conglobatos et pluvias et nives et glacies apta magis feriacioni quam labori. Hee igitur partes anni secundum has qualitates et effectus considerate, diversis temporum momentis, diversis regionibus incipiunt et desinunt, secundum quod ille regiones magis aut minus appropinquant zone torride ad austrum, aut ab eadem magis elongantur ad
15 septentrionem. Secundum relacionem vero ad celum et ad mundum simpliciter, ut dictum est, hec quatuor anni tempora semper incipiunt a momentis quatuor in quibus sol incipit progredi a quatuor celi punctis, duobus videlicet equinoctialibus et duobus solsticialibus.

5. Set cum dicat [216^C] quod universaliter luminaria sint in tempora,
20 nunquid luna et stelle sunt in hec quatuor anni tempora? An intelligendum sit quod sint in alia quedam tempora? Ad hoc responderi potest quod eciam in hec quatuor tempora sunt luna et astra. Siquis enim nunquam videret solem nec lumen diei, videret tamen nocturnis temporibus motus lune et astrorum posset certissime per eorum motus et
25 appariciones et occultaciones, tam per ortum et occasum mundanum quam per ortum de sub radiis solis et occasum in eius radios, quatuor anni tempora disterminare. Constat quoque lunam et stellas in variis quartis anni varios effectus et singulis quartis anni congruentes operari. Preterea luna est in quatuor mensis quartas, quemadmodum sol in quatuor quartas
30 anni. Item stelle suos habent circuitus quibus pertranseunt signiferum que similiter sunt in quartas suarum revolucionum, quemadmodum sol in quartas anni et luna in quartas mensis.

6. Possunt quoque per 'tempora' hic intelligi horarum distinctiones. Unde Iosephus ait: "Quarta die ornavit celum sole et luna aliisque
35 sideribus, motus eis tribuens atque cursus quibus horarum distinctiones

---

2 stimulata] circa *add. Q*   2 propagacionem] propagacione *P*   3 extendunt]
ostendunt *Q*   3 illa] alia *P*   5 optata *om. P*   9 habens *om. P*   10 conglobatos]
congelatos *Q;* conglobatas *H*   10 apta *corr. i.m. ex* atque *B**   19 Set *clarius i.m.*
B*   19 universaliter] naturaliter *RH*   21 sit] est *P*   27 disterminare] determinare
RCHP

---

29 Cf. Grosseteste *De fluxu et refluxu maris,* II, 45-47   34 Josephi *Ant. Iud.,* I, i, 1 (31)
(ed. Blatt, p. 127)

manifeste designarentur." Possunt enim adhibitis instrumentis horologicis per solis motus et altitudines in die, luneque et stellarum in nocte, hore tam artificiales quam equinoctiales horarumque particule determinate, certa racione distingui. Tempora igitur proprie in hoc loco dicuntur integrarum revolucionum temporalium per celi luminaria 5 perfectarum, distincte et divise per eadem luminaria particule.

Cap. XII, 1. Sequitur: *et dies*. Supra cum dixit: *Dividant diem et noctem*, diem procul dubio nominavit artificialem, qui est ex presencia solis super terram. Hic autem insinuat diem naturalem, qui est revolucio solis ab ortu usque ad repetitum ortum, in cuius diei efficienciam et 10 signacionem manifestissima evidentissime est sol. Luna vero et stelle in eiusdem diei et quantitatis temporalis eidem diei equalis designacionem, licet non ita evidentem, esse possunt. Eorum namque motibus et sitibus diurna quantitas finisque et inicium potest dinosci, quod expertis in huiusmodi liquido apparet. Sunt igitur non solum sol, sed et luna et stelle 15 in dierum naturalium ostensionem. Similiter et omnia sunt in annos.

2. Sciendum autem quod annus multiplex est. Est enim annus tempus revolucionis solis ab eodem puncto zodiaci in idem punctum. Dicitur quoque annus lunaris tempus duodecim lunacionum equalium, hoc est, omnium integrarum lunacionum in anno solari. Dicitur et annus 20 cuiusque stelle eiusdem revolucio qua precise pertransit zodiacum. Dicitur et annus magnus omnium siderum revolucio ad eundem situm celi et adinvicem quo creati erant. Sunt igitur singula sidera in propriorum annorum efficienciam et signacionem. Notis autem motibus siderum et proporcionibus motuum adinvicem, quodlibet sidus potest esse in certam 25 designacionem anni sideris alterius. Convenit igitur universaliter omnibus celi luminaribus esse in certam signacionem temporum, id est particularium revolucionum integrarum, et in certam signacionem integrarum revolucionum que per dies et annos designantur. Omnis enim integra revolucio nomine diei vel anni comprehenditur. 30

Cap. XIV, 1. Subiungit autem causam finalem luminarium dicens: *Ut luceant in firmamento celi et illuminent terram*. In se ipsis namque lu-[216^D]-cent in firmamento lucido. Terram autem in se tenebrosam illuminant, transeuntibus eorum luminibus per media elementa

---

7 *Sign. conc. 'de modo exponendi scripturam' i.m. B** 8-9 qui . . . naturalem *add. i.m.*
B*; om. P 11 manifestissima] manifestissimam *P* 12 eidem] eiusdem *RCHP* 17
Est enim] Etenim *RCH* 26 universaliter] naturaliter *RH* 34 media] lumina *add. P*

---

17 Cf. Bedae *De temporum ratione*, XXXV (ed. Jones, pp. 248-249) et Isid. *Etym.*, V, xxxvi, 3 Cf. R. Fishacre *Comm. in Sent.*, II, d. 14 (MS cit., fol. 110^B) et R. Rufi *Comm. in Sent.*, II, d. 14 (MS cit., fol. 137^A)

perspicua, ut habitatores terre illuminatam habeant habitacionem; quia
sine lumine nec pulcra esset habitacio, nec iocunda, nec vitalis, nec posset
homo operari, nec animalia plurima victum querere.

Cap. XV, 1. Sol autem et luna dicuntur luminaria magna. Sed
5 dubitari potest cur luna dicatur luminare magnum, cum secundum
astronomos et secundum ea que scripta sunt in libro Tholomei qui dicitur
Almagesti, luna sit multo minor quam terra, que respectu celi optinet
vicem puncti, et stelle fixe apparenter notabiles sint maiores terra, et ita
per consequens maiores luna. Apparet autem secundum eos luna magna
10 et stelle parve propter propinquitatem lune ad visum et elongacionem
stellarum a visu. Si horum itaque vera est sentencia, ideo dicuntur hec
duo specialiter luminaria magna, quia manifestissimum et maximum
prestant terris luminis effectum. Unde ambo sunt magna luminaria, quia
magnam et manifestam pre ceteris sideribus prestant terris
15 illuminacionem; a magnitudine namque luminis et illustracionis potest
corpus parvum esse luminare magnum.

2. Sol tamen secundum astronomos simpliciter est maximum
luminarium corporis quantitate, et excedit terram multiplici et
inestimabili magnitudine. Nostri tamen auctores, ut Augustinus et Beda
20 et Basilius et Ambrosius, ambo ista luminaria dicunt esse secundum
corporis molem simpliciter magna. Afferunt quoque eciam raciones ad
probacionem magnitudinis corporum utrorumque, sed horum ad
philosophos controversias hic determinare longum esset et laboriosum.
Propter hoc simpliciter affirmamus secundum literam Scripture solem et
25 lunam esse duo magna luminaria, solem videlicet luminare maximum tam
corporis dimensione quam luminis illustracione, lunam vero luminare
minus sole tam magnitudine quam illustracione, maius tamen luminare
stellis omnibus quoad illustracionis effectum, sive sit maius stellis sive
minus corporis dimensione.

30   Cap. XVI, 1. Quod autem sequitur de luminari maiori ut preesset
diei et de minori et stellis ut preessent nocti, resumendum est enim sic:
"et fecit Deus stellas ut preessent nocti," idem est ei quod scribitur in
Psalmo; *Qui fecit luminaria magna, solem in potestatem diei, lunam et*
stellas in potestatem noctis; et repeticio est eius quod supra dictum est: *et*

---

1 habeant] habebant *R;* habet *H*   4 *Sign. conc. 'de modo exponendi scripturam'* i.m.
B   5 *Sign. conc. 'de luna'* i.m. *B**; quomodo luna est luminare magnum *i.m. a.m.*
B   14 manifestam] manifestissimam *R*   22 probacionem] probaciones *P*   27
luminare *add. i.m. B**   30 *Sign. conc. 'de modo exponendi scripturam'* i.m. *B**

4 Cf. R. Fishacre *Comm. in Sent.,* II, d. 14 (MS cit., fol. 110^B) et R. Rufi *Comm. in Sent.,*
II, d. 14 (MS cit., fol. 137^A)   7 Cf. Ptolemaei *Almagestum,* V, 16   33 Psalm.
CXXXV:7-9

dividant diem et noctem. Quod autem sequitur: *Et posuit eas in firmamento celi,* secundum congruitatem litere nostre translacionis, ad solas stellas refertur. Quod autem sequitur: *ut lucerent super terram,* licet videatur solum ad stellas referri, referendum est tamen communiter ad magna luminaria et ad stellas. Hec autem particula: *ut preessent diei* 5 referenda est ad solem; et hec particula: *ac nocti* referenda est ad lunam et stellas. Quod vero sequitur: *ut dividerent lucem ac tenebras,* omnibus communiter congruit luminaribus.

2. Potest tamen hec particula tot modis distingui et intelligi, quot modis illud superius dictum: *et dividant diem et noctem.* In greco autem 10 hee due dicciones, luminare et stellas, sunt masculini generis. Unde sic sequitur in greco: "et posuit *ipsos* in [217^A] firmamento celi." Unde hec relacio congruencius refertur tam ad duo luminaria quam ad stellas, que omnia communiter posita sunt in firmamento celi, quibusque communiter convenit lucere super terram.   15

Cap. XVII, 1. Translacio autem Septuaginta, secundum quosdam qui ex greco in latinum eam transtulerunt, sic habet; "luminare maius in incoacionem diei, et luminare minus in incoacionem noctis;" secundum quam literam videtur quod luna in sui creacione facta fuit plena lumine. Aliis enim vicibus nisi in plenilunio non incoat luna oriens noctis spacium, 20 sed in plenilunio ipsa peragit noctis spacium, oriens cum noctis inicio et occidens cum eius fine, quemadmodum sol peragit spacium diurnum. Luna igitur, cum plena est, tempus ex equo cum sole dividit. Propter hanc literam quidam asserunt lunam factam plenam lumine. Afferunt eciam quidam racionem quod luna facta sit plena lumine, quia non decebat ut 25 Deus illo die aliquid imperfectum faceret. Alii vero econtra arguunt quod in sui creacione non debuit esse quarta decima, sed prima.

2. Utreque autem hee raciones valde infirme sunt: plenitudo namque lune et eius defectus quoad visus nostros solummodo sunt. Ipsa enim semper habet medietatem qua respicit solem plene illuminatam, 30 nisi cum patitur eclipsim. Numerus quoque quem eius etati tribuimus non computatur a sui condicione, sed a prima ostensione luminis sui ad nos, cum exit de sub radiis solis. Propter hoc Augustinus inter utramque opinionem medius est, neutram videlicet probans aut reprobans. Preterea superior litera translacionis Septuaginta non multum cogit ut 35 luna facta sit plena, tum quia intelligi potest ut tunc sit in incohacionem

---

3 autem] posuit *add. P*   24-25 Afferunt . . . lumine *om. P*   28 Utreque *corr. ex* Uterque *B**; Utriusque *H*   30 plene]plenam *BQ*   30 illuminatam]illustratam *Q*   35 superior] superiori *Q*

---

16 E. g., Aug. *De Gen. ad litt.,* II, 13 (*CSEL,* XXVIII.1, 51)

cum plena est, et quod in principio facta sit ut tunc esset in incohacionem
noctis, quando plena esset; tum vero quia verbum grecum quod est *arche*
sonat tam in incohacionem quam in principatum. Significat enim
simpliciter 'principium' quod potest referri tam ad inicium rei quam ad
5 potestatis principatum.

Cap. XVIII, 1. Querit quoque Augustinus in hoc loco an ista
luminaria sint solum corpora, an habeant quosdam rectores spiritus suos;
et si habent, utrum ab eis vitaliter inspirentur, sicut animantur carnes per
animas animalium, an sola sine ulla permixtione. Sed hanc questionem
10 ipse dimittit hic insolutam, de qua, ut supra diximus, diversi auctores
diversa senserunt.

Cap. XIX, 1. Considerandus est autem nobis in hiis aliquis
intellectus spiritalis, et aliquis fructus spiritalis carpendus. Sicut enim ait
Boetius: "Mores nostri et tocius vite racio, ad celestis ordinis exemplar
15 formantur." Firmamentum itaque est divina Scriptura, de quo
firmamento dicit Isayas: *Celum sicut liber plicabitur.* In quo firmamento
continetur et lucet sol iusticie et intelligencie Christus Deus noster, qui de
se dicit: *Ego sum lux mundi.* In eodem quoque continetur ecclesia non
proprio lucens lumine, sed illuminata a Christo sole iusticie ex ea parte
20 qua hunc solem respicit eius lumine amicta sicut vestimento. In eodem
quoque firmamento [217^B] continentur sancti et ecclesie doctores velud
stelle illuminate ab eiusdem solis splendore. Iuxta illud Danielis: *Qui ad*
iusticiam erudient multos quasi stelle in perpetuas eternitates, aiunt enim
stellas a sole lucere. Sic et de omnibus dici potest: *Fuistis aliquando*
25 *tenebre, nunc autem lux in Domino,* lux videlicet in illo *qui illuminat*
omnem hominem venientem in hunc mundum. Hec luminaria dividunt
diem et noctem, discernunt enim lucem veritatis a tenebris falsitatis,
lucem virtutis a tenebris viciorum, lucem sacre conversacionis a tenebris
prave operacionis. Cum econtra quidam dicant *malum bonum, et bonum*
30 *malum, ponentes lucem tenebras, et tenebras lucem, ponentes amarum*
dulce, et dulce in amarum, quibus Isayas comminando predicit ne hii

---

1 incohacionem] incoacione *P*   2 tum] tamen *QH*   3 significat] signat *P*   4
simpliciter *add. i.m. B**   6 quoque] ergo *P*   7 suos *corr. ex* sanctos *B**   8
inspirentur]vel vivicentur *add. P*   12 Considerandus]considerandum *R*   31
comminando] preminando *H*   31 predicit] dicit *P*   31 ne] ut *RC*

---

6 Aug. *De Gen. ad litt.,* II, 18 (*CSEL,* XXVIII.1, 62)   10 Cf. supra III, vii, 1   14
Boethii *De consolatione philosophiae,* I, prosa 4 (*PL,* LXIII, 615A)   16 Isai,
XXXIV:4   16 Cf. Grosseteste *Comm. in Psalmos* (MS Bologna, Archiginnasio A. 983,
foll. 89^A, 91^A, 94^C, 111^A); Ambr. *Hex.,* IV, 1, 2 (*CSEL,* XXXII.1, 111); et Malach.
IV:2   18 Joan. VIII:12   22 Dan. XII:3   24 Ephes. V:8   25 Joan. I:9   29
Isai. V:20

confundunt diem et noctem, dicentes mendacium esse veritatem et
vicium virtutem et iniquititatem esse iusticiam, et econtrario. Quos
expectat eterna damnacio. Dicta quoque luminaria posita sunt in signa;
de Christo namque scriptum est: *Ecce positus est hic in ruinam, et in
resurectionem multorum in Israel, et in signum cui contradicetur.* 5
Communiter autem omnia dicta luminaria posita sunt in signa virtutum et
miraculorum, tam corporalium quam spiritalium. Facta sunt quoque hec
luminaria in tempora et dies et annos, dum distingunt et determinant
sanctorum vitas et conversaciones temporaliter succedentes; quorum
cuiuslibet totalis vite sue conversacio est quasi periodus annualis. 10
Secundum vero unam aliquam virtutem conversacio, quasi periodus diei
unius; in quibus conversacionibus particulares distincciones sunt quasi
quedam temporum momenta et temporales distinctiones. Hec luminaria
in dicto firmamento lucent et humanorum cordium terram illustrant.

2. Secundum Ieronimum autem in hoc firmamento sunt ewangeliste 15
sicut sol, doctores sacre Scripture ut luna. Stelle vero sunt diversarum
virtutum in ecclesia numerositas. Hec luminaria in obscuritate huius vite
lumen sapiencie et bone accionis prebent, discernuntque homines
maioris meriti atque minoris, et sunt in signa et tempora et dies et annos,
quemadmodum predictum est.   20

3. In hoc quoque firmamento ipsum ewangelium resplendet sicut
sol; hystorie et propheta tanquam luna in se obscura, a luce ewangelii
illustrata; libri morales in singulis preceptis moralibus tanquam
singularum stellarum splendorem depromunt.

4. In hoc quoque firmamento senatus apostolorum quibus dicitur: 25
Vos estis lux mundi, quasi sol resplendet. Senatus vero prophetarum et
legislatoris, ut luna; senatus agiographorum, ut stelle.

5. In hoc eciam firmamento relucet sol sapiencie et luna
intelligencie et stelle moralium preceptorum.

6. Potest quoque per firmamentum Christus intelligi, sicut supra 30
dictum est, in quo fixa sunt sol, luna et stelle, secundum omnes predictas
exposiciones. De Christo namque dictum est: *Fiat manus tua super virum
dextere tue, et super filium hominis quem confirmasti tibi.*

7. Status quoque presentis ecclesie et eius inexpugnabilis fortitudo,
de qua fortitudine dictum est: *Super hanc petram edificabo ecclesiam* 35
meam, firmamento designatur. In quo similiter fixa sunt et relucent sol,

2 econtrario]econverso *P*   6 dicta *om. P*   11 conversacio]conversantibus
RCP   18 lumen] humane *Q*   28 firmamento add. i.m. B**   30 Christus *add. i.m. B**
34 ecclesie] vite *R*

---

4 Luc. II:34   15 Cf. Ps.-Bedae *Comm. in Pent:* Gen. (*PL*, XCI, 197B-C)   26
Matth. V:14   32 Psalm. LXXIX:18   35 Matth. XVI:18

luna et sidera, secundum superius [217^C] dictas exposiciones; et hec dicta luminaria sunt in signa in omnibus verbis allegoricis. Sunt quoque in tempora et dies et annos, vel preteritorum et futurorum nobis insinuant et determinant certum terminum per dierum et annorum et temporum
5 expressum numerum.

Cap. XX, 1. Moraliter autem firmamentum est mentis constancia virtusque discrecionis et vigor discipline, in qua refulget velud sol contemplacio incommutabilis veritatis vel ipsa incommutabilis veritas contemplata. Speculacio autem nature proprie ab isto sole illuminate
10 similitudinem optinet lune. Singule autem spirituales intelligencie sunt velud singule stelle, que luminaria intrinsecus in ipso libertatis lucent arbitrio quasi in firmamento. Illuminant autem terram, cum corpori tribuunt ordinem et pulcritudinem in exteriori conversacione et opere.

2. Vel in hoc firmamento sunt sol et luna virtus contemplativa et
15 virtus activa. Stelle vero virtutes particulares, dies lux operis exterioris, secundum quod aliis refulget in exemplum, et suscitat odorem bone opinionis; nox vero opus bonum secundum quod per illud est operator quibusdam odor mortis in mortem.

3. Item sol in hoc firmamento est racio superior; luna, racio inferior;
20 stelle, virtutes sensitive cum refulgent luce veritatis, et moventur secundum ordinem rectitudinis. Hec omnia sunt in signa et miracula, cum depromunt aliqua virtutum vestigia, quorum inventio est rara. Dividunt quoque diem et noctem, cum agendorum et omittendorum distingunt vicissitudines. Sunt quoque in tempora, cum distingunt et determinant
25 secundum dictum Salomonis: *Tempus nascendi, et tempus moriendi; tempus plantandi, et tempus evellendi quod plantatum est,* et cetera tempora que ibidem sequuntur usque ad: *Tempus belli et tempus pacis.* In dies quoque et annos sunt cum sanctarum accionum integras revoluciones perficiunt. Non enim a motu sancte accionis vacant, nec desistunt ab
30 inceptis accionibus, donec eas perduxerint ad consummacionem; et cum consummaverint, iterum incipiunt. Terra itaque primum geminavit, et deinde luminaria facta sunt, quia post bona opera venit illuminacio ad contemplanda celestia.

Cap. XXI, 1. Et quia bonum quod vidit Deus in factis luminaribus
35 comprehendit eorum in hoc mundo utilitates quas perficiunt per naturales eorum proprietates, de hiis pauca dicamus.

---

3 vel] ubi *P*   8 incommutabilis *corr. ex* incommutabilitatis *B**   11 ipso] Christo *Q*
14 hoc *add. i.m. B**   17 opinionis] operacionis *R*   22 depromunt] deprimunt
RC   30 perduxerint] produxerint *RC*   31 geminavit *corr. ex* generat *B;* germinat
RQC: germinavit *HP*

---

25 Eccle. III:2, 8

2. Est itaque sol lux mundi, omnibus stellis, ut creditur, prebens illuminacionem, maximum corporum infra celum et elementa contentorum omnium corporum lucidissimum, natura purissimum. Ipse est medius inter tres superiores et tres planetas inferiores, motu suo regulari aliorum motus regulans. Ipse est accedens tribus superioribus, 5 cum ipsi accedant et appropinquent tres inferiores, nunquam in se ipso luminis defectum paciens, sed eius lumen alicubi aufertur, aut per terre interposicionem aut lune aut nubis, magis moratur in signis estivis, minus in hyemalibus; a medio signorum cingulo nunquam flectitur, cum alii planete evagentur, nec movetur motu proprio, nisi processive, cum ceteri 10 moveantur quandoque retrograde. Hic motu suo quartas anni efficit et per participacionem planetarum est causa temperamenti elementorum et naturarum, et composicionis elementatorum individuorum. Ipseque est causa caloris universalis qui est in hoc mundo, et ubi non accedit [217^D] eius calor, utpote in septentrione, coagulantur ibidem vapores et 15 elevantur in sublime et flant in eodem loco semper venti validi, et non componitur ibidem aliquid ex animantibus et sementibus. Ipse est quoque qui per calorem suum in locis sibi appropinquantibus attrahit sursum ex aquis marinis partes earum subtiliores, et elevat in sublime ubi congregatur in nubes ymbriferos terram fecundantes. Si autem sol 20 ascenderet ad circulum stellarum fixarum, destruerentur elementa et elementata; et rursum si descenderet ad circulum lune, destruerentur eciam. Item in locis a quibus multum elongatur sol multiplicantur nives, et vincit in illis humiditas et frigus; et hominum habitancium in illis laxantur corpora, et fiunt eorum compages occulte non apparentes pre 25 multitudine carnium; facies eorum rotunde, oculi parvi, capilli leves, colores albi cum rubedine. Qualitas animi eorum est hebetudo, et abscisio pietatis, paucitas quoque sapiencie et multitudo oblivionis. Sol quoque in die per calorem suum calefacit aerem et reddit eum subtilem et rarum. Eius quoque absencia aer densatur, ita ut pre densitate eius non 30 possent animalia vivere de nocte, nisi essent stelle per lumen suum aerem subtiliantes, et per motum calefacientes. Motus quoque omnium

---

1 Sign. conc. 'de sole' i.m. B*   6 inferiores] planete add. RHP   12 planetarum clarius i.m. B*   14 accedit] accidit RH   17 componitur] opponitur Q   25 apparentes corr. i.m. ex operantes B*   27 hebetudo] animi add. P   30 pre] pro Q

1-181: 22 Habetur ad verbum apud Grosseteste Comm. in Psalmos, MSS Vat. Ottobon. lat. 185, fol. 214^{A-B} et Bologna, Archiginnasio A. 983, fol. 26^A. Cf. etiam Dictum 102   9 Cf. Grosseteste De operat. solis (ed. McEvoy, p. 89) et De sphaera (ed. Baur, p. 22)   11-13 Cf. De operat. solis (ed. cit., p. 73)   13-14 Cf. Grosseteste De impressionibus elementorum (ed. Baur, pp. 87-89) et De operat. solis (ed. cit., p. 76)

animalium cum pervenerit sol ad orientem eorum, dum est ascendens ad
medium celum eorum, fit in augmentacione et fortitudine. Cum
declinaverit a medio celo, debilitatur motus eorum ac minuitur usque ad
occasum. Cum vero occiderit sol, laxantur corpora ad sompnum. Et hec
5 variacio profectus et defectus et declinacionis manifestior est in
quibusdam seminibus et floribus que moventur, crescunt et proficiunt
aperte cum ascensu eius et declinantur cum eius declinacione; et cum sol
occiderit, debilitantur et marcescunt.

   3. De sole quoque dicit Iohannes Crisostomus; "Conspicare
10 quomodo omnium rerum quas mundi huius sensibilis globositas
comprehendit, cause simul et uniformiter in isto sole qui maximum
mundi luminare vocitatur, subsistunt. Inde namque forme omnium
corporum procedunt. Inde distancium colorum pulcritudo, et cetera que
in sensibili natura predicari possunt." Propter hec non inmerito dicit
15 Ambrosius quod sol est "oculus mundi, iocunditas diei, celi pulcritudo,
gracia nature. Sed quando hunc vides, auctorem eius considera. Quando
hunc miraris, lauda ipsius creatorem. Si tam gratus est sol consors et
particeps creature, quam bonus est sol iste iusticie? Si tam velox est iste ut
rapidis cursibus die nocteque lustret omnia, quantus ille qui ubique
20 semper est et maiestate sua complet omnia? Si admirabilis qui iubetur
exire, quam supra admiracionem *qui dicit soli et non exoritur,* ut
legimus?"

   Cap. XXII, 1. Luna vero recipit lumen a sole, illuminata semper ab
eo secundum illam medietatem qua respicit solem. Et cum lumen solis et
25 ipse sol, secundum Augustinum, eiusdem sint nature, congrue dici potest
quod luna est amicta sole. Lumen autem a sole receptum in medietate sua
qua respicit terram reflectit in terram, et solis absentis quodammodo
reddit terre presenciam, et nocturno tempore quasi alterum efficit diem.
Unde eciam a philosophis quasi sol alius nuncupatur. Quanto autem luna
30 plus appropinquat soli, tanto plus minuit de lumine in parte qua respicit

---

1 orientem] orizontem *Q*   4 ad sompnum] a sompno *Q*   5 manifestior] manifesta
P   7 aperte *clarius i.m. B**   9 Conspicare *corr. ex* Conspicate *B**; Conspicite *RQCH;*
Conspicite *P*   18 est²] sit *P*   18 iste *add. i.m. B**   23 *Sign. conc. 'de lune'i.m.*
*B**   24-25 et ipse sol *add. i.m. B**   26 receptum] recipit *Q*   28 terre] terris *P*   30
appropinquat *add. i.m. B**

9 Recte: Joannis Scoti *Homilia in prologum sancti Evangelii secundum Joannem: 'Vox*
spiritualis aquilae' (*PL,* CXXII, 288D-289A) Cf. Grosseteste *De operati. solis* (ed.
McEvoy, p. 73) et *Comm. in Psalmos* (MS Bologna, Archiginnasio A. 983, fol.
158^D) 15 Ambr. *Hex.,* IV, 1, 2 (*CSEL,* XXXII.1, 111-112) 21 Job. IX:7 23
Habetur etiam apud Grosseteste *Comm. in Psalmos,* MS Bologna, Archiginnasio A. 983,
fol. 7^C; cf. *De operat. solis* (ed. McEvoy, p. 71) 26-29 Cf. Grosseteste *De operat. solis*
(ed. cit., p. 81)

terram et auget lumen in parte qua respicit celum. Et quanto plus elongatur a sole, tanto plus auget lumen in parte qua respicit terram [218^A] et minuit lumen in parte qua respicit celum. Unde coniuncta soli nichil luminis ostendit ad terram tota illuminata in parte conversa ad celum. Cum autem opponitur soli, tota illuminatur ad terram et nichil ad 5 celum.

2. Sciendum autem quod quia luna est multo minor sole, sol illustrat de corpore eius semper plus sua medietate, et quanto ipsa propinquior est soli, tanto plus recipit de lumine solis, non solum per intensionem luminis, sed per quantitatem sui corporis a sole illustratam. Et quanto 10 plus elongatur a sole, tanto minus de corpore eius illustratur a sole. Unde cum plena est lumine quoad aspectus nostros, tunc minima est lumine secundum veritatem, et cum incipit lumine quoad nos, crescit lumine in se ipsa. Unde, sicut scribitur de ea, ipsa est luminare quod minuitur lumine in consummacione plenilunii videlicet, et crescit admirabiliter in 15 consummacione plenilunii quando ad nos decrescere incipit.

3. Ipsa autem luna ceteris sideribus est inferior et terre propinquior; et si esset eius incessus altior quam nunc sit, minus participaret de lumine solis, cum ostendit terris plenitudinem sui luminis. Hec, sicut sol, nunquam est retrograda. Omnibus aliis planetis existentibus retrogradis, 20 ipsa ostendit ad terras diversas facies sui luminis secundum omnes varietates figurarum intra arcum semicirculi et arcum maiorem semicirculo contentorum, cum figura semicirculi et figura circuli perfecti; semiplena enim ostendit figuram semicirculi, plena vero ostendit figuram circuli perfecti. Et ut dicit Ambrosius: "Hec sicut sol illuminat tenebras, 25 fovet semina, auget fructus, et habet pleraque cum sole distincta; ut quem toto die calor humorem terre siccaverit, eundem exiguo noctis tempore, ros deponat. Nam et ipsa luna larga roris asseritur. Denique cum serenior nox est et luna pernox, tunc largior ros arva perfundit. Et plerique sub aere quiescentes, quo magis sub lumine fuerint lune, eo plus humoris se in 30 capite collegisse sentiunt. Unde et in Canticis dicit Christus ad ecclesiam: *Quoniam capud meum repletum est rore et crines mei guttis noctis.* Defectui quoque lune compaciuntur elementa, et processu eius que fuerint exinanita cumulantur, ut animancium cerebra et maritimorum humida," et arborum medulle et ovorum albumina et lac mammarum et 35

1-3 Et . . . celum *om. P*   7 quia *add. i.m. B*   19 terris] terre *RQ*   24-25
semiplena . . . perfecti *add. i.m. B**   24 enim] eciam *P*   30 humoris] honoris *R*

---

25 Ambr. *Hex.,* IV, 7, 29 (*CSEL,* XXXII.1, 134-135)   32 Cant. V:2

similia. Et sicut dicit Basilius: "Aeris motus lune commutacionibus
continetur, sicut eius novitas attestatur, que ex longa plerumque
serenitate subito nubium glomeraciones et perturbaciones exsuscitat."
Sed et retentes carnes, si sub luna iacuerint, fluida mox putredine
5 corrumpuntur. "Euriporum quoque meatus refluus hoc indicat, et
reciprocacio Sirtium, que vicine habentur occeano, quas pro lune
scematibus concitari, locorum accole prodiderunt."

4. Similiter et mare crebros accessus patitur et recessus, lune
quibusdam spiraminibus concitatum. Capillorum quoque animalium,
10 quamdiu duraverit luna in augmentacione sui luminis, acceleratur ortus
et inspissantur atque multiplicantur. Cum autem minuitur lumine, tardat
eorum ortus et non spissantur neque multiplicantur. Noctes quoque
plenilunii sunt calidiores, ut dicunt philosophi, propter lumen lune; et in
diminucione lune est aer frigidior et corpora animalium frigidiora; et
15 propter hoc tunc magis [218^B] habundant mulieribus menstrua. Luna
enim in quatuor quartis mensis facit proporcionaliter quatuor anni
tempora.

Cap. XXIII, 1 Stellis autem omnibus commune est, ut ait Beda,
quod lumen a sole mutuant et cum mundo vertuntur. Diei adventu
20 celantur, et plenilunii fulgore minus splendore videntur. In solis eclipsi
totali, media die in celo panduntur. Et, ut idem ait: "Sidera alia sunt in
liquorem soluti humoris fecunda, alia concreti in pruinas, aut coacti in
nives, aut glaciati in grandines, alia flatus, alia teporis, alia vaporis, alia
roris, alia frigoris. Nec solum errantia, ut saturnus, cuius transitus
25 imbriferi fuit, sed et quedam fixa polo, cum errancium fuerint accessu vel
radiis impulsa, ut succule in fronte tauri, quas ob id Greci pluvio nomine
hyadas appellant. Quin et sua sponte quedam, statutisque temporibus ut
edorum exortus, et arturi, qui per idus septembris cum procellosa
grandine surgit, et nimbosus orion, et canicula, que nimium fervens in
30 XV kalendas augusti emergit."

2. Omnibus autem stellis eximia et maxima est pulcritudo
corporalis, non propter compaginacionem membrorum que nulla sunt
eis, sed propter letum alacremque fulgorem luminis, pulcriores que sunt
in noctibus obscuris, quam in noctibus a luna lustratis; et stelle magne
35 propter magnitudinem pulcriores sunt stellis parvis; et stelle separate et

---

15 habundant] humidant *RCP*   18 *Sign. conc. 'de stellis' i.m. B**   31 eximia] optima
Q

---

1 Bas. *Hex.*, VI, 11, 1 (ed. cit., p. 86)   15-17 Cf. Grosseteste *De fluxu et refluxu maris*,
II, 45-47   18 Bedae *De natura rerum*, XI (*PL*, XC, 206A-208A)   31-34 Cf.
Grosseteste *De operat. solis* (ed. McEvoy, p. 63)

distincte, propter divisionem et distinctionem, pulcriores sunt stellis extensis et coniunctis; et pulcriores stellis galaxie, quemadmodum candele distincte sunt pulcriores igne. Fallunt tamen humanos visus estimacione quietis propter magnitudinem elongacionis sue a nobis. Comprehenduntur autem stelle a visu non recte, sed reflexe, ut 5 ostenditur in perspectiva. Et quemadmodum res visa in aqua apparet maior quam sit propter reflexionem visus ad profundius aque, sic stelle in celo vise apparent minores propter reflexionem visus in pertransitu corporis celi ad minus profundum in corpore celi. Unde stelle habent duas causas quare apparent parve: elongacionem videlicet a visu, et 10 reflexionem radiorum ad minus profundum celi.

3. Et habent iterum omnes stelle hoc commune, quod quelibet earum in vertice capitis comprehenditur minor quam in omnibus aliis partibus celi, et quanto magis fuerit remocior a vertice capitis, tanto magis comprehenditur maior; et maxima comprehenditur quando 15 comprehenditur in orizonte. Nec est huius causa solummodo habundancia vaporis prope orizonta, sed et diversitas flexionis radiorum visualium cum venerint ad corpus celi. Et vaporibus autem interpositis plerumque apparent stelle magnitudinem et figuram et colorem, et forte eciam cursum, permutare. Et forte Creatoris nutu aliquando ista 20 permutant, sicut accidit in portento quod Augustinus in libro XXI *De civitate Dei* narrat Marcum Varonem scripsisse: "Qui in celo, inquit, mirabile extitit portentum; nam stellam veneris nobilissimam, quam Plautus vesperuginem, Homerus hesperon appellat, pulcherrimam dicens, Castor scribit tantum portentum extitisse, ut mutaret colorem, 25 magnitudinem, figuram, cursum; quod factum ita, neque antea neque postea sit. Hoc factum Ogigio rege dicebant Adrastos Cizecenos et Dione Apolites, matematici nobiles."

8-9 visus . . . celi *add. i.m. B** 8 pertransitu] pertransitis *P* 9 in corpore *add. i.m.* *B** 10 parve] propter *add. Q;* per *add. H* 16 orizonte] oriente *RCH* 17 flexionis] reflexionis *P*

21 Aug. *De civ. Dei,* XXI, 8 (*CSEL,* XL.2, 530-531)

PARTICULA SEXTA

[218^C] Cap. I, 1. *Et dixit Deus: Producant aque reptile anime viventis et volatile super terram sub firmamento celi.* Ornato celo depictoque luminaribus, consequenter ornatur et aqua ex se productis animantibus.
5 Sed cur per ordinem elementorum non prius ornatur et nominatur aer post celum, et deinde aqua, tandem terra? Ad huius rei evidenciam, sciendum quod non est hic aer pretermissus. Comprehendit enim Scriptura frequenter totam mundi machinam duobus nominibus, celi videlicet et terre. Et intelligitur nomine celi superior pars mundi, ubi sunt
10 sidera, et eciam pars illa aeris superior, ad quam non perveniunt exalaciones de terra, que nec commovetur ventis nec contrahitur in nubula nec conspissatur in pluviam, ubi est pura et serena tranquilitas. In qua parte nec aves volant; que pars aeris sic se habere comperta est ab hiis qui per singulos annos solebant sacrificiorum causa Olimpi montis
15 cacumen ascendere et aliquas notas in pulvere scribere, quas alio anno integras invenerunt. Quod fieri non posset, si ventum aut pluviam aut commocionem aliquam locus ille pateretur. Tanta est autem aeris qui ibi est tenuitas quod homines illuc ascendentes ibidem durare non possent, nisi spongias humectas naribus applicarent, unde crassiorem et
20 consuetum spiritum ducerent.

2. Terre vero nomine comprehenditur pars mundi inferior, a medio videlicet et imo usque ad eum locum aeris quo ascendunt exalaciones de terra ista solida et stabili et aqua fluida et labili. Terra itaque sic dicta comprehendit elementa tria, proprie videlicet dictam terram et aquam et
25 aera, qui de duorum exalacionibus pinguescit et humore aquoso crassus nunc concitatur in ventos, nunc spissatur in nubes, nunc densatur in nebulas. Hec pars aeris, sic humore aquoso pinguescens aqueaque consistens, simul cum aqua ponderosa fluida plerumque nomine aque comprehenditur. Ex hoc intellectu aque dicitur hic: *Producant aque*
30 *reptile anime viventis.* Natatilia enim de humido aqueo grossiori, volatilia vero de humido aqueo suspensibili producta sunt.

3. Ornata sunt igitur elementa secundum ordinem elementorum, primo videlicet celum, in cuius nomine ignis et aer superior tranquillus comprehenditur; deinde aer inferior et aqua, id est humida natura que
35 aque nomine designatur; et tandem, ut dictum est, terra. Is quoque ordo elementorum observatur eciam in ordine exteriorum sensuum, sicut docet Augustinus exponens hunc locum. Agit enim anima sentiens in

---

14 olimpus *i.m.* B*   21 nomine *om.* P   25 aera] aerem QP   25 qui] que H   27
aquoso *om.* P   30 aqueo] aquoso RH   34 id est] in R   35 de 5 sensibus *i.m.* B*

22 Cf. Grosseteste *De cometis,* 5 (ed. Thomson, p. 22)

oculis per ignem purum lucidum "represso calore eius usque ad lucem eius puram. In auditu vero usque ad liquidiorem aerem, calore ignis penetrat. In olfactu autem transit aerem purum et pervenit usque ad humidam exalacionem, unde grassior hec aura subsistit. In gustu autem et hanc transit et pervenit usque ad humorem corpulentiorem; quo eciam 5 penetrato atque transiecto, cum ad terrenam gravitatem pervenit, tangendi ultimum sensum agit. Non igitur ignorabat naturas elementorum eorumque ordinem, qui cum visibilium [218^D], que intra mundum in elementis natura moventur, condicionem introduceret, prius celestia luminaria, deinde aquarum animancia, terrarum autem postrema 10 narravit."

4. Nec sic quidem, ut dictum est, aera pretermisit. Pars enim eius purior connumeratur cum celo; pars inferior et humidior cum aqua propter connaturalitatem quam habet cum aqua. Hic enim facillime spissatur in illam, comprimente frigore, illaque levissime rarescit in illum, 15 solvente calore. Ait igitur: *Producant aque reptile anime viventis.* Unica et exigua est ista vox precepcionis; et, ut dicit Basilius: "Non vox sed pocius momentum solum et impetus divine voluntatis. Intellectus vero eius tam multiplex habetur quam ipsa natatilium et volatilium inter se potest esse discrecio." Hic brevis sermo communem minimis et maximis 20 naturam infudit; eodem momento producitur balena quo rana, et eiusdem vi operacionis innascitur. Non laborat in maximis Deus. Non fastidit in minimis, nec doluit natura parturiens delfines, sicut non doluit cum exiguos murices cocleasque produceret. Hec una precepcio fontes, lacus, stagna et flumina et maria suis replevit animantibus aeraque 25 volatilibus, et adhuc decurrens propagat ea generis successione.

Cap. II, 1. In eo igitur quod ait: *Educant aque reptile anime viventis,* "demonstravit," ut ait Basilius, "quanta sit natancium, cum aqua cognacio. Denique si paulisper ad terram fuerint pisces educti, deficiunt; neque enim suppetit illis spiramen, quo possint auras vitales carpere. 30 Nam sicut animantibus terrenis datus est aer, sic piscibus aqua. Et racio manifesta est, quia nobis videlicet adiacet rarus et patulus pulmo, qui per

---

1 purum] ignem dico *add. RCHP*   6 atque transiecto *add. i.m. B**   8 que] sunt *add.*
RCHP   15 illaque] illamque *R*   16 *Sign. conc. 'de modo exponendi scripturam' i.m.*
*B**   19 multiplex] multipliciter *RQCH*   22 operacionis] operis *P*   22 Non² *om.*
P   23 natura] natum *P*   27 *Sign. conc. 'de modo exponendi scripturam' i.m. B**   27
cognacio natalium cum aqua *i.m. B**   30 possint] possent *P*

---

1 Cf. Aug. *De Gen. ad litt.*, III, 5-6 (*CSEL*, XXVIII.1, 67-68)   14 Cf. R. Fishacre
Comm. in Sent., II, d. 14 (MS cit., fol. 110^C)   17 Bas. *Hex.*, VII, 1, 8 (ed. cit., p.
89)   22-23 Cf. Ambr. *Hex.*, V, 25 (*CSEL*, XXXII.1, 143)   28 Bas. *Hex.*, VII, 1, 10-11
(ed. cit., pp. 89-90)

distinctionem pectoris aerem trahens, interiorem calorem ventilando
contemperat. Illis autem faucium circumsepcio complicabilis, modo
suscipiens, modo diffundens aquam, respirandi explet officium."

Cap. III, 1. Dicuntur autem reptilia ea que natant, eo quod reptandi
5 habeant speciem et naturam dum natant. Unde et David dicit: *Hoc mare
magnum et spaciosum: Illic reptilia quorum non est numerus.* Ut enim ait
Basilius: "Omne genus natancium, sive quod summis fluctibus fertur sive
quod in altis gurgitibus demergitur, profecto naturam reptandi sortitum
est; dum per aquarum corpus trahitur, quorum quidem natancium et
10 pedibus non nulla nituntur, et gressibus. Et licet de illis multa habeantur
amphima, sicut vituli marini et cocodrilli et rane et cancri, tamen eis
precipuus est natatus." Et dum natant, ut dictum est, reptandi habent
speciem, quia aut curvacione aut contractione corporis in minorem se
colligit natans longitudinem; et iterato in longitudinem se extendens
15 innititur aque, quo in nisu repellens aquas, se ipsum propellit anterius.

2. Vel forte generalis intencio verbi reptandi est quod illud dicitur
repere quod movetur, corpus in antea trahendo; ambulare autem vel
volare, quod promovet se in anterius motu pulsionis. Et cum hii duo
motus in eodem coniuncti sunt, magis denominabitur a predominante.
20 Natantia igitur omnia plus trahunt corpus per aquam quam propellunt, et
ideo magis dicuntur reptilia. Si quis enim [219^A] diligenter consideret
modos natancium, inveniet, credo, omnes magis esse per traccionem.
Volatus vero avium, licet videatur esse similis natatui per pinnulas,
multum tamen differt; quia natans per pinnulas movet eas primo in
25 anterius et, quasi quibusdam manibus tenens se ad anterioris aque
occupate soliditatem, trahit in anterius corpus. Avis vero movet alas non
in anterius, sed sursum; et aera, collectum in concavo alarum dum alas
cogit deorsum, compellit exire per repandam latitudinem alarum
posterius; quo ibidem violenter exeunte, propellitur corpus volantis in
30 anterius.

---

2 faucium] facium *B;* flaucium *RH*   3 officium] defectum vel affectum *RCH*   4
quod natancia dicuntur reptilia *i.m. B**   10 nituntur] utuntur *RH*   11 amphima] *sic*
BCH; ambigua *QP;* amphymea *R*   15 repellens] repelles *B;* repellans *C;* reples *P*   17
quod] qui *R*   17 movetur] movet *RH*   23 pinnulas] pennulas *RQH, et in seqq. locis*
25-27 et . . . anterius *om. H*   25 anterioris] interioris *RC*   27 collectum] colligit
Q   28 repandam] reparandam *RQCH*

---

4 Cf. R. Fishacre *Comm. in Sent.,* II, d. 14 (MS cit., fol. 110^{C-D}) et R. Rufi *Comm. in
Sent.,* II, d. 14 (MS cit., fol. 137^C)   5 Psalm. CIII:25   7 Bas. *Hex.,* VII, 1, 6 (ed. cit.,
p. 89)

Cap. IV, 1. Quod autem ait: *anime viventis,* dictum est ad distinctionem partis anime vegetabilis que est in plantis, in quibus, licet dicatur esse vita, tamen minus proprie in illis dicta est vita. In animantibus autem dicitur magis proprie vita, vis videlicet sensificans corpus animatum. In apprehensione enim qualicumque est vigor vite 5 manifestus. Omnis autem mocio vegetativa, et non apprehensiva, magis est vivificacio mortua quam viva. Est igitur vita plantarum vita quedam mortua; vita vero sensibilium, vita quedam viva, quasi enim virtutis vegetantis vita quedam est vis sensificans eidem copulata. Hanc itaque copulacionem intelligi voluit cum dixit: *anime viventis.* Planta enim est 10 aliquid anime seu vite non viventis. Quod vero vegetatur et sentit est aliquid anime et vite viventis, dum participat vi vegetativa sentiente.

Cap. V, I. Sequitur: *Et volatile super terram sub firmamento celi.* Volatile enim, secundum appetitum et actum volandi, superius terrestri solliditate tam terre quam aque grosse ordinatur, in aere videlicet 15 pinguiori, cuius crassitudo sufficit avium molem supportare, et cuius tamen soliditas non impedit, quin aves eum volandi nisu facile possint penetrare. Volatile igitur, unde volatile, naturalem habet supra terram et sub firmamento collocacionem. Cointelligendus est enim hic in nomine firmamenti aer superior tranquillus quietus, cuius subtilitas et tenuitas 20 tanta est quod non potest avium volatus sustinere. De illa enim aeris parte ait Augustinus super hunc locum, "quod merito tranquillitatis et quietis pertinet ad firmamentum celi." Quia igitur a terrestri soliditate usque ad firmamenti sic dicti tenuitatem, possunt volatilia volatu suo aera medium pinguiorem penetrare. Terestrem autem soliditatem in terra aut aqua, vel 25 firmamenti tenuitatem in superiori aere vel ethere nequaquam possunt permeare, merito dicitur: *super terram sub firmamento celi.*

2. Nec supervacue additur: *sub firmamento.* Aer enim iste pinguior ubi aves volant plerumque celum dicitur, ut in Psalmo: *Volucres celi.* Sed inusitatum est quod idem pinguior aer firmamentum vocetur.   30

3. Quod autem volatus avium pertingat superius usque ad aliquid quod dictum est firmamentum, quemadmodum usque ad terram inferius, manifestat translacio Septuaginta, que sic habet: "volatilia super terram secundum firmamentum celi," vel "iuxta firmamentum celi." In greco enim habetur hic preposicio *kata,* quod interpretatur 'secundum' vel 35 'iuxta' cum coniungitur acusativo. Insinuat igitur iste sermo breviter ubi

---

1 cur dicitur anime viventis *i.m. B**   1, 13 *Sign. conc. 'de modo exponendi scripturam'*
i.m. B*   9 vegetantis] vegetandi *Q*   10 voluit] velut *P*   12 vi] in *P*   13 volatile
super terram sub firmamento celi *i.m. B**   17 tamen] causa *RCH*   17 soliditas]
soliditatis *RCH*   20 subtilitas] tranquilitas *RH*

---

22 Aug. *De Gen. ad litt.,* III, 7 (*CSEL,* XXVIII.1, 70)   29 Psalm. VIII:9

sit volatus avium et usquequo et non ultra, utrumque possit pertingere. Omnium autem avium volatus [219^B] notum est deorsum ad terram pertingere; superius autem usque ad firmamentum non omnium sed paucarum attingit volatus, ut forte aquile.

5   Cap. VI, 1. Repetit autem more suo Scriptura producenda de aqua, adiciens preter solitum speciale nomen cuiusdam speciei producende, utpote nomen cetorum, forte ideo quia cetorum corpora tam grandia sunt quod magis montes aut insule quam animalia viva videantur. Dicunt enim, ut ait Ysidorus, quod "cete dicte sunt ob immanitatem corporum.
10 Sunt enim ingentia corpora beluarum et equalia montibus; qualis cetus excepit Ionam, cuius alvus tante magnitudinis fuerit, ut instar optineret inferni, dicente propheta: *Exaudivit me de ventre inferni."* Sciunt autem hec belue, ut dicit Basilius, "concessum sibi a natura diversorium, quod in extremis situm est pelagi partibus, cui nulla penitus in conspectu terra
15 monstratur, quodque innavigabile penitus habetur. Nam nec quale sit, vel hystoria referente compertum est, utpote nemine confidente inde transire. In hoc igitur loco memorate belue que sunt instar montium commorantur, neque urbibus aliquibus, nec insulis infestantes. Ita singula genera in stacionibus a natura sibi datis, velud in regionibus
20 terrarum, larem proprium incolere coguntur." Dicuntur igitur cete grandia non comparacione ad pisces minores, sed simpliciter magna; "quia immanitate membrorum montibus coequantur excelsis, ita quod sepe putentur esse insule, cum se ad summas undas leni natatu sustulerint." Tales igitur ait Basilius ad incuciendum nobis timorem belue
25 formate sunt.

2. Ieronimus autem dicit quod cete nomen plurale in fine habet accentum, significans omnes immanes bestias maritimas. Latine autem magis dicimus 'cetus, ceti.' Cete autem grecum nomen est.

Cap. VII, 1. Cum autem dicit animam viventem, secundum
30 Ieronimum, a parte totum intelligitur. Insinuavit autem auctor per hunc locucionis tropum quod illa que habent animam sensitivam magis sunt id quod sunt propter sentientem animam quam propter sensificatum corpus. Adicit autem terciam anime differenciam cum dicit: *atque motabilem.* Est enim anime prima potencia vegetativa que animacio dici
35 potest; secunda potencia sensitiva, que in hoc loco vite nomine

2 notum] motum *RCH*   5 De cetis *i.m. B**   13 ut dicit Basilius *om. BQ*   16 confidente] considerante *RCH*   18 neque] in *add. P*   23 putentur *corr. ex* putantur *B**; putantur *H*   29 34 *Sign. conc. 'de modo exponendi scripturam' i.m. B**   29 parte *clarius scr. i.m. B**

9 Isid. *Etym.,* XII, vi, 8   12 Jonas II:3   13 Bas. *Hex.,* VII, 4, 2-4 (ed. cit., pp. 93-94)   22 *Hex.,* VII, 6, 7 (p. 97)   26, 30 Locum Hier. non invenimus

intelligitur; tercia est potencia motiva secundum locum. Non enim omnia sensibilia habent potenciam motivam processivam secundum locum, qualia sunt plura conchilia et petris adherencia.

2. Vel per hoc nomen 'motabile' potest significari reptile, quasi diceret: "omnem animam viventem atque reptilem." Unde translacio 5 Septuaginta habet: "et omnem animam viventem reptilium."

3. Sequitur: *quam produxerant aque in species suas*. Hec igitur de nichilo eduxit Deus, quod insinuatur per verbum creacionis in perfectas species per medium materie quam creavit ex nichilo, et medium aquarum quas creavit ex materia, quibus aquis verbo suo impressit vim 10 productivam eorundem in species perfectas. Intendit enim natura speciem et naturam perfectam, nec quiescit eius intencio in natura generali et inperfecta. Unde cum subiungitur: *et omne volatile secundum genus suum*, intelligendum est, ut supra diximus, per nomen generis, species et natura perfecta [219^C], secundum quod ei est insita vis 15 generativa.

4. Quod autem subinfert: *Crescite et multiplicamini*, ad utrumque genus, piscium videlicet et avium, pertinet. Quod autem subiungit: *et replete aquas maris*, proprie ad pisces. Unde distincte subinfert de avibus: *avesque multiplicentur super terram*. Nec inmerito adicit: *super terram*, 20 quia eciam aves que in aquis victitant ad fetus procreandos et multiplicandos querunt terestrem soliditatem in qua nidificent et ovent, ovisque incubent.

Cap. VIII, 1. Sed queri potest cur non dictum sit in plantis similiter: "Crescite et multiplicamini," cum ille habeant vim generativam et 25 multiplicativam sui secundum species suas. Ad quod respondet Augustinus quod in plantis forte hoc est omissum quia "nullum habent propagande prolis affectum, ac sine ullo sensu generant." Et ideo non dignum fuit ut benediccionis verbis diceretur: *crescite et multiplicamini*. Ubi vero inest affectus, ibi primum hoc dixit, ut in terrenis animalibus 30 eciam hoc intelligatur, licet hoc verbis in eis non repetatur. "Necessarium autem fuit hoc in homine repetere, ne quisquam diceret in officio gignendi filios ullum esse peccatum, sicut est in libidine sive fornicandi sive in ipso coniugio immoderacius abutendi."

2. Verbum tamen crementi non tam puto hic insinuat augmentum 35 corporale cuiusque particularis individui quam augmentacionem ipsius

---

7 *Sign. conc. 'de modo exponendi scripturam'* i.m. *B**   18-19 Quod . . . pisces *om.*
P   20 avesque] celi *add. P*   24 cur de plantis crescite *i.m. B**   32 autem *add. i.m.*
B*

---

3 Cf. Arist *Hist. anim.*, IV, 6 (531a-b) = *De anim.*, IV (MS cit., fol 27^r)   27 Aug. *De Gen. ad litt.*, III, 13 (*CSEL*, XXVIII.1, 79)

nature specialis in multis individuis; ut videlicet per hoc quod dicit: *crescite,* insinuetur multiplicandorum individuorum unitas in unitate nature; per hoc quod dicit: *multiplicamini,* insinuetur unius nature multiplicacio in individuis multis.

5   3. Et congrue additum est hic benediccionis verbum. Bonitas enim est affectus tribuendi non solum sua, sed magis se, in alterius commodum et utilitatem. In generacione autem, generans suam substanciam tribuit in constitucionem substancie generati. Unde affectus generativus in primum esse naturale bonitas est maxima naturalis; affectus vero
10 generativus in esse secundum bonum et esse gratuitum est consummata bonitas racionalis creature. Unde ad hos duos affectus inserendos exprimit frequenter Scriptura verbum benediccionis. Illa est enim vera benediccio, que dicendo efficit bonum.

Cap. IX, 1. Considerandum autem est hic quod nostra translacio non
15 facit hic trinam mencionem fiendi animalia de aquis. Translacio tamen Septuaginta, quam exponit Augustinus, trinam fiendi facit mencionem. Habet enim sic: "Et dixit Deus: Educant aque reptilia animarum vivencium et volatilia volancia super terram secundum firmamentum celi. Et factum est sic. Et fecit Deus cete magna et omnem animam
20 viventem reptilium que eduxerunt aque secundum genera ipsorum, et omne volatile pennatum secundum genus." Et dicit Augustinus quod nonnulli putant propter sensus tarditatem aquatilia vocari *reptilia animarum vivarum* et non animam vivam. Ipse tamen magis arbitratur non hac racione dici *reptilia animarum vivarum,* sed magis ex tali
25 intellectu ex quali consuevimus dicere: "ignobilia hominum, ut intelligamus quicumque sunt in hominibus ignobiles. Quamquam enim sint et animalia terestria que repunt super terram, tamen ex multo maiore numero pedibus moventur, et tam pauca fortasse in terris repunt quam pauca in aquis gradiuntur. Alii autem putaverunt propterea non animam
30 vivam, sed *reptilia animarum* [219^D] *vivarum* pisces esse appellatos, quod eis memoria nulla sit, nec aliqua vita velud racioni vicinior; sed istos fallit experiencia minor." Nam certis experientiis compertum est pisces retinere memoria consuetas nutrimentorum recepciones. Nulli tamen dubium est, quin aquatilia sint minoris prudencie et minoris
35 disciplinabilitatis quam animalia terrestria. Unde et hoc potuit auctor insinuare cum vocavit aquatilia *reptilia animarum vivarum.* De

---

5 *Sign. conc. 'de modo exponendi scripturam' i.m. B**   6 crescite et multiplicamini *i.m.*
B*   5 Et *add. i.m. B**   6 se] est *RQCH*   8 constitutionem *corr. ex* constitution *B**
8 substancie] speciei *RCH*   17-18 animarum vivencium] animalia vivencia *P*   34 quin
corr. ex qui *B**

---

21 Aug. *De Gen. ad litt.,* III, 8 (*CSEL,* XXVIII.1, 70-71)

terrestribus vero dixit: *Producat terra animam vivam,* quod hec sint sensus tardioris et memorie nonnullius, sed minoris; illa vero sensus et memorie vivacioris. Potest quoque, sicut insinuat Basilius, in hac verborum differencia notari quod in aquatilibus anima sit plus corpori subiecta; in terrestribus vero sit anima plus regens corpus et plus 5 assumpserit vivifice virtutis.

Cap. X, 1. Sed cum dicat: *Producant aque reptile anime viventis,* et non addat aliud genus aquatilium quam reptile, videtur quod non sit hic comprehensum omne genus aquatilium. Conchilia enim plurima et in litoribus maris petris adherencia nullum habent motum processivum; et 10 ita nec repunt, cum tamen sint aquatilia. An forte sub verbo rependi comprehenditur motus contraccionis et dilatacionis. Habent enim hec aquatilia hos duos motus; contrahunt enim se cum fugiunt nocivum, et dilatant se ad nutrimentum et ad alia que delectant eorum gustum seu tactum. Vel forte hec aquatilia que nullum habent motum processivum 15 per plantas et per sensibilia dantur intelligi; utpote media quedam inter vegetabilia et sensibilia. Habent enim cum sensibilibus tactum et gustum et contraccionis et dilatacionis motum. Cum plantis vero habent immobilitatem secundum locum, et quedam illorum fixam adherenciam; et ideo media quedam sunt, sicut philosophi dicunt, inter vegetabilia et 20 sensibilia. Et ideo forte hic a legislatore per extrema nobis ad subintelligendum sunt relicta.

2. Vel forte habent potenciam reptandi, sed imperfectam. Propter quam imperfectam potenciam comprehenduntur sub nomine reptilium, licet non possint ab huius potencia elicere suum actum, quemadmodum 25 strutio inter aves et volatilia computatur et quandam habet volandi imperfectam potenciam. Cui potencie attestantur penne, quas habet similes pennis herodii et accipitris; actum tamen volandi nequaquam habere potest, nec tamen est in hiis potencia semper ociosa. Quia forte sicut perfecte potencie negocium est eiusdem potencie actus, sic 30 imperfecte potencie negocium est quies ab actu. Non enim in strutione ociosa est quies ab actu volandi, sed aliquem habet usum utilem in universitate rerum.

3. Vel forte potencia imperfecta elicit ex se actum imperfectum et habet in huiusmodi subiecto actus imperfectus suam utilitatem, 35 quemadmodum in aliis subiectis actus perfectus utilitatem suam.

---

6 vivifice *add. i.m.* B*   7 *Sign. conc. 'de modo exponendi scripturam' i.m.* B*   24 imperfectam *add i.m.* B*   25 huius] minori *add.* P   27 potencie *corr. ex* impotencie B*   29 est *om.* P

3 Bas. *Hex.,* VIII, 1, 11-12 (ed. cit., p. 100)   18-21 Cf. Arist. *Hist. anim.,* VIII, 1 (588b) = *De anim.,* VII (MS cit., fol. 38ʳ) et IV, 6 (531a-b) = *De anim.,* IV (fol. 27ʳ)

Cap. XI, 1. Item plurima sunt aquatilia que nulla generant sibi
similia. Quomodo igitur universaliter genitis ex aqua dictum est: *Crescite
et multiplicamini?* An hoc forte dictum est: Non huiusmodi individuis ut
multiplicentur per propagacionem et generacionem prolis ex parente, sed
5 nature et speciei dictum est ut ex materia aquosa crescat et multiplicetur
secundum numerum individuorum, velud si nature ostreorum diceretur:
"Crescas et multipliceris successive per [220^A] multitudinem
individuorum de aquosa materia progenitorum, et non per
propagacionem alterius ex altero productorum." Crescit enim cotidie et
10 multiplicatur numerus individuorum huiusmodi conchilium per
generacionem ex aquosa materia. Quod si hec benedictio extenditur ad
huiusmodi multiplicacionem, que est preter generacionem similis ex
simili, largius sumitur quam supra expositum est respectu virtutis
generative. Vel forte hec benediccio dicta est aquatilibus simpliciter, licet
15 non omnibus speciebus, sed maiori parti eorum.

Cap. XII, 1. Et quia legislator non tam intendebat docere nos
aquatilium naturas quam ordinacionem ecclesie et morum
informacionem, aliqua in hiis allegorica et moralia breviter sunt
annotanda. Aque igitur in locum unum congregate significant, ut supra
20 dictum est, aquas baptisimi congregatas in unitatem sacramenti. Iste
igitur aque producunt in vitam gracie renatos ex eisdem et Spiritu Sancto.
Quorum quidam quasi reptando proficiunt, dum humilitate et timore se
contrahunt, ut in anterius ex cognicione sue fluxibilis fragilitatis se
extendant, obliti cum apostolo posteriorum. Quidam vero quasi volando
25 superiora petunt, dum gemine caritatis alas expandunt et super spiritum
vite, velud super aera enitentes, anteriora et superiora conscendunt
terrenis omnibus superiores; Christo tamen et celestibus agminibus et
doctrine sacre Scripture, velud firmamento, per obedienciam
subteriores. Reptant igitur qui semper sunt pavidi, de quibus dicitur:
30 *Beatus homo qui semper est pavidus,* et qui cum Iob verentur omnia opera
sua. Volant autem, quorum anima elegit suspendium, et cum desiderio
clamant: *Quis dabit michi pennas sicut columbe, et volabo, et requiescam?
Et sic elongant fugientes et manent in solitudine.*

2. Item aque baptisimi, velud reptilia, producunt activos, qui rebus
35 mundanis fluxibilibus licite tamen eas disponendo se immergunt, et
solliciti sunt eorum que sunt mundi quo placeant uxoribus, quomodo

---

10 multiplicatur *add. i.m. B**   13 respectu] benediccio *RCHP*   16 Spiritaliter *i.m.*
B*   18 moralia *corr. ex* moralica *B:* mortalia *Q*   21 *Sign. conc. 'de baptismo' i.m.*
B*   27 superiores] superioribus *R*   31 elegit] elicit *Q*

---

30 Prov. XXVIII:14   32 Psalm. LIV:7

provideant liberis et disponant domibus suis, et divisi sunt. Producunt eciam contemplativos velud aves ad superna volantes, qui solliciti sunt quomodo placeant Deo; et unam petunt a Domino et requirunt ut inhabitent in domo Domini omnibus diebus vite sue, quo ut ascendant, sperantes in Domino et mutantes fortitudinem, assumunt pennas ut 5 aquile et volant et non deficiunt.

3. Item baptismi sacramentum producit quosdam velud reptilia qui, etsi sint caracteris baptismalis impressione, illicite tamen curis mundanis et secularibus negociis se implicant, contra quos dicitur: *Nemo militans Deo, implicat se secularibus negociis.* De quibus eciam dicit Abacuc: *Et* 10 *facies homines quasi pisces maris, et quasi reptilia non habencia ducem.* Et producit alios tanquam volatilia desiderio supernorum ab illicita implicacione in secularibus negociis se expedientes et in ubertatem spiritus evolantes.

4. Item baptismus producit velud quedam reptilia studiosos 15 perscrutatores sui ipsius et sacre Scripture et operum Dei et velocis transitus mundi et concupiscencie eius. Horum enim subtilis et studiosa perscrutacio velud quedam est in aquis reptacio. Producit eciam tanquam aves ex cognicione inventorum per predictum scrutinium, celestium appetitores. Baptismus quoque producit velud reptilia parvulos nondum 20 habentes sensus excercitatos; cuiusmodi reptilia ostensa sunt Petro. Producit et volatilia viros videlicet spiritales, quorum conversacio [220^B] in celis est, qui super terram volant, cum carnem spiritui subiugant. Reptile se fuisse ostendit Paulus dicens: *Cum essem parvulus loquebar ut parvulus, sapiebam ut parvulus, cogitabam ut parvulus.* Volatile vero 25 super terram se innuit cum dicit: *Castigo corpus meum et in servitudinem redigo.* Et item: *Cum autem factus sum vir, evacuavi que erant parvuli.*

5. Item aqua in unum congregata sciencia est sacre Scripture, de qua dicitur: *Aqua sapiencie salutaris patavit eos;* et alibi: *Repleta est terra sciencia Domini, sicut aque maris operientes.* Hec aqua tota consistit in 30 caritatis unitate et in illo subiecto theologie uno, de quo mencionem fecimus in principio. Hec aqua Scripture producit omnes modos reptilium et volatilium quos producit aqua baptismi. Et insuper producit reptilia curiosorum et volatilia superborum, de quibus in Psalmo dicitur: *Volucres celi et pisces maris qui perambulant semitas maris.* 35

---

1 et divisi sunt *om. P*   1 divisi] diversi *R*   8 etsi *corr. i.m. ex* et *B**   10-11 de . . . ducem *i.m. B**   13 ubertatem] libertatem *RQHP*   16 velocis] veloces *P*   23 cum] qui *P*   23 subiugant] subiungant *RQ*

3-4 Cf. Psalm. XXII:6   9 2 Tim. II:4   10 Habac. I:14   21 Cf. Act. XI:6   24 1 Cor. XIII:11   26 1 Cor. IX:27   27 1 Cor. XIII:11   29 Eccli. XV:3   29 Isai. XI:9   31-32 Cf. supra, I, i, 1 - I, ii, 1   35 Psalm. VIII:9

6. Aqua eciam in unum congregata significat humanum genus fluens penalitate et huius vite mortalis mutabilitate et generis per propagacionem successione, de qua dicitur: *Aquas quas vidisti populi sunt et gentes.* Hec aqua producit de se omnem modum predictum
5 reptilium et volatilium.

7. Aqua eciam ista est transitus mundi et concupiscentie eius. Qui transitus diligenter consideratus et veraciter agnitus velud aqua producit de se omnes dictos modos bonorum reptilium et volatilium. Quis enim, agnoscens veraciter quam velociter preterit figura huius mundi et
10 quomodo transeunt omnia tanquam umbra, non contempnit mundum cum humilitate et timore, se perscrutans et alis dileccionis se ipsum ad celestia provehens? Idem quoque mundi transitus amatus, ac per hoc incognitus, ipsius enim amor mentis obscurat aspectum, producit omnes modos malorum reptilium et volatilium.

15 8. De aquis quoque producimur similes piscibus. Dum existentes in fluxu huius mortalitatis, consideramus novissima nostra ne in eternum peccemus. Ipsa enim mortis consideracio que bifurcat se in viam geminam, unam videlicet deorsum ad inferos et aliam sursum ad celos, quasi cauda piscis est, quam ut in pluribus videmus figuratam secundum
20 bifurcacionem in sursum et deorsum se dividentem. Cauda quoque in pisce est velud gubernaculum in navi, quo regitur motus tocius anterioris corporis. Sic et mors considerata tocius vite huius dirigit cursum, ne aberret a dextris vel sinistris in peccatum. In generali vero resurectione, cum mortale hoc induet immortalitatem et corruptibile incorrupcionem,
25 producemur ut aves ad superna volantes, rapti in nubibus obviam Christo in aere, ut sic semper cum Domino simus.

Cap. XIII, 1. Moraliter autem fluxus voluptatis et sensuum et appetituum exteriorum intra fines discipline contentus, velud aqua intra limites litorum coartata, producit de se in anima fideli reptile timoris
30 humilis et volatile superna petentis amoris. Producit quoque reptile sollicite perscrutacionis sui et volatile ferventis appeticionis celi. Producit quoque reptile negociose accionis et volatile pacate contemplacionis. Producit insuper reptile proinde premeditacionis et volatile verbi sacre allocucionis.

2 mutabilitate] mortalitate *Q;* commutabilitate *P*   9 preterit] transit *RCH*   10
tanquam] velud *RCH*   10 umbra] verba *Q*   11 alis] aliis *Q*   13 obscurat] obturat
B   15 producimur] producunt *R;* producuntur *QCHP*   16 huius] mundi *add. R*   19
figuratam] figuram *P*   24 induet] induerit *P*   25 producemur] producentur *RH*   27
sensuum] sensibilium *Q*   28 fines] terminos *RCH*   30 amoris] aeris *Q*   33 proinde]
perinde *R*

3 Apoc. XVII:15   20-22 Cf. Ambr. *Hex.*, V, 14, 45 (*CSEL*, XXXII.1, 175)

Cap. XIV, 1. Et considerandum quod reptilia et volatilia mistica in bonam partem accepta producta sunt verbo beneplaciti Dei efficiente; in malam vero partem accepta [220^C] producta sunt verbo Dei tantummodo cognoscente et permittente. Nec putet aliquis exposicionem in partem malam esse inconvenientem quia dictum est reptilia et volatilia verbo Dei 5 de aquis educta, quasi non posset hoc congruere mistice nisi bonis, quia beatus Ieronimus infra exponit bestias in partem malam, cum tamen et ipse verbo Dei de terra sint producte. Omne igitur volatile in bonam partem acceptum super terram volitat, quia terrena sibi suppeditat; et subter firmamentum, quia celestibus obedienter est subditum. Volatile 10 vero malum, quod per superbiam aspirat sursum, humiliter sapere quasi terram infimam despicit; invitum tamen, celesti subditur potestati.

Cap. XV, 1. Cete autem grandia sunt que in quibusdam modis significatorum mistice reptilium singularem et manifestam habent preminenciam, ut qui precipuam et manifestam et supereminentem 15 tenent in humilitatem timore Domini; similiter qui in accione et temporalium ordinato regimine, singulari et nota preminent magnitudine. Cete quoque grandia sunt qui maxime probati et noti sunt in sui ipsius et sacre Scripture et operum Dei profunda perscrutacione. Cetus enim magnus fuit ille rex Ezechias, qui dixit: *Recogitabo tibi omnes* 20 *annos meos in amaritudine anime mee.* Cetus magnus fuit David, qui dicit: *In mandatis tuis excercebor et considerabo vias tuas. In iustificacionibus tuis meditabor, non obliviscar sermones tuos. Tunc non confundar, cum perspexero in omnibus mandatis tuis.* Et item idem Psalmista ait: *Meditabor in omnibus operibus tuis et in factis manuum* 25 *tuarum meditabor.* Cetus quoque magnus fuit beatus Paulus, qui *audivit archana verba que non licet homini loqui.* Et insuper tot et tanta predicavit et scripsit misteria, quanta nec huius mundi mare sufficit comprehendere. De hoc genere cetorum, licet non tam grandes, fuerunt sacre Scripture expositores, ut Augustinus, Ieronimus, Gregorius, et istis 30 consimiles. Cete quoque grandia sunt qui notabiles et famosi sunt in sapiencia mundana et secularium negociorum implicacione. Similiter quoque qui in curiosa philosophie perscrutacione, quales fuerunt Plato et Aristotiles et Pitagoras et Anaxagoras, eisque consimiles.

---

2 sunt] in *add. Q*   10 subditum] subiectum *RCH*   12 infimam] infirmam *RCH*   12 despicit] respicit *P*   15 supereminentem] supervenientem *Q*   16 humilitatem timore Domini] timore Domini humilitatem *P*   17 nota] notatur *R*

---

20 Isai. XXXVIII:15   22 Psalm. CXVIII:15-16   23 Psalm. CXVIII:6   25 Psalm. LXXVI:13   26 Cf. 2 Cor. XII:4

Cap. XVI, 1. Anima vivens atque motabilis est apprehensio diligens et operans, seu fides per dileccionem operans. Ipsa enim animacio ad apprehensionem fidei, que est primum in anima fundamentum vite spiritalis, vita vero ad dileccionem, motacio vero ad operacionem
5 refertur. Cum autem anima fidelis ex dileccione bene operatur, iam quasi in formatam speciem producta est. De qua formacione dicit Isaias: *Et nunc hec dicit Dominus, formans me ex utero servum sibi.* Vel in speciem formatam producta est quelibet fidelis anima per dileccionem operans, cum perficitur secundum specialem virtutem secundum eiusdem virtutis
10 actum ei specialiter appropriatam. Quemadmodum Abel productus erat in suam speciem per innocenciam, Noe per iusticiam, Moyses per mansuetudinem, Ioseph per castitatem.

2. Possunt quoque in anima vivente et motabili tres partes anime, seu naturales potencie, insinuari. Que anima ex tribus constans partibus
15 seu potenciis producitur in speciem formatam, hoc est, renovatur ad ymaginem sui Conditoris ex aquis baptismi et ex aquis sapiencie salutaris, [220^B] et post lapsum ex aquis lacrimarum penitencie. Lacrime namque penitentiales post lapsum renovant quos primo innovavit baptismus.

Cap. XVII, 1. Verbum autem benediccionis Dei, quo dicitur:
20 *Crescite et multiplicamini,* imprimit affectum dileccionis qua quisque bonus satagit et nititur generare bonum in alio quale est in se ipso, sicut voluit Paulus, dicens: *volo omnes homines esse sicut me ipsum.* Cum autem ex hoc affectu alii alios parturiunt modo quo dicit Apostolus: *Filioli mei, quos iterum parturio, donec formetur Christus in vobis,* et illi
25 generantur in Christo modo quo iterum dicit Apostolus: *Ego per evangelium vos genui in Christo,* genitique proficiunt, adimpletur quod dicitur: *Crescite et multiplicamini.* Et per hunc modum crementi et multiplicandi replentur aque baptismi et Scripture et penitencie, per actus observacionis mandatorum baptismo et Scripture et penitencie
30 congruentes. Unus enim aliquis secundum actus exteriores non potest omnia spiritalia mandata Scripture perficere, sicut qui renunciavit mundo non perficit actum exteriorem distribucionis elemosinarum, quia non habet unde distribuat aliquid proprium. Secundum interiores tamen virtutum habitus, quilibet iustus omnia complet mandata.

1 Anima] vero *add. P*   1 apprehensio] comprehensio *RCH*   9 specialem] spiritualem *RCH*   10 appropriatam] appropriatum *P*   14 naturales] vires vel *add. RCH*   20 Crescite *add. i.m. B**   21 se ipso] semet ipso *P*   34 quilibet] quibus *RQHP*

6 Isai. XLIX:5   22 1 Cor. VII:7   23 Galat. IV:19   25 1 Cor. IV:15

2. Crementum igitur et multiplicacio multorum iustorum complere potest exteriores actus omnium mandatorum, et sic replentur aque maris; quia Scripture et baptismi et penitencie adimplecio est mandatorum omnium secundum opera observacio. Hac autem generacione crescunt sancti in corpore Christi, quod est ecclesia, augmentato; et quolibet 5 habente in hoc corpore in quolibet alio, quicquid habet quilibet alius quod ipse non habet in se ipso. Crescunt itaque iusti in plenitudinem corporis Christi. De qua dicit Apostolus: *Donec occurramus omnes in unitatem fidei in virum perfectum, in mensuram etatis plentudinis Christi.* Multiplicantur autem per multitudinem personarum Christi corpus 10 adimplencium. Crescit quoque creatura racionalis in Creatoris sui devocione; multiplicatur bonorum operum consummacione; replet aquas maris perscrutando legem secundum profunditatem spiritalis intelligencie. Aves autem super terram multiplicantur, cum religiosi contemplativi contemptis mundanis omnibus secundum numerum 15 augentur; qui quando de spiritalibus bonis tractatur, nichil omnino de carnalibus cogitant. Sola spiritalia et nulla carnalia ante mentis oculos sibi proponunt. Qui advenas et peregrinos se cognoscentes dicunt: *Heu me, quia incolatus meus prolongatus est!* Qui dissolvi cupiunt et esse cum Christo. Qui domorum, liberorum, familie, possessionum, et omnium 20 rerum que ad seculum pertinent sunt immemores, pietatem in filios et parentes, pietate que in Deum est, exsuperantes; pedem in publicum proferre odientes; in ocio a mundi negociis, secundum spiritum nunquam ociantes; quibus est in severitate iocunditas, et in iocunditate severitas; quibus nichil est risu tristius, nichil tristitia suavius; quibus pallor in facie 25 continenciam indicans, non redolens ostentacionem; quibus sermo silens, et silencium loquens; quibus incessus nec citus nec tardus; quibus idem semper habitus, et nunquam a se [221^A] dissidens animus, utpote ei qui est sui ad se omnimoda similitudo pro facultate humane imitacionis assimulatus.   30

2 aque] aquis *RCH*   5 augmentato] augmentacio *P*   6 quilibet alius] quibus aliud *RQ*   10 Multiplicantur] Multiplicatur *RQ;* Replet *H*   11 adimplencium] adimpletum *H*   14 *Sign. conc. 'de procrastinantibus conversionem' i.m. B**   26 continenciam] abstinenciam *R*   28 dissidens] discedens *Q*

8 Ephes. IV:13   18 Psalm. CXIX:5

PARTICULA SEPTIMA

Cap. I, 1. Dixit quoque Deus: *Producat terra animam viventem in genere suo.* Disposicione ordinis observata unicuique locum suum tribuente, ultimo in sex dierum operibus inducit legislator elementi infimi
5 et ultimi ornatum. Quod tamen elementum, ut supra diximus, tanto ornatur decencius, quanto ipsum in se minus habet decoris, secundum illud Apostoli: *Que putamus ignobiliora membra esse corporis, hiis habundantiorem honorem circumdamus.* Ait igitur: *Producat terra animam viventem.* Quo dicto, Deus et vim producendi animalia viventia
10 terris indidit et actum produccionis movit, quo vis indita in actum essendi animalia produxit; et eiusdem verbi virtute propagantur in posterium species tunc de terra producte; et terra ipsa adhuc multa producit animalia, sine propagacione ex semine, eiusdem primi precepti virtute. Licet enim terra ex luminaribus iam creatis suorum luminum virtutes
15 terre infundentibus, haberet forte vim inclinativam et raciones in se seminales ad producenda animalia, nichilominus tamen virtute unici verbi Dei qui semel loquitur, et secundum id ipsum non repetit, omnia hec effecta sunt. Nisi autem terra haberet in se racionem seminalem et vim inclinativam ad producenda de se animalia, que virtus aut ante
20 preceptum producendi aut ipso precepto terre fuisset impressa, non hoc modo diceretur: *Producat terra,* sicut non congrue diceretur ab artifice: "Producat es statuam," cum nullam habeat es inclinacionem ad educendam in se statue figuram, licet artifex figuraret statuam in ere solo suo verbo, quemadmodum nunc figurat eam instrumento. Qui tamen
25 artifex congrue diceret: "Producat es statuam," si verbo suo productivam virtutem eri imprimeret et virtutem impressam in actum produccionis moveret. Quia igitur Deus verbo suo et virtutem producendi impressit et impressam in actum movit, congrue dicit: *Producat terra.*

2. Per animam autem viventem, intelligendum est animal, corpus
30 videlicet animatum sensibile, secundum figuram locucionis que ponit partem pro toto. Sed nunquid de terrestri aut corporali materia producte sunt anime brutorum? Si non sunt de terrestri materia producte, quomodo dicit: *Producat terra animam viventem?* Si aliunde quam de terra facte sunt anime brutorum, aut si create sunt ex nichilo, quomodo

---

6 quanto] quantum *P*   10 quo vis] quevis *P*   12 tunc] non *Q*   15 inclinativam] inclinacionem *P*   18 terra *om. P*   18 in se *om. P*   23 ere] ore *RCH*   26 eri] ori *RCH*   28 impressam] impressum *R*   29 *Sign. conc. 'de modo exponendi scripturam' i.m. B**   30 animatum sensibile] animam sensibilem *P*   31 nunquid] nunquam *Q*   33 quam] quomodo *R*

---

4 Cf. R. Fishacre *Comm. in Sent.,* II, d. 15 (MS cit., fol. 110^D)   7 1 Cor. XII:23   25
Cf. R. Fishacre *Comm. in Sent.,* II, d. 15 (MS cit., fol. 110^D)

producit eas terra? Non enim producit eas ut creator aut causa earum
efficiens, cum anima quelibet sine comparacione nobilior sit quam terra.
Omnis autem causa efficiens effectui suo preponitur, aut saltem in
nobilitate equiparatur. An forte ideo congrue dicitur terra producere
animam viventem, quia producit corpus organicum materialibus 5
disposicionibus omnimode sufficienter preparatum et aptatum anime
recipiende, quam largitas Creatoris convenientem preparate materie
statim infundit? Intencio namque [221^B] que intendit materiam
sufficienter secundum omnes disposiciones materiales aptatam ad
formam propriam recipiendam protendit se eciam in formam materie 10
disposite congruentem, undecumque conferatur forma materie tali.
Produxit igitur terra totum animal; quia et corpori animalis materiam
ministravit et ex precepto Conditoris in materiales disposiciones
congruentes plene suscepcioni anime intencionem et inclinacionem
extendit. Que extensio inclinantis intencionis citra recipiendam animam 15
terminari non potuit, sed in ea finem et terminum collocavit. Et ita,
secundum huiusmodi intencionis extensionem, totum animal produxit,
quod totum nomine partis, id est anime viventis, quam nomine tocius
insinuare maluit. Quia si dixisset: "Producat terra animal," posset putari
quod nomen tocius poneretur pro parte, id est pro corpore. Nunc autem 20
cum dicit: *Producat terra animam viventem,* aliquid amplius insinuat,
videlicet quod producendi inclinacio non terminat suam extensionem
solum in animalis corpore, sed eciam protendit eam per corpus
organicum usque ad recepcionem anime; licet ipsa terra, neque tanquam
materia neque tanquam efficiens causa, anime producat essentiam. Deus 25
enim, sicut nos credimus, animas eciam brutorum creat ex nichilo et
infundit eas corporibus organicis aptatis earum recepcioni. Neque enim
ex traduce credimus eas esse, neque eductas de potencia in actum ex
aliqua materia corporali. De corporali enim materia non fit nisi
corporeum, quod cum fit per dimensiones extentum non potest habere 30
vim sensitivam. Nec eciam de materia incorporea spiritali credimus eas
fieri; quod inferius, ubi se obtulerit occasio, Deo adiuvante, plenius
monstrare curabimus. *Producat* itaque *terra animam viventem in genere
suo,* hoc est animal vivens perfectum secundum naturam specialem et
virtutem generativam sibi consimilis secundum specialem naturam. 35

---

6 omnimode] commode *RC;* comode *H*   12 igitur *om. P*   12 materiam] naturam
R   15 inclinantis *add. i.m. B**   28 eductas] productas *R*   34 vivens] vivere
RCH   35 consimilis] consimilem *P*   35 specialem] spiritualem *RCH*

4 Cf. R. Fishacre *Comm. in Sent.,* II, d. 15 (MS cit., fol. 110^D)   31-33 Cf. infra, IX, iii,
2-3

Cap. II, 1. Sequitur: *Iumenta et reptilia et bestias terre secundum species suas.* Quod prius anticipavit generaliter dicens: *Producat terra animam viventem in genere suo,* consequenter dividit in tres speciales differentias, iumentorum videlicet, reptilium et bestiarum. Sunt autem
5 iumenta mansueta animalia que in usum hominum accommodata iuvant eos sive in laboribus, ut boves et equi et cetera talia, sive ad lanificium, ut oves, sive ad vescendum, ut sues. Reptilia vero sunt que corporis tractu nituntur et promovent se in anterius, sive trahant se ipsa pedum motu, ut lacerti, sive anteriori corporis extento trahant corporis sui posterius, ut
10 colubri. Bestia autem dicitur communiter et proprie, et magis proprie. Communiter enim dicitur bestia omne animal brutum terrestre. Maxime vero proprie dicitur bestia omne et solum animal terrestre quod sevit ore vel unguibus, exceptis serpentibus. Medio vero modo inter hec significata, dicitur bestia omne animal brutum quod habet indomitam
15 feritatem, licet non seviat ore vel unguibus, quales sunt cervi et dammule. Et ex hoc intellectu sumitur in hoc loco nomen bestie. Comprehenduntur igitur in hac trimembri divisione omnia terrestria animalia, quia omne terrestre animal mobile est secundum locum. Movetur autem necessario vel tractu vel pulsu. Item omne terrestre animal aut natum est magis
20 mansuescere, aut nativam habet feritatem. Que tractu itaque moventur inepta sunt mansuescere, et reptilia dicuntur. De hiis vero [221^{C}] que magis moventur propulsu, que nata sunt mansuescere, iumenta dicuntur. Que vero nativam feritatem indomitam habent dicuntur bestie.

Cap. III, 1. Translacio autem Septuaginta quatuor nominibus
25 animalia terrestria comprehendit. Habet enim sic: "Educat terra animam vivam secundum genus, quadrupedia et reptilia et bestias terre secundum genus, et pecora secundum genus; et factum est sic. Et fecit Deus bestias terre secundum genus, et omnia repentia terre secundum genus ipsorum." Hec itaque tria nomina, quadrupedia, bestie et pecora,
30 communiter dicuntur et proprie. Quadrupedia enim communiter dicta sunt omnia que quatuor gradiuntur pedibus, secundum ipsius nominis composicionem. Bestie autem et pecora communiter dicuntur ad omnia bruta terrestria; sed hec nomina in hoc loco per appropriacionem sumuntur. Quadrupedia enim hic dicuntur que habent indomitam
35 feritatem; carent tamen seviente crudelitate, ut cervi et dammule. Bestie

---

1 *Sign. conc. 'de modo exponendi scripturam' i.m. B**   6 lanificium] lanificum *P*   7
sues] et porci *add. P*   20 nativam] naturalem *R;* natam *HP*   23 feritatem *om. P*

---

2 Cf. R. Fishacre *Comm. in Sent.,* II, d. 15 (MS cit., fol. 111^{A}) et R. Rufi *Comm. in Sent.,*
II, d. 15 (MS cit., fol. 138^{A})   11-13 Cf. Aug. *De Gen. ad litt.,* III, 11 (*CSEL,* XXVIII.1,
76)

vero sunt indomite fere, que eciam seviunt unguibus vel ore. Pecora autem hic dicuntur que supradiximus iumenta. Reptilium vero nomen secundum utramque translacionem eundem retinet sensum.

2. Vel sicut dicit Augustinus, quia in hac translacione Septuaginta quam ipse exponit: "Ter dixit Scriptura: *secundum genus,* tria quedam 5 genera nos invitat attendere. Primo secundum genus quadrupedia et reptilia; ubi arbitror significatum, que quadrupedia dixerit, scilicet que in genere sunt reptilium, sicut sunt lacerte et stelliones et siquid huiusmodi est. Ideoque in repetitione quadrupedum nomen non iteravit, quia reptilium vocabulo fortasse complexus est. Unde ibi non simpliciter ait: 10 *reptilia,* sed addidit: *omnia reptilia terre.* Ideo *terre?* Quia sunt et aquarum. Et ideo *omnia?* Ut illic intelligantur que quatuor eciam pedibus nituntur, que superius quadrupedum nomine significata sunt. Bestias autem, de quibus item ait: *secundum genus,* quicquid ore aut eciam ungulis sevit, exceptis serpentibus. Pecora vero, de quibus tercio ait: 15 *secundum genus,* que neutra vi lacerant."

Cap. IV, 1. Queritur autem in hoc loco ab expositoribus de minutis animantibus que passim oriuntur non ex propagacione, set ex elementis vel plantis vel putredinibus, an quinto et sexto die facta sint, sicut et illa que per propagacionem genus multiplicant. Et dicit Augustinus ad hoc 20 quod ea minuta animalia que non ex propagacione, sed vel ex aquis vel terris oriuntur, in prima mundi condicione inter opera sex dierum creata sunt. "Cetera vero, que de animalibus gignuntur et maxime mortuis, absurdissimum est dicere tunc creata, cum animalia ipsa creata sunt; nisi quia inerat iam in omnibus animatis corporibus vis quedam naturalis et 25 quasi preseminata materia et quedam primordia futurorum animalium, que de corrupcionibus talium corporum pro suoque genere ac differentiis erant exoritura per administracionem ineffabilem movente omnia incommutabili Creatore."

Cap. V, 1. Sed queri potest an ea que nascuntur de corrupcionibus 30 et purgamentis vel exalacionibus aut cadaverum tabe, et maxime que nascuntur de corruptela carnis humane, orta fuissent licet homo non peccasset. Et constat quod si sunt species rerum naturales et universitatis naturaliter partes habentes naturales differencias specificas distinguentes eas ab aliis rerum speciebus, fuissent eciam licet homo non peccasset. 35

---

7 ubi] ut *P*   7 significatum] signant *P*   9 est *om. P*   9 quia *add. i.m. B**   12 intelligantur] intelligitur *P*   27 suoque] suoqueque *P*   28 omnia] ineffabili et *add. P*   33 si *om. P*   35 eas] ea *P*   35 speciebus] substanciis *P*

---

5 Aug. *De Gen. ad litt.,* III, 11 (*CSEL,* XXVIII.1, 76)   20 *De Gen. ad litt.,* III, 14(*CSEL,* XXVIII.1, 80)

Non enim fuisset rerum universitas imperfecta, et numerus naturalium
specierum diminutus, licet non peccasset homo. Nec fuissent iste [221^D]
species si tamen species sint ab aliis distincte semper in potencia sola, quia
nulla est potencia quam creavit Deus perpetuo inanis et ociosa. Igitur, si
5 species sunt et fuissent, homine non peccante, unde nascerentur?
Nunquid que nunc nascuntur de corruptela carnis humane, tunc
nascerentur de alterius rei corruptela seu tabe? An de ipsius hominis non
corrupto corpore? Aut putandum est huiusmodi non esse distinctas ab
aliis naturaliter naturales rerum species, sed pocius quasdam a perfectis
10 speciebus degeneraciones, quemadmodum frumentum nigrum non est
aliud secundum naturam et speciem quam verum et perfectum
frumentum, sed est a perfecto frumento quedam viciosa degeneracio.
Nec aliquid deesset naturarum numero aut universitatis integritati, licet
nunquam esset degeneracio frumenti nigri. Sed si per hunc modum esset,
15 queri posset de singulis natis ex corrupcionibus et a speciebus perfectis
degenerantibus, quarum specierum perfectarum degeneraciones essent
singule huiusmodi degenerantes species; utpote cuius perfecte speciei
degeneracio esset pediculus, et cuius esset lumbricus, et de consimilibus
consimiliter. Sed hec per certitudinem determinare sapiencioribus
20 relinquo.

Cap. VI, 1. Quod eciam hic queritur de venenosis animalibus et
nocivis non ex putredinibus et corruptelis exortis, an facta sint ante
hominis peccatum, an post eius lapsum sint condita, creditur magis quod
ante hominis peccatum sint facta. Nec tamen ante hominis peccatum
25 erant homini nociva. Cuius rei satis manifestum est indicium quod leones
non leserunt Danielem missum ad eos famelicos in lacum, et quod in
apostoli Pauli manu mortifera vipera inhesit, nec tamen eum lesit. Potest
tamen istud, videlicet quod ante hominis peccatum erant, et tamen
homini nociva non erant, dupliciter intelligi: videlicet vel quod alterata
30 sint in se in qualitates nocivas et venenosas peccante homine; aut sine sui
alteracione facta sunt nociva, alterato propter peccatum et corrupto
hominis corpore. Quorum duorum utrum sit verius, non facile dixerim.

Capt. VII, 1. Sunt autem nunc plurima plurimisque modis homini
nociva et hoc pluribus de causis. Nociva sunt enim "causa terrendorum et
35 puniendorum viciorum, et causa probande perficiendeque virtutis, et in

---

2 specierum] rerum *RCH*   3-4 quia ... potencia *add. i.m. B**   5 sunt et] non *add.*
R   6 nunc *om. P*   7 An] At *sive* Ac *P*   9 perfectis] per *clarius i.m. B**   13-14 Nec
... degeneracio *om. H*   13 deesset] decens *RC*   15 a speciebus perfectis] speciebus a
perfectis *P*   23 magis] autem *add. P*   32 utrum] iterum *P*   33 cause nocivorum *i.m.*
*B**   33 homini *om. P*   34-35 et puniendorum *add. i.m. B**

---

26 Cf. Dan. VI:7 seqq.   27 Cf. Act. XXVIII:3-8   34 Aug. *De Gen. ad litt.*, III, 15
(*CSEL*, XXVIII.1, 81)

exemplum paciencie demonstrandum ad profectum ceterorum, et ut ipse sibi homo in temptacionibus certius innotescat, et in iusticie consummacionem, ut videlicet salus amissa turpiter per voluptatem, fortiter recuperetur per dolorem."

Cap. VIII, 1. Sed cum bruta non peccent neque virtutibus 5 proficiant, cur nocent quedam bruta quibusdam aliis? Non enim hic possunt reddi cause que redduntur cur noceant hominibus. Hoc autem solvit Augustinus dicens: "Ideo nimirum, quia scilicet alia cibi sunt aliorum. Nec recte possumus dicere: 'non essent alie bestie quibus alie vescerentur.' Habent enim omnia, quamdiu sunt, mensuras, numeros, et 10 ordines suos; que cunta merito considerata laudantur, nec sine occulta pro suo genere moderacione pulcritudinis temporalis eciam ex alio in aliud transeundo, mutantur. Quod et si stultos latet, sublucet proficientibus, clarumque perfectis est. Et certe talibus omnibus inferioris creature motibus prebentur homini salubres admoniciones, ut 15 videat quantum sibi satagendum sit pro salute spiritali et sempiterna, qua omnibus irracionalibus animantibus antecellit, cum illa videat a maximis elefantis usque ad minimos vermiculos [222^A] pro salute corporali temporali, quam pro sui generis inferiore ordinacione sortita sint, sive resistendo, sive cavendo, agere quicquid valent; ut cum quedam 20 refeccionem corporis sui ex aliorum corporibus querunt, alia se vel repugnandi viribus, vel fuge presidio, vel latebrarum munimine, tuerentur. Nam et ipse corporis dolor in quolibet animante, magna et mirabilis vis est anime, que illam compagem ineffabili permixtione vitaliter continet, et in quandam sui moduli redigit unitatem, cum eam 25 non indifferenter, sed, ut ita dicam, indignanter patitur corrumpi atque dissolvi."

Cap. IX, 1 Sed nunquid nocerent bruta adinvicem et esset unum cibus alteri nisi homo pecasset? Videtur quod non vescebantur bruta carnibus ante hominis peccatum, nec vescitura essent nisi homo 30 peccasset, per hoc quod Deus dixit homini: *Ecce dedi vobis omnem herbam afferentem semen super terram, et universa ligna que habent in semetipsis sementem generis sui, ut sint vobis in escam: et cuntis animantibus terre, omnique volucri celi, et universis que moventur in terra, ut habeant ad vescendum.* Ex hiis namque verbis patet quod secundum 35 primam legem nature et condicionis prime, omnia terre animalia vescebantur fructibus et seminibus vel herbis vel arborum extremitatibus.

---

6 nocent] noceant *R*   20 sive cavendo *add. i.m. B**

8 Aug.*De Gen. ad litt.*, III, 16(*CSEL*, XXVIII.1, 81-82)   31 Gen. I:29-30

Ex quo insinuari videtur quod non vescerentur cede mutua seu carnibus.
Et huic sentencie non consonat Basilius.

   Cap. X, 1. Item queritur: "Si animalia noxia vivos homines aut
penaliter ledunt, aut salubriter excercent, aut utiliter probant, aut
5 ignorantes docent, cur in escas suas dilacerant et corpora hominum
mortuorum?" Quod ita solvit Augustinus dicens: "Quasi vero quicquam
intersit ad nostram utilitatem, ista caro iam exanimis in nature profunda
secreta per quos transitus eat, unde mirabili omnipotencia Creatoris
reformanda rursus servatur. Quamquam et hinc fiat quedam prudentibus
10 admonicio, ut se ita commendent fideli Creatori omnia, maxima et
minima, occulto nutu administranti, cui eciam nostri capilli numerati
sunt, ne propter inanes curas exanimatorum corporum suorum ulla
genera mortium perhorrescant, sed pie fortitudinis nervos ad omnia
preparare non dubitent."
15   Cap. XI, 1. Allegorice autem terra significat Christi carnem, de qua
veritatis manifestacio exorta est. Significat eciam et ecclesie unitatem et
stabilitatem. Significat et carnem per abstinenciam maceratam, et
significat fragilitatem carnis nostre et rerum terrenarum per
inpendendam vilitatem. Terra itaque, quolibet istorum modorum dicta,
20 producit animam viventem vita caritatis et gracie. Caro namque Christi,
veraciter credita et in sacramento eucaristie digne assumpta, est panis *qui
descendit de celo et dat vitam mundo.* Unitas quoque ecclesie cotidie
generat et producit in vitam gracie filios spiritales; et dicit cum Paulo: *Ego
vos genui per ewangelium in Christo.* Maceracio quoque carnis transit in
25 vegetacionem spiritus. Unde et ecclesia ieiunans orat, ut castigacio
corporis assumpta, ad nostrarum vegetacionem transeat animarum. Caro
namque per abstinenciam macerata est terra. De qua dicit Paulus: *Terra
semper venientem super se bibens ymbrem, et germinans herbam
opportunam illis, a quibus colitur: accipit benediccionem a Deo.* Fragilitas
30 eciam propria attentius considerata spiritum vivificat considerantem.
Unde et Psalmista ait: *Humiliatus sum usquequaque;* [222^B] *vivifica me
secundum verbum tuum;* humiliatus, inquam, ex consideracione
fragilitatis proprie. Et Isaias ait: *Ut vivificet spiritum humilium, ut vivificet
cor contritorum.* Hinc eciam Sauli dictum est: *Cum esses parvulus in
35 oculis tuis, capud in tribubus Israel factus es.* Unde parvulus, nisi ex
consideracione fragilitatis proprie? Unde capud, nisi ex spiritu vivificato

---

2 non *om. BQ*   15 Allegorice *i.m. B**   21 credita] tradita *RCH;* conditus *Q*

---

   2 Cf. Bas. *Hex.,* IX, 5, 4-7 (ed. cit., p. 121)   3 Aug. *De Gen. ad litt.,* III, 17 (*CSEL,*
XXVIII.1, 82)   6 *De Gen ad litt.,* III, 17 *(CSEL* XXVIII.1, 82-83)   21 Cf. Joan.
VI:33   23 1 Cor. IV:15   27 Hebr. VI:7   31 Psalm. CXVIII:107   33 Isai.
LVII:15   34 1 Reg. XV:17

regente? Terrenorum quoque considerata vilitas non parum erigit et
promovet spiritum in vitam gracie. Considerata enim invenitur nichili.
Unde Ieremias ait: *Aspexi terram, et ecce vacua erat et nichili.* Quanto
autem hic aspicitur nichili, tanto mens assurgit in desiderium eorum que
vere sunt aliquid, quo eciam desiderio vivit. Unde et Salomon ait:*Lignum* 5
vite desiderium veniens.

    Cap. XII, 1. Sed eorum quos sic producit terra in animam viventem,
quidam sunt iumenta, id est simplices et in labore active vite constituti
humanis necessitatibus iuvandis utiles. Qualia iumenta precipit Moyses
die sabati requiescere post sex dierum labores. Quidam vero sunt reptilia, 10
id est viri timorati, qui timore in parvitatis humilitatem se contrahunt, ut
in anterius se extendant, et se ipsos et Scripturam et creaturam subtilibus
perscrutacionibus, quasi minutissimis reptancium nisibus et profectibus
discuciunt et investigant. Quidam autem sunt bestie, id est feroces et sevi
contra vicia et contra bestiales et humanos affectus, qui pro posse suo 15
occidunt, dilacerant et devorant omne quod bestiale et humanum est, in
se ipsis et in aliis, ut iam non remaneant bestie vel homines, sed dii. Non
solum enim improperatur hominibus quod comparati sunt iumentis
insipientibus et similes facti sunt illis, sed eciam quod homines sunt. Unde
et quibusdam improperando dicit Paulus? *Cum dicitis: Ego sum Pauli,* 20
ego Appollo, nonne homines estis? Super quod verbum Augustinus ait:
"Quid eos volebat facere quibus exprobabat quia homines erant? Vultis
nosse quid eos facere volebat? Audite in Psalmis: *Ego dixi dii estis et filii*
excelsi omnes. Iumentum igitur fuit Paulus in faciendo collectas
pauperibus. Reptile fuit in rimando secreta vix alicui perscrutacioni 25
penetrabilia. Bestia vero fuit, castigans corpus proprium, et in servitutem
redigens, et iterum invalescens, et Iudeos confundens, et fornicatorem
qui patris uxorem violaverat, tradere Sathane in interitum carnis
diiudicans. Reptilia igitur sumus in perscrutando prudenter quid bonum
et quid malum; iumenta vero in operando cum mansuetudine bonum ad 30
omnes; bestie autem in seviendo fortiter contra malum."

    2. Ieronimus autem dicit: "Iumenta sunt fideles simpliciter
viventes." Reptilia vero sancti sunt prudenter ut serpentes, simpliciter ut
columbe viviscentes. Bestie autem sunt potentiali superbia feroces.

    5 quo] quomodo *Q*   8 constituti] considerata *Q*   11 ut] ibi *Q*   14 id est *om.*
P   15 qui] quos *RCH*   17 remaneant] remare *P*   17-18 bestie ... comparati *om.*
P   22-23 quibus ... facere *om. P*   33 sancti] facti *Q*   33 sunt *om. CH*   33
prudenter] prudentes *CH*

    3 Jerem. IV:23   5 Prov. XIII:12   20 1 Cor. I:12   22 Locum Augustini non
invenimus   23 Psalm. LXXXI:6   32 Cf. ps.-Bedae *Comm. in Pent.*, Gen. (*PL*, XCI,
200B) et Isid. *Quaest. in Gen.*, I, 13 (*PL*, LXXXIII, 211C)

Possumus quoque iumentum referre ad vim sensitivam; reptile vero ad vim racionalem perscrutativam; bestiam vero ad imperandi affectum. Habet autem quelibet harum virium triplex esse; primum videlicet esse naturale. Cum vero esse naturale, in hiis tribus viribus deflectitur ad
5 triplicem voluptatem, videlicet ad voluptatem in sentiendo et ad voluptatem in sciendo et ad voluptatem in dominando, tunc hee tres vires fiunt tres concupiscentie. De quibus dicit Iohannes: *Quoniam omne quod est in mundo, concupiscentia carnis est, et concupiscentia oculorum et superbia vite:* [222^C] *que non est ex Patre.* Et tunc sunt hee tres vires
10 iumentum et reptile et bestia, in malam accepta significacionem. Cum autem esse naturale istarum trium virium informatur caritate, tunc sunt hee tres vires iumentum, reptile et bestia in bona significacione accepta. Quemadmodum et in hoc loco accipi possunt, ut iumentum videlicet intelligatur qui bene utitur ad necessitatem, non ad sentiendi libidinem,
15 exteriorum sensuum vivacitate; reptile vero, qui subtilem perscrutacionem sciencie, convertit in edificacionem spiritalis vite; bestia vero, qui utitur imperio non ad dominacionis fastum, sed ad eorum quibus imperatur fructum; qui sevit in vicia et in bestiales affectus eorum qui potestati et dominacioni a Deo ordinate resistunt.
20   3. Huiusmodi ·autem iumenta et reptilia et bestie producuntur secundum genus suum, cum imitando sanctos patres precedentes qui eos in fide genuerunt, intendunt consimiliter generare sibi similes succedentes. Nec debet hec intencio desistere, donec produxerit producenda secundum species suas, hoc est, produxerit ea perfecta
25 completa et speciosa. Species enim est tota substancia individuorum.
   4. In precedentis autem diei opere, in huius diei opere usque huc, versata est intencio legislatoris circa generacionem animantium, que vidit Deus quia bona, hoc est, in rerum universitate utilia. De eorum igitur proprietatibus quibus in universitate servant utilitatis ordinem, aliqua in
30 genere dicenda sunt. Speciales namque naturas specialium tam aquatilium quam volatilium et terrestrium animantium Basilius et Ambrosius super hunc locum pro magna parte diligentissime descripserunt.
   Cap. XIII, 1. Possumus itaque ex verbis ipsis Scripture primo
35 generalem divisionem animancium facere: Omne namque animans

---

1-2 ad vim¹ *add. i.m.* B*   2 affectum] effectum *RC*   4 tribus *om.* P   14 sentiendi]
scandali *Q*   18 bestiales] actus *add.* P   23 debet] decet *Q*   27 circa] contra *Q*   30
specialium] spiritualium *Q*   31 animantium] animarum *P*   34 (de divisione gener)ali
animancium *i.m.* B*   35 animans] animal *QH*

---

7 1 Joan. II:16   31-32 Cf. Bas. *Hex.*, VII-IX (ed. cit., pp. 88-126) et Ambr. *Hex.*, V-IX
(*CSEL*, XXXII.1, 140-261)

animam habet viventem, hoc est, substanciam incorpoream vegetativam et sentientem; per animacionem namque, ut supra dictum est, vegetacio intelligitur; per vivere vero adiectum sensificacio denotatur. Omne autem sentiens aut motabile est secundum motum localem processivum, aut immobile est secundum huius motum. Sentiens autem sic immobile 5 velud quoddam medium est inter terre nascencia, que solummodo vegetantur, et inter animantia, que simpliciter sensificantur et moventur. Sunt quoque de genere aquatilium animancium.

2. Hoc enim exigit naturalis ordo. Simpliciter enim aquatilia minus participant viribus anime sensibilis apprehensivis et discretivis quam 10 simpliciter animalia terrestria. Unde et simpliciter minus sunt disciplinabilia, quapropter simpliciter minus habent vite. Minimum igitur et infimum in participacione vite est planta, quia solummodo vegetatur. Proximum huic in participacione vite est quod sensificatur; caret tamen parte anime motiva. Tercium optinet gradum quod cum sensitiva parte 15 habet eciam et motivam. Cum itaque in motivis animantibus vivaciora simpliciter sint terrestria quam aquatilia, congruit magis ut inter aquatilia ordinetur quod minima participat vita in animantibus, id est sensibile immobile, quam quod ordinetur inter terrestria.

3. Habent eciam sentientia immobilia necessitatem ut sint aquatilia. 20 Cum enim non possint movere se localiter ad nutrimentum consequendum, oportet ut vivant in elemento [222^D] quod deferat ad ea nutrimentum. Tale autem elementum non est terra, quia terra immobilis est. Aer vero non est nutrimentum, nec trahit secum in motu suo nutritiva. Aqua vero, cum pervenit ad huiusmodi animancia, aut ipsamet 25 est eis nutrimentum aut trahit in se eorum nutrimentum. Hec quoque animancia immobilia carent sensibus eminus apprehensivis. Essent enim huiusmodi sensus in eis inutiles; immo magis essent huiusmodi sensus eis afflicciones, cum non possent sequi sensatum delectabile aut fugere sensatum nocivum. Et quia carent fuga a nocivo, munivit ea natura 30 testarum duricie contra lesiva.

4. Quod autem est sensibile mobile aut movetur magis corporis tractu, aut movetur magis corporis propulsu. Quod igitur magis movetur corporis tractu reptile simpliciter dicitur. Item omne mobile in motu suo super aliquid innititur. Animal igitur quod movetur aut innititur in motu 35 suo super elementum non cedens, aut innititur super elementum quod

3 vero] quod add. RCH: om. P   3 adiectum] est add. RCH   15 Tercium] Etenim Q   18 id est] in add. R   22 ut] quod R   28 in … sensus add. i.m. B*   35 Animal … innititur add. i.m. B*

5-7 Cf. Arist. De anim., VII (MS cit., fol. 38^r) = Hist. anim., VIII, 1 (588b)

cedit. Elementum autem non cedens sola terra est. Cedunt autem aqua et
aer, aqua minus et aer magis. Super terram igitur innitens in motu suo et
corpus magis trahens quam pellens reptile terre est. Quod autem super
terram nitens magis propellit corpus quam trahit ambulabile est. Quod
5 vero super elementum cedens innititur et magis trahit corpus quam
propellit reptile est. Quod vero supercedens nititur et magis propellit
corpus quam trahit volatile est. Secundum racionem itaque huius
divisionis posset esse in utroque elemento cedente, id est aqua et aere,
utrumque genus, id est reptile et volatile. Sed necessitas densitatis aque et
10 subtilitatis aeris expetit, ut non sint in aere reptilia nec in aqua volatilia.
Movens enim quod trahit corpus suum eget necessario elemento quod sua
densitate aut totaliter aut pro maiori parte sustentet corpus moventis.
Cum enim trahendo se aliqua sui parte applicat se ad anterius et trahens
illud cui applicatur versus posterius, se promovet in anterius, oportet
15 quod illud anterius cui se applicat habeat aliquid soliditatis aut nichil aut
non multum cedentis. Et oportet quod soliditas ipsa sustentet illud ne
labatur ad inferius, et cassetur eius nisus per tractum ad anterius.
Quapropter impossibile est quod reptile moveatur per nisum super aera,
cum aer careat huiusmodi densa soliditate. Propulsio vero sui per nisum
20 super elementum cedens non potest esse per modum ambulacionis;
caderet enim movens deorsum. Sed est per modum colleccionis ipsius
elementi ex utraque parte moventis in cavo utrimque in latus extento
quod ala dicitur; quodque facile movetur sursum versus propter
superiorem gibbositatem. In subteriori autem cavo cum pellitur versus
25 deorsum, congregat elementum cui innititur et difficilem habet motum
deorsum propter cavum multum congregans. Ipso itaque nisu quo ale
utrimque simul pelluntur deorsum, corpus medium inter alas sustentatur
et supportatur sursum. Et dum elementum collectum in inferiori ale cavo
fortiter pulsum deorsum versus exit violenter per repandum ale
30 posterius, propellit eciam totum in anterius. Et iste modus movendi non
posset esse nisi laboriosissime in spissitudine aque.

5. Natura autem ordinavit unicuique suos motus et actus naturales
non sicut est difficilius, sed sicut est facilius perficere. Quapropter omnis
motus aquatilium in aquis reptacio est; natatus enim quedam reptacio est.
35 Motus autem [223^A] in aere, qui super aera nititur, volatus est. Motus
vero super terram reptacio vel ambulacio est. Et sicut inter plantas et

---

1 non *om. Q*   4 ambulabile] volatile *R*   12-13 sustentet ... parte *add. i.m. B**   13
se^2 *om. P*   15 se applicat] applicatur *RC*   17 nisus] insuper *Q; om. R*   22 utrimque]
utroque *Q*   23 quodque] quia *Q;* quod *H*   29 fortiter] forte *Q*   29 versus] versum
P   35 nititur] innititur *P*   36 vero] autem *P*

animalia media quedam sunt aquatilia immobilia, sic inter aquatilia et terrestria ambulabilia media quedam sunt terrestria reptilia. Coniunguntur igitur aquatilia cum volatilibus per communitatem materie aquose de qua generantur utraque; et coniunguntur cum terrestribus ambulabilibus, ut dictum est, per communitatem reptilis terrestris. 5 Volatilia vero coniunguntur cum terrestribus per communicacionem sedis in terra quiete, in cuius solida quiete utraque a labore pausant et fetus suos procreant. Et sic omnia naturalibus nexibus ordinatissime sunt adinvicem complexa: dum natura celi et celestium cum igne communicat in luce; ignis autem cum aere in calore; aer vero cum aqua in humiditate; 10 aqua vero cum terra in frigore; terra vero cum plantis in materia et nutrimenti subministracione et per radices fixa adhesione; plante autem cum animantibus et animancia adinvicem, quemadmodum dictum est.

Cap. XIV, 1. Omnibus autem animantibus communis est exterior corporis sensus. Est autem sensus exterior vis susceptiva et apprehensiva 15 sensibilium specierum sine materia; sive secundum Augustinum: "Sensus est passio corporis non latens animam." Non enim patitur anima a corpore, quia quod ignobilius est non potest agere in id quod est nobilius se; sed paciente corpore, ipsa anima fit attencior in accionem regitivam corporis. Cumque attenciorem factam non latet passio facta in corpore, 20 sentire dicitur. Et cum passio facta in corpore adversatur operi anime regitivo corporis, et anima renititur adversanti passioni renitensque materiam corporis sibi subiectam in operis sui vias difficulter impingit, fit attentior ex difficultate in accionem, que difficultas non latens eam, sensus est dolorosus aut laboriosus. Cum autem passio corporis congruit 25 operi anime, facile eam passionem, vel ex ea quantum opus est, in sui operis itinera traducit, fitque attentior ex adiuncto convenienti et obedienti faciliter suo operi; que facilitas, cum non latet eam, fit sensus delectabilis non laboriosus. Sunt autem sensus noti quinque distincti secundum naturam et secundum situm localem in corpore ad 30 similitudinem elementorum mundi in mundo sensibili, sicut supra secundum Augustinum notavimus.

2. Est eciam unum caracterizans omnia animalia irracionalia. Unde Basilius ait: "Una est anima irracionalium, unum est caracterizans illa, id est irracionalitas. Proprietatibus vero differentibus unumquodque 35

---

7 quiete *corr. ex* quietis B*   12 materia et *add. i.m. B**   15 *Sign. conc. 'de sensibus'* *i.m. B**   23 corporis *om.* P   23 et] cum *add.* P   27 facile] traducit *add. RQC*   29 latet] lateat *P*   34 propria quorundam animalium *i.m. B**

8-14 Cf. infra, IX, viii, 2-3   17 Aug. *De quantitate animae*, XXV, 48 (*PL*, XXXII, 1063)   35 Bas. *Hex.*, IX, 3, 2-3 (ed. cit., p. 116)

animal utitur, ut bos quidem gravis et stabilis, piger et ebes asinus, calidus
autem equus in concupiscenciam feminarum. Lupus indomitus, vulpis
dolosa, cervus timidus, laboriosa formica, gratificus canis est et memor
amicicie," et huiusmodi. Habent eciam omnia irracionalia hoc commune,
5 quod vita eorum non precedit corpus eorum, nec manet dissoluta a
corpore. Unde Basilius ait: "Non opineris pecorum animam antiquiorem
esse substancia corporali illorum, neque permanentem post carnis
dissolucionem."

    3. Et sicut dicit Augustinus in libro *De civitate Dei* XI: "Inest
10 sensibus irracionabilium animalium, etsi sciencia nullo modo, certe
sciencie quedam similitudo." Habent enim plurima ex hiis admirandam
prudenciam in educacione fetuum, in edificacione mansionum, in
quesicione nutrimentorum, in fuga et defensione a nocivis, [223^B] in
medicacione vulnerum et morborum, in presagiendo aeris futuras
15 mutaciones. Sicut, exempli gracia: "Ursus letali vulnere transfixus, herba
quadam nature siccioris plagas proprias opilat; wlpis eciam succo pineo
sibi medetur; testudo cum viperinis visceribus pasta fuerit, origano
pestem venenosi cibi effugit; coluber gravissimos dolores oculorum
feniculi depastus extinguit." Plurima sunt huiusmodi admiranda et
20 iocunda que perficit irracionalium prudencia. Habent eciam hoc
commune, quod genus proprium eciam fere sevissime quadam pace
custodiunt, maxime coeundo, gignendo, pariendo, fetus fovendo atque
nutriendo.

    4. Habent eciam hoc commune, quod quia carent libero arbitrio,
25 magis aguntur a natura quam agant eam. Ideoque, sicut dicit Iohannes
Damascenus: "Non contradicunt naturali appetitui, sed simul cum
appecierint quid, impetum faciunt ad actum. Cum homo econverso
racionalis existens, agit magis naturam quam agatur ab ea." Sicut autem
ait Iacobus: *Omnis natura bestiarum domabilis est.* Illa autem animalia, ut
30 tradit Aristotiles, magis sunt disciplinabilia que magis habent bonum
auditum et sensum perfectum; et que habent sanguinem calidum,
subtilem, mundum, sunt sapienciora ceteris et meliora. Appetit quoque
omne irracionale, sicut dicit Augustinus, "ordinatam temperaturam

9 de prudencia animalium *i.m. B** 15 mutaciones] commutaciones *P* 19 Plurima]
Plurimam *B;* Plurimaque *HP* 21 fere] forme *H* 21 quadam pace] quandam pacem
R 28 racionalis] naturalis *Q* 32 sapienciora add. i.m. B** 33 irracionale *corr. ex*
racionale *B**; racionale *RCH*

6 Bas. *Hex., VIII, 2, 3 (ed. cit., p. 101)* 9 Aug. *De civ. Dei,* XI, 27 (*CSEL,* XL. 1,
553) 15 Bas. *Hex.,* IX, 3, 8-9 (ed. cit., pp. 116-117) 26 Damasc. *De fide orthod.,*
XLI, 1 (ed. cit., p. 153) 29 Jacob. III:7 30 Arist. *De animalibus,* VIII (MS cit., fol.
44^r) = *Hist. anim.,* IX, 1 (608a) 33 Aug. *De civ. Dei,* XIX, 14 (*CSEL,* XL.2, 398)

parcium corporis, et requiem appeticionum, quietem carnis, et copiam
voluptatum, ut pax corporis prosit paci anime. Si enim desit pax corporis,
impeditur et irracionalis anime pax, quia requiem appeticionum consequi
non potest." Et sicut dicit Aristotiles, "appetitus cohitus et eius
delectacio est in animalibus. Et tempore cohitus masculi zelant et 5
pugnant et dividunt se eciam qui ante tempus cohitus ambulabant simul.
Et quedam animalia ingemant ut sint eo tempore sua corpora dura ad
bellandum, ut porci agrestes qui confricant se arboribus, et postea intrant
lutum et disiccant illud lutum; et post preliantur in tantum quod aut ambo
aut unus moritur."   10

5. In omnibus autem animantibus est unum membrum radicale
principium sensus et motus et omnium virium naturalium et vitalium et
sensibilium, cor videlicet vel aliquid quod est cordi proporcionale; a cuius
radice incipit eciam animantium creacio et formacio et figuracio. Cum
autem perfecta fuerint secundum formam et figuram, prona sunt omnia 15
facie non erecta sursum. Erecta enim statura soli homini servatur.
Ceterorum animancium facies, ut dicit Basilius, deorsum versa est
terramque prospectat; et quod eius libidini iocundum est, hoc sectatur.
Quapropter homo, si corporis voluptate fedatur obediendo luxui ventris
et inferioribus eius partibus, comparatus est iumentis irracionabilibus, et 20
similis factus est illis. Et, ut dicit alibi Basilius, omnia terrena animancia
et aquatilia, genitali calore stimulata, propagacionem generis successione
prolis extendunt; et hoc maxime vernali tempore cum sol accedit ad
partes boriales vigetque calor et humor et lux diurna tenebras nocturnas
exsuperat. "Bestie quoque imbecilliores sunt fecundiores, ut damme et 25
lepores et oves silvestres, ut non facile deleatur genus earum a
carnificibus feris expensum. Hee autem que devoratrices sunt aliarum,
steriliores habentur."

6. Ita [223^C] nichil in creaturis habetur inprovidum, nec ulla
diligencie diminucio in providendo unicuique quod sibi competit, ut 30
nichil dederit Conditor superfluum, nichil necessarium denegaverit
eciam beluis. Progenita sunt autem omnia animancia in principio de terra
vel aqua, sicut dicit Scriptura. Nunc autem quedam generantur semper
per propagacionem, ut bos ex bove semper; quedam vero generantur
semper ex terra vel aqua, sicut generabantur in principio. Ut enim ait 35

---

5 masculi] et *add. P*   9 lutum²] siccum *RH;* lictum *C*   16 servatur] secundum
naturam *Q*   18 terramque] utrumque *BQP*   20 irracionabilibus] insipientibus
Q   25 exsuperat] usurpat *QP*

---

4 Arist. *De anim.,* VI (MS cit., fol. 36^v) = *Hist. anim.,* VI, 18 (571b)   11 Cf. *De anim.,*
XIV (MS cit., fol. 78^r) = *Part. anim.,* IV, 5 (681b)   17 Cf. Bas. *Hex.,* IX, 2, 1 (ed. cit., p.
115)   25 *Hex.,* IX, 5, 1-2 (ed. cit., p. 120)

Basilius: "Anguillas non nisi de ceno nasci, certissimum est, quarum
genus non ovum, nec aliquis partus instaurat, sed de limo gignendi
sortiuntur originem." Quedam autem, quandoque generantur per
propagacionem et quandoque de terra vel aqua, sine propagante
5 parentum genitura, ut cicade et rane et mures. Ut enim ait Basilius:
"Mures et ranas ex terra generari videmus. Denique in egyptiacis Thebis,
si pluvias largiores aer estivo tempore fuderit, mox infinitis muribus regio
tota completur." Augustinus eciam in libro *De civitate Dei* asserit
quedam animalia de quibusque rebus sine concubitu ita nasci, ut postea
10 concumbant et generent sicut quedam musce. Dicit quoque in eodem
libro: "In Capadocia eciam vento equas concipere, eosdemque fetus non
amplius triennio vivere." Que autem partu gignuntur de matrum uteris,
eorum omnium generacio maturat; et nativitas, sicut dicit Aristotiles, est
super capud. "Motus autem omnium animalium que moventur fit
15 quatuor membris aut pluribus;" et omne animal lesibile ab alio habet
aliquem modum iuvamenti et defensionis contra lesionem. Est autem
omnibus animantibus communis humiditas naturalis, cuius defectu
veterascunt et destruuntur; et est illa humiditas sanguis aut quod sanguini
proporcionaliter est conveniens. "Et omnia animalia carentia sanguine
20 sunt minoris corporis habentibus sanguinem preter marina, quoniam
quoddam marinum carens sanguine est maius omni quod habet
sanguinem;" et perfectius animalium est quod est naturaliter maioris
caloris et humiditatis. Et habet animal quodlibet quantitatem sui
determinatam in magnitudine et parvitate. "Cibantur autem animalia
25 diversimode secundum diversitatem materierum ex quibus est eorum
substancia. Cibantur enim singula a nutrimento simili materie sue
creacionis; et non est nutrimentum eorum nisi ab eo in quo naturaliter
delectantur. Habent enim omnia naturalem delectacionem in sibi simili et

---

4 propagante] propagacione vel propagante *P*   5 genitura] putavi (?) *P*   5 et]
generatura *add. P*   9 quibusque] quibusdam *R*   10 generent] generant *P*   12
matrum] matris *P*   13 maturat] naturalis *RHP;* natalis *Q*   18 destruuntur] cetera
P   22 animalium] animal tantum *Q;* animal *H*   23 sui] sibi *RQCH*   24 animalia]
alia *P*   26 materie] et naturali *add. RCP;* eciam naturali *add. H*   28 sibi] cibo *RCH*

---

1 Bas. *Hex.,* IX, 2, 7 (ed. cit., p. 115)   6 *Hex.,* IX, 2, 6 (ed. cit., p. 11ʳ)   11 Aug. *De
civ. Dei,* XXI, 5 (*CSEL,* XL.2, 522)   12-14 Arist. *De anim.,* XVIII (MS cit., fol. 104ᵛ) =
Gen. Anim., IV, 9 (777a); cf. etiam *Gen. anim.,* III, 2 (752b) et *Hist. anim.,* VII, 8
(586b)   14 *De anim.,* I (MS cit., fol. 11ʳ) = *Hist. anim.,* I, 5 (490a)   15-16 omne
animal ... contra lesionem] Haec verba non inveniuntur apud versionem Scoti; cf. autem
Part. anim., III, 2 (663a) et *Hist. anim.,* I, 1 (488b)   17 *De anim.,* I (MS cit., fol. 10ᵛ) =
Hist. anim., I, 4 (489a)   19 *De anim.,* I (MS cit., fol. 11ʳ) = *Hist. anim.,* I, 5 (490a)   23
De anim., XVI (MS cit., fol. 92ᵛ) = *Gen. anim.,* II, 6 (745a)   24 *De anim.,* VII (MS cit.,
fol. 38ʳ) = *Hist. anim.,* VIII, 1 (588b)

connaturali." "Omnium autem animancium congruit proporcionaliter spacio temporis impregnacionis eorum, quia tempus impregnacionis animalis longe vite est longius," et brevioris vite, brevius. Et non est elementum in quo non possit aliquod genus animalium vivere. Salamandra enim, sicut testatur Augustinus et alii quamplurimi, in 5 mediis vivit ignibus. Et aliquod genus vermium in aquarum calidarum scaturigine reperitur, quarum fervorem nemo impune contractat. Illi autem vermiculi non solum sine ulla lesione ibi sunt, sed extra esse non possunt. Plinius autem dicit quod "Aristotiles nullum animal nisi estu maris recedente, exspirare confirmat. Observatum id multum in Gallico 10 occeano, et dumtaxat in homine compertum."

7. Et, ut aiunt perscrutatores talium, natura distinguit inter masculum et feminam in omnibus generibus habencium feminam et marem, quia "universaliter femine sunt debiliores maribus, preter ursum et leopardum, quoniam femine eorum opinantur [223^{D}] esse fortiores et 15 audaciores. Et femine in aliis generibus sunt leviores ad instruendum et astuciores et molliores et magis sunt sollicite circa nutrimentum filiorum. Et mares econtra, quoniam sunt maioris ire et magis silvestres et parve astucie, et passiones istarum disposicionum manifestantur precipue in homine, quoniam homo bonam perfectam naturam habet in omnibus. Et 20 propter hoc mulier maioris est pietatis quam vir et eicit citius lacrimas et magis est invida et magis diligit lites et castigare; et malicia anime maior est in femina quam in viro. Et femine sunt debilis spei et mendaces magis et inverecunde et de facili decipiuntur; et femina universaliter est gravis motus. Et masculus est magis audax quam femina et maioris utilitatis." 25

8. Et, sicut dicit Philosophus, "in omnibus animalibus est res nobilis, quoniam non fuit naturatum ullum eorum ociose, neque casualiter, set quantumcumque erit ex operacionibus nature, non erit nisi propter aliquid." Sicut enim dicit Iohannes Damascenus: "Omnia genera animalium et reptilium, et ferarum et iumentorum, sunt ad hominis 30 optimum usum. Sed horum hec quidem ad escam, puta cervos et oves, dorcades, et que talia; alia vero ad ministerium, puta camelos, boves,

---

13 omnibus] hominibus *Q*   13 habencium] habentibus *Q*   23 spei] specie *Q*   24
universaliter] naturaliter *Q*   27 nobilis] mobilis *RQHP*   28 casualiter *corr. i.m.*
*B**   28 quantumcumque] qualitercumque *Q*   32 que] quedam *RH, et in locis seqq.*

1 Arist. *De anim.*, XVIII (MS cit., fol. 104^{v}) = *Gen. anim.*, IV, 9 (777a-b)   5 Cf. Aug. *De civ. Dei*, XXI, 4 (*CSEL*, XL.2, 517)   9 Plinii *Hist. nat.*, II, xcviii, 101, 220 (ed. Sillig, I, 192); locus Aristotelis deperditus   14 Arist. *De anim.*, VIII (MS cit., fol. 44^{r}) = *Hist. anim.*, IX, 1 (608a-b)   26 *De anim.*, XI (MS cit., fol. 62^{v}) = *Part. anim.*, I, 5 (645a)   29 Damasc. *De fide orthod.*, XXIV, 2 (ed. cit., pp. 103-104)

equos, asinos, et que talia; alia vero ad iocunditatem, puta simias, et
volucrum psitacos, picas, et que talia." Neque inutilis est usus ferarum
terrens, et ad cognicionem et invocacionem Dei qui nos fecit ferens.
Augustinus autem in libro *De Genesi contra Manicheos* ait: "Ego fateor
5 me nescire mures et rane quare create sint, aut musce et vermiculi. Video
tamen omnia in suo genere pulcra esse. Non enim alicuius animalis
corpus et membra considero, ubi mensuras et numeros et ordinem non
inveniam ad unitatem concordie pertinere. Que omnia unde veniant non
intelligo, nisi a summa mensura et numero et ordine, que in ipsa Dei
10 sullimitate incommutabilia atque eterna consistunt. De perniciosis autem
vel punimur, vel excercemur, vel terremur, ut non istam vitam multis
periculis et laboribus subditam, sed aliam meliorem, ubi summa est
securitas, diligamus et desideremus, et eam nobis pietatis meritis
comparemus. In omnibus autem cum mensuras et numeros et ordinem
15 videas, artificem quere. Nec alium invenies, nisi ubi summa mensura, et
summus numerus, et summus ordo est, id est Deum, de quo verissime
dictum est quod omnia in mensura et numero et pondere disposuerit. Sic
fortasse uberiorem fructum capies, cum Deum laudas in humilitate
formice, quam cum transis fluvium in alicuius iumenti altitudine."
20 Gregorius autem Nisenus dicit quod "per ea quibus utitur, intelligere
debet homo largitorem. Per ea vero que pulcra et magnifica
contemplatur, ineffabilem sui Factoris investigare potenciam." Ut autem
dicit Ieronimus: "Bestie, pisces, aves, non solum ad esum sed ad
medicinam create sunt. Denique carnes vipere unde tiriaca conficitur
25 quantis rebus apte sint, noverunt medici. Segmenta eboris in medelas
varias assumuntur. Fel hiene oculorum restituit claritatem; pellis colubri
qua exuitur decocta in oleo, mire dolorem aurium mitigat. Quid ita
inutile videtur nescientibus ut cimices? Si sanguissuga faucibus he–
[224^A]–serit, fumo eius excepto, statim evomitur, et difficultas urine
30 huius apposicione laxatur. Porcorum autem et anserum et gallinarum
fasianorumque adipes quid commodi habeant, omnes medicorum
declarant libri. Quos si legeris, videbis tot curaciones esse in vulture, quot
membra sunt. Pavi fimus podagre fervorem mitigat." Ad hunc modum
non est aliquod animantium quod non habeat, licet forte nobis ignotam,
35 multiplicem et admirabilem utilitatem. In hiis igitur et huiusmodi
utilitatibus animantium vidit Deus quia bona sunt.

3 ferens *om. P*   26 pellis] pelli *B;* pellem *P*   28-29 heserit] leserit *R*   32 vulture
corr. ex vulnere *B**; vulnere *RQCHP*   33 fimus *corr. ex* fumus *B**   35 igitur] omnibus
add. QP

4 Aug. *De Gen. contra Man.*, I, xvi, 26 (*PL*, XXXIV, 185-186)   17 Cf. Sap.
XI:21   20 Greg. Nyss. *De opif. hom.*, II, 1 (ed. Forbesius, p. 123)   23 Hier. *Adversus
Jovinianum*, II, 6 (*PL*, XXIII, 305B-306A)

9. De quibus ad presens plura dicere desistimus, ne lectorem prolixitatis fastidio gravemus. Et ob eandem causam de aquatilibus et volatilibus specialiter loqui differimus, donec alicubi in posterium se obtulerit occasio, ubi accepcior de huiusmodi erit sermo. Et quia sermo de condicione hominis paucis non potest absolvi, sequenti particule 5 reservetur, et ante huius diei terminum huic particule terminum apponamus.

Post finem add. CRPH:

"Divine claritatis radius qui spiritualiter lucentes illuminat, quamvis in se unus permaneat, participatione tamen et distribucione donorum varie multiplicatur, quoniam 10 multis diversisque modis distribuitur et multiplicatur. Hec vero multiplicacio et variacio universorum est pulcritudo, quoniam nisi dissimiliter pulcra essent singula summe pulcra non essent universa simul. Non enim aliquod ex universis capere potuit, quod erat pulcritudinis totum, et iccirco summa pulcritudo varia participacione distributa est in singulis, ut perfecta esse posset simul in universis. Ipsa vero distributio multiplicatur optime 15 et pulchre: optime in universis, et pulcre in singulis." Nichil ita contristat anime oculum et conturbat, ut vite huius curarum turba et concupiscenciarum multitudo. Hec enim fumi huius mundi sunt et ligna; et quemadmodum ignis cum humidam et infusam quandam habuerit materiam multum emittit fumum, ita et concupiscencia vehemens. Hec et flammea cum humidam quandam dissolutam assumpserit animam, multum eciam ipsa parturit 20 fumum. Propterea necessitas est roris spiritus et aure illius ut ignem extinguat et fumum effundat et volatilem faciat, nobis faciat lucem. Non enim est tantis gravatum malis ad celum volare.

---

9 unus] minus *HP*   10 participatione *om. R* tamen]cum *R*   10-11 quoniam . . . multiplicatur *om. HP*   13 aliquod] aliquid *R*   14 pulchritudinis] plenitudinis *P*   15 esse]esset *HP*   16-17 Ipsa vero . . . singulis *om. R*   17 curarum] curam *R*   22 tantis] tantum *P*

9-16 Hugonis de Sancto Victore, *Expositio in Hierarchiam celestem,* Bk.II (*PL* CLXXV, 943-944)

PARTICULA OCTAVA

Cap. I, 1. *Faciamus hominem ad imaginem et similitudinem nostram.* Valde breve est istud verbum, sed tamen profundissimis et amplissimis sensibus fecundissimum; cuius fecunditas si esset explicanda
5 et scribenda per singula, non arbitror mundum posse capere eos qui scribendi essent libros. Comprehendit enim Dei secretissimum et hominis sacratissimum. Ostendit unius Dei trinitatem et humane condicionis summam dignitatem; dicit enim hominem factum ad imaginem summe Trinitatis. Imago autem, ut dicit Augustinus in libro *De*
10 *trinitate,* est summa similitudo. Similitudo autem dupliciter est: aut equalitatis et paritatis, aut imparitatis et imitacionis. Quapropter et imago dupliciter est, aut summa videlicet similitudo secundum paritatem, aut summa similitudo secundum imitacionem. Secundum primam accepcionem ymaginis, solus Filius est imago Dei Patris. Omnia enim que
15 habet Pater, habet equaliter et Filius. Et quecumque facit Pater, hec eadem et similiter Filius operatur. *Et sicut habet Pater vitam in semetipso, sic dedit et Filio habere vitam in semetipso,* vitam, inquam, hoc est, divinitatis plenam et totam substanciam, non multiplicatam nec divisam nec imminutam. Ideoque Patris est similitudo secundum equalitatem.
20 Homo vero similitudo est Dei Trinitatis per imitacionem. Non enim potest creatura factori suo comparari, nec cum eo in aliquo univocari; potest tamen per modum aliquem imitari.

2. Cum igitur homo, testante Scriptura, imago sit Dei Trinitatis et ita sit Dei Trinitatis summa similitudo imitativa – summa autem
25 similitudo imitativa non esset, nisi secundum omnia eum cuius est summa similitudo imitari posset, ut videlicet omnia haberet in imitacione et quasi vestigii impressione que ille habet in substantiali possessione – explicacio huius verbi exigeret ut evolverentur omnia que habet in se Trinitas Deus, et singulis que sunt in Deo invenirentur singula imitatorie aptata in
30 homine. Deus autem est omnia in omnibus, viventium vita, formosorum

---

8 *Sign. conc.* 'de dignitate condicionis hominis' *i.m. B**   9 in libro *om. P*   10 dupliciter] duplex *P*   11 et paritatis] paritatum *P*   12 dupliciter] duplex *P*   15 hec *om. P*   16 Filius operatur] facit Filius *P*   17 hoc est] hec *P*   20 similitudo est Dei Trinitatis per imitacionem] similitudo Dei est per imitacionem Trinitatis *P*   24 Summa ... imitativa *i.m. B**

---

2 Capp. i-xii eduntur apud J. T. Muckle, "The Hexameron of Robert Grosseteste: The First Twelve Chapters of Part Seven," *Mediaeval Studies,* VI (1944), 151-174   Cf. R. Fishacre *Comm. in Sent.,* II, d. 16 (MS cit., fol. 113^B) et R. Rufi *Comm. in Sent.,* II, d. 16 (MS cit., fol. 142^B)   5-6 Cf. Joan. XXI:25   9 Haec verba non inveniuntur in op. laudato. Fortasse cf. B Aug. *De trin.,* XI, v, 8 (*PL,* XLII, 991) et XV, x, 17 (1070)   14-15 Cf. Joan. V:19   16 Joan. V:26   30 Cf. Grosseteste *De unica forma omnium* (ed. Baur, p. 108)

forma, speciosorum species; et homo in omnibus eius propinquissima
similitudo imitatoria. Quapropter et homo, in hoc quod ipse est imago
Dei, est quodammodo omnia. Quapropter et dicti verbi explicacio exigit
plus quam formarum et specierum et rerum omnium explicacionem,
quia, cum hoc, Dei et hominis et illarum adinvicem coaptacionem. Huius 5
igitur explicacio non est expectanda ab homine. Quanto magis a me
imperito homine? Quantumcumque enim de hoc explicabit homo, neque
tantum est quantum punctus ad lineam, aut calculus unus ad maris
harenam, aut una stilla pluvie ad maris aquam, aut una athomus [224^B] ad
tocius mundi machinam. Quod tamen Deus de hoc dare dignatur, 10
summatim qualibus potero verbis balbuciens effabor.

Cap. II, 1. In consignificacione pluralitatis huius verbi: *faciamus*, et
huius pronominis: *nostram*, insinuatur nobis pluralitas personarum unius
Dei. Deus enim est qui loquitur. Aliquis igitur est qui loquitur, et alius vel
alii ad quem vel quos dicit: *faciamus* et *nostram*. Ille ergo alius vel alii aut 15
creator est aut creatura est. Sed creatura esse non potest, quia creatoris et
creature non potest esse unica imago. Ipse autem dicit: *Faciamus ad
ymaginem nostram*. Creator enim et creatura nichil communicant
univoce. Igitur non potest aliquid esse secundum idem utriusque summa
similitudo, et ita nec imago; nec eciam secundum diversa potest una 20
creatura esse creatoris et creature imago et similitudo summa. Sit enim
'A' secundum quod homo est summa similitudo creatoris, et 'B'
secundum quod est summa similitudo creature, que vocetur 'C'. In primis
itaque homo magis erit due imagines, Dei videlicet et 'C' creature,
secundum 'A' et 'B', quam una ymago; non enim gerit unam summam 25
similitudinem duorum, sed pocius duas. Item, si iste sermo est per se:
Faciamus hominem et cetera, non est ymago secundum diversa, sed
secundum solam hominis veram et perfectam quiditatem et naturam,
secundum quam non potest esse imago naturaliter et substancialiter
differentium. 30

2. Preterea, is vel hii ad quem vel quos loquitur, creant hominem
cum loquente ad imaginem loquentis Dei. Si ergo creature dirigatur
sermo, illa creat cum Deo hominem ad ymaginem Dei loquentis. Sed
secundum quod homo est imago et summa similitudo Dei, non habet
creaturam se superiorem, quia si esset superior, esset eciam illa Dei 35

---

1 omnibus] hominibus *P*   10 dignatur *corr. ex* dinnatur *B**   12 *Sign. conc. 'de
trinitate Dei' i.m. B**   11 Quod et consignet (verba) faciamus et n(ostram) trinitas *i.m.*
*B**   15 vel] ad *add. P*   22-23 creatoris ... similitudo *om. P*   31 vel^2] ad *add.*
P   33 cum *om. P*

33-35 Cf. Aug. *De trin.*, XI, v, 8 (*PL*, XLII, 991)

similitudo maior. Creans autem maior est a se creato. Esset igitur illa
concreans creatura homine maior et non maior.

3. Preterea inferius dicit Scriptura, repetens actum velut huius
consiliacionis "Faciamus": *et creavit Deus hominem ad imaginem et*
5 *similitudinem suam, ad imaginem Dei creavit illum.* Non ergo ad
creaturam dirigitur iste sermo: *faciamus* et *nostram.* Igitur ad creatorem,
qui non est nisi Deus unicus.

4. Dirigitur tamen necessario ad alium vel alios a loquente. Igitur
unus Deus creator est unus hic loquens, et alius vel alii ad quem vel quos
10 sermo dirigitur. Sed quid plures? Cum non plures dii, non plures
substantie, non plures essentie, non plura accidentia, non substantia et
accidens, non plura universalia. Non potest igitur inveniri aut excogitari
nisi plures persone; plures videlicet, sicut ibi dici potest, res singulares
quarum quelibet est substantia individua racionalis nature, et omnes
15 tamen una et indivisa substantia; et ita plures persone, quia persona est
individua substantia racionalis nature.

5. Ex hac igitur consignificacione pluralitatis in hiis diccionibus:
faciamus et *nostram,* habemus personarum pluralitatem, quod testantur
huius loci expositores. Ait enim Augustinus: "Non indifferenter
20 accipiendum quod in aliis operibus dixit Deus: *Fiat,* hic autem dixit Deus:
Faciamus hominem ad imaginem et similitudinem nostram, ad
insinuandam videlicet pluralitatem personarum, propter Patrem et
Filium et Spiritum Sanctum." Basilius quoque exponens hunc locum dicit
in hiis verbis personarum pluralitatem et simul deitatis unitatem esse
25 notatam. Unde confunditur hic Iudeus qui non recipit plures personas, et
confunditur gentilis qui plures recipit deos. Convincitur quoque Iudeus
mendax, qui dicit eundem sibi ipsi et non alii loqui dicendo: *faciamus* et
nostram. Nullus enim faber ferrarius aut carpentarius solus consistens in
suo ergastulo cui nullus artis socius presto est, sibimet ipsi dicit:
30 "faciamus gladium," aut: "aratrum compaginemus." Et hoc exemplo
superatus Iudeus recurrens ad aliud mendacium, [224^C] videlicet, quod
locutus sit Deus angelis dicens: *Faciamus hominem ad imaginem*
nostram, iterum confutatur, quia non potest creatoris et creature una esse
imago.

---

3 *Sign. conc. 'de trin. Dei' i.m. B**   3 velut] melius *P*   8 vel] ad *add.*
P   12 accidens *add. i.m. B**   12 universalia] accidens *add. et del. B*   12 igitur
*add. i.m. B**   15 indivisa] individua *P*   16 nature] creature *BQHP*   25-26 plures ...
recipit *add. i.m. B**

---

14 Boethii *De persona et duabus naturis,* III (*PL,* LXIV, 1343C)   19 Aug. *De Gen. ad*
litt., III, 19 (*CSEL,* XXVIII.1, 85)   23 Bas. *Hex.,* IX, 6, 9 (ed. cit., p. 123)   27 Cf. R.
Fishacre *Comm. in Sent.,* II, d. 16 (MS cit., fol. 113^C)

Cap. III, 1. Quod autem Deus sit in personis trinus, inde sequitur quod Deus est lux, non corporea sed incorporea; immo magis neque corporea neque incorporea, sed supra utrumque. Omnis autem lux hoc habet naturaliter et essencialiter quod de se gignit suum splendorem. Lux autem gignens et splendor genitus necessario sese amplectuntur mutuo, 5 et spirant de se mutuum fervorem. Gignens autem et genitus aut est aliud et alius, aut non aliud sed alius, aut non alius sed aliud, aut nec alius nec aliud sed alterum solum, aut nec alius nec aliud nec alterum. De istis quinque membris huius divisionis quatuor impossibile est in Deum cadere, et quedam de hiis in Deum vel in alium. Non enim alicubi 10 possibile est ut genitus a gignente nec alius, nec aliud, nec alter sit. Item nusquam possibile est ut genitus a gignente sit aliud, nec tamen alius. In Deo autem non est possibile ut genitus a gignente sit alterum, cum alterum dicamus per differenciam accidentalem. Neque iterum in Deo possibile est ut gignens a gignente sit aliud, cum non sit in Deo 15 substanciarum multitudo. Relinquitur ergo quod ibi sit genitus a gignente non aliud, sed solum alius; et eadem est racio de spirante et illo qui spiratur. Est igitur apud Deum unus et alius et tercius, quorum quilibet est individua substantia racionalis nature, et ita tres persone; nec potest ibi quartus alius aut esse aut cogitari. Quis enim quartus potest adici luci 20 gignenti et splendori genito et ex ambobus procedenti fervori mutuo?

2. Item, inde sequitur personarum trinitas quod Deus est eterna et semper memorans memoria. Ipse enim est omnium scientiarum non aliunde recipiens eas retencio, nulla ex parte obliviosa; sed memoria memorans actu non potest non gignere de se sibi omnino similem 25 intelligentiam. Ipse enim actus memoracionis est ipsius intelligentie sibi similis generacio. Gignens autem memoria et generata intelligentia non possunt non reflectere in se mutuum amorem. Est igitur apud Deum memoria gignens aliquis unus, et intelligentia genita aliquis alius, et amor ex utrisque procedens aliquis tercius; nec est qui possit adici quartus.   30

1 *Sign. conc. 'de trin. Dei' i.m. B** (quod Deus) sit trinus *i.m. B**   6 fervorem]
splendorem *P*   11 alius *corr. ex* aliud *B*   18 quilibet *corr. ex* quolibet *B*   19
individua] in divina *B*   20 enim] ut *add. P*   22 *Sign. conc. 'de trin. Dei' i.m. B**   22
trinitas] ex hoc *add. P*   25 gignere *corr. ex* genere *B**   25 Deum *add. i.m. b**   30
est *om. P*   30 adici] aliquis *add. P*

1-3 Cf. Grosseteste *De operat. solis* (ed. McEvoy, pp. 66, 86)   4 Cf. Aug. *De lib. arb.*,
II, xi, 32 (*PL*, XXXII, 1258) et ps.-Aug. *Ad fratres in Eremo sermo* XLIV (*PL*, XL, 1321);
vide etiam Muckle, pp. 153, 160   13 Cf. Boethii *In Isagogen Porphyrii comm.*, IV, 2
(*CSEL*, XLVIII, 244)   18 Boethii *De persona et duabus naturis*, III (*PL*, LXIV, 1343C)

3. Forte et ex hoc medio posset probari Deus Pater et Filius et per consequens Spiritus Sanctus, quod ipse alios parere facit, sicut scribitur in Ysaia: *Numquid ego, qui alios parere facio, ipse non pariam, dicit Dominus? Si ego, qui generacionem aliis tribuo, sterilis ero? ait Dominus*
5 *Deus tuus* Quicquid enim tribuit efficiens causa, habet illud in se quale illud tribuit, aut habet illud in se excellentius. Igitur, cum parere et generare sit suam substantiam in alium transferre, aut suam substantiam totam transfert in alium, cum non possit secundum partem quia hoc esset diminucio potencie, aut facit aliquid huic comproporcionale isto
10 excellencius. Isto autem quod est suam substanciam totam in alium transferre totamque eandem sibi retinere, nichil potest esse mirabilius, neque maius, neque quod dicatur generare aut parere verius.

4. Hoc enim facere summe potencie videtur esse. Maximum enim potencie quod attribuerunt Deo quidam et summi philosophi gentium
15 fuit quod Deus, ex materia ingenita quam ipse non creavit, mundum velud opifex quidam et artifex formavit. Sed isto incomparabiliter potencius est materiam ex omnino nichilo creare et inde mundum formare, et sic ex pure non–ente maximum ens post se ipsum facere; quo adhuc incomparabiliter maius est non ex alio, neque ex nichilo, [224^D] sed
20 ex sui substantia alium quemdam tantum per omnia quantus ipse est gignere. Summa igitur potentia istud facit; alioquin non esset summa, cum posset excogitari maior.

5. Item, bonitas est que tribuit non solum sua sed et se ipsam communicandam. Summa autem et maxima communicacionum est, cum
25 communicatur idem non partitum tempore aut quantitate aut multiplicacione, sed totum simul indivisum, non participacione sola communicatum sed substantialiter. Summa igitur bonitas, id est divinitas, sic communicatur, videlicet tota simul indivisa et immultiplicata, non sola participacione, sed a pluribus aliquibus ita quod communicatur ab illis
30 substantialiter. Set sic non potest a creatura communicari, quia a quibus sic communicatur, quilibet illorum est Deus. Sunt igitur plures, quorum nullus est creatura, sic communicantes summam bonitatem, id est

---

1 *Sign. conc. 'de trin. Dei' i.m. B** 2 facit] faciat *P* 4 tribuo] ipse *add. P* 13 (summ)e potencie actus *i.m. B** 13 *Sign. conc. 'de omnipotentia Dei' i.m. B** 16 quidam et artifex *add. i.m. B** 18 sic *add. manu Gr.* 18 post se *corr. ex* possibile *B;* posse *P* 21 *Sign. conc. 'de omnip. Dei' i.m. B** 23 *Sign. conc. 'de trin. Dei' i.m. B**

3 Isai, LXVI:9 5-22 Cf. Grosseteste *De operat. solis* (ed. McEvoy, p. 87) 14 Cf. e.g., Tertulliani *Adv. Hermogenem;* Lactantii *Div. Inst.,* II, 8; Eusebii *De praepar. Evang.,* VII, 8. Et vide supra I, ix, 2

divinitatem; alioquin ista non esset summa bonitas, cum posset maior excogitari. Congruit autem ut personarum numerus sit ternarius, quia ipse ternarius est primus perfectus numerus habens principium, medium, et finem; et ipse est primus qui redit in circulum. Unus enim de se exprimit secundum; secundus autem se reflectit in primum et exprimit de 5 se suam reflexionem in primum. Immo eciam primus per secundum in se ipsum reflectitur, proceditque hec reflexio a primo simul et secundo.

Cap. IV, 1. Hiis racionibus trinitatem in unitate probantibus ad presens contenti simus. Sed ad imaginandum aliquo modo id quod probatum est exempla aliqua afferamus. Maxime enim necessaria est 10 nobis Trinitatis comprehensio. Huius enim amor salus est anime, et sine huius amore nulla salus est anima. Tantum autem amatur, quantum fide aut intelligentia comprehenditur. Ipsa enim est pulcritudo que rapit in sui amorem credentis et intelligentis comprehensionem.

2. Exempla igitur summe Trinitatis que solent afferri sunt talia; et 15 non solum sunt exempla, sed evidenter summe Trinitati collata sunt argumenta ipsam Trinitatem efficaciter probancia. Non tamen propter vitandam prolixitatem afferimus illa nunc sicut argumenta sed sicut exempla imaginacionem iuvantia.

3. Unum igitur exemplum est, in unaquaque re composita, materia 20 et forma et istarum composicio. Quarum prima ducit in apprehensionem potentie Patris, quia non creavit eam ex nichilo nisi potentia infinita, cum ipsa creata exsuperet nichilum in infinitum. Secunda ducit in comprehensionem sapientie Filii, quia in forma qualibet, tam corporea quam incorporea, descripta est et resplendit infinita sapientia. Tercia 25 ducit in apprehensionem Spiritus Sancti qui est amor et coniunctio Patris et Filii.

4. Exemplum alterum est in unaquaque re ipsius rei magnitudo, species et ordo. Magnitudo enim ducit apprehensionem in Patris potentiam; species in Filium qui est splendor Patris et figura substancie 30

3 Sign. conc. 'de trin. Dei' i.m. B*   5 de add. i.m. B*   7 et corr. ex est B*   8 Hiis] autem add. P   9 simus] sumus P   10 probatum est add. i.m. B*   15 exempla de trinitate i.m. B*   15 Sign. conc. 'de trin. Dei' i.m. B*   16 sunt¹ add. i.m. B*   16 sunt² clarius i.m. B*   20 Sign. conc. 'de trin. Dei' i.m. B*   24 qualibet] quelibet P   26 coniunctio] coniuncto B   28 Sign. conc. 'de trin. Dei' i.m. B*   28 2 i.m. B*   30 qui corr. ex que B* que P   30 et add i.m. B*

2 Cf. Isid. Liber numerorum, IV, 13-14 (PL, LXXXIII, 181D-182A) et Mart. Capellae De nuptiis Philologiae et Mercurii, VII, 773   17 Cf. Grosseteste Dictum 60, ed. S. Gieben, "Traces of God in Nature According to Robert Grosseteste," Franciscan Studies, XXIV (1964), 153-158   21 Cf. Hugonis de Sancto Victore De sacramentis, II, ii, 6 (PL, CLXXVI, 208D)   25 Cf. Aug. Epist. CXVIII, iv, 24 (CSEL, XXXIV, 687)   30 Cf. Hebr. I:3

eius; ordo ducit in Spiritus Sancti benignitatem, que unamquamque rem in cuiuslibet alterius ordinat pulcritudinem et utilitatem.

5. Tercium exemplum est in unaquaque re numerus, pondus et mensura. Mensura enim ducit apprehensionem in contentivam omnium
5 potentiam; numerus in sapientiam, quia secundum Augustinum idem sunt sapientia et numerus; pondus vero inclinacio est rei ad propriam collocacionem, et ita ad proprium ordinem, et quietans rem in propria collocacione, et proprio ordine; et insinuat benignitatem Spiritus in ordine conservantem.
10   6. Materia igitur et magnitudo et mensura ostendunt potentiam creantem, formantem, et continentem. Forma vero et species et numerus ostendunt sapientiam creantem, formantem, et continentem. Composicio vero et ordo et pondus ostendunt bonitatem creantem, formantem, et continentem.
15   7. Hec itaque tria Trinitatis exempla est invenire uni–[225^A]–versaliter in omnibus. Inter res autem corporeas manifestissimum Trinitatis exemplum est ignis, sive lux, que necessario de se gignit splendorem; et hec duo in se reflectunt mutuum fervorem. In coniunctione autem corporei cum incorporeo, prima exempla sunt in
20 formis sensibilibus, et speciebus formarum sensibilium generatis in sensibus, et intentione animi coniungente speciem genitam in sensu cum forma gignente que est extra sensum. Et huius rei evidentior est exemplacio in visu. Color enim rei colorate gignit de se speciem sibi similem in oculo videntis; et intencio animi videntis coniungit speciem
25 coloris genitam in oculo cum colore gignente exterius; et sic unit gignens et genitum quod apprehensio visus non distinguit inter speciem genitam et colorem gignentem; fitque una visio ex gignente et genito et intencione copulante genitum cum gignente. Et similiter est ista trinitas in quolibet exteriorum sensuum.
30   8. Consequenter, species genita in sensu particulari gignit de se speciem sibi similem in sensu communi; et est iterum intencio anime coniungens et uniens hanc speciem genitam cum specie gignente in unam imaginacionem. Et est hoc exemplum Trinitatis propinquius exemplum quam illud quod proximo dictum erat.

3 3 *i.m. B**   7 rem] spem *P*   9 conservantem] conservante *P*   21 *Sign. conc. 'de trin. Dei' i.m. B**   22 trinitas in sensu *i.m. B**   26 et genitum *corr. ex* ingenitum, *clarius et i.m. B**   27 et genito *corr. ex* ingenito *B**   31 *Sign. conc. 'de trin. Dei' i.m. B**

3 Cf. Sap. XI:21   5 Aug. *De lib. arb.*, II, xi, 32 (*PL*, XXXII, 1258)   8 Cf. Aug. *Enarratio* II *in Psalmum* XXIX:10 (*PL*, XXXVI, 222)   16-18 Cf. Grosseteste *De operat. solis* (ed. McEvoy, pp. 66, 86)   17-18 Cf. Aug. *De trin.*, XI, ii, 5 (*PL*, XLII, 987)

9. Tercio, species genita in fantasia sensus communis gignit de se speciem sibi similem in memoria; et est intencio animi coniungens speciem genitam cum gignente; et efficitur ex tribus una fixio memorie.

10. Similiter contingit videre exemplum Trinitatis in apprehensionibus intellectivis et que sunt proprie anime racionalis. 5 Species enim apprehensibilis racione sive intellectu sive intelligentia generat in sibi correspondente virtute suam similitudinem, quam similitudinem genitam coniungit anime intentio cum specie gignente eam. Et sic ex tribus fit una apprehensio in effectu; que apprehensio una et trina exemplum est et elocucio unius substancie divine in personarum 10 Trinitate.

11. Item, quelibet species primo genita in aliqua racionalis anime virtute apprehensive gignit sui similitudinem in retentiva memoria illi apprehensive comproporcionata; et unit intencio anime gignentem speciem et genitam retentamque similitudinem in unam memoriam.   15

12. Memoria autem nostra, cum receperit et retinuerit formam memorabilem, non semper actu memoratur, sed cum fit de non actualiter memorante actualiter memorans, gignit et exprimit de se actualem intellectum sive intelligentiam sibi omnino similem; que gignens memoria et intelligentia genita in se mutuum reflectunt unientem et 20 copulantem amorem. Et est hoc exemplum Trinitatis ceteris dictis exemplis vicinius exemplato. Omnia tamen hec exempla magnam habent ad summam Trinitatem dissimilitudinem.

Cap. V, 1. In genere autem huius exempli ultimi, memorie videlicet gignentis et sue genite similitudinis et amoris copulantis, vicinissimum 25 exemplum Dei trinitatis est memoria, intelligentia et amor in suprema facie racionis, qua sola vi suprema Deus Trinitas sine nubulo fantasmatum, et non per corporeum instrumentum memoratur, intelligitur et diligitur. Huius igitur supreme virtutis memoria, memorans eternam memoriam, est summa et propinquissima creata similitudo Dei 30 Patris. Huius supreme virtutis intelligentia genita de predicta eiusdem virtutis memoria, intelligens eternam de Patre genitam sapientiam, est summa creata similitudo Dei Filii. Eiusdem quoque supreme virtutis amor procedens de predictis memoria et intelligentia eiusdem virtutis, diligens benignitatem increatam de Patre et Filio procedentem, est 35 summa similitudo creata Spiritus Sancti. Et ita secundum hanc supremam

---

1,4,11 *Sign. conc. 'de trin. Dei' i.m. B**   6 racione]sui *P*   29 intelligitur *corr. ex* intelligatur *B**   29 diligitur *corr. ex* diligatur *B**   29 *Sign. conc. 'de trin. Dei' i.m. B**

19 Cf. Aug. *De trin.*, XIV, vi, 8 (*PL*, XLII, 1042)   21 Cf. *De trin.*, XV, xx, 39 (1088)   35 Cf. *De trin.*, XV, xxiii, 43 (*PL*, XLII, 1090)

virtutem unam et simplicem dicto modo memorantem, intelligentem [225^B] et diligentem, est homo summa similitudo et per hoc imago unius Dei Trinitatis. Et secundum naturalem potenciam sic memorandi, intelligendi et diligendi est homo naturaliter Dei Trinitatis imago. Cum
5 autem habet habitum et actum huius potentie, tunc est homo renovata imago Dei Trinitatis, deiformis videlicet, et renovatus spiritu mentis sue, et nova creatura.

2. Et hec pars anime suprema, sic renovata et deiformis effecta, vires anime inferiores singulas secundum receptibilitatis sue facultates in
10 sui trahicit similitudinem et imitacionem; et per consequens ipsarum virium actus et corpus organicum agens assimilat sibi et in sui trahit imitacionem et quandam conformitatem. Totum igitur hominem sibi subiugatum imprimit et signat et figurat hec pars anime suprema Trinitatis vestigio, principaliter et primo et nullo interiecto medio in se
15 ipsa expresso; per se mediam imprimens eodem vestigio formacius quod sibi subicitur vicinius, et minus formiter quod a se distat longius; in totum tamen hominem transfundit quod ipsa immediate recipit.

3. Quemadmodum videmus quod ether primo recipiens lumen solis clarissime illustratur, et deinde transmittit susceptam illustracionem in
20 aera superiorem purum et subtilem, et post in hunc aera inferiorem et crassiorem, et tandem in aquam. Et aer superior purus, etheri vicinior, plus illustratur quam aer iste inferior et crassior. Et aer inferior plus illustratur quam aquà corpulentior. Totum tamen corpus perspicuum, quod est a terra usque ad solem, una illuminacione illustratur, totumque
25 est unum lucidum soli lucenti conforme per susceptam a sole illuminacionem, mediante ethere primam illustracionem suscipiente. Subtracto autem ethere, sequens corpus inferius non esset per receptum lucidum soli conforme; non enim recipit solis lumen nisi per etheris mediacionem. Et eciam si poneremus, sublato ethere, aera usque ad
30 solem pertingere, nec sic quidem esset perspicuum lucidum lucentis solis manifestissimo vestigio impressum. Non enim est aer, quantumcumque purus, equalis illuminacionis cum ethere receptivus. Non igitur haberet sol in perspicuo subiecto sui summam imitacionem aut imitatoriam conformitatem. Posito vero ethere eciam ceteris sublatis, esset in ethere
35 per luciditatem receptam summa solis imitatoria conformacio.

---

3 *Sign. conc. 'de dign. cond. hom.' i.m. B**   3 Et secundum] Per *P*   16 formiter] fortiter *P*   17 *Sign. conc. 'de dign. cond. hom.' i.m. B**   30 quidem] qui *BQ*

6 Cf. Ephes, IV:23   7 Cf. Galat. VI:15   18 Cf. Bas. *Hex.*, II, 7, 3-8 (ed. cit., p. 27) et Aug. *De Gen. ad litt.*, XII, 16 (*CSEL*, XXVIII.1, 401)

4. Isto quoque modo est in suprema facie racionis humane mentis expressa et signata, nullo interposito medio, Dei Trinitatis summa imitatoria similitudo, id est imago. Et per huius partis mediacionem transfunditur hec similitudinis signacio in totum hominem, et fit totus integer homo summe Trinitatis imago. Circumscripta tamen suprema 5 facie racionis, non posset in residuo hominis remanere racio ymaginis; hac tamen parte sola posita, posset in ea racio imaginis esse perfecta.

5. Nichil igitur nominatum in homine citra supremam racionis faciem est Trinitatis imago; ut si nomines corpus aut sensum aut imaginacionem. Si vero solam nomines racionem, expressisti Trinitatis 10 imaginem. Si autem corpus aut sensum aut imaginacionem dicas, et consideres secundum quod a racione impressa sunt, imaginem Trinitatis considerasti. Racio enim in se ipsa, et per hoc racio in sibi subiectis viribus et corpore, et hoc in racione, Trinitatis est imago. Unde Augustinus super hunc locum: "Intelligimus in eo factum hominem ad imaginem Dei, in 15 quo irracionalibus animantibus antecellit. Id autem est ipsa racio, vel mens, vel intelligentia vel si quo alio vocabulo commodius appellatur. Unde et Apostolus dicit: *Renovamini spiritu mentis vestre, et induite novum hominem qui renovatur* [225^C] *in agnicione Dei secundum imaginem eius qui creavit eum,* satis ostendens ubi sit homo creatus ad 20 imaginem Dei, quia non corporis lineamentis sed forma quadam intelligibili mentis illuminate."

6. Basilius quoque dicit quod non sumus ad imaginem Dei secundum formam corporis neque secundum alterabilia aut corruptibilia, sed secundum animam et secundum racionem sumus ad imaginem Dei. 25 Et secundum Basilium, homo interior hic nominatur cum dicitur: *Faciamus hominem ad imaginem.* De quo dicit Apostolus: *Etsi exterior noster homo corrumpitur, sed interior renovatur de die in diem.* Duos igitur, ut Basilius ait, in hoc verbo Apostoli cognoscimus homines: "unum apparentem et unum absconditum ab apparente, invisibilem, 30 interiorem hominem. Et vere dictum est quod nos sumus interior homo. Ego enim secundum interiorem hominem; que vero extra, non ego sed mea. Non enim manus ego, sed ego racionale anime. Manus vero pars hominis, sicque corpus organicum anime; homo ergo proprie secundum ipsam animam. *Faciamus hominem ad imaginem,* hoc est, demus illi 35

---

2 *Sign. conc. 'de dign. cond. homi i.m. B**   8 nominatum] nominandum *P*   18 Renovamini] in *add. P*   30 unum^2] alterum *P*   31 vere] tunc *add. P*   33 ego^1 *om. P*   35 est] ut *add. P*

---

6 Cf. Aug. *De trin.,* XII, iv, 4 et XII, vii, 10 (*PL,* XLII, 1000, 1003)   15 Aug. *De Gen. ad litt.,* III, 20 (*CSEL,* XXVIII.1, 86)   18 Ephes. IV:23 Coloss. III:10   23 Bas. *Hex.,* X, 6-7 (*SC,* CLX, 178-182)   27 2 Cor. IV:16   29 Bas. *Hex.,* X, 7 (*SC,* CLX, 182)

racionis subsistentiam." Itaque, ut dictum, est, secundum Basilium
interior homo hic nominatur qui primo et proprie gerit Conditoris
imaginem.

7. Potest tamen integer homo compactus ex interiori et exteriori
5 homine hic intelligi, si, quemadmodum dictum est, consideretur homo
interior conformans sibi exteriorem, vel exterior conformatus interiori.
Augustinus quoque *Contra Manicheos* ait: "Homo ad ymaginem Dei
factus dicitur secundum interiorem hominem ubi est racio et intellectus.
Unde addidit continuo: *Et habeat potestatem piscium maris et volatilium*
10 *celi*, ut intelligeremus non propter corpus dici hominem factum ad
imaginem Dei, sed propter eam potestatem qua superat omnia pecora.
Omnia enim animalia cetera subiecta sunt homini non propter corpus,
sed propter intellectum quem nos habemus et illa non habent; quamvis
eciam corpus nostrum sic fabricatum sit ut indicet nos meliores esse quam
15 bestias, et propterea Deo similes. Omnium enim animalium corpora, sive
que in aquis sive que in terra vivunt sive que in aere volitant, inclinata
sunt ad terram et non sunt creata erecta sicut hominis corpus. Quo
significatur eciam animum nostrum in superna sua et eterna spiritalia
erectum esse debere. Ita intelligitur per animum maxime attestantem
20 eciam erecta corporis forma homo factus ad imaginem et similitudinem
Dei."

Cap. VI, 1. Et animadvertendum quod tripliciter est considerare
ipsam racionem et arbitrii libertatem secundum quam homo factus est ad
Dei imaginem. Potest enim considerari in substantia boni naturalis quod
25 recepit a naturali condicione; et potest considerari secundum quod
elevatur supra bonum condicionis sue in deiformitatem per
conversionem ad Creatoris fruicionem, qua conversione spiritu mentis
innovatur et decoratur; potest quoque considerari a summo bono aversa
et ad inferiora conversa, et sic deformata. Unde et imago tripliciter
30 intelligitur in ea: naturalis videlicet imago, et renovata, et deformata.
Naturalis itaque imago numquam amittitur; renovata vero imago
amittitur per peccatum; deformata vero tollitur per Spiritus Sancti
graciam.

---

1 racionis] animam et *add.P*   8 ubi] ut *P*   9 habeat] habet *P*   11 qua *corr. ex*
quam *B;* quasi *P*   21 Dei *om. P*

---

2 Cf. Grosseteste *Comm. in Psalmos* (MS Bologna, Archiginnasio A. 983, foll. 27^D,
44^C)   7 Aug. *De Gen. contra Man.,* I, xvii, 28 (*PL,* XXXIV, 186-187)   27-28 Cf. Aug.
De spiritu et littera, XXVIII, 48 (*PL,* XLIV, 230) et *De trin.,* XIV, xiv, 18 et XIV, xvii, 23
(*PL,* XLII, 1050, 1054)   Cf. R. Rufi *Comm. in Sent.,* II, d. 16 (MS cit., fol. 142^C)

2. Unde et si alicubi inveniatur dictum hominem per peccatum Dei imaginem amittere et per graciam recuperare, intelligendum est hoc de reformata imagine. Quod enim naturalis imago semper maneat, docet Ieronimus sic dicens contra Origenem: "Inter multa mala eciam illud ausus est dicere perdidisse ymaginem Dei Adam, cum hoc in nullo 5 penitus loco Scriptura significet. Si enim ita esset, numquam omnia que in mundo sunt servirent semini Adam, id est universo generi hominum, sicut et Iacobus apostolus testatur: *Omnia domantur et subiecta sunt nature humane.* Numquid [225^D] enim universa essent subiecta hominibus, si non haberent homines iuxta id quod universis imperarent 10 imaginem Dei?" Naturalem vero et reformatam imaginem insinuat Augustinus in verbis suis super hunc locum que supra posuimus.

3. Insinuat quoque utramque et beatus Bernardus dicens: "Oportet id quod ad imaginem est cum imagine convenire, et non in vacuum nomen imaginis participare. Representemus ergo in nobis imaginem eius 15 in appetitu pacis, in intuitu veritatis, in amore caritatis. Teneamus eum in memoria, portemus in conscientia, et ubique presentem veneremur." Ecce in hiis verbis reformata imago evidenter describitur.

4. De naturali vero subiungit dicens: "Mens siquidem nostra eo ipso imago eius est, quo eius capax est eiusque particeps esse potest. Non 20 propterea eius imago est, quia sui meminit mens seque intelligit ac diligit, sed quia potest meminisse, intelligere ac diligere a quo facta est." Ecce in hiis verbis habes expressam naturalem imaginem. Quibus verbis adhuc adicit ista dicens: "Nichil tam simile est illi summe sapientie quam mens racionalis que per memoriam, intelligentiam et voluntatem in illa 25 Trinitate ineffabili consistit. Consistere autem in illa non potest, nisi eius meminerit eamque intelligat ac diligat."

Cap. VII, 1. Ut autem docet nos Augustinus ad imaginem eciam suam creavit nos Deus, eo "quod sicuti Deus unus semper ubique totus est, omnia vivificans, movens et gubernans, sic Apostolus confirmat: 30 *Quod in eo vivimus, movemur et sumus,* sic anima in suo corpore ubique tota viget, vivificans, gubernans et movens illud. Neque enim in maioribus corporis eius membris maior et in minoribus minor, sed in

---

1 alicubi] aliter *Q;* alicui *P*   13 utramque] utrumque *BQ*   16 pacis] et *add. P*   27 ac diligat *om. P*   32 vivificans] et *add. P*

---

4 Hier. *Epist.,* LI, 6 (*CSEL,* LIV, 407)   8 Cf. Jacob. III:7   13 Ps.-Bernardi *De cognitione humanae conditionis,* I, 2 (*PL,* CLXXXIV, 486A)   19 Loc. cit.   24 Loc. cit.   28 Ps.-Aug. *Liber de spiritu et anima,* XXXV (*PL,* XL, 805) et fortasse ps.-Ambr. *De dignitate conditionis humanae,* II (*PL,* XVII, 1105B); cf. etiam Grosseteste *De intelligentiis* (ed. Baur, p. 114) et Mamerti Claudiani *De statu animae,* III, ii, 1 (*PL,* LIII, 761B-C)   31 Act., XVII:28

minimis tota est et in maximis tota. Et hec est imago unitatis omnipotentis
Dei, quam anima in se habet." Trinitatis vero imago est in eo quod ipsa
est et vivit et sapit.

2. Secundum Ieronymum autem homo est imago Dei in
5 participacione eternitatis, similitudo vero in moribus. Eternitas enim est
essentie incommutabilitas, sive essentia incommutabilis. Dei autem
maxime proprium nomen est essentia. Quicquid enim alio nomine
significatum de Deo dixeris, in hoc nomine quod est essencia instauratur.
Propterea in participacione incommutabilitatis essencie est homo
10 maxime propinque Dei imago.

3. Gregorius quoque Nisenus ait: "Si discutias et alia propter que
divinum decus elucet, hec eciam in imagine ad illius similitudinem salva
profecto reperies. Mens etenim et verbum est summa divinitas. *In
principio* namque *erat verbum,* et qui secundum Paulum proficiunt,
15 mentem Christi qui in eis loquitur se habere profitentur. Non ergo procul
hec a natura humana conspicias. In te namque et verbum et intelligentia
est que imitantur verbum mentemque divinam. Item caritas Deus est,
fonsque caritatis. Hoc enim ait magnus ille Iohannes: *Quoniam caritas ex
Deo est et Deus caritas est.* Hanc autem nobis veluti personam Christi
20 formator nostre substantie conferens ait: *In hoc cognoscent omnes quia
mei estis discipuli, si dileccionem habueritis adinvicem.* Quod si dileccio
nobis ista defuerit, tocius imaginis species figuraque solvetur. Cunta
eciam conspicit exauditque divinitas et omnia perscrutatur. Habes et tu
per oculos et aures rei huius efficaciam, vitalemque et scrutatricem
25 eorum que sunt intelligentiam te possidere cognoscis."

4. Ex hiis verbis autenticis perpendi potest quod quecumque
dicuntur de Deo, aliquo modo imitatorio eciam homini congruunt, nec
conveniunt irracionali creature tanta imitacionis propinquitate. Unde
etsi in aliis creaturis eluceat aliqua Dei similitudo, non tamen elucet in
30 illis Dei imago, quia ima-[226^A]-go est summa et propinquissima
similitudo. Naturalis igitur capacitas omnium que sunt in Deo per
maxime propinquam imitacionem est in homine Dei imago. Cum autem
capit ea secundum possibilem sibi imitacionem, tunc est reformata
imago. Cum vero recedit ab eorum imitacione, fit deformata imago, et
35 reformate imaginis species figuraque solvitur, sicut in supradictis verbis
dicit Gregorius Nisenus.

1 tota] est *add. P*   17 imitantur] imitatur *P*   18 ille *om. P*   20 quia] quoniam
P   30 quia] enim *add. P*   31 igitur] enim *P*

4 Cf. ps.-Bedae *Comm. in Pent.,* Gen. (*PL,* XCI, 201B-C)   11 Greg. Nyss. *De opif.
hom.,* V, 2 (ed. Forbes, p. 131)   18 1 Ioan. IV:7, 8   20 Joan. XIII:35

Cap. VIII, 1. Ad similitudinem vero Dei dicitur homo factus in participacione bonorum gratuitorum. Unde, sicut dicit Basilius: "Ad imaginem habemus ex creacione, ad similitudinem vero dirigimus ex eleccione. In prima condicione coexistit in nobis esse ad imaginem Dei; ex eleccione vero dirigitur esse ad similitudinem Dei. Hec secundum 5 eleccionem potentia nobis inest; actum vero nobis ipsis inducimus." Ideo primo dixit: *Faciamus ad ymaginem et similitudinem;* et non repetit nisi unum istorum duorum, id est: *ad imaginem.* Sic enim infra recapitulatur: *Et fecit Deus hominem ad imaginem Dei fecit ipsum.* Nisi enim ambo dixisset, non haberemus potentiam naturalem fieri ad similitudinem; 10 quia tamen nobis relictum est complere istud secundum actum ex eleccione, in recapitulacione omissum est. Dicens igitur: *Faciamus ad similitudinem,* "potentiam nobis tribuit ad essendum secundum similitudinem, et dimisit nos operatores actuum similitudinis, ut esset nobis merces operacionis, ut non essemus sicut statue a pictore facte 15 frustra iacentes, ut non ea que nostre assimulacionis frustra laudem ferrent. Quando enim statuam vides diligenter formatam ad suum primitivum, non statuam laudas sed pictorem admiraris. Ut igitur admiracio mea fiat et non aliena, michi reliquit ad similitudinem Dei fieri. Ad imaginem enim habeo racionale esse; ad similitudinem vero factus 20 sum, in eo quod Christianus factus sum. *Estote perfecti sicut Pater vester celestis perfectus est.* Vides ubi dedit nobis Dominus ad similitudinem? Si fias oditor mali, immemor inimicicie. Si fies amator fratris compaciens, assimularis Deo. Si qualis est in te peccatorem Deus, talis fias in fratrem in te delinquentem compassione misericordie, assimularis Deo. Sicque 25 ad imaginem quidem habes in esse racionale; ad similitudinem vero fis ex recipere bonitatem. Casta sume viscera misericordiarum, ut induas Christum. Per que enim recipis compassionem, per ea Christum induis. Si fecit et ad similitudinem propter quid tu coronaris? Hoc itaque est imperfectum relictum ut tu, te ipsum iuvante gracia perficiens, dignus fias 30 retribucione a Deo. Assimulamur igitur Deo per Christianitatem. Quid est Christianitas? Dei similitudo secundum receptibile hominis per naturam." "Quid vero est homo? Ex cognitis et auditis hoc diffiniamus. Non enim egemus mutuari diffiniciones alienas. Homo igitur est factura racionalis facta ad imaginem creantis ipsum." 35

---

4 coexistit] extitit *P*   16 assimulacionis] sunt *add. Muckle*   18 Quando] Que *BQ*   21 enim] vero *P*   24 fratris] et *add. P*   27-28 ex recipere] excipere *P*   30 est] et *BP*   31 tu] ipse *add. P*   34 hoc] hic *P*   34 diffiniamus] diffiniamur *B*   35 egemus] egimus *BP*

2 Cf. Bas. *Hex.*, X, 16-17 (*SC*, CLX, 206-210)   22 Matth. V:48   34 Bas. *Hex.*, X, 11 (*SC*, CLX, 194)

2. Gregorius vero Nisenus de hac similitudine sic dicit: "Sicut formas hominum per colores quosdam pictores in tabulis transferunt, tincturas proprias congruasque miscentes, ita ut a primeve forme decore in similitudinem diligentissima mutacione transmigrent, sic intellige
5 nostre substantie formatorem velut quibusdam virtutibus miram pulcritudinem sue imagini contulisse, in nobis exprimens proprium principatum. Sunt autem multiplices et multiformes colores huius imaginis quibus vere forme similitudo depingitur; non cerussa et purpurisso; nec enim horum mixta cum altero qualitas, nec alicuius
10 nigredinis superduccio cilia oculosque sublinit, et per aliquod temperamentum depressa et concava carac- [226$^\text{B}$] -teris assimulat vel quecumque similia pictorum manus artifici composuere solercia; sed pro istis adest puritas, impassibilitas, beatitudo, malique tocius aversio, et quecumque generis huius existunt per que in hominibus imprimitur
15 similitudo divina. Talibus floribus et miraculis Conditor imaginem propriam, id est, naturam nostre condicionis ornavit."

3. Ex hiis auctoritatibus iam patet differentia imaginis et similitudinis. In nomine tamen imaginis reformate intelligitur similitudo. Ipsa enim similitudo est imaginis reformacio.

20   Cap. IX, 1. Et considerandum quod Scriptura dicit hominem factum *ad imaginem*, ut per preposicionem insinuet subiectam imitacionem, et distinctionem modi quo Filius est imago ad modum quo homo est imago. Dicitur enim homo imago Dei ab Apostolo. Ait enim: *Vir non debet velare capud cum sit imago et gloria Dei.*

25   2. Non itaque homo est imago Dei tanquam unigenitus Filius Dei, quia Filius sic est imago Patris quod ipse est hoc quod Pater, eadem natura, eadem substantia, alius in persona. Et ideo Filius, testante Augustino in libro *Retractacionum*, non ad imaginem Patris sed tantummodo imago Patris est. Homo vero sic est imago Dei, quod eciam
30 ad imaginem Dei est; non parificatus ei cuius est imago, sed subiecta imitacione sequens illud cuius est imago.

3. Unde et Augustinus in libro *De vera religione* ait: "Sapientia Patris que nulla ex parte dissimilis similitudo eius est, dicta est et imago, quia de ipso est. Ita eciam Filius recte dicitur ex ipso, cetera per ipsum.
35 Precessit enim forma omnium, summe implens unum de quo est, ut cetera que sunt, in quantum sunt, uni similia per eam formam fierent.

6 exprimens] exprimentem *Muckle*   8 non] cum *P*   9 purpurisso] purpurissa
P   12 artifici] artiicis *Muckle*   15 Talibus ... miraculis] *Sic codd. et MS b apud ed.*
Forbesii; floribus mirabilis *Muckle*

1 Greg. Nyss. *De opificio hominis,* V, 1 (ed. Forbes, p. 129)   23 1 Cor. XI:7   28
Aug. *Retr.,* I, 25 (*CSEL,* XXXVI, 122)   32 Aug. *De vera relig.,* XLIII, 81-XLIV, 82
(*PL,* XXXIV, 159)

4. Horum alia sic sunt per ipsam, ut ad ipsam eciam sint, ut omnis racionalis et intellectualis creatura, in qua homo rectissime dicitur factus ad imaginem et similitudinem Dei. Non enim aliter incommutabilem veritatem posset mente conspicere.

5. Alia vero ita sunt per ipsam facta, ut non sint ad ipsam. Et ideo 5 racionalis creatura si Creatori suo serviat a quo facta est, et per quem facta est, et ad quem facta est, cunta ei cetera servient."

Cap. X, 1. Preter hoc autem quod dicitur: *ad imaginem nostram*, cum eo quod postea subiungitur: *Et fecit Deus hominem ad imaginem Dei*, evidenter declaratur quod homo est una imago unius Dei Trinitatis, 10 in se representans unitatis trinitatem et trinitatis unitatem. Non quasi Pater ad imaginem Filii fecerit hominem, ut Filius ad imaginem Patris, sed unus Deus Trinitas ad imaginem sui unius et trini.

2. Unde et convenienter quando creandus erat homo ad Trinitatis ymaginem secundum racionem potentem comprehendere eandem 15 Trinitatem, revelata est expresse fides Trinitatis. Evidenter emicuit eius doctrina. In superioribus namque velud in profundo fuit abdita Trinitatis predicacio. Hic autem quasi de abditi obscuro cepit in lucem splendescere.

Cap. XI, 1. Nec pretereundum est quod non solo, ut dicit 20 Augustinus, "iubentis sermone, ut alia sex dierum opera, sed consilio sancte Trinitatis et opere maiestatis dominice creatus sit homo; ut ex prime condicionis honore intelligeret, quantum suo Conditori deberet, dum tantum in condicione dignitatis privilegium prestitit ei Conditor; ut tanto ardentius amaret Conditorem, quanto mirabilius se ab ipso 25 conditum intelligeret."

2. Gregorius quoque in *Moralium* IX, ait: "Quamvis enim per coeternum Patris Verbum cunta creata sunt, in ipsa tamen relacione creacionis ostenditur, quantum cuntis animalibus, quantum rebus vel celestibus sed tamen insensibilibus homo preferatur. Cunta quippe *dixit* 30 *et facta sunt*. Cum facere hominem decernit, hoc quod reverenter pensandum est premittit, dicens: *Faciamus hominem ad imaginem et similitudinem nostram*. Neque enim sicut de rebus ceteris scriptum est: *Fiat, et factum est*; neque ut aque volatilia, sic terra hominem protulit; sed

---

8 Preter] Per *Muckle*   12 ut] aut *Muckle*   15 potentem] potentie *P*   33 sicut] sic *BP*

---

8 Cf. Aug. *De trin.*, XII, vi, 7 (*PL*, XLII, 1001) et *De Gen. ad litt.*, III, 19 (*CSEL*, XXVIII.1, 85)   14 Cf. Bedae *Hex.*, I (*PL*, XCI, 28C-29A); Aug. *Sermo* I, v, 5 (*PL*, XXXVIII, 25); et ps.-Aug. *Quaest. ex vet. test.*, II, 3 (*PL*, XXXV, 2394)   21 Ps.-Aug. *De spiritu et anima*, XXXV (*PL*, XL, 805)   27 Greg. *Moralia in Job*, IX, xlix, 75 (*PL*, LXXV, 900A-B)   30 Psalm. CXLVIII:5

prius [226^C] quam fieret, *Faciamus* dicitur, ut videlicet, quia racionalis creatura condebatur, quasi cum consilio facta videretur. Quasi per studium de terra plasmatur, et inspiracione Conditoris et virtute spiritus vitalis erigitur, ut scilicet non per iussionis vocem, sed per dignitatem
5 operacionis existeret qui ad Conditoris imaginem fiebat."

3. Gregorius quoque Nisenus ait: "Orbis tanti huius extruccio, et parcium eius quibus in elementis continetur universitas, a divina potentia perficitur extimplo, pariter cum iussione subsistens. Hominis autem formacionem artificis tanti precedit consilium, et descripcione verbi quod
10 futurum est ante signatur; qualemque esse oporteat, et cuius primeve forme similitudinem referat, ob quam eciam causam fiat, quid fictus efficiat et quorum dominatum gerat, omnia pruisquam subsisteret perspecta sunt; ut ante generacionem suam homo antiquiorem quodammodo sortitus sit dignitatem, priusquam subsisteret universorum
15 possidens principatum. Dixit enim Deus: *Faciamus hominem ad imaginem et similitudinem nostram, et dominetur piscibus maris et bestiis terre et volatilibus celi et pecoribus universeque terre.* O quale miraculum! Sol fit, et nullum precedit omnino consilium. Celum quoque, cui nichil in creaturis visibilibus simile reperitur, verbo solo perficitur; et opus tam
20 mirabile, nec unde fiat nec qualiter intimatur. Sic singula queque creaturarum, ether, stelle et aer, qui medium locum continent, mare, terra, animalia et nascentia omnia verbo tantummodo producuntur ut sint. Ad hominis autem solius condicionem cum consilio quodammodo Conditor universitatis accedit, et materiam que construccioni eius sit
25 necessaria preparat, et ad formam primeve ac principalis pulcritudinis eius coaptat similitudinem, cuius rei gracia fiat insinuat, congruam illi naturam effectibus suis instituens, que ad propositum aptissima esse probaretur."

4. Hoc autem consilium, quod in hoc loco nominant expositores,
30 non est proprie dictum consilium, quia, ut ait Iohannes Damascenus: "Non consiliatur Deus: ignorancie enim est consiliari. De eo enim quod cognoscit, nullus consiliatur. Deus igitur, omnia noscens simpliciter, non consiliatur." Innuitur igitur in hoc loco nomine consilii et modo loquendi consiliativo, cum dicitur: *Faciamus hominem ad imaginem nostram,*
35 prerogativa dignitatis humane condicionis, quod videlicet animal

---

4 vitalis] utilis *B*   10 qualemque] qualem *P*   21 continent] continet *Muckle*   26 similitudinem] et intencionem *add. Muckle*   27 que] quod *BP*   30 est *om. P*   31 De eo] Deo *P*

---

6 Greg. Nyss. *De opif. hom.*, III, 1-2 (ed. Forbes, pp. 125-127)   29 Vide D. A. Callus, *Robert Grosseteste, Scholar and Bishop*, pp. 51-52   31 Joan. Damasc. *De fide orth.*, XXXVI, 13 (ed. cit., pp. 138-139)

honoratissimum in vitam adducitur. Et innuitur eciam Conditoris cura et
providentia specialis faciendi perfectum et preciosissimum sibi et
carissimum opus, et maximum sapientiale et artificiale et ex artificii
singularitate maxime inter cetera opera admirabile. Coniuncta est enim
in homine in unitatem persone suprema creatura, racionalis videlicet et 5
arbitrio libera intelligentia, cum creatura infima, videlicet terra, et non
cum qualicumque terra, sed cum pulvere sumpto de terra. Ut enim infra
scriptum est secundum translacionem Septuaginta: "Formavit Deus
hominem pulverem sumens de terra." Et quid tam distantium
coniunctione artificialius aut mirabilius potest excogitari?   10

5. Innuitur quoque in modo sermonis consiliativo specialis cura Dei
de homine secundum ea que hic commemorantur in hominis condicione,
et incommemorata relinquuntur in condendis creaturis ceteris, sicut
insinuat uterque Gregorius in hiis que supra diximus. Hanc specialem Dei
de homine curam a generali cura de creaturis ceteris volens Apostolus 15
distinguere, in epistola prima ad Corinthios ait: *Scriptum est in lege
Moysi: non alligabis os bovi trituranti. Numquid de bobus cura est Deo?*
[226^D] *An propter nos utique hoc dicit? Nam propter nos scripta sunt.* De
generali tamen cura scriptum est in libro Sapientie quod Deo est cura de
omnibus.   20

6. In modo quoque consiliativo huius sermonis insinuatur altum et
incomprehensibile secretum divine providencie de modo reparacionis
humani generis per dispensacionem incarnacionis Filii Dei. Et insinuatur
ipsum secretum et incomprehensibile misterium Verbi incarnandi. Per
facturam namque primi Ade qui factus est *in animam viventem,* 25
significatur secundus Adam qui factus est *in spiritum vivificantem ex
semine David secundum carnem qui predestinatus est Filius Dei in virtute*;
significatur quoque et nostra per Verbum incarnatum reparacio et
renovacio in spiritu mentis nostre ad imaginem et similitudinem eius qui
nos creavit.   30

Cap. XII, 1. Et cum tanta et tam preciosa res sit homo, racionabiliter
creatus est creaturarum ultimus. Ipse enim est creaturarum dominus,
"nec decuerat," ut dicit Gregorius Nisenus, "prius existere principem,
quam illa quorum gereret principatum. Sed ubi cunta ei subicienda parata

---

2 sibi] igitur *P*   3 maximum] maxime *P*   25 est *om. B*   25 in] et *Muckle*   28 et]
in *B*   34 ubi] ut *P*

---

16 1 Cor. IX:9-10   19 Cf. Sap. VI:8 et XIII:13   25 Cf. 1 Cor. XV:45   26 Cf. 1
Cor. XV:45 et Rom. I:3-4   29 Cf. Ephes. IV:23   29-30 Cf. Coloss. III:10   29-32
Cit. a Joanne Wyclyf, *Tractatus de benedicta incarnatione,* capp. VIII, X (ed. Harris, pp.
128, 177). Cf. Beryl Smalley, "John Wyclif's *Postilla Super Totam Bibliam,*" p. 198   33
Greg. Nyss. *De opif. hom.,* II, 1 (ed. Forbes, p. 121)

sunt, iam consequens erat apparere rectorem. Et sicut invitator non prius
in domum pransorem quam preparet epulas introducit, sed omnes
apparatus instruens domumque congruenter exornans, discubitum
quoque et mensam et cetera, tunc ad preparatas iam delicias convocatum
5 invitat: iuxta hunc modum dives et copiosus nostre Conditor educatorque
substantie, bonis omnibus replens habitaculum mundi huius, et magnas
has epulas variasque disponens, sic introduxit hominem, dans ei opus
eximium custodire mandatum, quo non appetitu rerum non extantium
sed presentium possessione gauderet. Iccirco eciam duplicis
10 composicionis ei causas intexuit, terreno spirituale commiscens, ut per
utriusque cognicionem utraque proprietate potiretur, Deo quidem
spiritualiter fruens, terrena verno bona corporali usu percipiens."
    2. Est eciam homo ultimo conditus exigente hoc ordine naturali.
Unde et idem Gregorius Nisenus ait: "Post exanimem materiam primum
15 quidem velud crepidinem quandam hanc germinabilem substantiam
legislator expressit, et deinceps eorum generacionem que sensibus
tantummodo continentur aperuit. Et quia secundum istam
consequentiam ea, que vitam in carne sortita sunt, sensibilia quidem sine
intelligibilibus per se subsistere videntur, racionabilis autem substantia
20 non potest in alio nisi sensibili corpore contineri, iccirco post germina
atque iumenta factus est homo, via quadam consequenter ad
perfeccionem natura proficiente. Omnium autem specierum, id est et
crescentis germinis et sensualis animantis, hoc racionale animal "homo"
participat. Nutritur enim iuxta germinabilem substantiam anime
25 qualitas; incrementi vero vim sensuali subministracione sortitur que,
iuxta quemdam modum suum inter intellectualem et materialem
substantiam in medio collocata, quantum illius comparacione crassior,
tantum huius prelacione videtur esse sincerior. Deinde sensibilis rei quod
est subtilissimum, intellectuali sociatum, fit quedam permixtio nature
30 conveniens, ita ut in tribus istis videatur homo subsistere. Quod et
Apostolum tale aliquid cognoscimus intimare, ubi pro Thesalonisensibus
orans ait: *Ipse autem Deus pacis sanctificet vos per omnia, ut integer
spiritus vester et anima et corpus sine querela in adventum Domini nostri
Iesu Christi servetur*; pro nutribili parte corpus, pro sensibili animam, pro
35 intellectuali spiritum ponens. Similiter et scribam in Ewangelio,

---

1 consequens] conveniens *Muckle*   1 sicut] sic *P*   7 sic *om. P*   11 cognicionem]
cognacionem *Muckle*   20 nisi] in *add. P*   23 sensualis] animalis *add. P*   31 aliquid]
et *add. P*   31 Thesalonisensibus] Ephesiis *R*   34 animam] anima *BQP*

---

1 Greg. Nyss. *De opif. hom., II,* 2 (ed. Forbes, p. 123)   14 *De opif. hom.,* VIII, 5 (ed.
Forbes, p. 143)   32 1 Thess. V:23

Dominus instruens omni mandato dileccionem Domini preponit, que ex [227^A] toto corde et ex tota anima et intellectu toto perficitur. Nam et in presenti eandem michi sermo differentiam videtur interpretacionis offerre: corpulenciorem quidem efficaciam cor appellans, animam vero mediam sedem tenere significans, intellectum autem sublimiorem 5 substantiam racionabilis insinuans perspicabilisque virtutis. Unde et tres distantias voluntatum novit Apostolus: carnalem que circa ventrem et inferiores partes voluptatibus tantum viciosis obsequitur; animalem vero que media inter virtutem maliciamque versatur, hanc quidem supergrediens, illius autem nequaquam particeps sinceritatis existens que 10 effectum spiritalem Deo placite conversacionis assequitur; spiritalem quoque que omnia diiudicat, *ipse autem a nemine iudicatur.* Denique sicut carnali animalis supereminet, iuxta eandem mensuram animalem quoque spiritualis excellit. Quod igitur novissimum post omnia factum hominem Scriptura commemorat, nichil aliud quam de statu anime 15 philosophari nos debere latenter informat, necessaria quadam rerum consequentia id quod perfectum est in postremis insinuans. Natura eciam racionalis cetera quoque continet, et incrementa germinis et sensus animantis. Natura namque sensibilis germinalem speciem sine dubitacione complectitur; hec autem propterea quod materialis est, in se 20 sola conspicitur. Consequentia igitur nature veluti per gradus quosdam, vite dico proprietatum, ab inferioribus ad perfecciora conscendit."

Cap. XIII, 1. Sequitur: *Et presit piscibus maris, et volatilibus celi, et bestiis terre, universeque creature, omnique reptili quod movetur in terra.* Causam dominacionis hominis super animalia assignans, Ieronimus ait: 25 "Homini adhuc ante peccatum non indigenti dedit Deus dominacionem. Presciebat enim hominem adminiculo animalium adiutum iri post lapsum." Non est autem intelligendum ex hiis verbis Ieronimi quod homo caruisset dominio animalium nisi fuisset lapsurus. Sed quod illi primordiali dominio ante peccatum accessit, qualis nunc est, 30 adminiculacio post peccatum. Ex illo namque dominio primo habet adhuc homo quod edomat animalia cetera et eis utitur ad necessarium huius vite penalis subsidium; cuiusmodi usu non indiguisset homo nisi peccasset.

2. Huius autem adiutorium preordinavit Deus homini lapso de 35 animalibus futurum. Sic enim sua sapientia disposuit rerum ordinem ut,

---

2 ex *om. P*   20 propterea] propter *BP*   27 iri] rei *B; om. P*   32 homo *om.*
P   32 necessarium] necessitatem *P*

---

1 Cf. Matth. XXII:36-38 et Marc. XII:29-30   7 Cf. 1 Cor. II:10 seqq.   7 carnalem]
Cf. 1 Cor. III:1-3   8 animalem] Cf. 1 Cor. II:14   11 spiritalem²] Cf. 1 Cor. II:15   26
Cf. Bedae *Hex.*, I (*PL*, XCI, 31C-D)

sive laberetur homo sive perseveraret absque peccato, omnia ei subiecta
forent et deservirent congruenti ministerio. Verumtamen, si non
peccasset homo, cetera ministrassent homini levi et obedienti obsequio.
Postquam autem peccavit homo, excanduit creatura in tormentum
5 adversus iniustos, nec tamen in torquendo destitit ab obsequendo. Ut
enim supra dictum est, ea que nociva dicuntur, "aut penaliter," ut iustum
est, ledunt, "aut salubriter excercent, aut utiliter probant, aut ignorantes
docent;" et sic semper aliquem usum utilem homini subministrant. Cum
enim penaliter ledunt quos iustum est ledi —nullus enim iniuste leditur
10 licet multi iniuste ledant— omne autem iustum bonum sit et omne bonum
utile, penali sua lesione humano generi prestant ministerium utile. Cum
enim malus iuste punitur, ipse melius est, quia iustius est, quam cum sine
pena dimittitur. Quapropter, eciam ei qui punitur est ipsa pena utilis,
quia est ei causa esse iustioris et melioris.

15   3. Ante peccatum igitur habuit homo potestativam dominacionem
ceterarum creaturarum huius mundi sensibilis. Secundum eam partem
qua est factus ad imaginem Dei omnibus ceteris precellebat. Iustum
namque erat ut, secundum racionem suo Creatori perfecte obediens, et
ab eius obedientia nusquam aliquo perturbato et irracionabili motu
20 divertens, omnia racione carentia sub suo contineret po-[227^B]-testativo
et   imperturbato   atque   pacato   imperio.   Unde   et   Iohannes
Constantinopolitanus episcopus dicit, ante peccatum omnes bestias
homini fuisse subiectas; quod autem nunc hominibus nocent, penam
primi esse peccati. Quod considerare et indubitanter perpendere
25 possumus ex hiis que nunc in homine dampnato mortalitate huius vite
propter peccatum conspicimus. Si enim dampnatus tantum valet ut tam
multis pecoribus quam multis cotidiano usu cognoscimus imperet —
quamvis enim a multis feris propter fragilitatem corporis possit occidi, a
nullis tamen domari potest, cum ipse tam multas et proprie omnes domat,
30 —quid de regno eius cogitandum est? Nonne domandi potestas tanto ibi
fuit efficacior quanto status ille statu condempnacionis liberior et
excelsior? Erant igitur in paradisi felicitate omnia animalia sub hominis
imperio concorditer adinvicem et obedienter ad hominem viventia.

    4. Homine autem per peccatum recedente et declinante a sui
35 superioris obedientia, iustum erat ut ordine naturali sibi subiecta sentiret

---

4 peccavit] in se *add. Q*   5 torquendo] torquende *B*   8 utilem] utile *B*   12 quia
corr. ex qui *B*   16 sensibilis] vel *add. Q*   17 qua] quia *Q;* est *add. P*   21 pacato]
parato *Q*   24 perpendere] perpende *B;* percipere *H*   27 multis^2] multi *BQ*   29
domari] ordinari *Q*   31 ille] a *add. RH*

---

6 Cf. supra VII, x, 1 Aug. *De Gen. ad litt.,* III, 17 (*CSEL,* XXVIII.1, 82)   21 Cf. Joan.
Chrys. *In Genesim homilia,* IX, 4-5 (*PG,* LIII, 78-80)

adversum se per inobedientiam contumacia. Per quam iusticiam et caro facta est rebellans spiritui, et que exterius racione carent repugnantia ipsi homini. Non tamen amisit homo naturalem potestatem dominii, id est racionis imperativam potestatem. Sed quia hec potestas est infirmata et per peccatum viciata, ipsa quoque racione carentia labente homine sunt 5 deteriorata, et ad obediendum imperanti racioni minus habilia, non potest homo in sibi subiectis naturaliter explere pacatum et inperturbatum dominacionis officium. Nec tamen omnino caret actu dominandi. Nec enim, ut dictum est, integre complet et perfecte, infirmata videlicet dominacionis potestate et minus habili existente ad 10 obedientiam imperandorum subieccione.

5. Quemadmodum enim, si videres hodie patrem aliquem familias, sanum mente et corpore omnique fultum prosperitate, familia tota ad omnem eius nutum promptissime obediente, nulla existente in familia rebellione vel adinvicem vel ad dominum sed omnibus concordi pace 15 ordinatissimo domini imperio ministrantibus, et omne ipsius imperium sine rebellione, sine murmure et cum delectacione et summa facilitate perficientibus; videres quoque eundem patrem familias cras proprio vicio corpore infirmatum vehementerque debilitatum a racionis rectitudine, in pluribus demum familia consimiliter infirmata, et accionibus quibus 20 delectabiliter et faciliter ministrare consueverat, minus apta; tota tranquillitas pacis et ordinis que hodie in domo patris familias iocundissima est ad considerandum, cras vertetur in confusum et perturbatum tumultum. Nichilominus tamen esset apud patrem familias, licet corrupta et erronea, dominandi potestas; et esset penes familiam 25 naturale debitum ad obedientiam, licet prepediente obediendi difficultate et exigente iusticia qua non obtemperandum est domino abutenti suo dominio; et inobedienti suo domino non solveret servitutis obediens obsequium. Sic itaque actum est cum humano genere in homine primo.   30

6. Quemadmodum enim, si non peccasset homo, omnes apprehensiones eius et appetitus animales perfecte et obedienter obsequerentur imperio racionis sine rebellione aliqua ad racionem et sine omni tumultu et repugnanti adinvicem, peccante autem homine non obediunt imperio racionis nisi vi quadam et coaccione, ipsis eciam 35

6 habilia] humilia P   7 pacatum] peccatum BQ   9 enim] eum BQ; lec. inc. H   10
existente] exeunte R   14 nutum om. BQ   18 perficientibus] proficientibus RH   18
cras] quoque add. P   19 infirmatum] infirmacione R   21 consueverat] consuerat
BQ   22 pacis om. B   27 exigente] exigendi QRP   28 dominio] domino RH   33
obsequerentur] persequerentur R; subsequerentur Q   35 obediunt] obedi B   35 vi] in
P

adinvicem tumultuantibus et repugnantibus: sic et que extra hominem
sunt animalia, si non peccasset homo, perfecte fuissent illi obedientia et
adinvicem omnia pacifica, [227^C] que nunc, post hominis peccatum, non
obediunt homini nisi pro maiori parte coacta; nec servant pacem
5 adinvicem sed repugnantiam tumultuantem. Ad exempla enim eius quod
geritur in homine, qui est minor mundus, congruit ut teneat ordinem seu
ordinis perturbacionem maior mundus propter hominem factus.

7. Ex illa igitur primitus collata homini potestate quecumque non
potest homo nunc edomare per vim, edomat tamen et subicit sibi per
10 racionem; licet hoc faciat homo laboriose, et eo quod edomatur et
subicitur rebellante, nec ad nutus subicientis obediente, nec in usus
eosdem in quos ante cessisset nunc cedente. Marinas enim beluas
easdemque immanissimas aut retibus involvit, aut hamo decepit, aut alio
superat racionis ingenio. Leonem quoque, cuius impetum et rugitum
15 nullum animal potest sustinere, homo, racionis artificioso ingenio, parvo
concludit reticulo. Similiter et aves, licet non corpore, omnes tamen
supervolat ingeniosa racione. Omnes deorsum ducit et capit et racionis
edomat artificio. Unde et Iacobus ait: *Omnis natura bestiarum et
volucrum et serpentum ceterorumque domantur et domita sunt a natura*
20 *humana.*

8. Merito igitur dictum est: *Et presit piscibus maris*, et cetera. Ante
peccatum enim, dum perfecte obediunt suo Domino nec abusus est suo
dominio, prefuit omnibus naturali perfecta et integra dominandi
potestate actuque dominii perfecto, omnibus ad nutum perfecte
25 obsequentibus racionabili et iusto dominantis imperio. Post peccatum
vero preest naturali potestate dominii, licet imminuta, viciata et
corrupta, actu dominandi prepedito, nec ad dominantis placitum
subiectis prestantibus obediens ministerium, cohercitis tamen vel vi vel
artificio sub dominantis iugum.

30 Cap. XIV, 1. Et animadvertendum, quod eadem ordinis serie
subiciuntur animantia potestati hominis, qua superius narrantur creata.
Primo enim dictum est: *Producant aque reptile anime viventis*, per quod
intelligitur genus piscium; deinde adnectitur: *et volatile super terram*; et
deinde tercio referuntur terrestria animantia de terra producta. Primo
35 quoque confertur dominium animantium que a nobis sunt remotissima,
deinde medioximorum, et tandem proximorum. Remotissima enim sunt

8 potestate] peccato *Q*   11 nutus] ruitus *Q*   12 cessisset] cessit *P*   12 nunc] nec
Q   18 ait *om. P*   24 ad] licet inminuta *Q*   25 dominantis] dominanti *B*   26
imminuta] et *add. P*   27 placitum] beneplacitum *P*   36 et *om. P*

8 Cf. S. Wenzel, "Robert Grosseteste's Treatise on Confession, 'Deus Est'," p.
241   18 Jacob. III:7

aquatilia, propinquiora vero volatilia, proxima vero terrena animantia. Primo eciam preponitur animantibus minime susceptibilibus discipline; secundo hiis que suscipiunt disciplinam magis; tercio vero illis que suscipiunt disciplinam maxime. Oportet enim hic accipere nomen bestiarum communiter ad animantia terrena que non sunt reptilia. 5 Comprehendit enim hic omnia terre animantia nomine reptilium terre et bestiarum; et in hoc ordine insinuatur maiestas dominacionis humane: primo enim dominari remotissimis et ad obediendum minus aptis indicium est manifestum preexcellentis et prepotentis dominacionis.

Cap. XV, 1. Sed quid sibi vult quod ait: *universeque creature* 10 Numquid non creatura est angelus, aut homo preest angelo? Non enim dici potest quod nomine creature hic intelligitur homo, quemadmodum intelligitur cum dictum est: *Predicate ewangelium omni creature*. Hic enim exprimitur quibus homo naturali dominio preponitur. Ut autem dicit Ieronimus: "Hic depromitur quod non per naturam sed post 15 peccatum homo aliis dominatur hominibus."

2. An forte ideo dictum est homini quod presit universe creature, et ita eciam quod presit eciam angelis, quia maior est qui recumbit quam qui ministrat. Omnes autem angeli, ut dicit Apostolus ad Hebreos: *administratorii spiritus sunt in ministerium missi propter eos qui* 20 *hereditatem capiunt salutis*. Licet enim angelus maior sit homine per incorruptibilitatem et per actum fruendi Deo et per confirmacionem a principio perseverandi in precepto felicitatis bono, unde tamen ministrat [227^D] homini vicem optinet velud minoris et subiecti. Minister enim, unde minister est, iuxta Domini vocem, eo cui ministrat minor est. Hec 25 tamen minoracio tanto cuique est congruentior, quanto qui sic minoratur est in se ipso maior, secundum quod scriptum est: *Quanto maior es, humilia te in omnibus*.

3. Vel forte non dicitur hic quod homo presit universaliter universe creature; sed vel universe creature terre, ut is sit sensus: *Et presit bestiis* 30 *terre universeque creature*, videlicet terre, *omnique reptili quod movetur in terra*; cui consonare videtur translacio Septuaginta, que sic habet: "Et dominetur piscibus maris, et volatilibus celi, et bestiis terre, et pecoribus, et omni terre, et omnibus reptilibus repentibus super terram." Vel universe creature, videlicet huius mundi sensibilis et que non est cum 35 homine per racionem et intellectum, quibus dominetur ceteris, eiusdem

---

8 remotissimis] remotissimus *R Q*   9 indicium] indictum *Q*   9 prepotentis] preponentis *R*   4 velud] illud *P*   27 est^1] et *B*   31 universeque] universe *B*

---

13 Marc. XVI:15   15 Locum Hieronymi non᾽ invenimus   18 Cf. Luc. XXII:27   20 Hebr. I:14   27 Eccli. III:20

dignitatis. Habet enim homo, per racionalem intellectum suo Creatori obedienter subditum, super omnia huius mundi elementa et super omnia materialia et corporalia naturale et potestativum imperium.

4. Vel forte in eo quod dictum est quod homo presit universe
5 creature, oculte insinuatum est misterium incarnacionis Verbi Dei future. Christus enim homo Dominus est universaliter universe creature. Omnia enim subiecit Pater sub pedibus eius, et *in eo quod ei omnia subiecit, nichil dimisit non subiectum*, et ipse de se ait: *Data est michi omnis potestas in celo et in terra*. Et recte attribuitur simpliciter homini,
10 quod convenit Christo homini, summo hominum capiti. Nec solum homo in homine Christo preponitur omni angelo, sed eciam in beata Virgine, Dei et hominis genetrice. Hanc prerogativam habet homo, quod preponitur omni angelo. Ipsa enim exaltata est super choros angelorum, quia genuit Dominum omnium angelorum.

15   Cap. XVI, 1. Adicit autem in fine quod homo presit *omni reptili quod movetur in terra*, ut insinuet hominis dominacionem non solum super maiora et manifesta, sed eciam super minima et vilia, quantumcumque sint abdita. Vermiculis enim in abditis terre repentibus quid humano iudicio abiectius aut humano sensui ocultius? Creduntur
20 enim esse genera reptilium in abditis terre, que sensibus humanis se non manifestant; ut enim dicit Seneca in libro *De naturalibus questionibus*: "Animalia nascuntur in recessibus subterraneis, tarda et informia, ut in aere ceco pigroque concepta et aquis torpentibus facta; pleraque ceca ex hiis, ut talpe et subterranei mures." Supervacuus enim esset eis visus,
25 cum desit eis lumen.

Cap. XVII, 1. Repetit autem more solito Scriptura quod prelibaverat, dicens: *Et creavit Deus hominem ad imaginem suam, ad imaginem Dei creavit illum, masculum et feminam creavit eos.* In hac itaque repeticione, Trinitatis superius insinuate ostendit intelligendam
30 unitatem secundum deitatis substantiam. "Cum enim nunc dicatur: *ad imaginem suam*, et: *ad imaginem Dei*, cum superius dictum sit: *ad imaginem nostram*, significatur," ut dicit Augustinus, "quod non id agat illa pluralitas personarum, ut plures deos vel credamus vel intelligamus; sed Patrem et Filium et Spiritum Sanctum, propter quam Trinitatem
35 dictum est: *ad imaginem nostram*, unum Deum accipiamus, propter quod dictum est: *ad imaginem Dei*."

2 elementa] elevata *corr. in* elementa *Q;* clemencia *R*   4 eo] eodem *P*   6 universaliter] videlicet *R*   8 dimisit] divisit *R*   14 omnium *om. P*   15 Adicit] Addicit *P*   33 plures] complures *P*

8 Matth. XXVIII:18   13 Cf. Antiphona 1 in I Nocturno officii *In assumptione B. Mariae Virginis* (Breviar. Rom., 15 Aug.)   22 Senecae *Nat. quaest.*, III, 16, 5   30 Aug. *De Gen. ad litt.*, III, 19 (*CSEL*, XXVIII.1, 85-86)

2. Cum autem dixit: *ad imaginem suam*, repetiit: *ad imaginem Dei*, ut diligentius imprimat humane menti memoriam dignitatis sue condicionis.

3. Et forte dum hoc datur intelligi, quod homo est ymago Dei, gerens videlicet summam imitacionem ipsius divinitatis, posset enim quis 5 suspicari quod homo factus esset ad imaginem Verbi incarnati, videlicet gerens imaginem humanitatis Filii Dei et non divinitatis; quasi is esset sensus: Deus Verbum creavit hominem ad ymaginem suam, hoc est, ad imaginem sui [228^A] hominis, ut videlicet homo purus esset secundum humanitatem imago Dei hominis, non secundum divinitatem, sed 10 secundum tunc assumendam humanitatem. Ad hunc igitur intellectum auferendum repetiit: *ad imaginem Dei.* Quod enim supra dictum est: *Faciamus hominem ad ymaginem nostram*, quidam sic intellexerunt, quasi Pater diceret Filio: "Faciamus hominem ad tui imitacionem qui es imago mei, et ita me imitetur per te." In quo posset intelligi, quod homo 15 esset imago Filii secundum humanitatem, Filio, secundum quod Verbum, existente imagine et figura substantie Patris; et ita, quod homo non esset immediate imitativa Dei imago. Sed hoc totum tollitur, cum ad imaginem Dei creatus dicitur.

4. In omnibus enim que divinitatis sunt, imitatur, ut dictum est, 20 propinquissima imitacione homo Deum. Quod nulla irracionalis facit creatura. Omnis namque creatura habet in se aliquam imitatoriam Dei similitudinem, sed non in omnibus que Dei sunt, neque secundum propinquissimum vestigium imitatur irracionalis aliqua creatura Deum. Licet enim multa predicentur de Deo que non predicantur de homine, 25 utpote quod creator est, quod eternus est et huiusmodi, tamen homo participat eternitate et creandi quadam imitacione vicinius et similius omni creatura carenti racione. Cum enim gracie Dei inspiracione efficimur nova creatura, cum simus in hoc Dei coadiutores et cooperatores, sumus quoddam huius creacionis inicium, et operacionis 30 que creacio est gerimus manifestissimum imitatorium vestigium. Similiter et ceterorum omnium que de Deo predicantur gerit homo manifestissimum et propinquissimum imitatorium vestigium, licet quedam predicentur de Deo, que non possunt predicari de homine sub eadem nominacione.   35

---

1 repetiit] et *add. P*   3 condicionis] conditoris *Q*   8 est *om. P*   17 et] ex *R*   18 non *om. Q*   18 hoc *corr. i.m. ex* homo *B**   28 Cum] non *Q*   29 efficimur] efficiuntur   29 simus] sumus *P Q*   30 cooperatores] et *add. P*

Cap. XVIII, 1. Et quia homo secundum racionem et intellectum est Dei imago, non autem secundum corpus vel corporalia, suspicati sunt quidam quod Scriptura intendit in hoc loco enarrare condicionem hominis solummodo secundum animam, et inferius, ubi dicit formatum
5 hominem de limo terre, plasmacionem eius secundum corpus. Et ad opinionis sue confirmacionem inducunt verborum proprietates. Hic enim dicitur: *Creavit hominem*, vel secundum literam Septuaginta: "Fecit hominem." Inferius vero dicitur: *Formavit Deus hominem de limo terre*, vel secundum aliam translacionem "finxit" vel "plasmavit Deus
10 hominem pulverem sumens de terra." Faccio igitur et creacio, ut dicunt, proprie pertinet ad animam, que de nichilo condita est. Plasmacio vero vel ficcio proprie pertinet ad corpus, quod de limo seu pulvere formatum est. Et hanc differenciam faccionis vel plasmacionis insinuat, ut aiunt, Psalmista dicens: *Manus tue fecerunt me et plasmaverunt me*; quasi dicat
15 *fecerunt me* secundum interiorem hominem, et *plasmaverunt* secundum exteriorem. Plasmacio enim proprie convenit vasis fictilibus de luto formatis. Sed hanc sentenciam reprehendit Augustinus; quam tamen non absurdam reputat Basilius, licet cum Augustino melius credat tocius hominis composicionem hic esse relatam.
20   2. Contra sentientes igitur hoc modo, ait Augustinus: "Non attendunt masculum et feminam nonnisi secundum corpus fieri potuisse. Licet enim subtilissime disseratur ipsam hominis mentem, in qua factus est ad imaginem Dei, quandam scilicet racionalem vitam, distribui in eterne   contemplacionis   veritatem   et   in   rerum   temporalium
25 administracionem, atque ita fieri quasi masculum et feminam, illa parte consulente, hac obtemperante: in hac autem distribucione non recte dicitur imago Dei nisi illud quod inheret contemplande incommutabili veritati. In cuius rei figura Paulus virum tantum dicit imaginem et gloriam Dei; *mulier autem*, inquid, *gloria viri est*. Itaque, quamvis hoc in duobus
30 hominibus diversi sexus exterius secundum corpus figuratum sit, quod eciam in una hominis interius mente intelligitur, tamen et femina, [228^B] que corpore femina est, renovatur eciam ipsa in spiritu mentis sue in agnicione Dei, secundum imaginem eius qui creavit, ubi non est masculus et femina. Sicut autem ab hac gracia renovacionis et reformacionis

---

12 quod] que *BQ*   13 faccionis] formacionis *P*   18 cum] tamen *P*   18 Augustino]
Augustinus *BQ*   20 igitur *om. P*   21 et] vel *P*   33 agnicione] agnicionem *RH*

---

3 quidam] i.e., Origen, *In Jerem.*, I, 10 et *Contra Celsum*, IV, 37; et Philo, *Legum alleg.*,
I, 31.   Cf. Bas. *Hex.*, XI, 3 (*SC*, CLX, 230-232)   14 Psalm. CXVIII:73   20 Aug. *De*
Gen. ad litt., III, 22 (*CSEL*, XXVIII.1, 88-90)   29 1 Cor. XI:7   32-33 Cf. Coloss.
III:10   33 Cf. Gal. III:28

imaginis Dei non separantur femine, quamvis in sexu corporis earum
aliud figuratum sit, propter quod vir solus dicitur esse imago Dei et gloria,
sic et in ipsa prima condicione hominis secundum id quod femina homo
erat. Habet itaque mentem suam eandemque racionem, secundum quam
ipsa quoque facta est ad imaginem Dei. Sed propter unitatem 5
coniuncionis fecit Deus, inquid, hominem ad imaginem Dei. Ac ne
quisquam putaret solum spiritum hominis factum, quamvis secundum
solum spiritum fieret ad imaginem Dei, *Fecit illum*, inquid, *masculum et
feminam*, ut iam eciam factum corpus intelligatur. Rursus, ne quisquam
arbitraretur ita factum, ut in homine singulari uterque sexus 10
exprimeretur, sicut interdum nascuntur, quos androgenos vocant,
ostendit se singularem numerum propter coniuncionis unitatem posuisse;
et quia de viro mulier facta est, sicut postea manifestabitur cum, quod hic
breviter dictum est, diligentius ceperit explicari, ideo pluralem numerum
continuo subiecit dicens: *Fecit eos et benedixit eos.*" 15

3. Ex hiis verbis Augustini manifestum est, quod ideo subinfertur:
masculum et feminam fecit eos, ut ostendatur hic homo factus non solum
secundum animam, sed et secundum corpus, in quo solo est distinctio
sexus. Et ne uterque sexus in uno eodemque corpore intelligatur,
adiungitur pluraliter: *fecit eos,* unum videlicet masculum et alteram 20
feminam. Dicit enim hic Scriptura utriusque primi parentis condicionem.
Inferius autem referet utriusque condicionis modum, cum narrabit virum
de limo terre factum, et viri costam edificatam in mulierem.

4. Per eandem quoque pluralitatem compellimur intelligere eciam
mulierem factam ad Dei imaginem. Oportet enim divisum utrisque 25
copulari, quod homini simpliciter in proximo copulatum est, videlicet
creari ad imaginem Dei. Unde et Basilius ait: "Habet itaque mulier fieri
ad imaginem Dei sicut et vir. Sunt enim eiusdem dignitatis eorum nature,
equales eorum virtutes, equales pugne, equales retribuciones. Nec dicat
mulier: 'Infirma sum.' Infirmitas enim carnis est, potencia vero in anima 30
est. Quia igitur eiusdem est in eis dignitatis secundum Deum imago,
equalis sit virtus et bonorum operum adieccio." In omnibus enim que ad
veras pertinent virtutes equiparari potest si vult mulier viro.

Cap. XIX, 1. Subiuncta autem benediccio intelligi potest
quemadmodum supra expositum est in benediccione aquatilium. Basilius 35
tamen retorquet verbum crescendi ad corporale crementum, et verbum

---

14 ideo] idcirco *P*　　19 sexus] sexu *B*　　22 referet] refert *Q*　　25 utrisque] utriusque
Q　　27 creari] creati *Q*　　27 itaque] similiter *add. P*　　29 Nec] Ne *QR*　　31 igitur]
vero *P*　　33 si vult] similiter *P*

27 Bas.*Hex.*, X, 18 (*SC*, CLX, 212-214)　　35 Cf. *Hex.*, X, 12-14 (*SC*, CLX, 196-200)

multiplicandi ad propagacionem. Sed secundum hoc non est dictum primis parentibus ut crescant in se, sed solummodo in sua prole. Ipsi enim secundum Ieronimum creati sunt perfecte stature. Dictum est igitur simpliciter humano generi, ut crescat corporali augmento, licet
5 huiusmodi augmentum non conveniat omnibus qui sunt de genere humano; quemadmodum, secundum Augustinum, benediccio de prole multiplicanda data est simpliciter humano generi, quamvis aliquibus sit actus multiplicacionis ablatus. Ait enim Augustinus in libro *De civitate Dei*, XXII: "Sic ergo creavit hominem Deus, ut ei adderet fertilitatem
10 quamdam qua homines alios propagaret, congenerans eis eciam ipsam propagandi possibilitatem, non necessitatem. Quibus tamen voluit hominibus abstulit eam Deus, et steriles fuerunt; non tamen generi humano abstulit semel datam primis duobus coniugibus benediccionem generandi.
15   Cap. XX, 1. "Hec ergo propagacio, quamvis peccato ablata non fuit, non tamen eciam ipsa talis est qualis fuisset si nemo peccasset. Ex quo enim homo, in honore positus, postea quam deliquit comparatus est pecoribus, similiter generat." In hiis itaque verbis insinuat Augustinus quod in hac [228^C] benediccione data est humano generi propagandi
20 possibilitas, non tamen imposita est generandi necessitas; et quod multis eciam ablata est propagandi potestas, ipsumque opus, quo fit propagacio, alterius modi esse quam fuisset si non peccasset homo. Nunc enim est pudendum ardore libidinis et motibus membrorum genitalium contra imperium racionis. In felicitate autem paradisi, si non peccasset homo,
25 fuisset sine libidine et pudendis genitalium motibus propagacio.
    2. Unde Augustinus in libro *De nuptiis et concupiscentia* ait: "Pudenda concupiscentia nulla esset, nisi homo ante peccasset; nuptie vero essent, eciamsi nemo peccasset; fieret quippe sine isto morbo seminacio filiorum in corpore vite illius, sine quo nunc fieri non potest in
30 corpore mortis huius. Membris enim genitalibus confusio nata est post peccatum, quia extat illic indecens motus quem, nisi homines peccassent, procul dubio nuptie non haberent. Iniustum quippe erat ut obtemperaretur ei a servo suo, id est a corpore suo, qui non obtemperaverat domino suo.

---

7 sit] fit *B*   8 ablatus] ablatur *P*   10 eciam] in *Q*   12 fuerunt] fuerant *B*   20
possibilitas *corr. ex* passibilitas *B*   23 genitalium] gentilium *B, et in seqq. locis*   28
nemo] ante *add. P*   28 sine] si *P*

---

3 Cf. *Glossa ord.* in Gen. II:7, ubi autem haec sententia Augustino attribuitur.   Vide B. Pererii *Comm. et disp. in Genesim*, I (Romae, 1591), 289-291   9 Aug. *De civ. Dei*, XXII, 24 (*CSEL*, XL.2, 643)   27 Aug. *De nuptiis et concupiscentia*, I, 1 (*CSEL*, XLII, 212)   30 De nuptiis et concupiscentia, I, 6 (pp. 216-217)   32 De nuptiis et concupiscentia, I, 7 (p. 218)

Cap.XXI, 1. "Ubi autem convenientius monstraretur inobedientie merito humanam depravatam esse naturam quam in hiis inobedientibus locis, unde per successionem subsistit ipsa natura? Nam ideo proprie iste corporis partes nature nomine nuncupantur." Hic itaque motus indecens, quia inobediens; et de peccato natus est morbus iste, non de connubio. Et 5 in libro *Iponosticon* ait idem Augustinus: "Respondemus libidinem non naturale esse bonum, sed peccato primorum hominum, accedens malum atque pudendum, cuius non Deus auctor est sed diabolus."

2. Hec itaque benediccio de crescendo per corporale augmentum et de multiplicanda prole communis est tam aquatilibus et volatilibus et 10 brutis animalibus quam hominibus.

Cap. XXII, 1. Crescunt autem animalia omnia non semper dum vivunt, sicut crescunt arbores semper dum virent, set usque ad terminatum tempus et ad determinatam magnitudinem unicuique speciei animalium convenientem. Plante namque facte sunt ut prestent 15 animantibus continuum nutrimentum. Unde finem plantarum concomitatur earundem continua consumpcio. Quapropter congruit ut, sicut ex fine suo habent comitantiam continue consumpcionis, habeant eciam et continuam restauracionem sue consumcionis et minoracionis. Cum enim depaste sunt et morsibus consumpte extreme teneritudines 20 arborum et aliarum plantarum, nisi succrescerent nove, occuparent terram sine finis primarii perfecta utilitate. Actum autem finalem animantium non comitatur quantitatis imminucio, et ideo non egent continuo augmento.

Cap. XXIII, 1. Quod vero sequitur: *Et replete terram et subicite eam*, 25 proprium est homini tantum et non commune ceteris generibus animantium. Sed quomodo replet homo terram, cum una sola quarta terre sit inhabitata, eademque non tota? Ad hoc respondet Basilius quod homo replet terram non habitacione, sed potestate. Dedit enim Deus homini tocius terre dominium; quam implet racione, cum investigat et 30 cognoscit mensuram et disposicionem orbis terre; quando percipit quod clima boriale propter frigus est inhabitabile et quod zonam torridam prohibet inhabitari caloris habundantia, quod utile est ad inhabitacionem eligens, et quod habitacioni incongruit derelinquens. Velud si frumentum quis emat, tota mensura empti frumenti propria est emptoris; lapides 35

10 et¹] quam P   14 terminatum] determinatum P   18 comitantiam] continenciam
Q   19 et *om.* P   21 succrescerent] successerent B   23 quantitatis] quantitati
B   24 continuo augmento *om.* B   33 ad *om.* P   33 inhabitacionem] in
habitacionem P   34 habitacioni] inhabitationi P

1 Aug. loc cit. (p. 219)   6 Ps.-Aug. *Hypomnesticon*, IV, 1 (*PL*, XLV, 1639)   28 Cf.
Bas. *Hex.*, X, 14 (*SC*, CLX, 200-204)

tamen et alia commixta, ad cibum inutilia, proicit; frumentum vero utile
ad cibum eligit. Sic et homo toti terre dominatur, dum quandam eius
partem eligit utilem ad habitacionem, quandam vero ad culturam,
quandam ad animalium pastionem, et quasdam alias ad usus alios,
5 quasdam vero racionis abicit potestate, ut non convenientes necessariis
usibus huius vite. Nec minus est in eius potestate pars quam abicit quam
ea quam eligit, cum posset, si vellet, eam quam abicit velud habitacioni
inutilem ingredi ad inhabitandum [228^D] eam. In hominis enim est
potestate torridam zonam seu frigidam sibi in habitacionem eligere et ad
10 inhabitandum intrare, licet propter intemperiem non possit nunc
habitando ibidem perseverare. Quemadmodum, appositis sibi cibariis
diversis, quibusdam salubribus, quibusdam vero egrotativis, in eius
potestate sunt utrique cibi tam ad comedendum quam ad abiciendum.
Cibos tamen egritudinem generantes non comedet impune. Sed si sapit,
15 hos eligit ad cibum et illos abicit, et sic in utrisque potestatem suam
excercet ut competit. Et forte ante hominis peccatum in qualibet parte
terre potuit homo, si vellet, habitasse sine sui corporis lesione. Est igitur
tota in hominis naturali potestate, totaque bene utitur eciam in hiis
partibus quibus sponte non utitur; non utendo enim eis in huius vite
20 necessarios usus, quodammodo bene utitur eis, cavendo coruptelas quas
ex earum intemperie posset inhabitando incurrere.

2. Habet eciam homo ex omnibus terre partibus, habitabilibus
videlicet et inhabitabilibus, utilissimum fructum, materiam videlicet
laudis sapientissimi Conditoris, qui ex intemperiebus contrariis
25 extremarum partium mediam partem temperavit et habitacioni
congruam reddidit. Unde et partes terre quas non inhabitat homo propter
intemperiem, ministrant ei in parte quam inhabitat generando
temperiem.

3. Preterea, si essent partes terre que inhabitari non possunt de
30 soliditate terre abscise, pars terre que inhabitatur non posset in sua
persistere stacione. Unde partes que non inhabitantur velud fulcimenta
quedam partis habitate ministrant homini, qui simpliciter est habitator
terre.

4. Replet igitur totam terram eamque totam sibi subicit, dum
35 racionis potestate tota bene utitur totique dominatur. Quod tanto fecisset
in statu paradisi perfectius, quanto ibidem vixisset sine peccato purius.

7 si] vel B   8 inhabitandum] habitandum P   11 habitando] inhabitando P   26
non add. i.m. B; om. P   32 habitate] habitare B; habitando Q   36 sine om. BH

Cap. XXIV, 1. Facto itaque homine, dataque ei multiplicande prolis benediccione et omnium animantium universeque terre dominacione, ne quid desit, dat eciam victum necessarium in huius vite sustentacionem, dicens: *Ecce dedi vobis omnem herbam*, et cetera, usque: *ut habeant ad vescendum*. Ex hiis itaque verbis, ut dicunt Beda et Ieronimus, patet 5 quod ante peccatum hominis nil noxium, nil sterile terra produxit, cum omnis herba lignaque omnia data sint homini omnique anime super terram viventi in escam. Unde patet, quod tunc animalia animalium esu non vivebant, sed concorditer herbis et fructibus vescebantur.

2. Augustinus quoque in libro IIII° *Contra Iulianum* ait: "Non aliter 10 accipienda esse hec verba Scripture, nisi quia ille uterque sexus primorum hominum hiis alimentis quibus et animalia cetera corporaliter utebantur; et habebat ex hoc victu sustentaculum congruum, licet quodammodo immortali tamen animali corpori necessarium, ne indigentia lederetur; de ligno autem vite, ne senectute duceretur ad mortem." 15

3. Idem quoque in libro primo *Retractacionum* ait: "Illud autem non est consequens, ut ideo intelligatur in allegoriam tantummodo esse accipiendum, quod herbe virides et ligna fructifera omni generi bestiarum et omnibus avibus et omnibus serpentibus in libro Geneseos dantur ad cibum; quia sunt et quadrupedia et volatilia, que solis carnibus 20 vivere videantur. Fieri enim posset, ut alerentur ab hominibus eciam de fructibus terre, si propter obedientiam, qua ipsi homines Deo sine ulla iniquitate servirent, mererentur omnes bestias et aves omnimodo habere servientes."

4. Ex hiis auctoritatibus patet, quod homo et omnia animantia terre 25 de solis herbis seminalibus et lignorum fructibus communiter et concorditer vixissent, si homo non peccasset. Nec essent aliqua animalia aliis infesta, [229^A] nec aliorum vescerentur carnibus, sicut nec homo qui erat eis prepositus. Unde, sicut dicit Basilius, prima legis posicione fructuum assumpcionem concessit Deus. Et licet nunc videamus multas 30 bestias fructibus non nutriri, tamen legi naturali subiecte fructibus nutriebantur. Quia vero infirmato homini post diluvium Dominus de omnibus assumpcionem concessit dicens: *Hec omnia comedetis velud olera feni*, ista concessione et reliqua animalia sumpserunt comedendi audaciam, ut quedam mortibus aliorum vescerentur. Sed nunquid hanc 35

3 in *om.* P   17 tantummodo] tantum P

5 Cf. Bedae *Hex.*, I (*PL*, XCI, 32A-B) et *Glossa ord.*, Gen. I:29. Vide etiam J. T. Muckle, "Did Robert Grosseteste Attribute the *Hexameron* of St. Venerable Bede to St. Jerome?" *Mediaeval Studies*, XIII (1951), 243-244   10 Aug. *Contra Julianum*, IV, 69 (*PL*, XLIV, 772)   16 Aug. *Retrac.*, I, ix, 4 (*CSEL*, XXXVI, 49)   29 Cf. Bas. *Hex.*, XI, 6 (*SC*, CLX, 240)   33 Gen. IX:3

primam victitandi legem tenuerunt animalia, sicut creditur homo tenuisse usque ad diluvium? De hoc non facile aliquid diffinerim, licet Basilii verba in omelia XI super hunc locum aperte videantur insinuare, animalia usque ad diluvium hanc legem primum servasse.

5   Cap. XXV, 1. Habemus quoque ex hoc loco manifestum documentum, quod carnium esus non nature sane, lege nature, sed infirmitate, ex remedio medicine fuit concessus. Unde, quemadmodum egri remedialibus utuntur cibis, dolentes quod sanorum cibariis vesci nequeunt, et hoc satagunt remedialibus utuntur cibis vescendo, ut illis
10 minus ac minus indigentes tandem possint solis sanis vesci: sic et nobis esu carnium tanquam infirmitatis remedio est utendum, et de morbo nostro dolendum, solliciteque curandum, ut paulatim de morbo convalescentes hiis remedialibus magis magisque carere valeamus, contempti tandem cibariis naturalibus lege nature in paradiso concessis.

15   2. Non igitur iactent se divites de mensis refertis varietate carnium, set doleant velud de remediis egrorum, et suspirent ad mensam sanorum, in quibus cibaria concessa lege nature sunt sustentacio nature sane, et sano palato non corrupte delicie. Ut enim ait Iohannes Cristostomus: "Divitum mense execrabiles quidem sunt et horrende et contaminacionis
20 plene, et, sicut ait quidam prudentum, in quibus molesta sunt que delectabilia videntur."

    3. Econtra vero "simplicior victus et mensa mediocris plurimum iocunditatis habet et voluptatis." Divitum mensa generat egritudines, mensa mediocris sanitatem. Unde et idem Iohannes ait: "Ubi cibus
25 potusque tantus est quantus famem depellat ac sitim, hunc modum natura docuit. Ideo denique in hoc eciam sanitas adest et racio permanet et honestas cum sobrietate perdurat; nec gravatum corpus atque oppressum levatur de convivio, sed adiutum pocius atque auctum viribus totaque alacritate subnixum. Hii vero qui in deliciis et luxuriis vitam agunt,
30 resoluta quidem corpora et omni cera molliora circumferunt, atque examine quodam infirmitatum repleta, quibusque ad cumulum malorum

---

1 victitandi] incitandi *P*   2 ad *om. B*   3 XI] XX *Q;* IX *RH*   3 videantur] videatur *B*   4 primum] primam *P*   9 utuntur cibis *om. BQ*   10 possint] possent *P*   13 magisque] ac magis *P*   13 contempti] contenti *P*   15 refertis] revertis *Q*   19 horrende] horride *RH*   20 prudentum] prudencium *R*   26 et^2] in *B*   31 infirmitatum] infirmitate *BP*

1 Vide Tostati *Comm. in Gen. XIII,* qq. 262-272 (Venetiis, 1728, pp. 290-295)   7 Cf. Bas. *Hex.,* XI, 7 (*SC,* CLX, 244-246)   19 Joan. Chrys. *Quod nemo laeditur nisi a seipso,* 7-8 (ed. Parisiis, 1588, p. 649)   20 Cf. Prov. XXVII:7   24 Chrys. op. cit., p. 648

podagre tremor et immatura senectus accidit; et est eis vita semper cum
medicis et medicamentis. Sensus autem ipsi tardi, graves, obtusi, et
quodammodo iam sepulti. Hec aliquid iocunditatis habent? Quis enim
hec iocunda dicat et grata, qui tamen noverit quid sit iocunditas et
voluptas? A prudentibus enim ita diffinitur, quia hec sit voluptas, cum   5
quis desideriis suis fruitur. Ubi vero frui desideriis non potest, dum vel
egritudo non sinit vel societas ipsa desiderari non facit eaque onerosa
efficit habundantia, sine dubio et voluptas in eis pariter et iocunditas
perit."

   4. Igitur, sicut monet Basilius: "nunc secundum imitacionem vite in   10
paradiso nos ipsos agere volentes, fugiamus istam multiplicem
cibariorum assumpcionem; et ad illam vitam secundum quod est possibile
[229^B] nosmet ipsos ducentes, fructibus et seminibus et arborum
summitatibus utamur in victum; et quod amplius est istis, sicut sanis non
necessarium abiciamus; neque enim abhominata sunt propter creantem,   15
neque electa propter carnis placentem passionem,"

   Cap. XXVI, 1. Sequitur: *Et factum est ita.* Ut dicit Augustinus in
proximo superius: "Intelligitur potestas et facultas ipsa data nature
humane sumendi ad escam pabulum agri et fructus ligni. Ad hoc enim
intulit: *Et sic est factum*, quod ab illo loco inchoaverat, ubi ait: *Et dixit*   20
Deus: Ecce dedi vobis pabulum seminale, et cetera. Nam etsi ad omnia
que supra dicta sunt retulerimus quod ait: *Et sic est factum*, consequens
erit, ut fateamur eciam crevisse illos iam et multiplicatos implevisse
terram in eodem sexto die; quod, eadem scriptura testante, post multos
annos factum invenimus. Quapropter, cum data esset hic facultas edendi,   25
et hoc Deo dicente homo cognovisset, dicitur: *Et sic est factum.* In hoc
itaque, quod Deo dicente homo cognovit. Nam si id eciam tunc egisset, id
est, in escam illa que data sunt eciam vescendo assumpsisset, servaretur
illa consuetudo Scripture, ut, postea quam dictum est: *Et sic est factum*,
quod ad exprimendam cognicionem pertinet, deinde inferretur eciam   30
ipsa operacio ac diceretur: Et acceperunt et ederunt. Poterat enim ita
dici, eciamsi non rursus nominaretur Deus, sicut in illo loco, postquam
dictum est: *Congregetur aqua que est sub celo in congregacionem unam*,
appareatque arida, subinfertur: *Et sic est factum*, ac deinde non dicitur: *Et*

   1 tremor] vel tumor *add. P*   1 eis] ei *BP*   1 cum] cura *Q*   2 medicis] medicinis
H   2 obtusi] obmisi *B;* obtuna *Q*   4 hec iocunda] iocundia *B*   7 sinit] sunt *RH*   9
perit] pari *B*   15 abiciamus] ambiciamus *B*   15 neque] non *P*   21 seminale]
seminalem *P*   24 in *om. P*   25 hic] hec *P*   28 eciam] et *P*   28 assumpsisset]
assumpsisse *B*   30 inferretur] refertur *B*   31 operacio] comparacio *B*

   10 Bas.*Hex.*, XI, 7 (*SC*, CLX, 244-246)   18 Aug. *De Gen. ad litt.*, III, 23 (*CSEL*,
XXVIII.1, 90-91)

fecit Deus, sed tamen ita repetitur: *Et congregata est aqua in congregaciones suas*, et cetera."

Cap. XXVII, 1. Sequitur: *Viditque Deus cunta que fecerat et erant valde bona*. Super hunc autem locum ait Augustinus: "Quod autem non
5 singulatim, ut in ceteris, eciam de humana creatura dixit: *Et vidit Deus quia bonum est*, sed post hominem factum datamque illi potestatem vel dominandi vel edendi intulit de omnibus: *Et vidit Deus omnia que fecit, et ecce bona valde*, merito queri potest. Potuit enim primo reddi homini singulatim quod singulatis ceteris que antea facta sunt redditum est, tum
10 deinde de omnibus dici que fecit Deus: *Et ecce bona valde*, non singulatim de hiis que ipso die facta sunt. Cur ergo de pecoribus et bestiis et reptilibus terre dictum est, que ad eundem diem sextum pertinent? Nisi forte illa, que singulatim in suo genere, et cum ceteris universaliter dici bona meruerunt? Et homo factus ad imaginem Dei nonnisi cum ceteris
15 hoc dici meruit? An quia perfectus nondum erat in paradiso constitutus? Quasi vero postea quam ibi constitutus est, dictum sit quod hic pretermissum est. Quid ergo dicimus? An, quia presciebat Deus hominem peccaturum nec in sue imaginis perfeccione mansurum, non singulatim sed cum ceteris eum dicere voluit bonum, velud intimans quid
20 esset futurum? Quia cum ea, que facta sunt, in eo quod facta sunt, quantum acceperunt, manent, sicut vel illa que non peccaverunt vel illa que peccare non possunt et singula bona et in universo omnia bona valde sunt. Non enim frustra est additum: *valde*, quia et corporis membra, si eciam pulcra sint singula, multo sunt tamen in universi corporis compage
25 omnia pulcriora; quia oculum, verbi gracia, placidum atque laudatum, tamen, si separatum a corpore viderimus, non diceremus tam pulcrum quam in illa connexione membrorum, cum loco suo positus in universo corpore cerneretur. Ea vero, que peccando amittunt decus proprium, nullo modo tamen efficiunt, ut non eciam ipsa recte ordinata cum toto
30 atque universo bona sint. Homo igitur ante peccatum eciam in suo genere [229^C] utique bonus erat; sed Scriptura pretermisit hoc dicere, ut illud pocius diceret, quod futurum aliquid prenunciaret. Non enim falsum de eo dictum est. Qui enim singulatim bonus est, magis utique cum omnibus bonus est. Non autem, quando cum omnibus bonus est, sequitur ut eciam
35 singulatim bonus sit. Moderatum est itaque, ut id diceretur quod et in presenti verum esset et prescientiam significaret futuri. Deus enim

---

3 Viditque] Vidit *P*   7 omnia] cuncta *P*   8 potest *om. P*   9 quod] et *P*   9
singulatis] singulatim *P*   11 et² *om. P*   24 in *om. P*   27 cum *om. P*   34 sequitur]
simul *P*

---

4 Aug. *De Gen. ad litt.*, III, 24 (*CSEL*, XXVIII.1, 91-92)

naturarum optimus conditor, peccantium vero iustissimus ordinator est; ut eciam, si qua singulatim fiunt delinquendo deformia, semper tamen cum eis universitas pulcra sit." Quelibet igitur creatura, quamdiu servat sue creacionis bonum, simpliciter in se bona est. In ordine autem suo ad universitatem melior est. Ipsa autem universitas valde bona est. Ipse 5 autem Creator universitatis summe bonus est.

Cap. XXVIII, 1. Et considerandum est quod cetera animantia, secundum species singulas, creata sunt secundum numerum plura. Homo autem unicus in principio creatus est primus, de quo et femina unica est facta. Et de hiis duobus propagatum est totum humanum genus. Hoc 10 autem ideo factum est, "ut," sicut dicit Augustinus, "Deus humanum genus firmiori copula constringeret, cum se ex uno ortum meminisset. Unde cum diceret: *masculum et feminam fecit eos*, voluit addere: *ad imaginem Dei*, quod unitate coniuncionis eciam in femina intelligendum reliquid." Voluit itaque Deus omnes homines ex uno condere, ut in sua 15 societate non sola similitudine generis, sed eciam cognacionis vinculo tenerentur.

Cap.XXIX, 1. Attendendum quoque quod in hominis condicione non observatur illa consuetudo Scripture que in ceteris creaturis secundum translacionem Septuaginta servatur, ut, videlicet, dicatur: 20 *Fiat, et sic factum est*, et subinferatur: *Et fecit Deus*. Cuius racionem hiis verbis assignat Augustinus, dicens: "Sicut in illa prima luce, si eo nomine recte intelligitur facta lux intellectualis particeps eterne atque incommutabilis sapientie Dei, non dictum est: *Et sic est factum*, ut deinde repeteretur: *Et fecit Deus;* quia, sicut iam, quantum potuimus, 25 disseruimus, non fiebat cognicio aliqua Verbi Dei in prima creatura, ut post eam cognicionem inferius crearetur quod in eo Verbo creabatur; sed ipsa primo creabatur lux in qua fieret cognicio Verbi Dei, per quod creabatur. Atque illa cognicio illi esset ab informitate converti ad formantem Deum et creari atque formari. Postea vero in ceteris creaturis 30 dicitur: *Et sic est factum*; ubi significatur in ipsa luce, hoc est intellectuali creatura, prius facta Verbi cognicio. Ac deinde, cum dicitur: *Et fecit Deus*, ipsius creature genus fieri demonstratur, quod in Verbo Dei dictum erat, ut fieret. Hoc et in hominis condicione servatur. *Dixit enim Deus: Faciamus hominem ad imaginem et similitudinem nostram*, et 35 cetera. Ac deinde non dicitur: *Et sic est factum*. Nam subinfertur: *Et fecit*

---

2 fiunt] fuerint *P*   12 ortum] cetum *Q*   13 voluit] noluit *Q*   14 quod] in *add.QHP*   25 sicut] sic *P*   29 informitate] sua *add. P*

10-15 *Glossa ord.*, Gen. I:27   Cf. Aug. *De civ. Dei*, XII, 21-27 et XIV, 1   22 Aug. *De Gen. ad litt.*, III, 20 (*CSEL*, XXVIII.1, 86-87)

Deus hominem ad imaginem Dei; quia et ipsa natura intellectualis est sicut illa lux, et propterea hoc est ei fieri quod est agnoscere Verbum Dei per quod fit. Nam et si diceretur: *Et sic est factum*, et subinferetur: *Et fecit Deus*, quasi primo factum intelligerent in cognicione racionalis creature,
5 ac deinde in aliqua creatura que racionalis non esset. Quia vero ipsa racionalis creatura est, et ipsa eadem agnicione perfecta. Sicut enim post lapsum peccati homo in agnicionem Dei renovatur secundum imaginem eius qui creavit eum, ita in ipsa agnicione creatus est antequam delicto veterasceret, unde rursus in eadem agnicione renovaretur. Que autem
10 non in ea cognicione creata sunt, quia sive corpora sive irracionabiles anime creabantur, primo facta est in creatura intellectuali cognicio eorum a verbo eorum [229^D], quo dictum est ut fierent; propter quam cognicionem primo dicebatur: *Et sic est factum*, ut ostenderetur facta ipsa cognicio in natura ea que hoc in Verbo Dei ante cognoscere poterat; ac
15 deinde fiebant ipse corporales et irracionales creature; propter quod deinceps addebatur: *Et fecit Deus*."

Cap. XXX, 1. Hiis itaque secundum literalem exposicionem prout potuimus pertractatis, aliqua in hiis allegorica et moralia, fidei et moribus congruentia, sunt annotanda.
20 2. Sciendum igitur, quod isto dierum senario sex mundi etates designantur. Quarum prima est ab Adam usque ad Noe, in qua velud die prima genus humanum, quod totum uni homini comparatur, luce huius vite frui cepit. Et hec etas tanquam infantia est humani generis, cuius vespera sit in diluvio; quia que gessimus in infantia, tanquam diluvium
25 quoddam delet de memoria oblivio.

3. Secunda etas, que est a Noe usque ad Abraham, comparatur diei secundo, et hec est tanquam puericia humani generis. In qua eciam, velud secundo die, factum est firmamentum, id est archa Noe, per quam firma erat vita universe carnis ne tolleretur diluvio, posita media inter aquas
30 inferiores, in quibus natabat, et superiores, quibus compluebatur. Hanc etatem vel aliquam sequentem non delet diluvium, quia eluvio oblivionis non delet penitus de memoria nisi que gessimus in infantia. Huius diei vespera est linguarum confusio turrim Babel edificantium.

4. Tercia vero etas fuit ab Abraham usque ad David quasi dies
35 tercius, et hec etas similis est adolescentie, que primo apta est generare. Hec enim etas per divinum cultum populum Dei progenuit. Unde et

2 et *om. P*   5 deinde] demum *RH, et in seqq. locis*   5-6 ipsa . . . et *om. Q*   10 irracionabiles] irracionales *RHP*   13 est *om. P*   23 cepit] ceperit *Q*   31 eluvio] diluvio *RH*

20 *Glossa ord.*, Prothemata in Gen. et passim in Gen. I : Aug. *De Gen. contra.*, *Man.* I, xxiii, 35- xxiv 42 (*PL*, XXXIV, 190-193).

Abrahe dictum est: *Patrem multarum gentium posui te*. In hac etate quasi ab aquis terra segregata est, quia ab omnibus gentibus infidelibus, quarum error est instabilis et vanis fluctuans doctrinis, populus Dei per Abraham, tanquam arida sitiens imbrem doctrine, segregatus est; et hec arida, cultura divina et doctrina irrigata, germinavit herbas virentes 5 virtutum et robora fortium accionum. Huius vespera fuit in peccatis populi, quibus mandata divina preteribat, usque ad maliciam Saulis.

5. Quarta vero etas, que est a David usque ad transmigracionem in Babilonem, comparatur diei quarto. cuius mane fuit claritas et cultus divinus in regno ipsius David. Et hec etas quasi iuventus fuit humani 10 generis. Iuventus enim robur est et firmamentum aliarum etatum. Et in hac mundi etate viguit robur regni populi Dei, in quo, velud firmamento, posita fuit regis excellentia velud splendor solis, et populi obtemperantia et congregacio sinagoge velud splendor lune, principes vero velud stelle tanquam in firmamento, in regni videlicet stabilitate. Huius diei vespera 15 fuit in peccatis regum, quibus illa gens meruit captivitatis iugum.

6. Quinta vero etas, velud quintus dies, protenditur a transmigracione usque ad Iohannem Baptistam, sive ad Christi adventum. Et est hec etas quasi declinans a iuventute ad senectutem, quia hec etas a robore regni inclinata est et fracta est in populo Iudeorum. 20 Huius diei mane fuit in ocio et prosperitate, quibus fruebatur ille populus sub mansueto dominio in captivitate. Et bene comparatur hec etas diei quinto, quo facta sunt animalia in aquis et volatilia celi, quia gens Iudeorum hac etate inter gentes infideles tanquam in aquis cepit vivere, et habere incertas sedes et instabiles, tanquam aves volantes. Sed tamen 25 ibi erant cete, id est magni homines, qui [230^A] magis dominabantur fluctibus seculi quam serviebant in illa captivitate, quia ad cultum idolorum nullo terrore vel errore potuerunt depravari. Ubi animadvertendum, quod benedixit Deus illa animalia dicens: *Crescite et mulitplicamini*, quia revera gens Iudeorum, ex quo dispersa est per 30 gentes, valde multiplicata est. Huius diei quasi vespera fuit multiplicacio peccatorum in populo Iudeorum, qua sic excecati sunt, ut presentem solem iusticie, id est Dominum Iesum Christum, non possent cognoscere.

7. Sexta vero etas, quasi sextus dies, incipit a Christo et tenditur usque ad finem mundi. Et est hec etas similis senectuti, quia hoc tempore 35

---

1 Abrahe] ad Abraham *RH*   9 quarto] quarte *P*   11 etatum] mundi *add. QP*   12
mundi *om. P*   12 mundi etate *om. Q*   13 posita] posito *P*   13 regis] regni *P*   15
regni]regnum *R*   15 stabilitate] stabilitatem *R*   21 mane] populus *add.*
P   21 populus *om. P*   22 dominio] domino *R*   25 incertas] in ceras *BQ*   28
potuerunt] poterunt *R*   28 depravari] dampnari *RHP*   32 qua] quia *QRHP*

---

1 Gen.XVII:5

regum Iudeorum est vehementer attritum, quia templum deiectum est et
cessant sacrificia, et quoad vires regni gens illa quasi vitam trahit
extremam. Huius diei mane fuit predicacio ewangelii; cuius vespera erit
persecucio Antichristi, quando refrigescet caritas et habundabit
5 iniquitas. In hac autem etate natus est novus homo Christus de senectute
populi iudaici, velud Isaac de sene Abraham. Natus est hac etate
secundus Adam in spiritum vivificantem, sicut sexto die primus Adam in
animam viventem. Hoc die de latere viri formata est femina, quia de
latere Christi formata est ecclesia et eidem matrimonio copulata. Reptilia
10 quinto die producta significant populum Iudeorum, qui corporali
circumcisione et sacrificiis tanquam in mari gentium serviebant. Sed
sexto die producitur de terra anima viva, quia hoc tempore desideratur
ferventius eterna vita. Serpentes et pecora, que producit terra, gentes
significant ewangelio stabiliter credituras. De quibus dicitur Petro: *Macta*
15 *et manduca.* In hac die preponitur homo pecoribus, serpentibus et
volatilibus celi; quia in hac etate Christus regit animas sibi
obtemperantes, que partim de gentibus partim de Iudeis venerunt, ut ab
eodem domite mansuescerent, sive fuerint prius carnali concupiscentie
dedite sicut pecora, sive immanitate feroces sicut bestie, sive tenebrosa
20 curiositate obtenebrate quasi pisces et serpentes, sive superbia elate
quasi aves. In hac die pascitur homo et animalia, que cum eo sunt, herbis
seminalibus, lignis fructiferis et viridibus herbis; quia in ista etate homo
spiritalis, qui Christum pro posse imitatur, cum populo animali pascitur
Scripture alimentis; partim ad concipiendam fecunditatem racionum
25 atque sermonum, tanquam herbis seminalibus; partim ad utilitatem
morum et humane conversacionis, tanquam lignis fructiferis; partim ad
vigorem fidei spei et caritatis in vitam eternam, tanquam herbis
virentibus que nullo estu tribulacionis arescant. Sed spiritualis sic
pascitur, ut multa intelligat; animalis autem tanquam pecus Dei, ut
30 credat.

Cap. XXXI, 1. Et considerandum est, quod due prime etates denis
generacionibus explicantur, tres vero sequentes singule quatuordecim,
sexta vero nullo generacionis numero diffinitur. Sic et in unoquoque
homine facile est indicare, infantiam et puericiam quinque sensibus
35 corporis inherere. Quinarius autem duplicatus, quia duplex est sexus
humanus unde tales generaciones fiunt, denarium facit. Ab adolescentia

7 sicut] in *add. P*   9 eidem] Ade in *P*   11 sacrificiis] sacrificii *B*   12 sexto] quinto
Q   18 eodem] eo *RH*   22 homo *om. H*   23 animali] animalia *R*   36 denarium
facit *om. QP*

3-5 Cf. Matth. XXIV:12   7 Cf. 1 Cor. XV:45   14 Act. X:13, XI:7

vero, ubi racio incipit prevalere in homine, accedit quinque sensibus cognicio et accio, quibus vita regitur et amministratur; ut sit iam septenarius, qui, duplicatus propter duplicem sexum, XIIII generacionibus eminet, quas habent tres etates, adolescentis scilicet et iuventutis et senioris. Senectus vero nullo annorum termino finitur, sed 5 post illas V etates quantum quisque vixerit senectuti deputatur. In hac quoque etate senili non apparent generaciones, ut eciam occultus sit ultimus dies, quem Dominus utiliter latere monstravit.

2. Hoc modo secundum sacros expositores sex primis diebus et eorum operibus [230^B] comparantur sex mundi etates et opera in eis 10 facta, nostre reparacioni per significacionem vel per efficientiam convenientissima. In hac eciam dicta comparacione insinuatur a sacris expositoribus, quod mundi etatibus comparantur uniuscuiusque hominis singularis naturales etates, per quas usque ad mortem decurrit.

Cap. XXXII, 1. Unde eciam patet quod cuiusque hominis sex etates 15 naturales sex primis diebus possunt adaptari. Cum enim nascitur infans, in lucem huius vite veniens, quasi lux vite et lux mundi, sensus exteriores illustrans, eidem exoritur. Et sicut secundum literalem exposicionem Ieronimi et Bede facta luce primo die totum spacium a celo supremo usque ad terram infimam occupaverant aque, sic totum quod est in 20 infante a suprema intelligentia, que non agit per corpus, usque ad materiale in corpore, quod stat fixum et immobile sub corporalibus mutacionibus, occupat et replet humoris et fluiditatis habundantia; cuius oppressione efficitur, quod nec vires motive corporis, nec motive vel apprehensive anime que per corpus agunt, vigere ad acciones valeant.   25

2. Hanc sequitur puericia quasi dies secundus, quo incipit vigere et firmari memoria et consolidari ad naturales acciones corporis membra; et ita sit quasi quoddam firmamentum, medium inter naturalem mutabilitatem corporis, velud aquas inferiores, et mutabilitatem mentis, velud aquas superiores.   30

3. Huic succedit velud dies tercius adolescentia, in qua mutabilitas naturalis corporis crementi perficitur. Que perfeccio motum crementi sistit; et velud eius fluiditatem in unam cogit congregacionem, cohercens eam intra limites magnitudinis complete stature; apparetque arida, caro

---

3 propter] super Q   7 senili] seculi B; seni RH   10 eis] eum Q   11 per^2 om. P   13 comparantur] comparatur BP   15 Unde] Inde R   15 quod om. P   19 supremo] summo RH   21 suprema] summa RH   25 agunt om. RH   25 vigere] vigunt RH   29 mutabilitatem] immutabilitatem R   32 corporis] corporalis QRH; vel corporalis add. P

19 Bedae*Hex.*, I (*PL*, XCI, 20A-B) et ps.-Bedae *Comm. in Pent.*, Gen. (*PL*, XCI, 195D-196A); vide supra IV, ii, 3

videlicet in complemento stature fixa. Et est hec etas propagacioni prolis iam apta, simulque germinacioni morum et cognicioni scientiarum et robori forcium accionum.

4. Quarta etas velud dies quartus est iuventus sive, ut alii nominant
5 eam, virilitas; in qua, firmato corporis robore, iam erumpunt in lucem splendor sapientie et doctrine tanquam sol, et splendor intelligentie et scientie tanquam luna, et lux moralium accionum tanquam stelle.

5. Huic etati succedit etas senioris, in qua de naturali mutabilitate corporis secundum decrementum et detrimentum generatur debilitas
10 accionis exteriorum sensuum, et incipit anima vivens, id est anime sensibilitas, velud in corporis defluxu per accionis debilitacionem reptare interioribus virtutibus anime, quasi volatilibus in libertatem contemplacionis magis convalescentibus. Sicut enim corrumpitur homo exterior, sic interior magis magisque renovatur.

15 6. Tandem quasi sextus dies succedit senectus, in qua corporalis etas usque ad mortem deterior est ac decolor morbisque subiectior, et eo ipso mens ipsa viget sapientior et pulcrior et fortior, secundum illud Apostoli: *Cum infirmor tunc potens sum.* Qua propter hac etate producit terra humane nature animam viventem, et fit homo ad Dei imaginem et
20 similitudinem. Mortificata enim iam carne cum concupiscentiis, manifestantur maxime in hac etate actus solius racionis et potestas dominans omni nutui passionis bestialis.

Cap. XXXIII, 1. Possunt eciam et isti sex dies significare sex etates hominis novi, hoc est, per sacramentum baptisimi regenerati. Que etates
25 non annis sed provectibus distinguntur. Primam igitur etatem agit homo novus in uberibus utilis historie, que nutrit exemplis; in qua eciam qui fuit tenebra per fidei carentiam seu infidelitatem, fit lux in Domino per susceptam in sacramento fidem, secundum illud Apostoli: *Fuistis aliquando tenebre, nunc autem lux in domino.*

30 2. Secundam vero agit etatem, quando iam obliviscitur humana et tendit ad divina; in quam non auctoritatis humane continetur sinu, [230^C] sed ad summam et incommutabilem legem passibus racionis innititur, et iam per bene agendi frequentiam in bono firmatur; quo firmamento consolidato, cohibet subtus carnales motus velud aquas inferiores, et
35 sustinet superius motus racionis in Deum velud aquas superiores.

---

2 cognicioni] cognicionis *BQ*   3 robori] rubori *P*   9 et detrimentum *om. Q*   11 accionis] accionum *P*   11 debilitacionem] debilitatem *RHP*   17 ipsa *om. P*   22 nutui] motui *P*   23 et *om. P*   28 secundum] iuxta *QP*

13-14 Cf. 2 Cor. IV:16   18 2 Cor. XII:10   24 Cf. Aug. *De vera relig.,* XXXVI, 49 (*PL*, XXIV, 143-144)   28 Ephes. V:8

3. Terciam vero agit etatem, iam fidentiorem, et carnalem appetitum racionis robore maritantem, gaudentemque intrinsecus in quadam dulcedine coniugali, cum sensus carnis menti copulatur et velamento pudoris obnubitur, ut iam recte vivere non cogatur sed, eciamsi omnes concedant, peccare non libeat; iam quasi aqua 5 concupiscentie sub limitibus divine discipline coartata, et apparente terra carnis arida ubique a motibus concupiscentialibus denudata.

4. Quartam vero agit etatem, id ipsum quod predictum est firmius ordinatiusque faciens, et emicans in virum perfectum, aptum et idoneum omnibus persecutionibus ac mundi tempestatibus sustinendis atque 10 frangendis; in hoc firmamento demonstrans virtutum lumina et cursus inperturbatos, quemadmodum in firmamento celi inperturbata sunt lumina, quantumcumque perturbentur hec inferiora mundi elementa.

5. Quintam vero agit etatem, pacatam atque ex omni parte tranquillam, vivens in opibus incommutabilis regni summe atque 15 ineffabilis sapientie. In qua sapientia vitam agit velud in aqua, de qua dicitur: *Aqua sapientie salutaris potabit eos.* In eiusdem quoque sapientie serena, tranquilla et lucida contemplacione tanquam volatum excercet in superiori, tranquillo, sereno et puro aere.

6. Sextam vero agit etatem omnimode mutacionis in eternam vitam, 20 et usque ad totam oblivionem vite temporalis transeuntem perfecta forma, que facta est ad imaginem et similitudinem Dei.

Cap. XXXIV, 1. Potest eciam lux prime diei intelligi liberum arbitrium: subobscura in abisso ignorantie adhuc animum obtegentis. Secunde vero diei lux: noticia firme veritatis. Tercie vero: amor veritatis 25 agnite, qui cohibet motus concupiscentie. Quarto die effulget lux operum, tanquam lumen luminarium. Quinto die resplendet lux doctrine; cepit enim Iesus primo facere, ac deinde docere; in qua doctrina perscrutacio veritatis reptat et volat per aera, docentis verba tanquam volatilia. Sexto vero die splendet lux et consummacio vite contemplative, 30 qua fit renovacio imaginis Dei in superiori racione.

Cap. XXXV, 1. Preter allegoriam autem iam pretactam de Christo et ecclesia, secundum Ieronimum masculus factus significat ecclesie prepositos, femina vero subditos obedientes.

---

11 demonstrans *om. RH*   13 lumina] luminaria *P*   13 hec] hic *P*   15 opibus] operibus *P*   18 serena] terrena *H*   18 tranquilla *om. RH*   19 superiori] superiora *P*   22 Dei] Hunc ordinem etatum in quibus proficit homo novus in libro de vera religione describit Augustinus *add. QRHP*   28 Iesus] in *Q; om. H*   32 pretactam] protractam *Q;* pretaxatam *H*

---

17 Eccli. XV:3   28 Cf. Act. I:1   33 Cf. *Glossa interlin.*, Gen. I:27

2. Item, sicut dicit Augustinus in omelia IX *Super Iohannem*: "Sexta die fecit Deus hominem ad imaginem suam, quia sexta etate ista manifestatur per ewangelium reformacio mentis nostre secundum imaginem eius qui creavit nos." Nostram igitur reformacionem signat
5 primi hominis formacio. Et est in mente reformata superior racio sicut vir, et inferior pars racionis sicut mulier. Vel simpliciter ipsa racio seu homo interior est sicut vir, sensualitas vero et homo exterior tanquam mulier.

3. Benediccio autem crementi et multiplicacionis intelligitur in
10 augmentacione et multiplicacione bonorum gratuitorum, et in profectu et multiplicacione fidelium secundum collata gratuita bona.

4. Repletur autem terra, cum omne membrum corporis repletur exercicio divini et sancti operis; cum oculus videlicet repletur visione casta, manus operacione pia, pes progressu ad utilia, et sic cetera membra
15 secundum Dei precepta propria excercent opera. Terra vero subicitur, cum caro spiritui subiugatur et cum viciis et concupiscentiis crucifigitur. Christus quoque et ecclesia, quasi masculus et femina, et similiter ordo prelatorum et subdi-[230^D]-torum replent terram, dilatata ecclesia et fidelibus tam prepositis quam subditis multiplicatis. In universo orbe
20 terrarum exivit sonus ewangelice predicacionis. Et Christo dicit Pater: *Postula a me, et dabo tibi gentes hereditatem tuam, et possessionem tuam terminos terre.* Ecclesia quoque et fideles tantum in Christo terram subiciunt, quantum pro Christo temporalia contempnunt, iuxta illud quod in Iosue scriptum est: *Terra, quam calcavit pes tuus, erit possessio*
25 *tua.*

5. Pisces maris et volatilia celi et animantia terre significant appetitum perscrutandi scientias, et appetitum supereminendi per potestatem, et appetitum sentiendi que secundum sensum sunt delectabilia. Isti autem tres appetitus possunt considerari tripliciter: aut
30 enim prout sunt naturales affectus anime, aut prout sunt depravati per libidinosam concupiscentiam voluptatis, aut prout sunt ordinati per legem caritatis. Naturalibus igitur affectibus istis dominatur racio tanquam homo, cum cohibet eos ne vergant in depravacionem libidinose voluptatis. Depravatis autem affectibus dominatur, cum eorum

---

4 signat] significat *P*   10-11 bonorum ... multiplicacione *om. Q*   11 gratuita]
creatura *R*   13 oculus] oculis *Q*   20 terrarum] quia in omnem terram *add.*
RHP   21-22 hereditatem ... terre] etc. *P*   24 calcavit] calcaturus est *P*   30
depravati] dampnati *P*   33 depravacionem] dampnacionem *P*   34 Depravatis]
Dampnatis *P*

---

1 Aug. *In Joannis Evang. Tractatus* IX, cap. 11, 6 (*PL*, XXXV, 1461)   16 Cf. Gal.
V:24   19-20 Cf. Matth. XXIV:14, Rom. X:18 et Col. I:6, 23   21 Psalm. II:8   24
Josue XIV:9

pravitatem mactat acumine timoris Iehenne et amaritudine et asperitate penitencie. Ordinatis vero dominatur affectibus, dictans eis sponte obedientibus leges iusticie, quas obedienter observant. Dominatur itaque depravatis velud iudex per iustam ultionem. Et dominatur naturalibus velud dominus per potentem cohercionem et direccionem. 5 Dominatur autem ordinatis velud sapiens legifer civibus bonis, ad explendum ea que legis sunt spontanea obedientia et amore iusticie, non timore pene promtissimis. Cum autem racio perversa est, non tenens arcem sui principatus, subicitur irracionabilibus animantibus, id est predictis depravatis affectibus. Omnis enim irracionalis animi passio 10 alicui bestie assimulatur, utpote indomita feritas et sibi subiugare cetera confidens leoni, rapacitas lupo, dolositas vulpi, timiditas cervo, ira cani, petulantia capro, voracitas sui, et sic de ceteris. Subicitur itaque perversa racio, et homo perversam habens racionem, extremis et nequissimis servis suis, eciam vita propter nequiciam indignis. Vivificat quos deberet 15 interficere. Ab hiis trahitur ad mortem et condempnacionem, quos iudiciaria potestate deberet condempnare. Homini per naturam mansueto contempnit subici, subiectus superbie crudelitati. Taliter perversum alloquitur Basilius dicens: "Principale es animal o homo et servis passionibus? Quid tui ipsius dignitatem deponis et servus factus es 20 peccati? Propter quid te ipsum facis captivum diabolo? Princeps creature factus es, et abiecisti honorem nature tue? Si forte servus vocaris, quid te contristat servitus corporis? Propter quid non multum curas dominacionem a Deo tibi datam? Quia racionem habes passionum dominicam. Quando videris dominum tuum servum existentem 25 voluptatis, te ipsum vero servum corpore, cognosce quia tu quidem es servus nomine solum, ille vero nomine solum dominacionem, opere vero firmatam habet servitutem. Vides illum cum meretrice coniunctum, te ipsum vero meretricis contemptorem. Quomodo non tu quidem es dominus passionis, ille vero servus est calcatarum sub te voluptatum?" 30 Pudeat igitur hominem servire passionibus, servire bestialibus affectibus. Aspiret ad originalem dignitatem, ut dominetur *piscibus maris et volatalibus celi, et universis animantibus que moventur super terram.*

6. Est eciam significatum in hoc loco non solum quod racio cuiusque hominis dominetur predicto modo dictis affectibus suis, [231^A] sed eciam 35

---

1 pravitatem] pravitate *Q*   1 acumine] amaritudine *RH*   3 Dominatur] Dominantur *B*   14 habens *om. Q*   15 eciam] et *P*   15 indignis] indigens *RH*   18 subiectus] subiecit *R;* subiecto *H*   22 nature *om. P*   23 corporis] corporalis *R*   26 corpore] corporis *P*   29 es] est *B*   32 maris et] marisque *P*

10 Cf. Bas. *Hex,* IX, 3, 3-4 (ed. cit., p. 116)   19 *Hex.,* X, 8 (*SC,* CLX, 184-186)   22 Cf. 1 Cor. VII:21   32 Gen. I:28

quod Christus et prelati et ecclesia dominentur, dominacione simili, hominibus affectis affectibus huiusmodi. Occidunt enim hominum mores bestiales, cohibent et dirigunt hominum pronitatem ad malum, obedientibus vero voluntarie leges dictant iusticie. Hominem autem per
5 potestativam cohercionem dominari alii homini, secundum quod ipse est racionalis, racionis legibus voluntarie obtemperanti noluit Deus. Unde Augustinus in libro *De civitate Dei* XIX, ait: "Racionalem factum ad imaginem suam noluit nisi irracionalibus dominari; non hominem homini, sed hominem pecori. Inde primi iusti pastores pecorum magis
10 quam reges hominum constituti sunt, ut eciam sic insinuaret Deus, quid postulet ordo creaturarum, quid exigat meritum peccatorum. Condicio quippe servitutis iure intelligitur imposita peccatori. Proinde nusquam Scripturarum legimus servum, antequam hoc vocabulo Noe iustus peccatum filii vindicaret. Nomen itaque istud culpa meruit, non natura."
15   7. Data sunt autem homini et animantibus terre in escam herbe virentes et earum semina et arborum fructus: quia Christus et ecclesie prelati et ipsa mater ecclesia, quasi masculus et femina, cum singulis sibi obedientibus, velud homini subiectis animantibus, delectabiliter reficiuntur virore virtutum et semine verborum doctrinalium et fructu
20 bonorum operum. Ipse enim Christus ait: *Meus cibus est ut faciam voluntatem eius qui misit me, ut perficiam opus eius.* Inde igitur pascitur Christus, unde in se vel in nobis et nos in ipso voluntatem Patris et opus perficimus; nec aliunde convenit nos pasci, qui sumus eius membra, quam unde pascitur ipse, qui est nostrum capud. Ut autem dicit
25 Ieronimus: "Herba seminalis et lignum fructuosum fideles sunt, de suis oblacionibus sanctorum necessitati communicantes. Oblaciones igitur fidelium date sunt in escam sanctis et ecclesie prelatis, ita tamen ut inde comparticipent victum indigentes subiecti. Non enim soli homini, sed et cuntis animantibus terre data sunt in escam herbe et ligna, id est fidelium
30 oblaciones."
        8. Preterea, racio velud homo, cum subiectis viribus apprehensivis velud animantibus, pascitur creaturarum speciebus. De omni enim cuiusque rei specie multum degustat sapientie. Sapientia autem cibus est anime. Unde et Sapientia dicit: *Qui edunt me adhuc esurient, et qui bibunt*
35 *me adhuc sicient.* Nec solam racionem reficit sapientia, sed et sensus

---

2 hominum] hominem *P*   4 dictant] dicant *RH*   8 noluiit] voluit *BP*   9 hominem]
homines *P*   17 cum] tamen *H*   17 singulis *om. RH*   18 homini] cum *add. Q*   22
ipso] Christo *Q*   27 date] data *B*   27 sanctis] sancti *BQ*   32 speciebus] specierum *R*

---

7 Aug. *De civ. Dei,* XIX, 15 (*CSEL,* XL. 2, 400)   20 Joan. IV:34   25 Cf. *Glossa interlin.,* Gen. I:29; etiam *Glossa ord.* ad locum et ps.-Bedae *Comm. in Pent.,* I (*PL* XCI, 202A)   34 Eccli. XXIV:29

inferiores racioni obtemperantes. Pascit enim sensum in racione, et racionem in sensu, et racionem in se ipsa. Herba igitur et semen et lignum fructiferum sunt istis in pastum, dum de istis visibilibus sapientiam degustant, ut ad contemplanda invisibilia per ista proficiant.

9. Possumus quoque in herbe virore et floricione vigorem 5 persistendi et pulcritudinem speciei cuiusque rei intelligere, per semen vero virtutem operandi, et per fructum opus fructuosum. Et comprehenditur in hiis cuiusque rei plenitudo, quia omnis rei complecio est essentia speciei et virtus eius et operacio, sicut haberi potest ex Dionisio. Cum igitur refeccionem sapientie capit racio ex specierum 10 existentium pulcritudine, seu operandi virtute, sive ex ipso fructuoso opere, quasi pascitur homo herbarum florenti virore, seu enitente in profectum semine, seu fructu producto de lignorum robore. Et nota quod dicit: *Ut sint in escam*; et iterum: *Ut habeant ad vescendum*; quasi dicat: ut sint in suplementum indigentie et sustentacionem nature, non in 15 superfluitatem et voluptatem gule; *ut sint in escam*, non in gule libidinem; *ut habeant ad vescendum*, non ad se ingurgitandum. Fines itaque huius legis primitus date transgrediuntur, qui alimentis aliter quam medicamentis utuntur. [231^B]

---

6 cuiusque] cuius *B*   10 sapientie capit racio] capit racio sapientie *P*   12 herbarum] herbam *Q*

3-4 Cf. Rom. I:20   10 Cf. ps.-Dion. *De coel. hier. cum expositione Hugonis de S. Victore*, lib. IX (*PL* CLXXV, 1105-6). Cf. etiam Grosseteste *De operat. solis* (ed. McEvoy, 84:1-2)

PARTICULA NONA

Cap. I, 1. *Igitur perfecti sunt celi et terra, et omnis ornatus eorum*, quasi conclusionem infert ex premissis, celi terreque et omnis ornatus eorum perfeccionem. Sequitur enim eorum perfeccio ex perfeccione
5 senarii numeri, in quo numero ista facta sunt. Ut enim ait Augustinus, senarius numerus non ideo perfectus est quia sex diebus opera Deus perfecit, sed ideo perfecit opera sex diebus quia senarius est perfectus. Perfeccio autem senarii est quod ipse senarius equalis est partibus suis multiplicativis simul aggregatis. Multiplicant·enim eum unum in sex, et
10 duo in tria, et tria in duo. Unum autem et duo et tria simul agregata senarium constituunt, Nec superfluit hec agregacio nec minuitur in aliquo a quanitate senarii. Primo igitur et per se accidit senario equalitas partium suarum ad se et privacio superfluitatis et diminucionis; posito enim solo senario, necessario ponitur hec perfeccio; et eo ablato, necessario
15 aufertur hec perfeccio. Omne autem superfluum exuberat supra se, et omne diminutum contrahitur infra se. Universitas autem creature, id est mundus, hanc perfeccionem expetit, equalitatem videlicet sui ad se et privacionem superfluitatis et diminucionis. Si enim exuberaret ultra se, esset aliquid extra universum; quod esse non potest. Si vero
20 contraheretur infra se, nondum esset universum. Universum igitur, id est mundus, quia nec superfluum nec diminutum esse potest, sed sibi ipsi equale, et quod hec condicio equalitatis sui ad se et privacionis superflui et diminuti primo et per se accidit senario, oportet quod mundus hanc perfeccionem receperit a senario. Quod aliter recipere non potest, nisi
25 quia universum factum est et partitum sub distinctione senarii.

2. Quasi igitur effectus ad causam, ad perfeccionem senarii sequitur perfeccio mundi. Considerandum preterea quod sicut senarius gradatim ex suis partibus surgit in trigonum, primo fixo uno in cono, deinde ordinatis duobus lineariter, et deinde ordinatis tribus lineariter et
30 equidistanter duobus, ita videlicet quod ab uno primo posito possit duci linea perpendicularis ad mediam unitatem ternarii tercio positi, sic huius mundi fabrica, teste Augustino, surgit in consimilem trigoni disposicionem. Primo namque die, quasi primo et supremo situ, facta est

---

16 contrahitur] trahitur *RCH*   22 quod] quia *QRCHP*   24 receperit] recipet *P*   24 Quod] Quia *P*   27 Considerandum] Consideranda *P*   31 mediam] media *P*

5 Cf. Aug. *De civ. Dei*, XI, 30 (*CSEL*, XL.1, 557) et *De Gen. ad litt.*, IV, 7 (*CSEL* XXVIII.1, 103)   27 Cf. Aug. *De Gen. ad litt.*, IV, 2 (ed. cit., pp. 97-98)

lux velud prima unitas. Duobus autem diebus sequentibus facta sunt
firmamentum et terra, quasi in binario lineariter post unitatem collata.
Tribus vero diebus sequentibus facta sunt mundane fabrice ornamenta, et
velud lineariter in ternario ordinata, quia quarto die ornatum est celum
sideribus, quinto die elementa liquida, id est aer et aqua, ornata sunt 5
avibus et piscibus, utrisque tamen de aqua progenitis, sexto vero die
ornata est terra terrenis animantibus de terra exortis.

    3. Et licet mundi figura absolute sit sperica, si velimus lucem primo
die factam corporalem intelligere et eius vicem nunc peragi a sole,
poterimus et in dicta mundi fabrica trigonalem formam corporaliter et 10
dimensionaliter conspicere. Imaginemur enim solem medio situ inter
ortum et meridiem, et ponamus ipsum velud in trigono primam unitatem.
Deinde imaginemur firmamentum sursum et terram deorsum lineamque
ductam a sursum in deorsum; et hoc est a propinquitate meridionalis
puncti in firmamento usque ad terre planiciem. In huius igitur linee 15
extremitatibus contingit imaginari quasi duas unitates binarii, terre
videlicet inferius, et superius firmamenti; sed huius linee extremitatem
superiorem imaginemur finitam in spera saturni citra stellas fixas. Item
imaginemur terciam lineam protractam a stellis supremis fixis tam [231^C]
profundum in terra quam profundum penetrant in terram terrena 20
reptilia. In huius igitur linee summo, quasi primam unitatem, ponamus
stellas fixas, et in huius linee medio, quasi secundam unitatem, ponamus
animalia que aerem et aquam ornant, que sunt elementa naturaliter
media inter celum et terram. Et in huius linee infimo ponamus terrena
animantia, quasi terciam unitatem. Licet enim erratica sidera sint citra 25
stellas fixas et animalia terrena plurima terre inhabitent superficiem,
possumus tamen non incongrue simpliciter ibi imaginari locacionem
siderum ubi sunt stelle fixe et ubi sursum versus terminatur siderum
collocacio; et ibi similiter figere situm simpliciter terrenorum animalium,
ubi deorsum versus eorum collocacio finitur.   30

---

2 collata] collocata *P*   4-5 quia ... sideribus *om. RH*   8 sperica] asperica *Q*   13
terram] terra *BQP*   18 et *om. P*   26 inhabitent] inhabitant *BQ*   27 non incongrue]
non incongruere *Q;* cum incongruere *R*

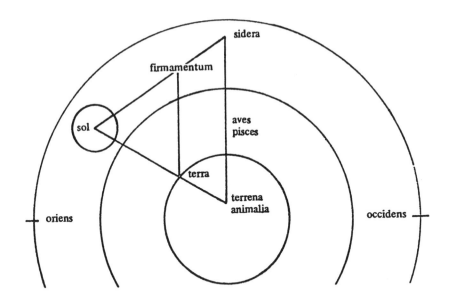

20   4. Hec autem trigonalis disposicio in visibili figura sic poterit esse
manifesta ut signentur per circulos firmamentum et terra, et signentur
due mundi partes, oriens videlicet et occidens, et in medio meridies, et sol
in situ quem supra diximus in media latitudine spissitudinis firmamenti, et
signentur predicte linee, sicut predictum est, quorum hec est subiecta
25 disposicio. Si igitur signatus hoc modo trigonus revolvatur ita quod
quilibet angulorum eius retineat situm respectu centri terre in quo locatur
et describat circulum supra terre centrum, complebit revolucione sua
mundi ambitum et undique signabit et figurabit quomodo mundi fabrica
per senarium surgit in trigonum.

30   5. Item supradicta conclusio perfeccionis celi et terre cum
ornamentis eorum sequitur ex hominis condicione; ut enim in
superioribus ostensum est, non congruebat ut fieret homo, nisi prius
secundum substantiam et ornatum perfecto mundo. Condicio itaque
hominis firmum est argumentum mundane perfeccionis.

35   6. Animadvertendum quoque quod nostra translacio dicit
pluraliter: *Igitur perfecti* [231^D] *sunt celi.* Translacio vero Septuaginta
singulariter nominat celum dicens: "Et consummata sunt celum et terra."
Ex harum igitur translacionum collacione possimus conicere quod unum

25 disposicio] descripcio *RCH*   26 angulorum] singulorum *Q*   26 terre *om. P*

celum est multi celi, sicut sentiunt philosophi. Unum enim est celum ab
infimo loco, quo pertingit luna, usque ad aquas supra firmamentum
expansas, in quo uno celo sunt, ut putant se probare philosophi, tot
celorum distinctiones quot sunt stellarum erraticarum et fixarum
dissimiles et difformes mociones. Si igitur hoc verum est de multitudine 5
celorum in uno celo quod credit humana philosofia, non hoc omnino
preterivit sub silentio, per diversos translatores loquens, sapientia divina.

Cap. II, 1. Sequitur: *Complevitque Deus die septimo opus suum
quod fecerat.* Huic nostre translacioni videtur esse contraria translacio
Septuaginta, que sic habet: "Et consummavit Deus in die sexto opera sua 10
que fecit." Et huic translacioni Septuaginta consonat superior litera que
evidenter insinuat sex diebus omnia opera Dei fuisse consummata.
Nullam enim naturam fecit Deus post diem sextum neque post hominem
conditum, quod eciam evidenter elucere potest ex hiis que supra scripta
sunt de perfeccione senarii et de ordine quo oportuit hominem condi. 15
Complevit igitur Deus die septimo opera sua non novam naturam
faciendo, sed prius factam naturam temporis et diei consummacione
numerali adimplendo; die enim septimo ipsum diem septimum fecit,
quem faciendo dierum numerum complevit. Unde Beda ait in die
septimo Deum nichil novum creasse, nisi forte ipsum tunc fecisse et in 20
eius factura opus complevisse dicatur; quod eo facto mensuram
numerumque perfecit dierum quorum circuitu omnia secula volvuntur,
nam in revolucione idem est octavus qui et primus. [232^A]

2. *Complevit igitur die septimo opus suum*, addito septimo quem
sabatum dicunt. Item, ut idem Beda ait: "Potest dici complevisse Deum 25
die septimo opus suum, quia ipsum benedixit et sanctificavit. Opus enim
est benediccio et sanctificacio. Aliquid enim operis fecit Salomon, cum
templum dedicavit." Et considerandum quod VI primi dies pertinent ad
mensuram eductionis omnium naturarum in esse; sed qui dedit esse
naturis, eisdem dat ille idem essendi permanentiam. Unde sicut sex dies 30
pertinent ad mensuram educcionis rerum in esse, sic et septimus dies
pertinet ad mensuram collocacionis permanentie rerum in esse. Sex igitur
diebus facta sunt omnia per naturam essendi; septimo vero die firmata
sunt in constantia permanendi. Complevit igitur Deus die sexto omnia ut
essent. Die vero septimo, complevit ea ut manerent.   35

---

6 non] nec *P*   10 que] quia evidenter *Q*   11 fecit] ficit *B;* fecerat *QRCH*   20
ipsum] diem *add. RCHP*   30 idem] eidem *R*   31-32 educcionis·... collocacionis *om.*
Q   35 ea] eam *B*

---

8 Cf.R. Rufi *Comm. in Sent.,* II, d. 15 (MS cit., fol. 138^{C-D})   19 Bedae *Hex.,* I (*PL,*
XCI, 33D)   25 *Hex.,* I (*PL,* XCI, 34B)

3. Non igitur contraria est translacio Septuaginta nostre translacioni, sed per Spiritum Sanctum sonuit quedam vocalis dissonantia per diversos interpretes, ut quereremus et inveniremus concordiam realem et intellectualem, et ex collacione interpretacionum
5 intelligeremus primum esse complementum operis secundum integritatem parcium ut sit; secundum vero complementum ut maneat in eo quod factum est. Sex igitur diebus integrata est universitas creature ut esset; septimo vero die firmata est eadem universitas ut maneret. Nec tamen in hac complecione secunda adiecta est aliqua nova natura.
10   4. Potest eciam aliter istarum interpretacionum dissonancia concordari. Dicitur enim presentialiter quod artifex complet opus cum apponit ultimam operis particulam; et est adhuc in faciendo. In termino autem operacionis et mocionis non dicitur presentialiter artifex: 'complet' aut 'movet' aut 'operatur,' sed in ipso mocionis et operacionis
15 termino dicitur: 'completum est,' 'motum est,' 'operatum est.' Unde et per hoc verbum preteriti temporis 'complevit,' potest signari hoc presens 'complet' esse preteritum, ut is sit sensus: preteritum est hoc presens 'complet.' Et secundum hoc, cum dicitur de artifice quod complevit opus et adicitur determinacio temporis, insinuat mensuram presentis quod
20 nunc est preteritum; et fuit operacionis extremum, artifice adhuc existente in operacionis mocione. Secundum hunc igitur intellectum Deus non die septimo sed die sexto complevit opus suum, quia non die septimo sed die sexto fuit hoc presens verum: Deus complet opus suum, id est sui operis apponit et facit ultimum. Si autem hoc preteritum
25 'complevit' sumatur ab hoc quod dicitur: 'completum est,' quod in ipso termino operacionis primo dici potest cum iam primo non est in mocione operis, tunc non die sexto sed die septimo complevit omne opus suum; quia die sexto non potuit vere dici: 'completum est,' cum toto die sexto fuerit in operando; sed in principio diei septime, quod fuit terminus diei
30 sexte, potuit primo dici vere: 'completum est.' Complevit igitur die septimo opus suum quia die septimo primo fuit istud verum: opus suum completum est. Complevit eciam opus suum die sexto, quia die sexto ultimo fuit verum: Deus complet opus suum.
        5. Sive autem dicamus dies primos fuisse temporales sive simul
35 extitisse in cognicione mentis angelice, nichil deperit exposicioni predicti, dum tamen Deus fuerit operans usque in finem sexte diei si fuerint illi dies

6 integritatem *om.* P   8 firmata] formata R   9 natura] creatura *RCH*   17-18 esse
... complet *om.* Q   25 sumatur] insinuatur Q   27-28 die¹ ... quia *om.* P   32 quia] a
add. P   33 fuit] fuerit Q   38 opus *om.* B   35 deperit] ceperit Q

temporales. Sed si fuerunt temporales, Deus fuit per totum diem sextum
saltem ipsum diem sextum operans; licet forte alias creaturas ante sexte
diei finem peregerit. Sed si propter hoc dicamus ipsum non consummasse
opera sua ante finem diei sexte nec requievisse in die [232^B] sexto, pari
racione videtur quod nec septimo die quievit ab opere suo; quia toto die   5
septimo ipsum diem septimum operatus est. Sed forte, cum tempus sit
mensura motus et operacionis, nec habeat tempus esse nisi in mocione,
nec mocio habeat esse nisi in eo quod movetur, erunt naturales
differentie mocionem per naturales differentias mobilium, et naturales
differentie temporum per naturales differentias mensuratarum 10
mocionum. Unde, cum universitas rerum conditarum distincta fuerit
naturaliter per senarium, videtur quod sex sint mociones naturaliter
differentes quibus educte sunt in esse sex partes universitatis, et per
consequens quod sex sint naturales differentie dierum sex primarias
mociones mensurantium. Quietacio vero rei in esse, licet altera sit a 15
mocione educente rem in esse, non est tamen altera natura, nec aliquid fit
novum, cum res per mocionem perfecta in esse quietatur. Sicut igitur rei
quietacio non adicit naturam novam nec naturalem differentiam, sic et
mensura quietacioni appropriata non erit natura nova nec differens,
adiecta naturali differentia. Sicut igitur sex mociones primarie inducunt 20
senariam distinccionem naturalem creaturarum, septima vero
creaturarum in esse quietacio naturam novam non inducit, est tamen cum
sex mocionibus naturaliter connumeranda septima, et ipse mociones in
ipsa quiete expetunt consummacionem; sic sex dies creando vel
concreando Deus aliquid novum creasse videtur, septimum vero diem 25
adiciendo, nil novum videtur adiecisse. Oportuit tamen adicere diem
septimum sex dierum numero eundemque ab illis alterum computari,
sicut rei quietacio sequitur operacionis motum et altera computatur a
mocione et ponit in numerum cum mocione.

6. Volo autem lectorem scire me istud dicere non tam asserendo 30
quam lectoris ingenium exsuscitando, ut investiget aliquid secrecius et
melius et inventum explanet dilucidius. Cum autem non sint nisi sex
primarie mociones ducentes in esse universitatis per senarium distincte,
et septima quietacio universitatis in esse, tempus autem non sit mensura
nisi mocionis et quietacionis, non poterant esse nisi septem dies primarii. 35
Et cum nunc non decurrat mocio sue quietacio nisi que orte sunt a sex

---

1 Sed ... temporales *om. R*   1 fuerunt] dies *add. H*   5 videtur] dicendum *add. P;*
del. B   9 mocionum] modicum *R*   9 mobilium] temporum *Q*   12,14 sint] sunt
R   17 perfecta] perfectam *RQ*   21-22 septima ... naturam *om. P*   27 computari]
computati *R*

primis motacionibus et septima quietacione, quasi comproporcionales
rami a suis radicibus, nec poterunt decurrere tempora nisi que sunt
primorum septem dierum repetite revoluciones et replicaciones.

Cap. III, 1. Sequitur: *Et requievit Deus die septimo ab universo opere*
5 *suo quod patrarat.* Contra istud obiciunt quidam illud ewangelicum quod
dicit Dominus in Iohanne: *Pater meus usque modo operatur, et ego*
operor. Item obiciunt illud quod cotidie creat Deus novas animas ex
nichilo. Sed ad ista respondetur quod Deus Pater cum Filio et Spiritu
Sancto usque modo operatur naturas sex primis diebus factas et ad esse
10 productas in esse servando, et eas quarum individua sunt corruptibilia per
individuorum   successivam   renovacionem   multiplicato,   sive
propagacione ex mare et femina, sive ex sui generis seminibus, sive ex
aliorum modorum exortibus. Operatur eciam incrementum dando,
movendo, gubernando, reparando et ad se revocando. *Neque enim qui*
15 *plantat neque qui rigat est aliquid, sed qui incrementum dat, Deus;* in quo,
sicut iterum dicit Paulus: *vivimus et movemur et sumus.* Nullam autem
speciem sive naturam condidit Deus post sex dies primos. Unde septimo
die quievit et cessavit a condenda nova specie sive natura. Non autem
cessavit [232^C] a conservando et promovendo et gubernando naturas seu
20 species factas. Novas quoque animas nunc cotidie ex nichilo creando, non
condit novam naturam aut speciem; sed naturam anime primitus creatam
sexto die adimplet numero individuorum illi nature congruentium.

2. Quidam tamen ex ista litera Geneseos conati sunt arguere omnia
eciam individua cuiuslibet nature primis sex diebus facta, vel perfecte vel
25 materialiter. Unde et animas credunt vel educi ex preiacenti materia, vel
preexistere perfectas antequam mittantur in corpora, vel unam et
communem esse animam omnium. Quibus respondet Ieronimus dicens:
"Creduntur anime non ex illa una primi hominis fieri omnes, sed sicut illa
una uni, ita singulis singule. Ea vero que dicuntur alia contra hanc
30 opinionem, facile me puto posse resolvere, sicuti est illud quod sibi
quidam videntur urgere, quomodo consummaverit Deus omnia opera
sua sexto die, et septimo requievit, si novas adhuc animas creat? Quibus
si diximus quod ex ewangelio in supradicta epistola posuisti: *Pater meus*

---

2 poterunt decurrere] poterit discurrere *R;* poterunt discurrere *QCHP*   2 nisi *om.*
QP   3 replicaciones] repulaciones *Q;* explanaciones *RC*   11 successivam]
successionem *Q; om. P*   11 multiplicato] multiplicando *P*   19 a *om. B*   26
mittantur] mutantur *RH;* nova *Q*   30 resolvere] repellere *R;* refellere *H*

---

4 Cf. Aug. *De Gen. contra Man.,* I, xxii, 33 (PL, XXXIV, 189)   6 Joan. V:17 Cf. Hier.
Contra Ruf., II, 8-9 (*PL,* XXIII, 450A-C) et III, 28 (500B)   14 1 Cor. III:7   16 Act.
XVII:28   16 Cf. R. Rufi *Comm. in Sent.,* II, d, 15 (MS cit., fol. 135^{A-B})   28 Locum
Hier. non invenimus   33 Joan. V:17

usque nunc operatur, respondent: 'operatur' dictum est institutas administrando, non novas instituendo naturas, ne scripture Geneseos contradicatur, ubi apertissime legitur consummasse Deum omnia opera sua. Nam et quod eum scriptum est requievisse utique a creandis novis creaturis, intelligendum est non a gubernandis, quia tunc ea que non 5 erant fecit, a quibus faciendis requievit, quia consummaverat omnia que antequam essent vidit esse facienda; ut deinceps non ea que non erant, sed ex hiis que iam erant, crearet et faceret quicquid faceret, ita utrumque verum esse monstratur. Et quod dictum est: *Requievit ab operibus suis*; et quod dictum est: *Nunc usque operatur,* quoniam Genesi non potest 10 ewangelium esse contrarium, verum hiis qui hec ideo dicunt ne credatur modo, Deus sicut illam unam novas animas que non erant facere, sed ex illa una que iam erat creare, vel ex fonte aliquo sive thesauro quodam quem tunc fecit eas mittere, facile respondetur eciam illis sex diebus multa Deum creasse ex hiis naturis quas iam creaverat, sicut ex aquis 15 alites et pisces, ex terra autem arbores, fenum animalia, sed quod ea que non erant tunc fecerit, manifestum est. Nulla enim erat avis, nullus piscis, nulla arbor, nullum animal. Et bene intelligitur ab hiis creatis requievisse que non erant et creata sunt, id est cessasse ne ultra que non erant crearentur. Sed nunc quod dicitur animas non in nescio quo fonte iam 20 existentes mittere, nec de se ipso tanquam suas particulas irrogare, nec de illa una originaliter trahere, nec pro·delictis ante carnem commissis carneis vinculis compedire, sed novas creare singulas singulis suam cuique nascenti, non aliquid facere dicitur quod ante non fecerat. Iam enim sexto die fecerat hominem ad imaginem suam, quod utique 25 secundum animam racionalem fecisse intelligitur. Hoc et nunc facit non instituendo quod non erat, sed multiplicando quod erat. Unde et illud verum est quod a rebus que non erant instituendis requievit; et hoc verum est quod non solum gubernando que fecit, verum eciam aliquid non quod nondum sed quod iam creaverat numerosius creando usque nunc 30 operatur, vel sic ergo vel alio modo quolibet eximus ab eo quod nobis obicitur de requie Dei ab operibus suis, ne propterea non credamus nunc usque fieri animas novas, non ex illa una sed sicut illa una.''

3. Ex hiis itaque verbis Ieronimi [232[D]] liquet quod sicut primo homini condita est sua singularis anima a principio ex nichilo, sic cuilibet 35 nascenti conditur sua singularis anima ex nichilo. Non potest fieri ex preiacenti materia, quia, cum sit substantia, non potest fieri ex accidente;

5 a *om. P*   16 alites] aves *RCHP*   16 quod] quid *Q;* ex *R; om. H*   28 instituendis] restituendis *Q;* restituendi *P*   32 Dei] diei *BQ*   35 anima] anime *P*   37 preiacenti] preiacente *BQ*

et cum sit mutabilis, non potest fieri ex Deo sicut ex materia; et cum sit incorporeus spiritus, non potest fieri ex materia corporea; et cum sit spiritus et vita racionalis, non potest fieri ex vita irracionali, utpote ex vita sensibili vel vegetabili; nec potest fieri ex vita racionali, quia omnis vita
5 racionalis aut anima aut angelus est, nec est substantia incorporea que non sit vel racionalis vel irracionalis vita; nec est una singularis omnium hominum anima, quia eadem esset iusta et iniusta. Relinquitur igitur quod singulo nascenti creatur sua singularis anima ex nulla materia preiacenti; nec tamen, ut dictum est, cum creat Deus novas singulares
10 animas, facit novum opus. Dicuntur enim opera ad invicem altera opera, cum differunt specie et natura. Eiusdem autem speciei et nature individua non differunt natura et specie, sed solo accidente. Unde cum eiusdem speciei individua multiplicantur numerosius, non fit alterum vel novum opus, sed opus quod perfectum est dilatatur et extenditur
15 amplius.

4. Requievit igitur, ut dictum est, die septimo, id est cessavit a condenda in posterum novam naturam. Et intelligitur eciam in hoc verbo, scilicet quod Deus requievit ab omni opere suo in die septimo, quod Deus non in suis operibus requievit, sed in se ipso. Alii namque artifices egent
20 operibus suis, et faciunt opera sua ut in factis inveniant quo suam indigentiam supleant, et in suplemento adepto quiescant. Deus autem, omnium artifex, nullo extra se habendo eget; nec fecit opera ut in hiis factis aliquid inveniret unde sibi melius esset, sed ita fecit opera sua ut opera facta ut in ipso, per ipsum, ad ipsum, bene essent. Igitur non ut alii
25 artifices requievit in operibus suis factis, sed in se requievit post opera facta, sicut in se requievit antequam fierent, nichil quietis ab illis assumens. Hoc enim signat circumstantiam huius preposicionis 'ab,' scilicet posterioritatem et segregacionem, ut intelligatur quies Dei in se post opera, ab operibus nullo modo adquisita, sed ab adquisicione ex
30 operibus omnino se iuncta. Item requies est nullo adhuc non habito indigere neque extra iam habita in aliquid habendum tendere. Hoc igitur modo Deus in se eternaliter quiescit, quia nullo extra se indiget, nec in aliquid tendit quod sibi est in possibilitate et non in actu. Cum eciam sex diebus omnes naturas condiderit nec intenderit in plures naturas
35 condendas, recte dicitur septimo die ab operibus quievisse, id est non in plura condenda intentionem tendisse.

6 una] vita R   11-12 Eiusdem … accidente om. Q   16 septimo] sabato RCH   17 condenda] condendo P   17-18 verbo scilicet] libro secundum R; verbo secundum CH   20 sua om. B   22-23 opera … fecit om. RH   24 per ipsum ad ipsum] et in ipso et per ipsum P   25 in¹] ab RCH   36 tendisse] intendisse RH

16 Cf. R. Rufi Comm. in Sent., II, d. 15 (MS cit., fol. 138^{B-C})

5. Item Deus in Scriptura dicitur facere, quod nos in ipso et ipse in nobis facit. Unde ait: *Non vos estis qui loquimini, sed spiritus Patris vestri qui loquitur in vobis*. Et Paulus ait: *An experimentum vultis eius qui in me loquitur Christus?* Et ad Abraham dicit: *Nunc cognovi quod timeas Dominum*, id est, te cognoscere feci, hoc est, in te cognovi et tu in me. Sic 5 eciam in hoc loco dicitur quod Deus requievit ab operibus suis, id est racionalem creaturam in se quiescere fecit ab operibus suis; per opera namque visibilia ipso illustrante mentem interius ascendimus in invisibilia ipsius in quibus per contemplacionem et fruicionem quiescimus, [233^A] nullo extra ipsum egentes, neque in aliquid extra ipsum tendentes, sed in 10 ipso omne desiderabile tenentes; et cum Psalmista dicentes: *Mihi autem adherere Deo bonum est*. Ab omnibus igitur operibus suis, nos in sue quietis cognicionem et fruicionem manuducit, et in ea nos quietat. Et per consequens omnia opera sua facta propter hominem, ut leniter ministrent homini, revocat per hominem ad se et in se quietat ipsa. Omnia enim pro 15 modo suo summum bonum appetunt, et pro modo suo participantia eodem bono in eodem bono quiescunt.

Cap. IV, 1. Adicit autem Moyses: *ab universo opere quod patrarat*, cum videtur sufficienter dixisse: *requievit ab universo opere*, licet non adderet: *quod patrarat*. Sed forte insinuavit in hac adieccione operum 20 perfeccionem. Quidam enim artifices cessant et quiescunt ab operibus suis nondum perfectis. Hii igitur dici possunt quiescere ab operibus suis, sed tamen non ab operibus que patrarant. Item alii artifices faciunt opus inducendo formam in materiam, non tamen faciunt ipsam materiam quam informant; et ideo cum perfecerint opus non omnino suum opus 25 perfecerunt, sed magis alienum opus consummaverunt. Nec fecerunt opus quod ipsi patrarant, sed magis quod patravit ille qui naturam substravit, qui eis prius laboravit, in cuius laborem ipsi subintroierunt. Deus autem suo operi fecit inicium materiale ex nichilo, et sic complevit quod non fuit ex parte aliqua diminucio. Unde ipse solus omnino suum et 30 nullo modo alienum opus, et quod ipse et nullo modo alius patrarat, complevit; et a completo requievit. Item quidam faciunt partes alicuius totius, quas tamen non coadiuvant in unam integritatem. Deus autem ea que singulis sex diebus fecerat et a quibus singillatim singulis sex diebus cessaverat, cum septimo die omnibus dedit unitam in se existendi 35 permanentiam, ex omnibus complevit unius universi integritatem.

5-6 id est ... suis *om. P*   10 aliquid] quod *add. QRHP*   10 ipsum] est *add. RH*   12 nos] non *R*   20 Sed] Si *P*   20 hac *om. P*   29 materiale] naturale *R*   34 fecerat ... diebus *om. QR*

---

2 Matth. X:20   3 2 Cor. XIII:3   4 Gen. XXII:12   4-11 Cf. Grosseteste *De operat. solis* (ed. McEvoy, p.86)   11 Psalm. LXXII:28

2. Et hoc est forte quod supra dicit Deum complesse opus suum die septimo, videlicet singula prius per sex dies perfecta, septimo die in unam in se adiuvasse universitatem et universitatis unitatem, et ideo signanter dicitur quievisse ab universo opere, cuius unitam in se universitatem 5 perfecerat. In eius enim unitate rerum universitas unitur, subsistit et manet. Singularum igitur parcium universitatis perfeccio insinuatur in singulis sex diebus, in septimo autem die unius universitatis ex omnibus partibus coadiuvacio, in qua coadiuvacione habent singula prius in se ipsis perfecta pleniorem et perfecciorem complecionem et permanentie 10 et quietacionis fixionem firmiorem. Quemadmodum membra unius corporis, preter complernentum quod singulum habet in se, suscipit perfectius complementum in integritatis coniunccione et ad ceteras partes et ad suum totum coordinacione.

Cap. V, 1. Sequitur: *Et benedixit Deus diei septimo et sanctificavit* 15 *illum quia in ipso cessaverat ab omni opere suo quod creavit Deus ut faceret.* Tempus dicitur benedictum et sanctum propter bonam et sanctam accionem cuius est mensura, sicut econtra dicuntur dies mali propter penales motus et acciones et passiones quas mensurant. Sic dicit Iacob: *Dies peregrinacionis vite mee pauci et mali.* Dies igitur sabati 20 benedictus dicitur et sanctificatus, quia ipse erat mensurans sanctam et benedictam Dei quietem et cessacionem a conditis operibus et quietacionem hominis et creaturarum in Deo et revocacionem omnium in unius universitatis unitatem in Deo et in participacionem bonitatis divine secundum modum et possibilitatem uniuscuiusque; que participacio est 25 sanctitas et benediccio. Sanctificacio igitur diei sabati est ordinacio illius [233^B] ad mensurandum predictas sanctas acciones et sanctificaciones. Inde igitur sanctificavit illum, unde in ipso ab omni opere cessavit; hoc est inde sanctum est sabatum, unde hanc sanctam cessacionem et sanctam quietem mensurat. Benedicit autem Deus creaturam, cum Verbo suo 30 revocat creaturam ad se et ad sui participacionem. Sanctificat autem creaturam, dando et infundendo se creature ad participandum. Ieronimus autem dicit quod benedixit Deus diei septimo, scilicet ut non fieret in eo opus servile. Benedixit igitur yocans plebem veterem ad sui cultum in eodem die. Sanctificavit vero faciens sui participium suis 35 cultoribus in eodem die.

---

1 complesse] complevisse *Q*   18 Sic] ut *R;* sicut *H*   22 creaturarum] quietacionem *add. RCH*   30 ad se] a se *BQ*   33 igitur] Deus *add. RH*

19 Gen. XLVII:9   32 Cf. R. Fishacre *Comm. in Sent.*, II, d. 15 (MS cit., fol. 112^D) et R. Rufi *Comm. in Sent.*, II, d. 15 (MS cit., fol. 139^B)

Cap. VI, 1. Creavit autem Deus opus suum ut faceret; creavit scilicet in eterno Verbo ut faceret in opere; et creavit in materia ut faceret in specie. Translacio autem Septuaginta habet: 'Et benedixit Deus diem septimum et sanctificavit eum, quia in ipso requievit ab omnibus operibus suis que incoavit Deus ut faceret.'' Potest igitur in hoc quod dicit: 5 "incoavit ut faceret," denotari quod in opere Dei nichil est frustra, sed ut omnia incoat ut consummet, nichilque relinquat inconsummatum.

2. Denotaturque in hiis verbis, sicut et in superioribus, quod ipse unus et idem dat rebus incoacionem materie et consummacionem forme. Et destruitur duplex error philosoforum, quorum quidam dicebant Deum 10 artificem et formatorem rerum ex materia sibi coeterna ingenita, quam ipse non creaverat; alii vero dicebant ipsum formare substantias primas celestes et committere eis formacionem rerum inferioris mundi. Unde Plato inducit summum Deum deos minores per se facientem, factis autem a se diis, iniungentem formandorum corporum curam mortalium.   15

Cap. VII, 1. Allegorice autem celum et terra sunt triumphans et militans ecclesia. Ornatus vero celi, id est triumphantis ecclesie, sunt angeli; ornatus vero terre, id est militantis ecclesie, est virtutum diversitas et professionum religiosarum. Item celum et terra sunt Christus et ecclesia; ornatus celi, virtutes Christi et opera miraculosa que gessit in 20 carne; ornatus vero terre, germina virtutum in ecclesia et virtutum opera. Item celum et terra sunt testamentum novum et vetus; et item in utroque testamento spiritalis intellectus est sicut celum, et historicus et literalis intellectus sicut terra. Ornatus vero utriusque est utriusque testamenti et utriusque intellectus sanctorum exposicio coloribus scientiarum et 25 verborum florida. Item celum et terra sunt Christi gemina natura; et licet divina natura facta non sit in se, utriusque tamen nature unio facta est in assumpcione humane nature. Unde celi et terre copulacio facta et perfecta est Verbo Dei assumente carnem; et Verbum, licet non sit factum Verbum, est tamen factum caro et Filius Dei, sicut dicit Paulus: 30 *Factus est Patri ex semine David secundum carnem.* Ornatus autem celi sunt eterne et immortales raciones rerum omnium in eterna Patris sapientia. Ornatus vero terre in Christo homine sunt ipsius hominis sapientia creata, qua ab hora concepcionis de Spiritu Sancto in utero Virginis scivit omnia. Vel ornatus celi sunt omnia humana predicata de 35 Verbo Deo; verbi gracia, cum dicitur: "Deus est temporaliter natus, passus, mortuus, sepultus," et huiusmodi. Ornatus vero terre sunt divina

---

6 ut²] quod *QP*   9 unus] omnis *R*   27 non ... facta *om. Q*   32 raciones] racione *B*   34 qua] quia *Q*   36 Verbo Deo] Verbo Dei *QRHP*

14 Cf. Platonis *Tim.,* XIII, 41[A-D]   31 Rom. I:3

predicata de Christo homine, ut cum dicitur: "Iste homo creavit stellas;"
"Iste homo est filius Dei naturalis;" et huiusmodi. Item celum et terra
sunt prelati et subditi in ecclesia. Ornatus celi est rectum et ordinatum
regimen prelatorum ad subditos. Ornatus vero terre est voluntaria et
5 ordinata obedientia subditorum ad prelatos.

2. Moraliter vero celum et terra sunt [233^C] interior et exterior
homo. Ornatus vero celi est pulcritudo naturalium virtutum partis anime
racionalis. Ornatus vero terre sunt sensus corporei et virtutes animales.
Item ornatus celi sunt virtutes naturales partis anime racionalis et formate
10 a gracia et luce eterne sapientie, vel ipsa gracia luminosa ordinans et
illustrans virtutes naturales. Ornatus vero terre sunt sensus corporei et
vires anime sensibilis secundum quos reguntur et ordinantur a racione
ordinata et illustrata a luce sapientie et gracie. Item celum et terra sunt
homines spiritales et animales. Ornatus celi, id est spiritalium, est
15 mundicia cordis; terre vero, id est hominum animalium ornatus, est
solercia in rebus humanis licite disponendis. Item celum et terra sunt boni
et mali. Ornatus celi, id est bonorum, sunt virtutes et virtutum opera.
Ornatus vero terre sunt vicia et eorum opera; licet enim hec in se sint
turpia, pulcre tamen sunt a Deo in rerum universitate ordinata. Ut enim
20 ait Augustinus: "De malo previdet Deus quid boni ipse sit facturus, et
turpe non turpiter ordinat." Unde in libro *De civitate Dei* ait idem
Augustinus: "Voluntas mala grande testimonium est nature bone. Et
sicut Deus naturarum bonarum optimus creator est, ita malarum
voluntatum iustissimus ordinator, ut, cum ille male utuntur naturis bonis,
25 ipse bene utatur eciam voluntatibus malis. Neque enim Deus ullum, non
dico angelorum, sed vel hominum crearet, quem malum futurum esse
prescisset, nisi pariter nosset quibus eos bonorum usibus commodaret
atque ita ordinem seculorum tanquam pulcherrimum carmen et ex
quibusdam quasi antitetis honestaret."

30   Cap. VIII, 1. *Complevitque Deus die septimo opus suum.* Litera
Septuaginta, ut diximus, habet sic: "Consummavit Deus die sexto opera
sua que fecit," Et secundum hanc literam potest intelligi allegorice quod
Christus sexta etate carnem assumens omnia complevit et consummavit.

---

1 predicata] predicamenta *R*   9 et formate] informate *RH;* informe *Q*   12 quos]
quod *QRHP; om. B*   20-22 De malo ... Augustinus *om. P*   28 carmen] carnem
BQP   28 ex] eciam *BQP*

---

20 Aug. *Contra adv. legis et proph.,* I, xxiv, 52 (*PL* XLII, 636)   22 Aug. *De civ. Dei,*
XI, 17-18 (*CSEL,* XL.1, 536-537)

Omnes enim naturas quasi in circuli unitatem reduxit, que ante
incarnacionem non habuerunt plenam in circulum reversionem.

2. Deus enim secundum divinitatem non habet naturam communem
et univocam cum aliqua creatura, sed cum Deus factus est homo, Deus-
homo communicavit in natura univoce cum racionali creatura, et perfecta   5
est circulacio, et coniuncta est circularis reversio in Deo. Angelus enim et
anima sunt unum in natura racionalitatis et intelligentie. Anima autem
racionalis et caro humana uniuntur in unitatem persone in quolibet
singulari homine. Caro autem humana habet in se materialiter omnia
huius mundi elementa. Anima eciam humana participat unitate virtute   10
nutribili cum plantis et sensibili cum brutis.

3. Deus autem et homo, Filio Dei assumente carnem, uniuntur in
unitatem persone. Unus igitur Christus, Dei Filius, Deus et homo, unus
est Deus cum Patre et Spiritu Sancto, eandem et indivisam communicans
cum eis divinitatis naturam. Idem quoque Christus unum est in natura   15
cum homine. Homo autem ex· parte corporis unitatem habet et
communicacionem naturalem cum omnibus elementis et corporibus
elementatis. Ex parte autem anime communicat in vegetabilitate cum
plantis et sensibilitate cum brutis et racionali natura cum angelis. Angelus
namque cum Christo homine communicat in racionalitate. Et ita in   20
Christo, Deo et homine, sunt omnia recollecta et commodata ad
unitatem; nec esset ista consummacio in rerum naturis, nisi Deus esset
homo. In Christo igitur perfecta sunt omnia et consummata naturali
quadam perfeccione et consummacione.

4. Item sexto die consummavit Deus opera sua, quia sexta feria   25
Christus in cruce passus consummavit omnia, quando dicens:
Consummatum est, tradidit spiritum, et sua morte reconciliavit Deo Patri
genus humanum, et in reconciliato humano genere cum Patre reduxit
[233^D]omnia ad antiquam dignitatem. Unde Rabanus in libro *De cruce*,
formans per singula cornua crucis senarium numerum in figuram   30
triangularem, ait: "Senarius numerus quem per singula cornua senarium
numerum terno versu dispositum sancta crux notat, perfeccionem

6 reversio] conversio *RCH*   10 mundi] modi *Q*   10 unitate *om. QRCHP*   26
cruce] carne *B*   30-32 numerum ... numerum *om. Q*

1-24 Cf. Grosseteste sermonem:*Exiit edictum* (Brit. Mus. MS Royal VII F 2, fol. 77^C-D)
et *De cess. leg.*, (MS Bodl., lat. th. C. 17, fol. 177^C-D); et Joannis Scoti Eriugenae *De div.
nat*, V, 25 (*PL*, CXXII, 912). Vide etiam Dominic J. Unger, "Robert Grosseteste Bishop of
Lincoln (1235-1253) On the Reasons for the Incarnation," *Franciscan Studies*, XVI (1956),
1-36; et Richard C. Dales, "A Medieval View of Human Dignity," *Journal of the History of
Ideas*, XXXVIII (1977), 557-572   27 Joan. XIX:30   31 Rabani *De laudibus sanctae
crucis*, II, 23 (*PL*, CVII, 288)

passionis Christi nostreque redempcionis designat; quia sicut in senario numero mundi creatura perfecta significatur, ita et senario numero per Christum, qui in sexta feria crucifixus est, mundi reparacio perfecta insinuatur. Clara nempe dies illa fuit, qua conditor opus suum perfecit;
5 nec minus ista claret, qua conditor opus suum restaurando sanctificavit. Tunc ergo creator creaturam suam operando complevit; et nunc eciam ipsam reparando benediccione celesti replevit."

Cap. IX, 1. Moraliter vero completur opus Dei ad iusticiam sufficientem saluti, in senario operum misericordie que Dominus in
10 Matheo enumerat dicens: *Esurivi, et dedistis mihi manducare: sitivi, et dedistis mihi bibere: hospes eram, et collegistis me: nudus, et cooperuistis me: infirmus, et visitastis me: in carcere eram, et venistis ad me.* In hoc igitur senario tanta est operis Dei perfeccio, que in eodem est regni celorum retribucio et eterna regni eiusdem possessio. Item in senario
15 dierum moraliter completur opus Dei, cum mens ascendens in Trinitatis contemplacionem reportat de potentia Patris lucem timoris, et de sapientia Filii lucem scientie, et de benignitate Spiritus Sancti lucem dileccionis, et hiis tribus luminibus exterminat tenebras concupiscentie carnis et concupiscentie oculorum et superbie vite, informans eisdem
20 luminibus partem anime irascibilem, racionalem et concupiscibilem, ut tres dies sint trium luminum a Patre luminum desuper infusiones. Et tres alii dies sint trium virium anime ab infusis luminibus informaciones et sursum evecciones. Secundum autem quod habetur in litera die septimo, intelligitur allegorice quod Deus die septimo complevit opus suum, id est
25 hominem propter quem facta sunt cetera, et qui eciam in ewangelio dicitur 'omnis creatura,' quando transferens eum de labore huius corruptibilis vite in septimam etatem quiescentium confirmat ipsum in inpossibilitate peccandi. Quando enim fideles transferuntur de hac vita in statum quietis recipiunt necessitatem non relabendi de cetero in
30 peccatum, cum in hac vita quantumcumque sancto est peccandi possibilitas. Respectu igitur huius necessitatis ad non relabendum in peccatum, omnis perfeccio huius vite adhuc possibilis in peccatum decidere est imperfeccio.

2. Signatur quoque secundum quosdam expositores per diem
35 septimum dies iudicii. Et secundum hoc manifesta est allegoria: quia tunc perfectissime complebuntur omnia cum sancti resument corpora sua

---

4-5 perfecit ... suum *om. P*   13 Dei *om. P*   13 que] quod *P*   19 carnis et concupiscencie *om. Q*   23 evecciones] erecciones *RH*   24 complevit] complet *B*   28 inpossibilitate] possibilitate *P*   29 statum] statu *B*   31 in *om. B*   33 imperfeccio] perfeccio *B*

---

10 Matth. XXV:35-36   26 Cf. Marc. XVI:15

immortalia et gloriosa, et angelorum numerus per lapsum diaboli inminutus restaurabitur ex sanctis hominibus, et innovabitur in qualitates incorruptibiles iste sensibilis mundus, et fiet celum novum et terra nova. Et hec est complecio summa et ultima que ultra non poterit augeri, quia est summa; nec poterit recipere diminucionem, quia habet in hoc 5 complemento incorrupcionem. Unde Ysaias ait: *Sicut celum novum et terra nova, que ego facio stare coram me, dicit Dominus, sic stabit semen vestrum.* Non autem starent si mutacionem reciperent.

3. Moraliter autem Deus complet opus suum, id est hominem, in septenario; quia sicut constat ex septenario naturaliter, ex quatuor 10 videlicet elementis secundum corpus et ex tribus potentiis anime, sic complet eum gratuito septenario donorum Spiritus Sancti que enumerantur in Isaya et septenario virtutum de illis septem donis egredientium, et dum est in via septenario peticionum oracionis dominice et in patria septe-[234[a]]-nario beatitudinum quas promittit Dominus in 15 Matheo pie petentibus et per dona Spiritus Sancti ex motu virtutum operantibus.

4. Requies autem Dei in die septimo significat allegorice quietem Christi in sepulcro in sabato, postquam omnia labore passionis in cruce reparaverat. Significat eciam nostram quietem in Deo post operum 20 perfeccionem senario numero designatam. Signat eciam quietem sanctorum in septima etate quiescentium, que etas secundum Bedam incepit ab Abel primo mortuo perficienda in resurreccione omnium mortuorum. Unde Beda in libro *De temporibus* ait: "Septima die, consummatis operibus suis, Deus requievit, eamque sanctificans, 25 sabatum nuncupari precepit, que vesperam habuisse non legitur. Septima etate iustorum anime post optimos huius vite labores in alia vita perpetuo requiescunt, que nulla unquam tristicia maculabitur, sed maiori insuper resureccionis gloria cumulabitur. Hec etas hominibus tunc cepit, quando primus martir Abel, corpore quidem tumulum, spiritu autem sabatum 30 perpetue quietis intravit. Perficietur autem quando, receptis sancti corporibus in terra sua duplicia possidebunt, et leticia sempiterna erit eis." Et secundum Augustinum non tunc finietur hec etas septima, sed excipietur ab octava sine fine duratura. Unde Augustinus in libro

---

1 numerus] chorus *H*   2 restaurabitur ... innovabitur *om. Q*   13 et] de *add. P*   13 virtutum] que *add. QRCH;* tantum *add. P*   14 egrediencium, et dum] egrediuntur donis tantum cum *R;* egrediuntur donis tantum et dum *CH*   31 sancti] sanctis *P*   33 finietur] sumetur *R*

---

6 Isai. LXVI:22   13 Cf. Isai. XI:2-3   16 Cf. Matth. V:3-11   24 Bedae *De temporum ratione,* X (ed. Jones, p. 202)

secundo *Ad Ianuarium* ait: "Genesim lege! Invenies septimum diem sine vespera, quia requiem sine fine significat. Prima igitur vita non fuit sempiterna peccandi;requies autem ultima sempiterna est, ac per hoc et octavus sempiternam requiem habebit, quia requies illa que sempiterna
5 est excipitur ab octavo non extinguitur." Sabatum eciam, secundum Augustinum in libro ultimo *De civitate Dei,* significat nos quales erimus in patria secundum quod in perpetuum vacabimus. Ait enim: "Ibi perficietur: *Vacate, et videte quoniam ego sum Deus;* quod erit vere maximum sabatum non habens vesperam, quod commendavit Deus in
10 primis operibus mundi, ubi legitur: *Et requievit Deus in die septimo ab omnibus operibus que fecit.* Dies enim septimus eciam nos ipsi erimus, quando eius fuerimus benediccione pleni et refecti. Ibi vacantes videbimus quoniam ipse est Deus," Item secundum Basilium dies septimus est dies iudicii, quia immediate sequitur secundum
15 successionem sex etates huius seculi. Et nunc vere requiescet Deus ab omnibus operibus suis, quemadmodum supra expositum est, tunc perfecte complendis et tunc nos in ipso requiescere faciet a laboriosis operibus et necessitudinibus huius vite; quia tunc neque nubent neque nubentur, nec erunt commutacionum negociaciones, nec agriculture, nec
20 domorum edificaciones; tunc ociabitur omnis dialeticorum methodos, nec erunt in illa die desideria huius vite, sed erunt tunc sancti sicut angeli Dei in celis.

   5. Signat quoque hec requies sabati vacacionem nostram ab opere servili peccati. Unde precipitur per Moysen: *Omne opus servile non*
25 *facietis in eo.* Sabatizacio eciam est omne quod facimus in spem eterne quietis. Unde Augustinus in libro *De decem cordis* ait: "Septimus iste dies non habet vesperam, ubi Deus sanctificavit requiem. Dicitur ibi: *Factum est mane, ut inciperet esse dies;* non dictum est: 'Factum est vespere, ut finiretur'; sed dictum est: *Factum est mane,* ut fieret dies sine fine. Sic
30 incipit ergo requies nostra quasi mane; sed non finitur, quia in eternum vivemus. Ad hanc spem si facimus quicquid facimus, sabatum observamus." Cum itaque ab operibus nostris per spem progredimur in quietem, die septimo requiescimus ab opere nostro universo. Et quia hec Deus in nobis facit, ipse in nobis requiescit ab opere suo in die septimo.
35 Item requiescit Deus in nobis cum complacet ei in nobis. Tunc autem ipsi

---

12 refecti] referti *BQ*   16 supra *om. P*   20 methodos] methodus *P*   21 erunt] eunt *B*   32 nostris *om. B*

---

1 Aug. *Ad inquisitiones Januarii,* II, 9 = Epist. LV, 17 (*CSEL,* XXXIV,1, 188)   7 Aug. *De civ. Dei,* XXII, 30 (*CSEL,* XL.2, 668)   8 Psalm. XLV:11   13 Bas. *Hex.,* XI, 11 (*SC,* CLX, pp 256-258)   24 Levit. XXIII:7, 21, 25, 35, 36; Num. XXVIII:18, 25, 26, XXIX:1, 7, 12   26 Aug. *Sermo* IX: *De decem chordis,* V (*PL,* XXXVIII, 80)

in nobis [234^B] complacet quando informamur septenario donorum Spiritus Sancti et peticionum principalium virtutum ad septem beatitudines ducentium. Et cum opera nostra exteriora istis interioribus bonis sunt correspondentia, tunc fiunt Deo accepta, et eius in nobis sunt opera. Requiescit igitur in nobis a suis operibus per nos factis in die 5 septimo, id est in donorum et peticionum et virtutum et beatitudinum completo septenario. Instruimur quoque moraliter ut nos speremus quietum post opera nostra bona per hoc quod Deus requievit post opera sua bona. Unde Augustinus *Super Iohannem* ait: "Quietem vero propterea appellavit Scriptura ut nos admoneret post bona opera 10 requieturos. Sic enim scriptum habemus in Genesi: *Et fecit Deus omnia bona valde, et requievit Deus septimo die,* ut tu homo cum attendis ipsum Deum post opera bona requievisse, non tibi speres requiem nisi cum bona fueris operatus. Et quemadmodum Deus postea quam fecit hominem ad ymaginem et similitudinem suam VII° die et in illo perfecit omnia opera 15 sua bona valde, requievit septimo die, sic et tibi requiem non speres nisi cum redieris ad similitudinem in qua factus es, quam peccando perdidisti."

6. Omnia autem que superius allegorice et moraliter per diem septimum dicta sunt signari manifeste ad sanctitatem pertinent et 20 benediccionem presentem vel futuram. Et ideo secundum allegoricas et morales significaciones merito dicitur dies ille benedictus et sanctificatus; utpote ad quem pertinet vere benediccionis et sanctificacionis mensura et modus. Secundum Augustinum autem dies septimus est septima noticia angelica cui postremum quies sui Creatoris, quasi in se requiescit ab 25 omnibus operibus suis, est representata, in qua, quia non habet vesperam, benedici et sanctificari ob hoc meruit. In hac enim perfecta permanente et diligente noticia est angelica creatura benedicta et sanctificata.

Cap. X, 1. Septenarius autem numerus multis misteriis in Scriptura 30 venerabilis habetur, et a philosophis singulari privilegio dignitatis inter ceteros numeros extollitur. Habet enim pre ceteris plures et privilegiatos perfeccionis modos, de cuius perfeccione, ut dicit Augustinus in libro XI *De civitate Dei,* plura dici possunt. Primo namque perfectus est quia

---

3 beatitudines] beatitudinem *B*   3 ducentium] ducendum *P*   4 fiunt] sunt *P*   7
completo] complere *P*   15 VII°]VI°*Aug. in loc. cit.*   29 numerus *om. H*

---

9 Aug. *In Joan. evang.,* XX, 2 (*PL,* XXXV, 1556-1557)   23 Cf. Aug. *De Gen. ad litt.,* IV, 25 (*CSEL,* XXVII.1, 124)   31 Cf. R. Rufi *Comm. in Sent.,* II, d. 15 (MS cit., fol. 139^{B-C}): "Habet enim pre ceteris plures et privelegiatos perfeccionis modos de Aug. *De civ. Dei,* li. XI, ca. 31, quod ad presens omitto. Et habetur de hoc ab episcopo Lincolniensis super hunc locum." Vide etiam Gedeon Gál apud *Archivum Francisanum Historicum,* XLVIII (1955), 435   33 Cf. Aug. *De civ. Dei.,* XI, 31 (*CSEL,* XL.1, 559)

constat ex ternario, cui inter numeros impares primo et essentialiter
accidit totalitas; et ex quaternario, qui inter numeros pares est primus
totus. Totum namque et integrum est quod habet principium, medium et
finem, quod primo et essentialiter in imparibus accidit ternario, et inter
5 pares quaternario. In indivisibilitate eciam numeri imparis est natura
activitatis; et in divisibilitate paris, natura passivitatis. Uniuscuiusque
autem rei vera perfeccio et in perfeccione quietacio est cum habet
principium, medium et finem, tam in suo activo quam in suo passivo; et
cum hec habet, est in racione septenarii, qui constat ex ternario et
10 quaternario, quasi ex activo et passivo habentibus totalitatem ex
principio et medio et ultimo. Hoc igitur genus perfeccionis, quod est
constare ex primis totis, uno activo et altero passivo, primo et per se
accidit septenario.

2. Item forma, materia et composicio armonica omnem rem
15 consummant et quietant. Cum igitur omnis armonica inveniatur primo in
quaternario, sicut constat ex regulis musice, et composicio ex materia et
forma primo spectabilis sit in ternario, media enim unitas ternarii
coniungit extremam prime quasi finem principio et quasi formam
materie, consummacio et quietacio per plenitudinem subsistentie ex
20 materia et forma compositis armonice primo reperitur in septenario.

3. Item nulla multiplicacio [234^c] septenarii per digitum sive per
numerum compositum generat articulum, sed sola multiplicacio eius per
articulum producit articulum. Primo igitur producit articulum cum
ducitur in denarium. Denarius autem est consummacio numerorum, quia
25 ultra denarium non est numerus, sed numerorum replicacio. Primo igitur
pervenit septenarius in consummacionem articuli cum ducitur in
consummacionem denarii. Igitur septenarius consummatur ex sola
duccione in consummacionem. Similiter cum quietacio rei in
permanentia essendi ducitur in perfeccionem integritatis rei, tunc habet
30 res consummacionem consummatam, et provenit consummata
consummacio ex duccione quietacionis in integritatem quasi ex duccione
septenarii in denarii perfeccionem.

4. Item septenarius componitur ex uno et sex. Unitas autem primo
congruit simplicitati divinitatis. Senarius autem numerus perfectus est,

---

1 numeros *om. B*   5 imparis] impari *B*   6 paris] est *add. P*   7 vera *om. P*   7
est] aliquid *P*   14 armonica] armonia *RP*   17 sit] fit *Q*: sic et *R*   18 extremam]
extrema *P*   18 finem] quasi *add. P*   18-19 formam materie] materiam et formam
P   24 consummacio] inferiorum *add. R*   29 permanentia essendi] permanendi
essencia *RCHP*

---

24 Cf. Grosseteste *Comm. in Phys.*, III (ed. cit., p. 68) et *De cess. leg.* (MS cit., fol. 162^A)

consistens in medialitate, carens superfluitate et diminucione. Unde ista septenarii composicio est medialitatis et perfeccionis carentis superfluo et diminuto ad simplicitatem coniunccio; et hec est optima perfeccio, cum res carens superfluo et diminuto adheret et copulatur pro modo suo summe et prime simplicitati. Hoc genus igitur perfeccionis spectatur 5 primo in septenario, videlicet quod equalitatem carentem superfluo et diminuto reducit ad primam simplicitatem et per hoc ad quietacionem.

5. Constat iterum septenarius et integratur ex binario et quinario. Denarius autem ex sola duccione binarii in quinarium generatur, non enim habet aliam generacionem per multiplicationem. Integracio igitur 10 ista septenarii est generacio denarii. Est igitur septenarius res cuius integracio est consummacionis generacio. Denarius igitur, ut dictum est, consummacio numerorum est.

6. Et animadvertendum quod omnibus creaturis circumscriptis in solo numero posito est invenire in ipsis numeris dictos modos 15 perfeccionis; et non est invenire eos in rebus aliis circumscriptis numeris. Propter hoc modos perfeccionum trahunt res a numeris, et non numeri a rebus numeratis. Igitur, propter consummacionem septenarii, plurima pars creaturarum huius mundi discurrit et ordinatur per septenarium, et maxime illa que habent ad alia ordinem et racionem perficientie. Propter 20 hoc planete ordinantes et moventes et alterantes hunc mundum inferiorem consistunt, ut creditur, in septenario. Lune quoque cursus, que, ut dicunt, applicat virtutes superiores celestium corporum ad hunc mundum inferiorem, per septenarios disponitur. Nam cum est in linea ecliptica per VII dies evagatur ad extremitatem septentrionalem zodiaci, 25 et inde per alios septem dies redit in parte opposita ad mediam zodiaci lineam, id est ad eclipticam. Per tercios vero septem dies evagatur ad extremitatem zodiaci australem; et rursum per quartos VII dies revertitur ad mediam zodiaci lineam. Similibus quoque dispensacionibus ebdomadum luminis sui vices sempiterna lege variando disponit. Primis 30 enim septem diebus usque ad medietatem velud divisi orbis excrescit, et dicotomos tunc vocatur. Secundis septem diebus totum orbem lumine complet, et tunc dicitur panselenos. Terciis vero rursus decrescendo efficitur dicotomos, Quartis vero VII diebus redit ad luminis occultacionem, et tunc dicitur esse sinodus.   35

7. Distinguntur quoque in ipsius luminis variacione septem figure; et hoc non solum a philosophis, sed eciam a sacris expositoribus. Dicit

---

3 coniunccio] consummacio *R*   7 primam *om. P*   11 res *om. B*   14 animadvertendum] est *add. P*   15 dictos] duos *B*   21 alterantes] alternantes *RQ*   30 variando] variandi *P*

enim Iohannes Damascenus: "Figure lune sunt: sinodus, id est concilium,
quando devenerit in particulam in qua est sol; generacio, cum distiterit a
sole particulis XV; oriens, quando apparuerit; menoides duo, [234^D] cum
distat particulis sexaginta; dicothomi duo, cum distat particulis 90^a;
5 amphikirti 2°, cum distat particulis centum XX^{ti}; plisiselenoi et plisiphaeis
duo, quando distat particulis centum quinquaginta; panselenos, quando
distat particulis centum octoginta." Figure igitur lune sunt: generacio,
ortus, menoides, dicotomos, amphikirtos, plisiselenos, panselenos.
Sinodus enim non proprie dicitur figura luminaris, cum tunc ex parte qua
10 videtur omnino careat lumine.

8. Alii autem has figuras septem lune aliter distingunt: ut prima sit
cum nascitur; secunda cum fit dicotomos; tercia cum fit amphikirtos;
quarta cum fit panselenos; et quinta cum rursus fit amphikirtos; sexta
cum denuo dicotomos; septima cum ad nos luminis universitate privatur.
15 Tres quoque conversiones, diei videlicet, mensis et anni, unaqueque
quadripartite distinguitur et secundum convenientiam ad quatuor
qualitates primas elementorum et ad ipsa quatuor elementa. Unde
corporalis ordo disponitur in numero septenario propter tria genera
conversionum et quatuor modos qualitatum in unaquaque conversione.
20 Item totus progressus formacionis hominis in utero matris discurrit per
septenarios.

9. Similiter et iam nati hominis etates per septenarios disponuntur.
Primis enim septem annis est infantia, in quorum fine dentes primi cadunt
aliis nascentibus. Inde vero est puericia, usque ad annos XIIII, et tunc
25 pubescit et incipit moveri vis generacionis in masculis et purgacio in
mulieribus. Tercio sucedit adolescentia usque ad annum XXI, et tunc
perficitur crementum secundum corporis longitudinem. Quarta vero etas
pertingit ad vicesimum octavum annum, et tunc completur crementum in
latum. Quinta vero etas est usque ad annum XXXV, et tunc completur
30 homo secundum vires et robur corporis. Sexta vero etas protenditur
usque ad annum quadragesimum secundum, et per hanc totam etatem
retinetur plenitudo roboris in priori etate perfecti. Septima vero etas
pertingit usque ad annos quadraginta novem, qui numerus fit ex sepcies
septem, et in hac etate fit diminucio virium corporis occulta.

---

3 menoides] meridies *B*   4 distat *om. P*   4-5 sexaginta ... particulis *om. B*   6
particulis] per *BQ*   9 non *om. BR*   11 has *om. B*   12 quarta ... amphikirtos *om.*
P   14 nos *om. B*   18 corporalis] temporalis *B*   19 modos] modo *B*   23 cadunt]
cedunt *B*   25 vis] communis *P*   29 crementum] incrementum *P*   34 sepcies] cepcies
Q; sepies *B*

---

1 Damasc. *De fide orthod.*, XXI, 21 (ed. cit., p.96)   23 Cf. Bas. *Hex.* X, 13 (*SC*, CLX,
p. 198)

Et est hec etas perfectissima, quia non dum deficiunt vires corporis, et viget hac etate maxime consilium mentis. Per octavum vero septenarium et nonum septenarium annorum, fit declinacio virium corporalium manifesta.

10. Et cum consummantur decies septem anni, consummata est etas 5 hominis naturalis, quia tempus generacionis et profectus parificatur naturaliter tempori declinacionis et redicionis usque ad corrupcionem. Tempus autem profectus, ut diximus, est usque ad annos XXXV, quapropter hic numerus annorum duplicatus terminat naturaliter hominis etatem, licet bonitas complexionis et iuvamenta medicine 10 quosdam perducant ad annos ulteriores. Hanc etatis consummacionem insinuavit Psalmista dicens: *Dies annorum nostrorum in ipsis septuaginta annis*. Tocius quoque corporis humani composicio et membrorum dinumeracio per septenarios discurrit. Et in quinque sensibus sunt septem aperture: duo scilicet oculi et due aures et due nares et os. Et si 15 unius sensus duas aperturas numeremus unam, pro sensus unitate, invenientur in toto corpore VII aperture, id est oculus, auris, naris et os, umbilicus et due aperture exituum duarum superfluitatum. Omnes eciam motus regulares sunt VII, id est sursum, deorsum, ante et retro, dextrorsum et sinistrorsum, et in circulum.   20

11. Plurime quoque sunt huiusmodi ordinaciones naturarum per numerum septenarium propter septenarii complementum, quas enumerare hic et prosequi vetat prolixitas et rei difficultas et mee scientie parvitas. Sed hec pauca de multis breviter commemoravi [235^A] ad excusacionem ingenii in admiracionem et investigacionem perfeccionis 25 septenarii, cuius perfeccionem eciam vocabulum eius attestatur. Dicitur enim grece *eptas,* et primo dicebatur *septas,* quod sonat latine 'venerabilitas.' Est quoque iste numerus in sacra Scriptura venerabilis et honoratus. In lege enim veteri dies septimus habetur venerabilis, in quo erat vacacio in opere servili; et septima septimana numerata a phase et 30 tempore oblacionis manipulorum primiciarum, quando offerebatur sacrificium novum, panes videlicet primiciarum et cetera que in Levitico enumerantur. Septimus quoque mensis venerabilis erat Iudeis, in qua erat dies expiacionis et buccinaciones et tabernaculorum fixiones.

---

4 corporalium] corporum *BQ*   5 cum] non *add. Q*   11 perducant] producunt *QRHP*   16 pro] per *P*   16 unitate] unitatem *P*   17 naris] nasus *P*   22 quas] quarum *R*   23 enumerare] enarrare *QR*   24 Sed *om. P*   25 in *om. P*   28-29 et ... venerabilis *om. B*   29 quo] qua *B*   30 in] ab *P*   30 numerata] venerata *Q*   33 qua] quo *P*

12 Psalm. LXXXIX:10   14-15 Cf. Mart. Capellae *De nuptiis,* VII, 739 (ed. Dick, pp. 373-374)   30-33 Cf. Levit. XXIII:15-21   33 Bas. *Hex.,* XI, 9 (*SC,* CLX, p.248)

Septimus quoque annus apud Iudeos erat honorabilis, qui dictus est
annus remissionis, quando vacabatur ab agricultura, et victitabant sponte
nascentibus, et servi Hebrei dimittebantur liberi. Celebratur quoque
apud illos septima ebdomas annorum qua expleta, hoc est quinquagesimo
5 demum anno incipiente, tube clarius resonabant et omnis iuxta legem
possessio revertebatur. Est eciam in prophetia Danielis septuagesima
ebdomas annorum venerabilis, in qua videlicet adducta est sempiterna
iusticia et impleta visio et prophetia et unctus Sanctus Sanctorum.
Septuagesimo quoque anno secundum prophetiam Ieremie soluta est
10 captivitas babilonica. Septimus a generacione prima non vidit mortem.
Septimus ab Abraham Moyses legem accepit, et facta est transmutacio
vite, iniquitatis dissolucio, iusticie ingressus et bona ordinacio mundi et
per legem operacionum direccio. Septuagesima et septima generacione
ab Adam Christus apparuit. Non latuit Petrum omnino misterium
15 septenarii, cum quesivit a Domino: *Quociens peccabit in me frater meus,
et dimittam ipsi?* Et subiecit: *usque septies?* Nisi enim intellexisset Petrus
hunc numerum esse misticum, non magis hunc quam alium coaptasset
remissioni. Dominus autem plenius commendavit misterium septenarii
cum respondit esse dimittendum fratri usque ad septuagies septies.
20 Peccata eciam secundum septenarium vindicantur. Unde in Genesi
inferius secundum literam Septuaginta scribitur: "Omnis qui interficit
Caim septem vindictas exsolvet;" et infra quia: "Septies ultus est Caim:
Ex Lamech vero septuagies septem." Vel secundum nostram literam:
Septuplum ulcio dabitur de Caim: De Lamech vero septuagies septies. Et
25 ad Tyrum dicitur in Ysaia: *Et erit in die illa: in oblivione eris, O Tyre!*
septuaginta annis, sicut dies regis unius; post septuaginta autem annos erit
Tiro quasi canticum meretricis.

12. Sunt huiusmodi plura in Scriptura que septenarii comprobant
dignitatem, sed sufficiat nunc ista breviter commemorasse ad septenarii
30 commendacionem in quo Deus sanctificavit sabati quietem.

---

1 honorabilis] venerabilis *RCHP*   2 vacabatur] vocabatur *Q; om.P*   4,7ebdomas]
ebdomadas *P*   9 prophetiam *corr. ex* prophetam *B;* prophetam *R*   12 dissolucio]
resolucio *B*   16 Nisi] Non *R*   19 septuagies] septuagesies *QRCHP*   29 breviter]
habetur *add. RCH*

---

6 Cf. Dan. IX:24   9 Cf. Jerem. XXV:11   15 Matth. XVIII:21   21 Gen.
IV:15   22 Gen. IV:24   25 Isai. XXIII:15

PARTICULA DECIMA

Cap. I, 1. *Iste sunt generaciones celi et terre, quando creata sunt, in die quo fecit Dominus Deus celum et terram et omne virgultum agri antequam oriretur in terra, omnemque herbam regionis.* Dicta est superius
5 creaturarum generacio, et enumerata sunt sub distinccione senarii ea que per generacionem in esse producta sunt. Nunc autem insinuat modum generacionis et educcionis in esse eorum maxime que nunc aliter generantur et educuntur in esse quam generabantur in prima condicione. Cum igitur dicit: *Iste sunt generaciones celi et terre,* vult demonstrare et
10 significare predictas rerum educciones in esse, et subsequenter dicendos modos generacionum. Unde et demonstracio huius pronominis 'iste' dirigitur in anterius dictum et in posterius dicendum.

2. Cum autem coniunguntur in Scriptura hec duo nomina, celum et terra, nullo addito, [235^B] comprehendunt omnia corporalia, id est celum
15 et ornatum eius, et terram et aquam et quicquid grossius est aere, que simul sub terre nomine continentur, cum eorundem elementorum ornatibus, id est cum animantibus et terre nascentibus. Cum vero additur hiis nominibus aliquid quod exprimat ornatum mundi, ut cum dicitur: *Celum et terra et que in eis sunt,* tunc hec nomina signant proprie duas
20 partes mundi fundamentales. Hic igitur, nominibus celi et terre primo positis, intelligenda sunt omnia corporalia.

3. Hec autem particula adiecta: *quando create sunt,* insinuat modum quemdam et circumstanciam quandam generacionis omnium, videlicet quod non sunt educta in esse ex materia coeterna Deo, sed sunt facta ex
25 nichilo, quia creacio est ex omnino non-ente in esse educcio; et quod mundus non sit coeternus Deo sed creatus in temporis et cum temporis principio, quod insinuatur per hoc adverbium 'quando.' Et eliditur hic error philosophorum qui putabant mundum factum non ex nichilo sed ex materia coeterna Deo, et qui putabant mundum, licet factum ex materia,
30 caruisse temporis principio; quemadmodum vestigium pedis, licet factum, sine temporis principio fuisset si sine principio pes pulverem impressisset. Et quia potest imaginari tempus sicut et motus sine luce et die, ne quis putet celum et terram, que cum temporis inicio facta sunt ex nichilo, precessisse temporaliter lucem et diem, addit: *In die quo fecit*

---

2 generaciones *om. B*   3 Dominus *om. B*   4 est *om. B*   8 educuntur] ducuntur
P   10 dicendos] dicendis *P*   15 terram] terra *BR*   15 aere] aeris *BQ;* aer *P*   18
quod] qui *Q;* que *RP*   27 hoc *om. P*   29 coeterna] cum *add. P*   30 principio] inicio
P   31 sine^2] in *P*   32 tempus *om. P*

---

30 Cf. Aug. *De civ. Dei,* X 31 (*CSEL,* XL.1, 502-503). Vide etiam supra, I, viii, 3 et 5;
Grosseteste *Comm. in Phys.,* I (ed. cit., P. 11); et *De emanandi causatorum a Deo* (ed.
Baur, pp. 147, 148)

Deus celum et terram, quasi dicat: 'Iste generaciones sunt cum temporis inicio et ex nichilo,' quod temporis inicium fuit eciam inicium diei. Simul eciam creata sunt celum et terra et lux, que diem temporalem inchoavit, sive fuerit parcium mundi per species perfectas condicio successiva sive
5 non, et sive fuerit mundi produccio successiva sive non, in inicio temporis et diei fuerunt omnia educta a nichilo saltem in esse materiale; et ita tunc habuerunt creacionem in materia, licet forte nondum formacionem per speciem.

4. Cepit igitur mundi creacio ex nichilo et ex diurni temporis inicio,
10 quem modum generacionis mundi negant plerique philosophi. Tempus igitur diurnum, a quo cepit mundus secundum sui instans primum, est mensura condicionis celi supremi et terre secundum perfeccionem specierum suarum. Et fuit condicio sequentium creaturarum successiva, lux tantum faciens diem in eodem instanti primo fuit perfecta et in die, id
15 est in diurno tempore. Tunc, inchoato et continuato per revolucionem usque in consummacionem sex vel septem dierum quibus completa est natura diei per specialissimas differentias, facta sunt consequenter cetera unumquodque in suo proprio die.

5. Sed quia illa que non corrumpuntur nec reparantur per
20 propagacionem aut aliam generacionem, ut sunt firmamentum et sol et luna et sidera, unicum habent generacionis modum quo generabantur in temporis principio de materia creata ex nichilo, qui modus sufficienter expressus est in superioribus, non addit hic aliquid de eorum generacione, sed repetit et addit de generacione terre nascentium et
25 hominis, quia nunc habent alterum modum generacionis quam habuerunt in principio, ut distinguat modum generacionis nunc currentis a modo generacionis qui tunc erat, ne putemus unimodam esse generacionem que est nunc ei que fuit tunc, sicut putaverunt quidam mundi sapientes quod solus ille modus generacionis qui nunc est
30 manifestus semper fuisset et nunquam fuisset modus alter. Et ita arguebant quod non essent homines primi nec animalia prima nec plante prime, quia semper, ut credebant, generabantur hec sicut nunc generantur ex aliis prioribus. Insinuans igitur differentiam generacionis prime [235^C] a generacione que nunc decurrit, ait: *et omne virgultum agri*
35 *antequam oriretur in terra.* Nunc enim omnia virgulta nascuntur ex sui generis seminibus, que semina in terra recipiunt germinacionem et

4 fuerit] fuit *BQ*   4-5 Sive² ... in] et sive non *P*   6 educta] producta *RCHP*   7 creacionem] creatorem *Q*   8 speciem] species *P*   11 est] esse *P*   13 Et fuit] eciam si *R;* eciam si fuerit *CH;* etsi fuit *P*   14 tantum] tamen perfectam *P*   26 distinguat] distingat *B*   30 modus] medius *BQ; om. P*

vivificacionem antequam erumpant per ortum et crementum supra
terram. Habent igitur nunc omnia virgulta ex seminibus sui generis ortum
primum in terra, et habent consequenter ortum secundum super terram,
quemadmodum animalia primo concipiuntur; et habent quendam ortum
cum vivificantur in uteris matrum, et secundum habent ortum cum 5
prodeunt in hanc lucem ex uteris matrum. Prima autem generacio
virgultorum non fuit huiusmodi, sed prodiit in actum et formam
perfectam visibilem, sive subito sive successive, non procedente ortu eius
in terra ex connativo sibi semine. Similiter et omnis herba regionis
apparuit perfecta super terram, non precedente germinacione eius in 10
terra, ex sui generis semine. Hoc est quod dicit: *Omne virgultum agri,*
fecit videlicet Deus secundum perfectam speciem supra terram visibilem,
antequam oriretur in terra, hoc est non precedente ortu eius in terra de sibi
connativo semine quemadmodum nunc precedit ortus in terra ortum
super terram.   15

6. Similiter: *omnem herbam regionis priusquam germinaret,* id est
non precedente eius germinacione ex aliquo sui generis semine.
Generacionem quoque terre nascentium iuvat nunc pluviarum irrigacio,
quia ymber infundit terram *et germinare eam facit, et dat semen serenti, et*
panem commedenti. Iuvat quoque nunc eorundem generacionem 20
agricultura, sed in principio erat terre nascentium generacio sine
pluviarum et agriculture adminiculo. Ideo subiungit: *Non enim pluerat*
Dominus super terram. et homo non erat qui operaretur terram, quasi
dicat: "Oriebantur in principio terre nascentia super terram absque
precedente ortu eorundem ex seminibus in terra," quia huiusmodi ortus 25
qui est ex seminibus in terra, et deinde super terram, expetit iuvamentum
agriculture et pluviarum. Sed nondum erat pluvia vel agricultura, et ita
generacio illa prima non potuit esse talis qualis est nunc ista secunda, que
iuvatur pluviis et agricultura. Et considerandum quod ad ortum terre
nascentium qualis nunc decurrit, expetentur semen in terra 30
mortificandum et vivificandum, agriculture cooperacio, pluviarum de
celo infusio, et insuper irrigacio occulta desubtus veniens per meatus
terre, ascendens de radice et matrice aquarum, hoc est de maris abisso.
Ad ortum autem terre nascentium in principio deerant et semen et pluvia
et agricultura, sed sola aderat desubtus veniens irrigacio ex maris abisso, 35
que irrigacio terre pulverem continebat ut esset apta materia terre

1 per] in *RP*   9-14 Similiter ... semine *om. Q*   10 germinacione] generacione
R   14 ortus in terra *om. BQ*   20 generacionem *corr. ex* germinacionem *B*   23-24
quasi dicat] quia si diceret *Q*   23-24 quasi ... terram *om. P*   27 erat] est *P*   32
irrigacio] irrogacio *P*   35,36 irrigacio] irrogacio *P*

19 Isai. LV:10

nascentibus. Ideo subiungit: *sed fons ascendebat e terra, irrigans universam superficiem terre.*

7. Iste est igitur modus generacionis terre nascentium in principio, quod verbo precipientis educta sunt in esse sine sui generis seminibus et
5 pluviarum irrigacionibus et agricolarum operibus ex sola terrestri materia per meatus subterraneos ex maris abisso irrigata et humorosa. Verbum autem precipiens et terrestris materia superius expressa sunt, ubi scribitur: *Dixit Deus: Germinet terra herbam virentem et lignum pomiferum,* sed terra ab aquis primis nudata fuit arida. Ideo fons maris
10 statim refundebat irrigacionem humoris, quod hic declaratur.

8. Modus autem generacionis animalium, qui fuit in principio differens a modo qui nunc videtur, satis expressus est per modum generacionis terre nascentium iam dictum et per modum generacionis hominis subsequenter dicendum. Ex hiis enim velud ex duobus [235^D]
15 extremis satis perpenditur velud quoddam medium: modus primus generacionis animalium, videlicet quod facta sunt omnia solo precipientis verbo, quedam ex materia aque et quedam ex materia terre, sine sui generis precedente semine et sine maris et femine commixtione, sine conceptu et fotu in utero et sine fomentis et educacionibus qualia nunc
20 prestantur noviter natis ex utero.

9. Nec moveat aliquem quod supradiximus ortum terre nascentium qualis nunc est expetere pluviarum adminiculum, si forte invenerit scriptum non pluisse ante diluvium; quia, licet forte ante diluvium non fuissent ex nubibus inundantes pluvie, non credo tamen illo tempore
25 ubertatem terre nocturni roris beneficio caruisse. Ros autem pluvia est quedam differens guttarum parvitate et loco generacionis sue. Et forte nomine pluvie supra comprehenditur cum dicitur: *Nondum enim pluerat Dominus super terram.* Dicitur autem fons a fundendo aquas. Unde secundum nominis originem bene dicitur mare fons, cum ipsum sit prima
30 radix, fundens aquas de deorsum per occultos meatus et irrigans non inundando supra superficiem terre sed minutatim interius humorem spargendo, quemadmodum epar est fons irrigans totam humanam carnem humore sanguinis, diffundens illum ubique per minutas vias venarum. Cum igitur dicitur fons sine determinacione, nichil intelligitur
35 convenientius quam mare, cum ipsum sit quod primo et principaliter et

---

5 irrigacionibus] irrigacione *P*   9 nudata] inundata *Q*   11 generacionis] generacionum *P*   16 quod *om. BQ*   19 fotu] fetu *P*   20 prestantur] dantur *RCHP*   23 quia ... diluvium *om. R*   26 quedam] quod *P*   31 minutatim] iuvamentum *R*

---

25 Cf. Grosseteste *De impressionibus elementorum* (ed. Baur, pp. 88-89)   27 Isid. *Etym.,* XIII, xxi, 5

maxime fundat aquas per totum corpus terre; et cum fontes qui per loca erumpunt, de maris oriantur origine. De huius igitur magni fontis interiori irrigacione continetur et conmanet pulvis terre, sicut insinuat Psalmista dicens: *Qui fundasti terram super aquas,* et fit materia apta gignendis de terra. Irrigacio vero pluvialis, desuper veniens et mota 5 virtute et accione luminarium celi, activa est et motiva, ut fiat nunc terre nascentium germinacio et produccio de terra, sicut insinuat Isayas dicens: *Et quomodo descendit imber et nix de celo, et illuc ultra non revertitur, sed inebriat terram, et infundit eam, et germinare eam facit, et dat semen serenti, et panem commedenti; sic erit verbum meum quod egredietur de* 10 *ore meo.*

Cap. II, 1. *Formavit igitur Deus hominem de limo terre, et inspiravit in faciem eius spiraculum vite, et factus est homo in animam viventem.* Super hunc locum ait Iosephus: "Finxit Deus hominem, pulverem de terra sumens, et in eum spiritum inspiravit et animam. Hic autem homo 15 Adam vocatus est, quod nomen ebraica lingua significat rubeus, quoniam conspersa rubea terra factus est. Talis est enim virgo tellus et vera." Translacio autem Septuaginta sic habet: "Finxit Deus hominem pulverem sumens de terra." Ex ista igitur translacione et nostra et verbis Iosephi adinvicem collatis, satis liquet quod modus condicionis hominis 20 secundum corpus talis fuit, videlicet quod Deus verbo suo formavit primi hominis corpus de pulvere rubeo, terra videlicet naturali non infecta vel corrupta aliquo extraneo accidente qui pulvis conspersione conglutinabatur in limum.

2. Iste autem humor probabiliter videtur venisse de fonte qui 25 ascendens irrigabat universam superficiem terre. Hoc igitur quod dicit: *sed fons ascendebat de terra, irrigans universam superficiem terre,* non solum referendum est ad illud quod supra dicitur de primo modo generacionis terre nascentium, sed eciam ad istud quod nunc subsequitur de modo formacionis hominis secundum corpus. Voluit enim auctor 30 insinuare quod illius fontis irrigacio pulverem terre conspersit [236^A] limumque confecit, de quo limo Deus secundum corpus hominem formavit. Sicut igitur habet translacio Septuaginta: "Finxit Deus hominem pulverem sumens de terra," sed, ut insinuat Iosephus: "Pulverem humore conspersum, et ita factum limum." sicut habet nostra 35

---

13 eius *om. B*   23 conspersione] humoris *add. RCP*   24 limum] lutum *RCHP*   26-27 Hoc ... terre *om. RCHP*   35 limum] lutum *P*

4 Psalm. CXXXV:6   8 Isai. LV:10-11   14 Josephi *Ant. Jud.,* I, i, 2, 34 (ed Blatt, P. 128)   35 Haec verba non potuimus invenire apud Josephum.

translacio, quoniam conspersionem insinuavit Moyses cum dixit quod *fons de terra ascendebat, irrigans universam superficiem terre.*

3. Subnectit autem et condicionem hominis ex parte anime dicens: *Et inspiravit in faciem eius spiraculum vite;* id est verbo beneplaciti sui 5 spiraculum vite, id est animam racionalem creavit, et in unitatem persone corpori formato infudit. Et quia anime infuse virtus maxime et evidentissime se exerit in faciem hominis, non dixit: "inspiravit in eum," sed: *in faciem eius.* Hunc sermonis modum notat eciam Augustinus sic dicens; "Quia pars cerebri anterior, unde sensus omnes distribuuntur, ad 10 frontem collocata est atque in faciem sunt ipsa velud organa sentiendi— excepto tangendi sensu, qui per totum corpus diffunditur; qui tamen et ipse ab eadem anteriore parte cerebri ostenditur habere viam suam, que retrorsum per verticem atque cervicem ad medullam spine deducitur, unde habet utique sensum in tangendo et facies, sicut totum corpus, 15 exceptis sensibus videndi, audiendique olficiendi, gustandi, qui in sola facie prelocati sunt. Ideo scriptum arbitror quod in faciem Deus sufflaverit homini flatum vite, cum factus est in animam vivam. Anterior quippe pars posteriori merito preponitur, quia ista ducit, illa sequitur; et ab ista sensus, ab illa motus est, sicut consilium precedit accionem."

20 4. Factus est itaque totus homo in animam viventem, id est in animam vegetabilem viventem per virtutem sentientem, et in animam sentientem viventem per virtutem racionalem. Posset quoque non incongrue forte denotari hic aliter triplex potentia humane anime, ut videlicet notetur hic per spiraculum vite in potentia anime vegetativa et 25 motiva cordis ad refrigerium respiracionis. Per nomen vero anime notetur vis sensitiva et motiva ex appetitu sensibili. Per nomen vero viventis adiectum ad animam, notetur vis racionalis que est sicut vita vite sensibilis. Animadvertendum eciam quod dicit hominem a principio factum in animam viventem. Naturalis enim creacio non extendit 30 hominem supra sensum carnis racione viventem, sed creacio gratuita. De qua dicitur: *Cor mundum crea in me Deus;* et de qua dicit Iacob: *Voluntarie genuit nos verbo veritatis, ut simus inicium aliquod creature eius;* et de qua dicit Paulus: *Si qua igitur in Christo nova creatura,* extendit

---

4-5 id ... est *om. RP*   7 exerit] erexit *QP*   7 faciem] facie *B*   13 atque cervicem *om. BQ*   16 arbitror] est *P*   21-22 per ... viventem *om. P*   21-22 et in animam sentientem *om. BQ*   22 Posset] Possit *P*   24 in *om. P*   26 motiva] notiva *BQ*   26 nomen *om. BQ*

4-6 Citatur a Joanne Wyclyf, *Tractatus de Benedicta Incarnatione,* cap. VIII (ed. Harris, p. 128); cf. Beryl Smalley, "John Wyclif's *Postilla Super Totam Bibliam,*" p. 198   9 Aug. *De Gen. ad litt.,* VII, 17 (*CSEL,* XXVIII.1, 214-215)   31 Psalm. L:12   32 Jacob. I:18   33 2 Cor. V;17

hominem in vitam spiritalem et vitam vivificatam et in spiritum unum cum Deo, secundum illud ewangelicum: *Qui adheret Deo, unus spiritus est.*

5. Condicio itaque nature facit hominem in animam viventem. Recreacio vero per graciam facit hominem in vitam spiritalem a vita 5 gracie vivificatam. Unio vero Verbi Dei cum assumpto homine fecit secundum hominem et *novissimum Adam in spiritum vivificantem.* Item per hunc ordinem verborum, quod homo, formatus de limo terre per inspiracionem spiraculi vite, factus est in animam viventem, denotari potest quod homo sic naturaliter conditus est ut corpus intendat in 10 animam racionalem et ut caro serviat et obediat spiritui, et non econtrario racio succumbat appetitui carnali. Et considerandum quod Deus fecit hominem in animam viventem. Homo autem peccans fecit se in animam viventem in carnem, et non solum in carnem sed et in terram de qua factus. Unde infra dicitur: *Non permanebit spiritus meus in homine in* 15 *eternum, quia caro est.* Et Ade post peccatum dicitur: *Pulvis es, et in pulverem reverteris;* quod in translacione Septuaginta sic dicitur: "Terra es, et in terram redibis."

6. Potest quoque notari per hoc verbum quod homo factus est in animam viventem, quod homo interior est vere homo. Et corrupto 20 exteriori homine, nichilominus [236^B] manet veritas et personalitas cuiusque hominis in subsistentia hominis interioris, quod ex verbis ipsius Domini satis insinuatur cum ait: *Ego sum Deus Abraham, Deus Ysaac, Deus Iacob. Non est Deus mortuorum, sed vivorum.* Notatur quoque in serie dictorum verborum indivisum opus Trinitatis, et est in eisdem verbis 25 manifesta insinuacio Trinitatis. Deus enim ad Patrem refertur. Inspiracio autem tam spiritum qui spiratur quam os quod spirat. Unde cum dicitur: *Deus inspiravit,* insinuatur quod Deus Pater per os suum, id est per Verbum suum, Spiritum Sanctum spirat. Et cum dicitur quod Deus inspiravit spiraculum vite, insinuatur quod Deus Pater cum Verbo suo et 30 Spiritu a Patre et Verbo spirato operati sunt animam, diviso opere. Iam autem anima dicitur spiraculum vite, quia inspirando et respirando vivificat; sine inspiracione enim et respiracione non vivit homo.

---

1 in vitam *om. R*   4-5 animam ... in *om. P*   5 vitam] vita *B*   8 quod] quia *P*   8 formatus] est *add. P*   17 quod] quia *P*   17 sic] sicut *B*   18 terram] petram *Q*   19 homo] Christus *Q*   20 quod] quia *P*   20 vere] verus *Q*   22 subsistentia] substancia *Q*   27-29 cum ... quod *om. Q*   30 inspiravit] spiravit *P*   30 cum] Filio *add. R*   31 Iam] Ipsa *P*   32 quia] qui *P*

---

2 1 Cor. VI:17   7 Cf. 1 Cor. XV:45   15 Gen. VI:3   16 Gen. III:19   19-24 Citatur a Joanne Wyclyf, *Tractatus de Benedicta Incarnatione,* cap. VIII (ed. Harris, p. 128); cf. Beryl Smalley, "John Wyclif's *Postilla Super Totam Bibliam,"* p. 198

7. Potest eciam et cum isto sensu aliquid altius cointelligi. Anima enim secundum racionem et intelligentiam est aspectus rectus in se reflexus; et vita a quibusdam diffinitur quod ipsa est spiritus reciprocus. Quapropter ipse vitalis tocius anime motus est quedam de se spiritalis
5 egressio et in se reciproca reversio; et est ista perfecta circulacio simul tempore in ipso spiritu incorporeo. Et quia substantia anime unita est corpori in unitatem persone, corpus humanum necessario sequitur ipsam animam pro modo et possibilitate sua in mocionibus suis naturalibus. Ex reciprocacione igitur spiritalis motus anime in se, sequitur motus cordis
10 qui in se reciprocatur. Movetur enim cor continue per dilatationem et constriccionem, imitans ut potest, per dilatacionem corporalem, extensionem virtutis anime vitalis; et per constriccionem corporalem, reciprocacionem spiritalem. Et sequitur naturaliter ex motu cordis motus inspiracionis et respiracionis, et forte eciam omnis motus animalis qui
15 incedit secundum rectum provenit a motu nervorum et musculorum qui fit per constriccionem seu dilatacionem, et ille motus a motibus spirituum corporalium circularibus, et illi motus a motu spiritus incorporei, incorporaliter circulati.

8. Quia igitur anima secundum id totum, secundum quod ipsa est
20 vita, vel racionalis vel sensibilis vel et vegetabilis, est quedam sui de se spiracio in se reflexa, movens conproporcionaliter corpus cui unitur per modum quo corpus est receptibile ab accione anime, non inmerito dicitur ipsa anima spiraculum vite. Quidam autem per limum ex quo componitur homo intelligunt unionem anime cum corpore; sicut enim fit limus
25 commixtione pulveris et liquoris, sic anima corporis materiam vivificando vivit nec patitur dissolvi, anima vero separata a corpore sicut humore a pulvere redit corpus in pulverem; sicut dicitur in Ecclesiaste: *Et revertetur pulvis in terram suam unde erat, et spiritus redit ad Deum, qui dedit illum.*

Cap. III, 1. Litera autem huius loci, quam ponit et exponit
30 Augustinus, talis est: "Hic est liber creature celi et terre, cum factus est dies, fecit Deus celum et terram et omne viride agri, antequam essent super terram, et omne fenum agri, antequam exortum esset." Aliqui autem codices greci sic habent: "Iste est liber generacionis celi et terre, quando factus est dies quo fecit Deus celum et terram," et cetera, sicut

---

3 ipsa] ipse *P*   4 ipse] ipsa *P*   5 reversio] eversio *RCHP*   6 tempore] temperie *Q*   8 possibilitate] impossibilitate *Q*   8 suis *om. BQ*   11 corporalem] et *add. P*   15 provenit] pervenit *Q*   19 id] illud *P*   19 secundum *om. P*   23 Quidam] Quid *P*   25 materiam] naturam *RHP*   29 ponit et *om. P*

---

1 Cf. R. Rufi *Comm. in Sent.,* II, d. 17 (MS cit., fol. 143^A)   10-18 Cf. Grosseteste *Comm. in Psalmos* (MS Bologna, Archiginnasio A. 983, fol. 96^D)   27 Eccle. XII:7

habet litera Augustini. Intendit itaque in hoc loco Augustinus per huius
litere seriem comprobare sententiam suam qua supra exposuit septem
dies pro cognicione angelica sepcies replicata; et exponit hanc literam
concorditer sue sententie. Est itaque sensus huius litere talis: Hic est liber
creature vel generacionis, id est referens creacionem vel generacionem 5
celi et terre, id est superioris et inferioris parcium mundi cum suis
contentis. Deinde creacionem omnium prelibatam hoc modo in summa
explanat per partes, cum subiungit dicens: "Cum factus est dies, fecit
Deus celum et terram et omne viride agri," et cetera.

2. Vel cum dicitur: "Hic est liber creature celi et terre," potest 10
insinuari creacio celi et terre secundum materie informem quandam
formabilitatem, [236^C] que materia consequenter Verbo Dei fuerat
formanda precedens formacionem suam non tempore, sed origine. Et
secundum hanc exposicionem consequenter adiungitur iterum secundum
partes coniuncio, cum additur: "Cum factus est dies, fecit Deus celum et 15
terram," et cetera. Est igitur sensus huius sequentis litere quod primo
factus est dies, id est angelus ad Deum conversus, cuius condicio expressa
est supra, ubi dixit Deus: *Fiat lux.* Deinde, facto hoc die in se ipso die
primo, secundo die fecit Deus celum, id est firmamentum, dividens aquas
superiores ab aquis inferioribus. Et tercio die fecit terram, congregans 20
aquas que sub celo erant ut appareret arida. Quo die simul cum terra et in
terra fecit omne viride agri et omne fenum agri; fecit ea, inquam, in terra
causaliter et potentialiter antequam orirentur super terram secundum
figuram et formam corporalem visibilem.

3. Is est igitur ordo condicionis qui hic, ut sentit Augustinus, 25
insinuatur, videlicet quod in principio et primo instanti temporis facta est
materia spiritalis et corporalis, informis et formabilis; et tunc simul
tempore, posterius tamen natura, factus est angelus per Verbum Dei ad
factorem revocatus, et sic factus est lux et dies in Domino, qui non posset
remansisse nisi nox et tenebra in se ipso. Et tunc in eodem indivisibili 30
temporis principio facta sunt secundum speciem et formam et
magnitudinem perfectam celum et terra et mare et elementa cetera, et sol
et luna et cetera celi luminaria. Et tunc simul tempore cum hiis facta sunt

---

1 in] et *B*   2 qua] quam *RH;* que *QP*   3 dies ... replicata] per cognicionem sepcies
angelicam replicatam *P*   5 vel] et *B*   7 contentis] condendis *Q*   10 creature]
creacionis *RCHP*   11 quandam] quam *Q;* quando *R*   12 formabilitatem] formalitate
H   14 consequenter] frequenter *Q*   14 adiungitur] adiungit *P*   14 iterum] rerum
add. P   15 coniuncio] condicio *P*   19 id est *om. P*   21 aquas] aqua *B*   21
appareret] appareat *Q*   22 fecit] in *add. P*   22 ea] eam *BQ*   28-29 factus ...
Domino *om. R*

1 Cf. Aug. *De Gen. ad litt.,* V (*CSEL,* XXVIII.1, 137-169)

terre nascentia et animalia de terra et aqua, facta inquam nondum
secundum formas sed figuras explicitas et invisibiles, neque secundum
species perfectas sed causaliter solum et potentialiter et, currente
consequenter tempore, temporaliter prodierunt in esse.

5   4. Et ita facta sunt in origine causali et potentiali in primo instanti
temporis antequam fierent perfecta in forma et specie et magnitudine
visibili. Hoc est igitur quod dicit: Terre nascentia esse facta cum factus est
dies antequam orirentur super terram, quia facta sunt in causali et
potentiali origine in temporis inicio antequam prodirent super terram per
10 formacionem   perfectam   que   postea   temporaliter   prodibant   in
formacionem perfectam. Secundum hanc igitur sententiam, cui magis
consentit Augustinus, omnia simul creata sunt materialiter, et ea que non
corrumpuntur et renovantur, ut celum et celi luminaria et elementa
quatuor tota, creata sunt tunc et formaliter. Ea vero que corrumpuntur et
15 renovantur creata sunt tunc solum materialiter et causaliter, et nondum
sed postea formaliter.

       5. Dies quoque illi VII primi perfecti sunt simul in mente angelica
cognicione mentis angelice super creaturarum distinctiones et earum in
Deo quietacionem septies replicata. Quod autem terre nascentia tunc
20 habuerunt alium modum faccionis quam nunc habeant, insinuat
consequenter cum ait: *Non enim pluerat Deus super terram,* quasi dicat:
non excogites primam illam facturam esse consimilem generacioni que
nunc decurrit, sicut cogitaverunt mundani philosophi non fuisse alterius
modi unquam terre nascentium generacionem. Generacio enim qualis
25 nunc decurrit expetit adminiculum pluvie et frequenter agriculture. Ex
quo patet quod illa prima generacio non fuit similis huic, quia *nondum*
pluerat Deus super terram, et homo non erat qui operaretur terram.

       Cap. IV 1. Sensum autem iam expositum congruere maxime seriei
huius litere nititur multis modis Augustinus ostendere. Oportet enim in
30 hoc loco per celum et terram primo vel secundo posita intelligere
firmamentum quod secundo die narratur factum, et aridam que tercio die
apparuit, sive enim sic distinguas literam: "Hic est liber creature celi et
terre," et deinde subinferas: "Cum factus est dies, fecit Deus celum et
terram;" utroque modo exprimit litera post factum diem fecisse Deus
35 celum et terra [236^D] facta post diem factum non
possunt intelligi nisi firmamentum et terra secundo et tercio die facta, non

2 sed] et *P*   2 invisibiles] visibiles *QP*   8-9 quia ... terram *om. R*   10-11 que ...
perfectam *om. Q*   12 non *om. Q*   13-14 ut ... tunc *om. Q*   14 tunc et] eciam tunc
P   17 primi *om. P*   19 replicata] replicatam *R*   19-20 septies ... faccionis] species
refaccionis *H*   20 habeant] habent *P*   21 dicat] diceret *RH*   31 narratur] narratum
P   34 factum *om. BQ*

spiritalis et corporalis materia que ante diem insinuantur facta cum dicitur: *In principio creavit Deus celum et terram.* Insinuat igitur hec litera evidenter quod simul cum die primo facta sunt firmamentum et arida, quia iste sermo: "cum factus est dies," significat simul associacionem et ordinem, ut firmamentum videlicet et arida sint facta posterius die 5 naturali ordine, et tamen simul tempore. Quod translacio altera quam supra posuimus manifestius explanat, que sic habet: "Iste est liber generacionis celi et terre, quando factus est dies quo fecit Deus celum et terram." Firmamentum igitur quod narratur secundo die factum, et arida et terre nascentia que tercio die facta narrantur, facta sunt tunc cum 10 factus est primus dies.

2. Igitur simul fuerunt secundus dies condicionis firmamenti et tercius dies condicionis terre nascentium, cum primo die condito quod de diebus temporalibus nequaquam potest esse verum. Relinquitur igitur quod illi dies erant spiritales, simul existentes, et omnes in substantia 15 unus dies quales sine dubio non possunt esse nisi in luce cognicionis mentis angelice. Quod eciam celum et terra intelligenda sunt pro firmamento et arida attestatur hoc quod additum est: "et omne viride agri," quod certe manifestum est tercio die factum post diem primum. Ex hac igitur adiuncione liquidius apparet celum et terra intelligenda esse 20 que post diem primum sunt condita.

3. Patet eciam quod faccio terre nascentium, que hic commemoratur, intelligenda est de faccione eorum in causis creatis et racionibus materialibus antequam fierent in specie. Habent enim res triplicem fiendi modum: Primus est quo fiunt in eternis racionibus 25 increatis, ubi omnia sunt vita, sicut scriptum est: *Quod factum est, in ipso vita erat.* Alter est modus quo res fiunt in causis creatis. Tercius est modus quo res perficiuntur in forma et specie. Quod autem hic dicit quod "fecit omne viride agri et omne fenum agri," non potest intelligi de illo fieri quo fiunt res in eternis racionibus in Verbo Dei, quia iste modus fiendi 30 precedit omnem creaturam et diem primitus factum.

4. Series autem huius litere dicit cum factus est dies, fecisse Deum omne viride agri et omne fenum agri. Nec potest intelligi faccio terre nascentium hic commemorata condicio perfecta secundum speciem, quia series litere dicit hanc faccionem fuisse antequam terre nascentia essent 35 super terram exorta; sed perfectam eorum faccionem secundum formam

1 spiritalis] specialis *Q*   1 et] sed *P*   5 sint] sunt *P*   6 Quod] Quia *P*   14 verum] rerum *R*   15 illi] nulli *Q*   17 sunt] sint *B*   23 et] in *P*   26 est] in evanglio Iohannis 1° *add. P*   35 essent] fuissent *P*

26 Joan. I:4

et speciem nullus potest exortus super terram consequi, quia ipsa faccio
secundum perfeccionem complet exortum super terram. Relinquitur
igitur quod faccio hic commemorata est illa que fiunt res in causis et
racionibus creatis antequam prodeant in species. Nec potest intelligi
5 quod terre nascentia essent tunc causaliter et potentialiter facta in
aliquibus seminibus sui generis, quia prima semina nata sunt de plantis
prioribus et non prime plante de prioribus seminibus. Quod satis liquet ex
serie superioris litere, ubi secundum Septuaginta sic scribitur: "Germinet
terra herbam pabuli seminans semen secundum genus;" et non dixit:
10 "Germinet semen herbam pabuli." Sed ipsi herbe primam seminis
attribuit seminacionem. Huic eciam sententie attestatur litera
Septuaginta inferior, que sic habet: "Et plantavit Dominus Deus
paradisum in Eden ad orientem, et posuit ibi hominem quem formavit. Et
eiecit Dominus Deus adhuc de terra omne lignum pulcrum ad aspectum
15 et bonum ad escam."

   5. Constat quod tercio die quo Verbo Dei produxit terra herbam
virentem et lignum pomiferum, plantavit eciam Deus ligna paradisi.
Omnes enim primarie creature in sex primis diebus sunt condite, nec alio
die quam tercio [237^A] fecit ligna paradisi, nec potest dici quod ligna
20 paradisi non sint de primaria condicione, cum nostra translacio evidenter
dicat: *Plantavit autem Dominus Deus paradisum voluptatis a principio.*
Igitur tercio die plantavit Deus paradisum, sed post illam plantacionem
eiecit Deus adhuc de terra omne lignum pulcrum ad aspectum et bonum
ad escam et lignum vite in medio paradisi et lignum sciencie dinoscendi
25 bonum et malum. Est igitur secundum litere huius seriem post
plantacionem tercio die factam adhuc sequens ulterior terre nascentium
faccio, que post primos sex dies terre nascentia complevit. Non enim post
plantacionem tercio die factam aliquo sequente de sex diebus istam
ulteriorem complevit faccionem. Habet enim quelibet dies appropriatum
30 sibi aliquod alterum opus. Tercio igitur die facta sunt terre nascentia
materialiter et causaliter solum; et post sex vel septem dies completos,
qui secundum hunc exposicionis modum omnes erant simul in indivisibili
principio temporis, adhuc temporaliter eiecit Deus de terra omne lignum
secundum formam et speciem perfectum.
35   6. Per consimilem quoque litere seriem potest consimiliter ostendi
quod omnia animantia quinto et sexto die facta sunt solum materialiter et

3 que] qua *P*   10 primam] prima *BQ*   10 seminis *om. P*   13 Eden] eodem
P   16 terra *om. BQ*   20 sint] sunt *P*   22 post *om. BQ*   24 sciencie *om.*
BQ   26 nascentium] pascendi *Q*   27 que] quia *P*   31 solum *om. P*   32 in *om.*
P   34 perfectum] perfectam *RCHP*

causaliter, et post temporaliter in perfectas species producta. Habet enim litera Septuaginta inferius hoc modo: "Et finxit Deus adhuc de terra omnes bestias agri et omnia volatilia celi," et adduxit illa ad Adam ut videret quid vocaret ea.

Cap. V, 1. Sequitur: *Fons autem ascendit de terra,* et cetera. In hoc 5 loco, secundum Augustinum, incipit intimacio eorum que secundum intervalla temporum in esse prodierunt ex hiis que materialiter simul facta sunt. Et iste modus produccionis rerum ab aqua recte incipit, sicut insinuat Augustinus dicens: "Et recte ab eo cepit elemento ex quo cunta genera nascuntur, vel animalium vel herbarum atque lignorum, ut agant 10 temporales numeros suos naturis propriis distributos. Omnia quippe primordia seminum, sive unde omnis caro sive unde omnia frutecta gignuntur, humida sunt, et ex humore concrescunt. Insunt autem illis efficacissimi numeri trahentes secum sequaces potentias ex perfectis operibus Dei, a quibus in die septimo requievit." 15

2. Non est autem intelligendum quod fons iste inundacione aquarum totam terre superficiem operiret, fieret enim quasi diluvium, aut quasi totus orbis esset stagnum unum, et non promoveretur sed impediretur sic terre fructificacio; nisi forte quis diceret quod fons iste alterna irrigacione fluente ac refluente totam terram irrigaret, 20 quemadmodum Nilus terram irrigat Egipti, ut innundacione fluente terre prestaret humorem quo fructificaret terra post inundacionis recursum. Sed multo verisimilior est opinio quam supra diximus, videlicet quod fons intelligatur maris abissus per occultos meatus terram infundens humorem quemadmodum epar infundit per venas corpus sanguine; vel si qua est 25 alia radix et principium aliud aquarum in occulto terre, sinum unde per loca erumpunt fontes et manant flumina et stagnant lacus et paludes ex quibus terra infunditur humore sparso per terram ad generacionem fructuum, illa radix una nomine fontis hic nuncupatur.

3. Vel forte "quia non ait: 'Unus fons ascendebat de terra,' sed 30 simpliciter: *Fons ascendebat de terra,* pro numero plurali posuit singularem, ut sic intelligamus fontes multos loca vel regiones proprias irrigantes; sicut dicitur miles et multi intelliguntur, [237^B] et sicut dicta est locusta et rana in plagis quibus Egyptus percussa est, cum esset innumerabilis locustarum numerus et ranarum." 35

---

4 ea *om. P*   19 impediretur] impediret *P*   21 terram] totum *RHP*   21 Egipti]
Egyptum *RCH*   26 alia] aliqua *P*   26 aliud] aliquod *P*   29 una] uno *RCHP*

9 Aug. *De Gen. ad litt.,* V, 7 (*CSEL,* XXVIII.1, 150)   30 *De Gen. ad litt.,* V, 10
(*CSEL,* XXVIII.1, 154)

4. Secundum Augustinum quoque narratur hic hominis condicio secundum formam perspicuam et perfectam, que facta est accessu temporis post VII primos dies, qui in temporis indivisibili principio simul extiterunt et perfecti sunt in cognicione angelica. Condicio vero hominis
5 sexto die relata fuit, secundum consequentiam exposicionis Augustini, in causa et potentia materiali, sicut condicio virgultorum et feni que tercio die facta narratur. Ponamus enim quod sexto die fuerit perfectus Adam secundum formam corporis perspicuam, in primo videlicet instanti et inicio indivisibili temporis decurrentis.
10   Cap. VI, 1. Sequitur igitur, sicut liquet ex serie superioris litere, quod simul fuerit femina perfecta de viri latere. Sic enim scribitur in opere sexte diei: *Creavit Deus hominem ad imaginem suam: ad imaginem Dei creavit illum, masculum et feminam creavit eos.* Uno igitur modo et femina et vir sexto die creati sunt, aut ambo videlicet secundum formam
15 perfectam aut ambo causaliter et potentialiter solum. Sed mulier fuit perfecta temporis accessu et non in temporis indivisibili principio, et ita neque in die sexto, secundum hunc modum exponendi sex dies vel septem in angelica cognicione. Igitur neque Adam perfectus fuit die sexto secundum formam corporis perspicuam. Mulierem autem factam fuisse
20 temporis accessu secundum corporis completam formam monstrat series litere inferior, que ostendit ipsam conditam de latere viri soporati. Soporacio enim vigilantis non potest fieri nisi per aliquam moram temporis. Fuit igitur transacta aliquanta mora temporis ante perfectam formacionem mulieris de latere viri post vigiliam dormientis, non enim
25 conditus est vir dormiens. Ait enim litera quod *Inmisit Dominus soporem in Adam;* non autem immittitur sopor nisi prius vigilanti. Item ante formacionem mulieris de costa viri dormientis, refertur Adam delatus et collocatus in paradisum et animalia cunta et celi volatilia ad illum adducta, quibus et ipse imposuit singulis convenientia nomina, que non
30 potuerunt fieri nisi cum mora temporali. Uxori quoque sue iam condite et ad se adducte ipse Adam nomen imposuit; et alia verba exprimentia mulieris de se condicionem et matrimonii sacramentum adnexuit, que verba vocaliter sonantia non potuerunt proferi nisi cum temporali mora. Non igitur hec verba die sexto non temporali prolata sunt. Quapropter

---

1 hic *om. P*   5 exposicionis] complexionis *P*   6 materiali] materialia *P*   7
narratur] narrantur *RCHP*   19 factam *om. P*   24 formacionem] temporis *add. Q; del.*
B   28 collocatus] collatus *RCHP*   28 cunta *om. P*   30 potuerunt] poterunt
R   32 adnexuit] connexuit *RCHP*   34 temporali] temporaliter *P*   34 prolata]
prelata *Q*

19-21 Cf. R. Rufi *Comm. in Sent.*, II, d. 16 (MS cit., fol. 142^D)

nec mulier die sexto perfecte fuit condita post cuius condicionem
continuo, ut ex serie litere videtur, protulit vir per tempus commemorata
verba sonantia.

2. Sexto igitur die, ut pretactum est, facti sunt vir et mulier
causaliter tantum; et deinde, temporis accessu, formaliter et perfecte 5
secundum corporis formam perspicuam, quod igitur refertur in opere
sexte diei Deum dixisse viro et mulieri conditis: *Ecce dedi vobis omnem
herbam afferentem semen,* et cetera que ibidem sequuntur. Non sic
intelligendum est quasi tunc perfecte conditis et verba eius audientibus et
intelligentibus loqueretur, sed eterno Verbo suo rebus factis rerum 10
faciendarum causas inserebat et omnipotenti potentia futura faciebat; et
sexto die hominem suo tempore formandum in temporum tanquam
semine vel tanquam radice condebat; ex qua temporum radice inciperent
secula ab illo condita qui est ante secula.

Cap. VII, 1. Ex hac autem iam dicta Augustini sententia de 15
condicione hominis, sequi videtur quod idem Augustinus non silet
hominem ita factum sexto die ut corporis quidem humani racio causalis in
elementis mundi. [237^C] Anima vero iam ipsa crearetur sicut primitus est
conditus dies, et creata lateret in operibus Dei, donec eciam suo tempore
sufflando, hoc est inspirando formato ex limo corpori, Deus eam 20
insereret. Sexto enim die condita est anima aut formaliter et perfecte, aut
causaliter et materialiter, quia post sextum diem non est condita nova
natura que non fuerit in aliquo sex dierum condita, vel perfecte vel
materialiter. Sed anima, ut ostendit Augustinus, sic a Deo est ut non sit
substantia Dei; sed sit incorporea, id est non sit corpus, sed spiritus non 25
de substantia Dei genitus, nec de substantia Dei procedens, sed factus a
Deo; nec ita factus ut in eius naturam natura illa corporis vel irracionalis
anime verteretur, ac per hoc de nichilo. Non igitur sexto die facta est
materialiter, sed perfecte. Cuius naturalis appetitus ad corpus
administrandum inclinatur, in quo iuste et inique vivere potest, ut habeat 30
vel premium de iusticia vel de iniquitate suplicium. Secundum igitur hunc
modum exponendi, inspiracio vel insufflacio, qua inspiravit vel insufflavit
Deus in faciem hominis spiritum vel flatum vite, non significat anime
creacionem post corporis humani formacionem, sed eius prius facte in
corpus iam factum infusionem. 35

1 fuit] est *P*   2 continuo] continue *P*   2 per tempus] pro tempore *RHP;* pro temporis
C   6 igitur] supra *add. P*   11 inserebat] insererat *P*   11 futura] fictura *R*   12
temporum] tempore *RCHP*   17 quidem] quidam *P*   17 humani] humanam *R*   26
genitus ... Dei *om. Q*   27 irracionalis] racionalis *Q*   29 appetitus] aspectus *R*   34
formacionem] informacionem *P*

2. De hiis tamen nil pertinaciter asserit Augustinus, sed sub modo disceptacionis omnia proponit sine affirmandi temeritate. Quedam autem translaciones sic habent: "Inspiravit in faciem eius spiritum vite." Unde quidam voluerunt intelligere Spiritum Sanctum hic datum primo
5 homini designari, et non tunc animam primo homini datam, sed eam que iam inerat Spiritu Sancto vivificata. Sed Augustinus in libro *De civitate Dei* terciodecimo ostendit hunc intellectum esse falsum ex consuetudine Scripture, que in greco idiomate pro Spiritu Sancto ubique habet hoc vocabulum grecum, *pneuma,* et non hoc vocabulum, *pnoe.* Et cum
10 significatur non Spiritus Sanctus, sed spiritus creatus vel spiracio, frequentius habet Scriptura hoc vocabulum, *pnoe.* Dicitur tamen et spiritus creatus quandoque *pneuma,* sicut et *pnoe.* Grecus autem codex non habet hic *pneuma,* sed *pnoen.* Unde non potest hic signari significacione literali et historica Spiritus Sanctus, set spiritus creatus.
15 Unde quidam translatores latini non 'spiritum' sed 'flatum' transferre maluerunt, ut expresse intelligeretur anima secundum illud Ysaie: "Omnem flatum ego feci," ubi nostra litera est: *Et flatus ego faciam,* omnem animam procul dubio signans. Cassiodorus autem ait quod in hoc loco "dictum est 'insufflavit,' ad exprimendam operis dignitatem, ut
20 agnosceretur aliquid eximium quod ore Dei prolatum est."

Cap. VIII, 1. Mistice autem ille in supradictis misticis expositionibus celi et terre satis dicte sunt mistice generaciones celi et terre, sive quibus generant sive quibus mistice generantur. Creacio autem mistica celi spiritalis et terre spiritalis, cum terra in bono sumitur, est recreacio per
25 graciam prevenientem in cuius gracie prevenientis luce, quasi in die, facit Deus celum spiritale et terram spiritalem per graciam subsequentem sive per gracie prevenientis subsecucionem. Idem est enim in substantia gracia que prevenit et que subsequitur. Fiunt eciam in die, cum ex luce gracie prodeunt in lucem bone operacionis.
30 2. Virgulta autem et herba significant forciora virtutum et minus fortia, et asperiora et molliora, que pertinent ad agressionem terribilium et que pertinent ad operacionem non terribilium. Hec in quibusdam habent ortum perfectum, velud sine seminibus antequam oriantur ex seminibus, sicut prima virgulta et prima herba habuerunt ortum non ex
35 prioribus seminibus.

---

6 vivificata] vivificatam *RCHP*   24 sumitur] sumatur *RCH*   28 Fiunt] Sunt
RH   31-32 agressionem ... ad *om. Q*   33 sine] sive ex *RHP*

---

6 Cf. Aug. *De civ. Dei,* XIII, 24 (*CSEL,* XL.1, 653-660)   17 Isai. LXVII:16   19 Cf. Cassiodori *De anima,* VII (*PL, LXX,* 1292)

3. Semen namque spiritale est verbum predicacionis et doctrine et exemplum boni operis visibile, de quibus solent germina virtutum pululare. Qui igitur sine verbo predicacionis et sine exemplo operis proferunt virgulta et germina virtutum et fructificant [237^D] fructus fortium et bonorum operum sunt velud terra, que in principio protulit 5 virgulta et germina de nullis seminibus sui generis exorta. Talis terra fuit beata virgo Maria, que sine exteriori doctrina et exemplo permansit in virginitatis proposito. Et secundum hunc intellectum congrue sequitur: *Non enim pluerat Deus super terram; et homo non erat qui operaretur terram,* quia nondum ad tales de nubibus predicatorum pervenit pluvia 10 doctrine, nec erat in eis hec vita terrena exculta exempli ostensione.

4. Operacio namque bona, que lucet in exemplum quasi terre carnis operantis et carnis videntis, quedam est agricultura; sed in talibus que sine exteriori doctrina et exemplo virtutis germinant, fons legis naturalis et fons instinctus Spiritus Sancti ascendit de terra cordis eorum et irrigat 15 eos totos usque ad superficiem, id est usque ad exteriorem hominem, ut, scilicet, de interiori bona voluntate, de terra carnis exterius fructificent bonum opus.

5. Potest eciam et concorditer alii exposicioni literali et litere Septuaginta et Augustini huiusmodi intelligi misterium, videlicet ut 20 spiritalia bona, que per virgulta et herbam intelliguntur, prius oriantur occulte, velud in terra, in mentis interiori deliberacione antequam prodeant in actum exteriorem velud in perspicuas species super terram. In sapiente enim palpebre deliberacionis precedunt gressus exterioris accionis, et oculi sapientis sunt in capite eius, hoc est, prudens previsio in 25 mente providente. Volens enim edificare per exteriores operaciones, prius computat sumptus in prudenti premeditacione. Occultus autem hortus virtutum interius, quasi virgultorum et herbarum in terra in causis materialibus antequam erumpant in exteriorem actum tanquam virgulta et herbe super terram, potest esse plenus et perfectus quoad meritum, 30 licet nunquam procedat in actum; quia si deest exterior occasio ut agat quis opere exteriori, sufficit ei virtus interior tam ad meritum quam ad premium. Fides enim sine operibus mortua est, si adest facultas operandi. Absente vero operandi facultate, iustificatur iustus ex sola interiori fide. Omnis autem exterior occasio operandi exterius ex interiori virtute aut 35 est iuvamentum activum ut pluvia aut est subministrans et preparans materiale passivum ut agricola. Ut igitur insinuet posse esse hortum

---

11 exculta] occulta *Q*   13 que] qui *BQP*   17 exterius *om. P*   25 previsio *om.*
BQP   28 hortus] ortus *codd., et in seqq. locis*   31 procedat] precedat *RCHP*   35-36
aut est] adest *Q*

interiorem virtutum ocultum antequam oriatur per exteriora opera in manifestum, dicit nondum pluisse super terram nec fuisse agricolam, quasi dicat: plenus est hortus virtutum interior, nondum existente exteriori adminiculo activo vel passivo, sine quibus non egreditur in 5 actum opus bonum exterius. Sed tamen ad hoc ut oriantur virtutes interius, fons ascendit de terra, id est per Spiritus Sancti instinctum voluntas promta semper nititur prodire in exteriorem actum; et iste conatus se protendit et extendit usque ad virtutes operativas per carnis membra exterius quasi ad universam terre superficiem.

10   6. Item in homine primo condito generata sunt spiritalia celum et terra, id est sapientia et scientia, et virtus speculativa et activa; et virgulta et herbe, id est virtutum plenitudo antequam esset huiusmodi rerum exortus successivus qualis est nunc, cooperante pluvia doctrine et exteriore exempli ostensione.

15   7. Item omnes virtutes et scientie erant in statu paradisi, sed non secundum actus quos nunc habent, secundum quos nunc iuvant et reparant necessitates huius vite erumpnose. Non enim erat in statu paradisi vita erumpnosa exterioribus virtutum actibus iuvanda et relevanda. Oriebantur igitur ibi germina virtutum oculte interius in terra 20 cordis antequam orientur exterius super terram carnis per exteriora opera iuvantia necessita-[238^A]-tes carnis, quia neque erat tunc pluvia doctrine. Essemus enim in statu paradisi, si non peccasset homo, *omnes docibiles Dei;* nec erat in statu paradisi agricultura, id est relevacio carnalis necessitatis per opera misericordie, quia non fuisset ibi aliquid 25 miserie.

    8. Item in primo homine plena erant omnia bona naturalia et formata per bona gratuita, que per celum et terram et terre virentia designantur antequam orirentur in terra, id est antequam hec bona verteret homo in terrenam cupiditatem; cuius signum est quod ibi non 30 eguit pluvia doctrine qua nunc eget. Nec inflictus erat ei labor operandi terram qui post peccatum in penam peccati eidem inflictus est; sed fons legis naturalis et gracie, et inundacio veritatis quasi scaturiens, ascendebat de terra cordis, hoc est de interiori mentis, et irrigabat eum totum usque ad extremum sensum et appetitum carnis. Caro enim eius 35 plene erat subiecta et obediens spiritui, nondum enim erat in membris carnis lex repugnans legi mentis.

---

6 ascendit] ascendat *Q*   6 per *om. P*   7 semper nititur] spernitur *Q*   9 universam] universe *BQ*   23 Dei] sicut dicitur *add. RCHP*   23 paradisi] paradisus *P*   27 virentia] vivencia *R*   29 terrenam] terre *P*   31 eidem] sicut *P*   35 subiecta] subiectus *BQ*

---

22 Joan. VI:45

9. Item celum et terra intelligi possunt due nature in Christo, in quo restaurata sunt omnia que in celo, que in terra. In quo eciam sunt omnes thesauri sapientie et scientie absconditi et omnis virtutum plenitudo; in quo eciam hec omnia, quasi agri viridia, fuerunt ab inicio concepcionis eius in utero Virginis antequam orirentur super terram per ortum eius ex 5 utero Virginis et antequam orirentur per manifestacionem, ipso proficiente sapientia etate et gracia, apud Deum et homines. Et signum huius rei probativum est quod scivit literas cum non didicerit, quod insinuatur cum dicitur: *Non pluerat Dominus super terram,* non enim pluerat super ipsum imber doctrine de nube docentis exterius.   10

10. Item eiusdem rei signum probativum est quod conceptus et natus est de terra carnis virginalis sine opere virilis commixtionis, *sed fons ascendebat de terra* cordis virginis et irrigabat *universam superficiem terre,* id est carnis virginalis, quia Spiritus Sanctus supervenit in illam, et virtus altissimi obumbravit illi. *Formavit igitur Dominus Deus hominem,* id est 15 Christum, *de limo terre,* id est de carne Virginis irrigata rore Spiritus Sancti, *et inspiravit in faciem eius spiraculum vite* vivificantis, quia *factus est primus homo Adam in animam viventem, novissimus Adam in spiritum vivificantem.*

Cap. IX, 1. Moraliter autem formatur homo de limo terre, sive de 20 pulvere, sicut habet translacio Septuaginta, hoc est de recordacione quod "pulvis est et in pulverem revertetur," cum irrigatur pulvis iste rore gracie; sive fluentis lacrimarum penitentie, ut sic commisceatur velud in limum. Cognicio enim proprie fragilitatis cum adest humor gracie humiliat hominem. Humilitas autem reformat in novum hominem.   25

2. Historialis quoque hominis formacio est nobis non parva moralis instruccio. Factus est enim homo ex summo universe creacionis et infimo, ex nobilissimo et vilissimo, ex mente videlicet racionali et pulvere seu limo, ut per recordacionem dignioris partis non se contempnat quasi vile aliquid, nec se proiciat quasi stirpem inutilem, sive in ignem cupiditatis et 30 ire, sive in lutum et cenum gule vel luxurie, sive in putredine invidie, sive in aliquid consimile. Ex recordacione vero partis inferioris refrenetur ab elacione in superbiam et ambicionem et inanem gloriam et sui de se presumpcionem. Vera igitur sui ipsius cognicio dirigit et equilibrat hominem in medio inter elacionem sui supra se per superbiam et 35

---

2 omnia ... sunt *om. P*   5 in] cum *BQ*   10 imber] ymbrem *P*   14 supervenit] superveniet *Q*   20 formatur] formatus est *Q*   25 humiliat] humiliabit *P*   27 universe] universo *Q*   34 sui ipsius] de se *R;* sui de se *CH*

17 1 Cor. XV:45   27 Cf. S. Wenzel, "Robert Grosseteste's Treatise on Confession, 'Deus Est'," p. 241

deiectionem sui sub se per pusillanimitatem. Ex recordacione quoque
originis nostre terrene potest animus mitigari et mansuefieri ut non
irritetur ad aliquas contumelias. Nulla enim contumelia detrahit
hominem ad aliquid minus vel vilius quam ipse sit ex parte sue terrene
5 originis. Si enim quis dicat te esse furem, in hoc ipso te dicit hominem et
aliquid maius limo et terreno pulvere. Similiter quocumque vicio te vocet
contumelia, in ipso convicio te dicit aliquid nobilius quam sit tua origo. Si
eciam conviciando te nominat aliquis asinum aut porcum, aut lig-[238^B]-
num aut lapidem, in hiis singulis te nominat aliquid maius et nobilius
10 pulvere, quia non est creatura pulvere terreno inferior. Si eciam dicat te
pulverem, et hoc te nominat quod es, *pulvis* enim *es, et in pulverem*
reverteris. Si eciam conviciando te vocet nichil, eciam adhuc te vocat quod
aliquo modo es; secundum primam namque originem nichil es, quia ex
nichilo factus es. Preterea non te vocaret nichil, nisi esses aliquid; unde ex
15 eo quod te vocat nichil, dicit te esse aliquid, et supra tuam primariam
originem te honorat. Non est igitur tibi racio succensendi ex illata
contumelia, si originis tue primarie veraciter recorderis.

---

2 mitigari] irrigari *P*   6 vocet] notet *B*   8 nominat] dicit *P*   15 dicit] dicat
R   16 succensendi] irascendi *RCP;* nascendi *H*   17 veraciter] naturaliter *R*

11 Gen. III:19

PARTICULA UNDECIMA

Cap. I, 1. *Plantaverat autem Dominus Deus paradisum voluptatis a principio,* et cetera. Commemorato modo formacionis primi hominis et generacionis eorum que nunc aliter generantur quam generabantur in
5 principio, describit Moyses locum quem homini facto dedit Deus ad inhabitandum et incolendum. Qui locus, licet tipices plura significet spiritalia, intelligendus est tamen locus corporalis. De quo loco corporali ait Iosephus: "Dicit autem Deum eciam ad orientem plantasse paradisum, omni germinacione florentem. In hoc enim esse et vite
10 plantacionem, aliaque prudentie, qua cognosceretur quid esset bonum quidve malum; et in hunc hortum introduxisse Adam et eius uxorem, precipiens plantacionum eos habere sollicitudinem." Item Ysidorus in libro *Ethimologiarum* describit paradisum in hunc modum: "Paradisus est locus in orientis partibus constitutus, cuius vocabulum ex greco in
15 latinum vertitur hortus: porro ebraice Eden dicitur, quod in nostram linguam delicie interpretantur. Quod utrumque iunctum facit hortum deliciarum; est enim omni genere ligni et pomiferarum arborum consitus, habens et lignum vite: non ibi frigus, non estas, sed perpetua erat temperies. Cuius medie fons prorumpens totum nemus irrigat,
20 dividiturque in quatuor nascentia flumina. Cuius loci post peccatum hominis aditus interclusus est; septus est enim undique rumphea flammea, id est muro igneo adcinctus, ita ut eius cum celo pene iungatur incendium. Cherubin quoque, id est angelorum presidium, arcendis spiritibus malis super rumphee flagrancia ordinatum est, ut homines
25 flamme, angelos vero malos angeli boni submoveant, ne cui carni vel spiritui transgressionis aditus paradisi pateat." Adiciunt autem Strabus et Beda quod hic locus, in oriente positus interiecto occeano et montibus oppositis a regionibus quas incolunt homines, secretus et remotissimus est, pertingensque altitudine usque ad lunarem circulum, unde aque
30 diluvii illuc minime pervenerunt. Sensus igitur litere secundum nostram translacionem est quod Deus *a principio,* id est a die tercio quo terram remotis aquis herbas et ligna producere iussit, *plantaverat paradisum voluptatis,* id est amenitate plantarum sensibus humanis deliciosissimum. Et in hunc locum introduxit hominem, et ibidem ad inhabitandum

---

3 modo] materia *B*   5 homini] haberi *BQ*   5 facto] facta *BQ*   6 tipices] tipice *RHP;* tropices *Q*   7 intelligendus] intelligendum *P*   34 in]per *BQ*   34 hominem] homine *B*

---

6 Cf. R. Rufi *Comm. in Sent.,* II, d. 17 (MS cit., fol. 146^C)   8 Josephi *Ant. Jud.,* I, i, 3, 37-38 (ed. Blatt, p. 128)   13 Isid. *Etym.,* XIV, iii, 2-5   26 Cf. *Glossa ordinaria (PL,* CXIII, 86C)   27 Cf. Bedae *Hex., I (PL,* XCI, 43-44)

collocavit, quem, ut dicunt, extra paradisum formaverat, quia presciebat
illum peccaturum, et inde pellendum ad hanc terram ubi condiderat eum.

Cap. II, 1. Sed secundum sententiam illorum qui dicunt septem
primos dies fuisse temporaliter spacio XXIIII horarum decurrentes,
5 intelligendum est quod hec plantacio fuerit perfecta eductio lignorum
paradisi de terra et formacio in speciem perspicuam visibilem die tercio
temporali; et quod principium significet illam primariam revolutionem
septem dierum, qui repetiti totum tempus quod sequitur dimeciuntur.
Secundum sententiam vero Augustini oportet intelligere per nomen
10 'principii' in hoc loco primum instans et indivisibile principium temporis
in quo primi VII [238^C] dies perfecti sunt intemporaliter in mente
angelica, quando plantavit Deus paradisum causaliter et potentialiter.
Cuius plantacionem, ut dictum est secundum Augustinum, produxit
temporaliter infectam formacionem secundum speciem visibilem.

15   2. Igitur secundum illorum sententiam qui dicunt septem dies
primos temporali spacio fuisse transactos, in litera consequenti, qua
dicitur Dominum produxisse *omne lignum pulcrum visu, et ad vescendum
suave,* est repeticio eius quod tercio die temporali factum est, ut qualis sit
locus paradisi specialiter describatur; et de ligno vite et ligno sciencie boni
20 et mali, quod necessarium erat addatur. Secundum sententiam vero
Augustini, adicitur in hiis verbis modus eductionis plantarum in formam
perspicuam perfectam, quarum condicio potencialis et causalis in
superioribus relata est.

Cap. III, 1. Sed dubitari potest an in hoc loco commemoret
25 eductionem omnium lignorum ubique de universa terra, adiciens de ligno
vite et ligno scientie boni et mali in paradiso; an solummodo faciat
mencionem lignorum productorum de terra in loco paradisi, que omnia
constat fuisse pulcra visu et ad vescendum suavia. Alioquin non diceret
Deus infra de omni ligno paradisi commedet, excepto ligno scientie boni
30 et mali, non enim preciperet ut in illo statu beato ederetur, nisi quod esset
ad vescendum suave; nec esset omnino suave ad esum si esset deforme ad
visum, cum edentis ymaginatio ex visu horreret quod ex suavitate ad
gustum appeteret. Si autem hic commemoret omnium lignorum de
universa terra produccionem, sequitur quod omnia lignorum genera ex
35 primaria condicione erant visu pulcra et ad vescendum suavia, et quod
amaritudo et noxietas quorundam ad edendum ex peccato hominis

---

9 intelligere] intelligi *RCHP*   11 intemporaliter] temporaliter *RCHP*   16 primos]
post *B*   16 qua] quia *Q;* cum *RHP*   19 specialiter] spiritualiter *RHP*   29
commedet] commede *P*   30 non enim] nec *RHP*   30 in ullo] nullo *R*   30-31 esset ...
omnino *om. Q*

21·Cf. Aug. *De Gen. ad litt.,* VI, 4 (*CSEL,* XXVIII.1, 173)

accesserunt. Forma autem verborum interpretacionis Septuaginta, ut supra tetigimus, videtur insinuare quod commemoret hic Scriptura productionem omnium lignorum in perfectas species de universa terra. Hec est enim illorum verborum forma: "Et eiecit Dominus Deus adhuc de terra omne lignum pulcrum ad aspectum et bonum ad escam; et lignum 5 vite in medio paradisi, et lignum scientie dinoscendi bonum et malum." Non dixit: 'eiecit omne lignum de loco paradisi,' sed simpliciter: 'de terra;' et dixit: 'adhuc,' quasi mencionem faciens iterate eiectionis de terra omnium lignorum secundum modum alium prius de terra eiectorum.   10

Cap. IV, 1. De ligno autem vite dicunt expositores, quod ideo dictum est, sit lignum vite per hanc: "Naturaliter vim habebat, ut qui ex eius fructu commederet, perpetua soliditate firmaretur, et beata immortalitate vestiretur, nulla infirmitate vel anxietate, vel senii lassitudine, vel inbescillitate fatigandus," nullo casu in deterius lapsurus. 15 Nec mirum si inspiracione salubritatis occulta huiusmodi vim haberet arbor illa corporalis, cum licet esset usitatus panis eius, tamen una collirida Elyam prophetam ab indigencia famis dierum quadriginta spacio custodivit. Et sicut ait Augustinus: "Non dubitandum est credere per alicuius arboris cibum cuiusdam altioris significationis gracia homini 20 Deum prestitisse, ne corpus eius vel infirmitate vel etate in deterius mutaretur, aut in occasum eciam laberetur, qui ipsi cibo humano prestitit tam mirabilem statum, ut in fictilibus vasculis farina et oleum deficientes reficerent nec deficerent." Rabanus autem dicit de ligno vite non erat hoc in natura ut ex eius esu subsisteret hominis immortalitas; quod videtur 25 contrarium verbis supra dictis quibus dicitur quod hanc vim naturaliter habuit.

2. Sed credo quod diversi auctores diversum habuerunt intellectum per hanc dictionem 'naturaliter.' Lignum enim illud non habuit hoc ex natura com-[238^D]-muni lignorum, nec est huius virtus differencia aliqua 30 specifica consequens naturaliter ex generali natura ligni. Sed, sicut insinuat Augustinus, habuit hoc ex inspiracione salubritatis occulta, que

---

8 iterate] iterato *P*   24 de] quod *P*   26-29 vim ... hanc *om. Q*   27-29 habuit ... naturaliter *om. RCH;* habuit ... dictionem *om. P*

4 Aug. *De Gen. ad litt; VIII, 3 (CSEL,*XXVIII.1, 234)   12 *Glossa ordinaria (PL,* CXIII, 86D-87A) Cf. R. Fishacre *Comm. in Sent.,* II, d. 17 (MS cit., fol. 116^B) et R. Rufi *Comm. in Sent.,* II, d. 17 (MS cit., fol. 143^B)   16 Cf. Aug. *De Gen. ad litt.,* VIII, 5 (*CSEL,* XXVIII.1, 238-239)   17-19 Cf. 3 Reg. XIX:6-8   19 Aug. *De Gen. ad litt.,* VIII, 5 (*CSEL,* XXVIII.1, 239)   24 Recte: Paschasii Radberti *De corpore et sanguine Domini,* I, 6 (*PL,* CXX, 1272A) Cf. R. Rufi *Comm. in Sent.,* II, d. 17 (MS cit., fol. 143^B)   32 Cf. Aug. *De Gen. ad litt.,* VIII, 5 (*CSEL,* XXVIII.1, 238-239)

tamen virtus, quia illi arbori adherebat inseparabiliter, dici potest quod
inerat illi ligno naturaliter.

    3. De ligno autem scientie boni et mali dicit Augustinus: "Quod
ergo lignum esset, non est dubitandum; sed cur hoc tamen acceperit
5 nomen requirendum. Michi autem eciam consideranti dici non potest
quantum placeat illa sententia non fuisse illam arborem cibo noxiam;
neque enim qui fecerat omnia bona valde liquet noxium in paradiso statu,
sed malum fuisse homini transgressione precepti. Oportebat autem ut
homo sub Domino Deo positus aliunde prohiberetur ut ei promerendi
10 Dominum suum virtus esset illa obediencia quam possum verissime
dicere solam esse virtutem omni creature racionali agenti sub Dei
potestate, primumque et maximum esse vitium tumoris ad ruinam sua
potestate velle uti, cuius vicii nomen est inobediencia. Non esset ergo
unde se homo Dominum habere cogitaret atque sentiret, nisi ei aliquid
15 iuberetur. Arbor itque illa non erat mala. Sed appellata est scientie
dinoscendi bonum et malum, quia nisi post prohibicionem ex illa homo
ederet, nulla erat precepti futura transgressio in qua homo per
experimentum pene disceret, quid interesset inter obediencie bonum et
inobediencie malum. Proinde ex hoc non in figura dictum, sed vere quod
20 lignum accipiendum est, cui non de fructu vel de pomo quod in eodem
nasceretur, sed ex ipsa re nomen impositum est, que illo contra vetitum
tacto fuerat secutura."

    4. Est autem scientia duplex: una quidem est per sapientiam, et
altera est per experienciam. Medicus enim per sapientiam novit morbos
25 quos forte non novit per experienciam, utpote si a nativitate bonam
habuerit corporis valitudinem. Eger vero novit morbos per experienciam
et forte non novit eos per scientiam, utpote si non sit peritus in arte
medicine. Sic Dominus Iesus Christus, qui omnia noscit per sapientiam,
non novit peccatum, quia nunquam illud opere experiebatur. Sicut igitur
30 si medicus nos ab aliquo cibo prohiberet quo accepto egrotaturos esse
presciret, et ab hoc appellaret eundem cibum dinoscencie boni et mali et
sanitatis et inbescillilatis eo quod per ipsum homo cum egrotare cepisset
experiendo dinosceret, quid interesset inter contractam malam
valitudinem et perditam sanitatem quod utique melius ignorasset et in illa
35 quam perdidit sanitate mansisset, credendo medico per obedienciam non

2 inerat] inherat *RCH*   29 peccatum] post *H*   29 opere] opus *RCHP*   31 ab hoc]
adhuc *P*   32 ipsum] peccatum *RCHP*

3 Aug. *De Gen. ad litt.*, VIII, 6 (*CSEL*, XXVIII.1, 239-240)

morbo per experienciam? Sic lignum vetitum dictum est lignum scientie boni et mali eo quod per esum eius cognovit homo per experienciam quid interest inter malum quod per inobedienciam incurrit et bonum quod perdidit, quod utique malum multo melius ignorasset et in bono quod perdidit permansisset.   5

5. Item Augustinus in libro *De civitate Dei,* XIII ait: "Primi homines, licet morituri non essent nisi peccassent, alimentis tamen ut homines utebantur, nondum spiritualia, sed adhuc animalia corpora terrena gestantes. Que licet senio non veterascerent, ut necessitate perducerentur ad mortem, qui status eis de ligno vite, quod in medio 10 paradisi cum arbore vetita simul erat, mirabili Dei gracia prestabatur, tamen et alios sumebant cibos preter arborem unam, que fuerat interdicta, non quia ipsa erat malum, sed propter commendandum pure et simplicis obediencie bonum, que magna virtus est racionalis creature sub Creatore Domino constitute. Nam ubi nullum malum tangebatur, 15 profectum si prohibitum tangeretur, sola inobediencia peccabatur. Alebantur ergo aliis que sumebant, ne animalia corpora molestie aliquid esuriendo ac siciendo sentirent. De ligno autem vite propterea gustabatur, ne mors eis undecumque surreperet, vel senectute confecta [238₂^A] decursis temporum spaciis interirent; tanquam cetera essent 20 alimento, illud sacramentum,"

6. Et animadvertendum quod lignum scientie boni et mali nomen accepit non a cognicione quam iam homo per experienciam dinosceret, neque quam cogniturus fuisset si non peccasset, sed a cognicione que posset venire si peccasset. Quemadmodum si vocaretur aliqua arborum 25 saturitatis quod inde homines possent saturari, licet nunquam homo ad eam accederet aut inde saturaretur.

Cap. V, 1. Istud est igitur secundum sacros expositores de paradiso literalis intellectus, qui, ut dictum est, corporalis esse intelligendus est, per quem eciam spiritualis paradisus significatus est, licet nonnulli, ut 30 Augustinus commemorat, paradisum ad sola intelligibilia referant, et solummodo allegorice et spiritaliter hunc locum exponendum putant. Inde commoti quia in hoc loco dicuntur quedam que usitato nature cursu intuentibus non occurrunt.

1-2 Sic ... experienciam *om. R*   3 interest *corr. ex* interesset *B;* interesset *Q*   4 utique] itaque *P*   16 profectum] profecto *RHP*   17 Alebantur] Aliebantur *BQ*   24-26 si ... possent *om. BQ*   25 venire] evenire *P*   26-27 licet ... saturaretur *om. Q*   27 accederet] accedat *P*   28 Istud] Iste *P*   29 intellectus] sensus *P*   33 usitato] inusitato *RCHP*

6 Aug. *De civ. Dei.,* XIII, 20 (*CSEL,* XL.1, 644)   31 Cf. Aug. *De Gen. ad litt.,* VIII, 1 (*CSEL,* XXVIII.1, 230)

2. Qui tamen concedunt ex illo loco incipere hystoriam, id est proprie rerum gestarum narracionem, ex quo, dimissi de paradiso, Adam et Eva convenerunt atque genuerunt, quos convincere potest propria confessio, quia concedunt numerum annorum quibus referuntur homines
5 ante diluvium vixisse, proprie et non figurate accipiendum; et Enoch non translative, sed vere translatum; et Sarram sterilem vere peperisse. Isti igitur aut ista inusitata et cursui nature non consueta deberent solum translative accipere, aut, si hec accipiant hystorice, debent eciam ea que de paradiso referuntur, licet inusitata secundum hystoricum sensum non
10 negare, si possint in hystoria veritatem tenere.

3. Preterea considerandum quod prima oportuit esse insolita nec aliquid potest esse tam sine exemplo et sine pari facto in rerum mundanarum constitucione quam ipse mundus. Nec ideo credendum est Deum non fecisse mundum quia iam non fecit mundos, nec non fecisse
15 solem quia iam non fecit soles.

4. Preterea si paradisus solum figurate intelligendus est, ergo et hominis condicio pari racione figuraliter intelligenda. Quis igitur genuit Kain et Abel et ceteros qui de homine primo narrantur generati? Non enim et illi figurate solum fuerunt homines. Et sicut ait Augustinus, non
20 propterea non est paradisus corporalis, quia potest et spiritualis intelligi, quia non ideo non sunt due mulieres, Agar et Sara, et ex eis duo filii Abrahe, unus de ancilla et unus de libera, quia duo testamenta in eis figurata dicit Apostolus. Neque ideo de nulla petra Moyse percuciente aqua defluxit, quia potest illic figurata significacione eciam Christum
25 intelligi, eodem apostolo dicente: *Petra autem erat Christus.*

5. Item Augustinus ad huius rei probacionem sic ait: "Sane si nullo modo possent salva fide veritatis ea que corporaliter nominata sunt eciam corporaliter accipi, quid aliud remaneret, nisi ut ea pocius figurate dicta intelligeremus quam Scripturam sanctam impie culpaverimus. Porro
30 autem si non solum non impediunt, verum eciam solidius asserunt divini eloqui narracionem. Hec eciam corporaliter intellecta, nemo erit, ut opinor, tam infideliter pertinax qui cum ea secundum regulam fidei exposita proprie viderit, malit in pristina remanere sententia." Paradisus

---

13 constitucione] confeccione *RCP;* perfeccione *H*   14-15 fecit] facit *P bis*   17 figuraliter] est *add. P*   22 Abrahe *om. P*   23 nulla] ancilla *Q*   24 illic] illud *RHP*   24 Christum] a Christo *P*

---

16 Aug. *De Gen. ad litt. VIII,* 1(*CSEL,* XXVIII.1, 231)   19 Cf. *De Gen. ad litt.,* VIII, 4 (*CSEL,* XXVIII.1, 235) et *Quaestiones de Genesi,* I, 70 (*CSEL,* XXVIII.2, 37)   21-23 Cf. Galat. IV:22-24   23 Cf. Exod. XVII:5-6   25 1 Cor. X:4   26 Aug. *De Gen. ad litt.,* VIII, 1 (*CSEL,* XXVIII.1, 232)

igitur neque solum literaliter neque solum figurative intelligendus est, sed literaliter simul et figurative, sicut ostendunt raciones Augustini supradicte.

Cap. VI, 1. Significat igitur paradisus figurative ecclesiam presentem in terris et futuram in celis, sive unite totam civitatem Dei ex sanctis 5 hominibus et beatis spiritibus collectam, secundum illud in Canticis canticorum: *Emissiones tue paradisus malorum punicorum, cum pomorum fructibus.* Et iterum: *Hortus conclusus soror mea, sponsa, hortus conclusus fons signatus.*

2. Signat eciam paradisus fidelem animam, secundum illud Ysaie, 10 LVIII, alloquentis animam penitentem: *Eris quasi hortus irriguus, et sicut fons aquarum cuius* [238₂ᴮ] *non deficient aque.* Et in Ieremia, XXXI, scribitur: *Eritque anima eorum quasi hortus irriguus, et ultra non esurient.*

3. Signat quoque paradisus, ut dicit Augustinus, ipsam hominis beatitudinem et deliciosam quietem, secundum quam significacionem 15 dictum est latroni: *Hodie mecum eris in paradiso.*

4. Significat eciam paradisus, secundum Augustinum, intellectualem visionem, qua visione videtur veritas non per similitudines rerum temporales, sed mentis puritate absque instrumento corporeo et similitudine corporea. Iste paradisus, secundum Augustinum, est 20 paradisus et tercium celum ad quod Paulus raptus erat, ubi vidit archana verba que non licet homini loqui.

5. Potest eciam paradisus significare Scripturam sacram, in qua inveniuntur omnes delicie de qua eciam emanat fons qui dividitur in quatuor capita, sicut inferius ostendetur. In omnibus istis 25 significacionibus paradisi, plantator paradisi Deus est, qui plantavit eam et fundavit per Christum principium in ipso Christo principio. Fundamentum enim huius plantacionis positum est quod est Christus Iesus extra quod fundamentum nemo potest aliud ponere. De hac plantacione scriptum est: *Omnis plantacio quam non plantavit Pater* 30 *meus, eradicabitur.*

6. Plantatur eciam paradisus omnes dictas significaciones in caritate, secundum quod dicit Apostolus: *In caritati radicati et fundati.*

7. Plantatur eciam in voluptate sive deliciis sive in epulis, sicut sonat series litere secundum interpretacionem Septuaginta, que sic habet: "Et 35

---

32 paradisus ... significaciones *om. Q*   33-34   secundum ... voluptate *om. Q*

7 Cant. IV:13   8 Cant. IV:12   11 Isai. LVIII:11   13 Jerem. XXXI:12   14 Cf.
Aug. *De Gen. contra Man.*, II, ix, 12(*PL*, XXXIV, 202)   16 Luc. XXIII:43   17 Cf.
Aug. *De Gen. ad litt.*, XII, 28 (*CSEL*, XXVIII.1, 422)   21 Cf. 2 Cor. XII:4   30 Matth.
XV:13   33 Ephes. III:17   34 Cf. Aug. *De Gen. contra Man.*, II, ix, 12 (*PL*, XXXIV, 202)

plantavit Dominus Deus paradisum in Eden ad orientem, et posuit ibi
hominem quem formavit." Eden enim interpretatur delicie sive voluptas
sive epulum. Unde et David ait: *Torrente voluptatis tue potabis eos*. Facta
est eciam hec plantacio a principio, hoc est ab eterno provisa in Dei
5 sapientia. Facta est eciam a Christo, qui de se dicit: *Ego principium qui et
loquor vobis*. Unde non inmerito a Maria Magdalene existimatus est esse
hortolanus. Plantatur ad orientem, hoc est ad exortum lucis sapientie tam
eternum exortum de Patre quam temporalem exortum de matre.

8. In   isto   paradiso,   secundum   omnem   dictam   paradisi
10 significacionem, collocatus est quilibet fidelis homo, quia in ecclesia
presente est per fidem et in futura per desiderium et spem. Et cum caro
subiecta est spiritui, tocius hominis habitacio in spiritu et anima sua est.
Ad quam habitacionem revocat Scriptura dicens: *Redite, prevaricatores,
ad cor*. Habitat eciam spe in beatitudine et in intellectuali visione, qua
15 videbitur Deus non per speculum in enigmate sed facie ad faciem. Qua
visione cognoscemus sicut et cogniti sumus, et videbimus Deum sicuti est.
Habitat eciam in Scriptura meditans in lege Dei die ac nocte. Extra hunc
paradisum quolibet modo dictum nascimur, quia nascimur filii ire; sed
translati sumus in hunc paradisum per regeneracionem in baptismate et
20 per contricionem penitentie. In paradiso igitur collocatur homo talis
qualis a Deo formatur extra paradisum ante emittitur, cum per peccatum
a se deformatur. Signanter igitur dicit: *in quo posuit hominem quem
formaverat*, quasi dicat: Dei formacio facit hominem paradisi
habitatorem; deformacio vero per peccatum eicit eum extra paradisum.

25   Cap. VII, 1. Ligna autem fructifera in paradiso, qui est presens
ecclesia, sunt singuli sancti virtutibus viridos, spe florentes, sanctis
sermonibus frondentes, bonis operibus fructificantes. De quibus in
Cantico canticorum dicitur: *Sicut malum inter ligna silvarum, sic dilectus
meus inter filios*. De quibus eciam in Psalmo dicitur: *Tunc exultabunt
30 omnia ligna silvarum a facie Domini, quia venit*. Et sicut dicit Ambrosius,
angeli eciam qui sunt cives illius celestis paradisi, per ligna signantur.
"Sancti enim sub ficu et vite dicuntur futuri in illo pacis tempore, in
quibus est typus angelorum," In anima vero singula ligna sunt singule
virtutes fortitudinis. In beatitudine autem singula ligna sunt singule beati-
35 [238₂^C]-tudinum differencie; *stella enim differt a stella in claritate*. In
paradiso visionis intellectualis singula ligna sunt singularum naturarum

---

9 dictam *om. BQ*   16 cogniti] incogniti *Q*   18 nascimur] nascuntur *R*   28 Cantico
canticorum] Canticis *P*

---

3 Psalm. XXXV:9   5 Joan. VIII:25   6 Cf. Joan. XX:15   13 Isai. XLVI:8   15
Cf. 1 Cor. XIII:12   28 Cant. II:3   29 Psalm. XCV:12-13   30 Ambr. *De paradiso*,
1, 2 (*CSEL*, XXXII.1, 266)   35 1 Cor. XV:41

cogniciones in suis eternis racionibus, sive singule virtutes quales erunt in patria a virtutibus exemplaribus in Deo ad immarcessibilem virorem vegetate. In paradiso vero Scripture singula ligna sunt singule virtutum doctrine. Hec ligna dicuntur de humo producta, quia de humanitate Iesu Christi suscipiunt hec omnia vitalem vegetacionem. Pulcra sunt eciam 5 aspectui intelligentie et mentis affectui, suavia ad gustandum; pulcra sunt cognicioni, suavia vero voluntarie imitanti.

Cap. VIII, 1. Lignum vero vite in medio paradisi Dominum Iesum Christum in medio ecclesie positum signat. Ipse enim est virtus et sapientia Patris, sicut dicit Paulus. Et sicut dicit Salomon, III Sapientia: 10 *Lignum vite est hiis, qui apprehenderint eam.* Et Iohannes in Apocalypse ait: *Vincenti dabo edere de ligno vite, quod est in paradiso Dei mei.*

2. Crux quoque Domini nostri Iesus Christi per lignum vite designatur, sicut ait Rabanus in libro *De cruce,* sic inquiens: "Cum primum hec maxima rerum machina ab invisibili et inpenetrabili 15 profunditate consilii Dei effecta est, et paradisus in germine suo, floridus et iocundus, apparuit, statim in ligno vite, quod est in medio paradisi, vitale lignum sancte crucis prefigurabatur: quod in medio gentium positum precedentes et subsequentes se vivificat et sanctificat generaciones. Cuius beneficio recreati quique boni et sancti viri, 20 spiritales et vitales virtutum proferunt fructus." Et merito beata crux lignum vite dicitur, quia sicut fructu illius ligni paradisi potuisset vita hominis, si non peccasset, perpetuari, sic fructu ligni crucis vita gracie perpetuatur. Fructus enim ligni crucis Christus est, qui dicit: *Qui manducat meam carnem et bibit meum sanguinem,* habet vitam eternam. 25 Alie arbores, licet ferant fructum unde vivitur, non ferunt fructum qui est vita. Arbor autem crucis non solum tulit fructum unde vivitur, sed fructum qui est vita. Christus enim, huius ligni fructus, de se dicit: *Ego sum via, veritas, et vita.* In hac quoque arbore vita mortem occidit et mortuos vivificavit.   30

3. Significat eciam lignum vite vitale sacramentum eucaristie. Unde Rabanus in libro *De corpore et sanguine Domini* ait: "Constat igitur modis omnibus, quia sicut in paradiso lignum vite fuit, ex quo iugis subsisteret status hominis, si mandata servasset, inmortalitas, ita provisum est in ecclesia hoc misterium salutis, non quod eidem ligno hoc 35

---

4 humo] humano *B*   4 producta] qui de humo terre producta *add. R*   4 quia] qui *R*   14 cruce] trinitate *Q*   16 in] cum *R*   31 Unde] Ubi *P*

---

10 Cf. 1 Cor. I:24   11 Prov. III:18   12 Apoc. II:7   14 Rabani *De laudibus sanctae crucis,* II, xi (*PL,* CVII, 276)   24 Joan. VI:57   28 Joan. XIV:6   32 Paschasii Radberti *De corpore et sanguine Domini,* I, 6 (*PL,* CXX, 1272A) Cf. R. Fishacre *Comm. in Sent.,* II, d. 17 (MS cit., fol. 116[B]) et R. Rufi *Comm. in Sent.,* II, d. 17 (MS cit., fol. 143[B])

esset in natura, sed re visibili virtus invisibilis intrinsecus operabatur. Ita
siquidem et in isto communionis sacramento visibili divina virtus ad
inmortalitatem sua invisibili potencia, quasi ex fructu ligni paradisi, nos
et gustu sapientie sustentat et virtute, quatinus per hoc quod digne
5 sumimus, demum in melius transpositi, ad inmortalia feramur."

4. Item, sicut dicit Augustinus, lignum plantatum in medio paradisi
sapientiam illam signat qua oportet intelligat anima in medio quodam
rerum se esse ordinatam ut quamvis subiectam sibi habeat omnem
naturam corpoream, super se tamen intelligat esse naturam Dei. Et
10 neque in dexteram declinet sibi arrogando quod non est, neque ad
sinistram per negligenciam contempnendo quod est. Et hoc est lignum
vite plantatum in medio paradisi. Racionales enim anime de [238$_2$^{D}]
sapientia vivunt quarum mors in sapientia est, et huius rei signande gracia
lignum vite in paradiso fructu suo mori hominem nec corpore siniret.

15   Cap. IX, 1. Lignum vero scientie boni et mali, ut dicit Augustinus,
"est medietas anime et ordinata integritas eius; nam et ipsum lignum in
medio paradisi plantatum est, et immo lignum dinoscencie boni et mali
dicitur, quia si anima que debet in ea que anteriora sunt intendere, et ea
que posteriora sunt oblivisci, id est corporeas voluptates, ad se ipsam
20 deserto Deo conversa fuerit, et sua potencia tanquam sine Deo frui
voluerit, intumescit per superbiam que inicium est omnis peccati. Et cum
hoc eius peccatum pena fuerit consecuta, experiendo discet quid intersit
inter bonum quod deseruit et malum in quod cedidit. Et hoc erit ei
gustasse de fructu arboris dinoscencie boni et mali. Precipitur ergo illi ut
25 de omni ligno quod est in paradiso edat, ex ligno autem in quo est
dinoscencia boni et mali non edat, id est non sic eo fruatur ut ipsam
ordinatam integritatem nature sue, quasi manducando violet atque
corrumpat."

2. Allegorice quoque lignum scientie boni et mali signat legem
30 mosaÿcam. Per legem enim, ut ait Apostolus, cognicio peccati et per
eandem innotescit bonum quod homo ex precepto debet suo Creatori.
De hoc ligno culpabiliter commedunt qui carnales hostias et mandata
cerimonialia carnaliter intelligentes usibus et voluptatibus carnis ea
attribuunt, aut post Christi adventum ea observare concedunt. Signat
35 eciam secundum Ieronimum lignum scientie boni et mali liberum hominis

7 anima] animam RH   10 declinet] reclinet Q   14 siniret] sineret RH   32
carnales] carnes BQ

6 Cf. Aug. *De Gen. ad litt.*, VIII, 4 (*CSEL*, XXVIII.1, 236) et *De Gen. contra Man.*, II,
ix, 12 (*PL*, XXXIV, 203)   15 *De Gen. ad litt.*, VIII, 4 (*CSEL*, XXVIII.1, 236)   19 Cf.
Philipp. III:13   30 Cf. Rom. III:20   35 Cf. ps.-Bedae *Comm. in Pent.* (*PL*, XCI,
208D)

arbitrium, quod est quedam medialitas ad electionem boni et fugam mali, quasi voluerit homo frui et ex ea operari relicta gracia, quasi ex gustu eius moritur morte transgressionis.

3. Ipsa quoque mandati transgressio ligno scientie boni et mali signatur, qui, amando transgressionem et transgressionis voluptatem 5 operando degustat eam, morte moritur; et discit experiencia iuste pene que consequitur, quid distat inter bonum derelictum et malum commissum.

4. In aliis itaque lignis paradisi erat hominis alimentum, sed in hiis duobus lignis erat sacramentum. In altero quippe erat homini signum 10 obediencie quam debebat; in altero vero sacramentum vite eterne quam obediendo mereretur.

Cap. X, 1. Sequitur: *Et fluvius egrediebatur de loco voluptatis ad irrigandum paradisum, qui inde dividitur in quatuor capita. Nomen uni Phison. Ipse est qui circuit omnem terram Evilath, ubi nascitur aurum; et* 15 *aurum terre illius optimum. Ibique invenitur bdellium, et lapis onichinus. Nomen fluvio secundo Geon. Ipse est qui circuit omnem terram Ethiopie. Nomen fluvio tercio Tygris. Ipse vadit contra Assyrios. Fluvius autem quartus ipse est Eufrates.*

2. Translacio vero Septuaginta sic habet: "Flumen autem exiit de 20 Eden irrigare paradisum, et inde dividitur in quatuor principia. Nomen uni Phison. Istud circuit omnem terram Evilath. Ibi igitur est aurum. Aurum vero terre illius bonum. Et ibi est carbunculus et lapis prassinus. Et nomen fluvii secundi Geon. Istud circuit omnem terram Ethiopie. Et flumen tercium Tygris. Hoc est quod fluit contra Assyrios. Flumen vero 25 quartum ipsum est Eufrates." Iosephus autem de hiis quatuor fluminibus sic ait: "Rigatur autem hic ortus ab uno flumine circa omnem terram undique profluente. Hic in quatuor dividitur partes. Et Phison quidem nomen est uni quod inundacionem signat. Eductus in Indiam pelago late diffunditur, qui Geta nuncupatur a Grecis. Eufrates autem et Tygris in 30 mare Rubrum feruntur. Vocatur autem Eufrates quidem Foras, quod signat dispersionem seu flos. Tygris autem Diglath, quod indicat acutum aliquid et angustum. Geon autem, per Egyptum fluens, ostendit eum qui nobis ab oriente redditur, quem Greci appellant Nilum."

Cap. XI, 1. Isidorus autem dicit quod Ganges flu-[239^A]-vius ipse est 35 "quem Fison sacra Scriptura cognominat, qui exiens de paradiso pergit

---

1 mali *om. P*   5 qui] quis *R*   22,24 Istud] Ille *P*   22 omnem terram] omnes terras
P   24 secundi] secundo *BQ*   28 profluente] profluentem *BQ*   28 dividitur] dividit
BQ   34 Nilum] Nilus *P*

---

27 Josephi *Ant. Jud.*, I, i, 3, 38-39 (ed. Blatt, p. 128)   36 Isid, *Etym.*, XIII, xxi, 8

ad Indie regiones. Dictus autem Fison, id est caterva, quod decem
fluminibus magnis sibi adiunctis impletur et efficitur unus. Ganges autem
vocatur a Gangaro rege Indie. Fertur autem Nili codo exaltare, et super
orientis terras erumpere." Ieronimus autem dicit quod Ganges fluvius est
5 quem Fison sacra Scriptura cognominat, *qui circuit omnem terram*
Evilath. Et multa genera pigmentorum de paradisi dicitur fonte
devehere. Ibi nascitur carbunculus et smaragdus et margarita candencia
"et uniones, quibus nobilium feminarum ardet ambicio; montesque
aurei, quos adire propter dracones et grifes et inmensorum corporum
10 monstra hominibus impossibile est," ut ostendatur nobis quales custodes
habet avaricia. Plinius vero dicit quod alii Gangen incertis fontibus, alii
vero in sciticis montibus nasci dixerunt, et cum magno fragore de suo
fonte erumpere, "deiectumque per scopulosa et per abrupta ubi primum
molles planicies contingat, in quodam lacu hospitari, deinde lenem
15 fluere, ubi minimum, octo passuum latitudine, ubi et modicum stadiorum
C, altitudine nusquam minorem passibus XX."

Cap. XII, 1. Similiter "Geon fluvius de paradiso exiens universam
Ethiopiam cingit. Vocatus hoc nomine quod incremento sue inundacionis
terram irriget Egypti. *Ge* enim grece, latine 'terram' signat. Hic apud
20 Egyptios Nilus vocatur propter limum quem trahit. Unde et Nilus dictus
est, quasi νέαν ἰλύν; nam antea Nilus latine Melo dicebatur. Apparet
autem in Nilide lacu, de quo in meridiem versus excipitur Egypto, ubi
aquilonis flatibus repercussus aquis retroluctantibus intumescit et
inundacionem Egypti facit."

25   2. Dicit eciam Beda quod Nili flumen "inter ortum solis et austrum
nascitur, quo pro fluviis utitur Egyptus propter solis calorem, ymbres et
nubula respuens. Mense enim maio, dum ostia eius quibus in mare influit,
zephiro flante, undis eiectis arenarum cumulo perscrutuntur, paulatim
intumescens ac retro propulsus, plana irrigat Egipti. Vento autem
30 cessante ruptisque arenarum cumulis, suo redditur alveo."

3. Seneca autem in libro *De naturalibus questionibus* ait: "Nilus ante
exortum canicule augetur mediis estibus ultra equinoctium. Hunc

---

11 avaricia] avariciam *P*   13 scopulosa] scopulos *codd.*   14 contingat] contingit
P   16 minorem] minore *Q*   19 irriget] irrigat *RCP*   21 *Graecum deest*   22
meridiem] meridie *BQ*   27 ostia] hostia *B*   28-30 cumulo ... arenarum *om. BQ*

4 Hier. *De situ et nominibus locorum hebraicorum*, 199 (*PL*, XXIII, 938C)   8 Isid.
Etym., XIV, iii, 7; citatur etiam apud Grosseteste *Comm. in Psalmos* (MS Vat. Ottobon.
lat. 185, fol. 196ᶜ)   11 Plinii *Nat.hist.*, VI, xviii, 22, 65 (ed. Sillig, I, 426)   17 Isid.
Etym., XIII, xxi, 7   25 Bedae *De rerum natura*, XLIII (*PL*, XC, 262A-B)   31
Senecae *Nat. quaest.*, IVa, i, 2 - ii, 2

nobilissimum amnium natura extulit ante humani generis oculos et ita disposuit, ut eo tempore inundaret Egyptum, quo maxime usta fervoribus terra undas alicuius traheret, tantum usura, quantum siccitati annue sufficere possit. Nam in ea parte qua in Ethiopiam vergit, aut nulli imbres sunt aut rari, et qui insuetam aquis celestibus terram non 5 adiuvent. Unam Egyptus in hoc spem suam habet: proinde aut sterilis annus aut fertilis est, prout ille magnus influxit aut parcior. 'Nemo haratorum respicit celum.' Circa Memphim demum liber et per campestria vagus, in plura scinditur flumina manuque canalibus factis, ut sit modus in derivancium potestate, per totam currit Egyptum. Inicio 10 deducitur, deinde continuatis aquis in faciem lati ac turbidi maris stagnat. Cursum illi violentiamque eripit latitudo regionum, in quas extenditur dextra levaque totam amplexus Egyptum. Quantum crevit Nilus, tantum spei in annum est. Nec computacio fallit agricolam: adeo ad mensuram fluminis, respondet quam fertilem facit Nilus. Is arenoso ac sitienti solo et 15 aquam inducit et terram; nam cum turbulentus fiat omnem in siccis atque hyantibus locis fecem relinquid et, quicquid fecis pingue tulit, arentibus locis allinit, iuvatque agros duabus ex causis, et quod inun-[239^B]-dat, et quod oblimat. Itaque quicquid non adivit, sterile ac squalidum iacet. Si crevit super debitum, nocuit. Mira itaque natura fluminis, quod cum 20 ceteri amnes abluant terras et eviscerent, Nilus, tanto ceteris maior, adeo nichil excedit nec abradit, ut contra adiciat vires nimiumque in eo sit, quod solum temperat. Illato enim limo harenas saturat ac iungit, debetque illi Egyptus non tantum fertilitatem terrarum suarum sed etiam sterilitates ipsas. Illa facies pulcherima est, cum iam se in agros Nilus 25 ingessit. Latent campi operteque sunt valles, opida silvarum modo exstant, nullum in mediterraneis nisi per navigia commercium est, maiorque est leticia gentibus, quo minus terrarum suarum vident. Sic cum se ripis continet Nilus, per septena hostia in mare emittitur. Quodcumque ex hiis eligeris, mare est, multos nichilominus ignobiles 30 ramos in aliud aque litus porrigit. Ceterum beluas marinis vel magnitudine vel noxa pares educat, et ex eo quantus sit, existimari potest, quod ingentia animalia et pabulo sufficienti et ad vagandum loco continet." Habet autem hic fluvius cocodrillos.

     4. Et sicut refert Balbillus, in omni genere literarum vir clarus, 35 quodam tempore ab Heracleontico portu Nili, quod est maximum,

---

7 fertilis] sterilis *BQ*   9 scinditur] cinditur *BQ*   9 canalibus] carnalibus *BQ*   14 annum] annus *BQ*   24-25 fertilitatem ... ipsas] *correxi:* fertilitatem terrarum suarum vident sed ipsas *B;* sterilitatem quam ipsas sterilitates *P*   35 Balbillus] Basilius *RCHP*

---

8 Senecae *Nat. quaest.*, IVa, ii, 8-12   35 Cf. *Nat. quaest.*, IVa, ii, 13-15

delphini a mari concurrentes, et cocodrilli a flumine adversum agmen
agentes, prelium inhierunt, cocodrillis victis ab animalibus placidis
morsuque innoxiis. Sed is est modus victorie: Cum cocodrillis superior
pars corporis dura sit et inpenetrabilis, inferior tamen pars mollis ac
5 tenera est, hanc partem delfini spinis quas dorso eminentes gerunt,
submersi vulnerant, et cocodrillorum agmen in adversum dividunt.
Ceteri vero acie versa refugiunt.

5. Sunt autem, ut dicunt, tres cause inundacionis Nili. Quarum
prima est in locis quibusdam per que decurrit nimium resolucio. Secunda
10 vero causa sunt ethesie flantes et renitentes eius cursui. Terciam vero
causam aiunt calorem in hyeme sub terra et estate frigus. "Ethesie autem
sunt flabra aquilonis, quibus nomen inditum est quod certo anni tempore
flatus agere incipiunt; *eniautos* enim grece, annus latine dicitur. Hee
autem cursum rectum a borea in Egyptum ferunt, quibus auster
15 contrarius est."

Cap. XIII, 1. Tygris vero, ut ait Ysidorus, fluvius est Mesopotamie et
"pergens contra Assyrios, et post multos circuitus in mare Mortuum
influens. Vocatus autem hoc nomine propter velocitatem, instar bestie
nimia pernicitate currentis." Tygris namque bestia vocata est sic propter
20 velocem fugam. Ita enim nominant per se et Medi sagittam. Ex huius
itaque nomine flumen Tygris vocatur, quod is rapidissimus sit omnium
fluviorum.

2. Plinius dicit quod Tygris "fertur et cursu calore dissimilis
transiectusque occurrente Tauro monte, in specu mergitur subterque
25 mersus a latere altero eius eripit; lacus vocant Zoaranda. Et eundem esse
manifestum est quod demersa profert in alterum, demum transit locum
qui topicis appellatur rursusque in cuniculos mergitur; et post XXV
(milia) passus circa Nimpheum redditur."

Cap. XIV, 1. "Eufrates vero fluvius est Mesopotamie de paradiso
30 exoriens, copiosissimus gemmis, qui per mediam Babiloniam influit. Hic
a frugibus vel ab ubertate nomen accepit, nam hebrayce Eufrata
'fertilitas' interpretatur. Mesopotamiam etenim in quibusdam locis ita
irrigat, sicut Nilus Alexandriam. Salustius autem, auctor certissimus,
asserit Tygrim et Eufratem uno fonte manare in Armenia, qui per diversa

1 adversum] adversus *RCHP*   2 inhierunt] imerunt *RCH*   5 quas] quasi
RCHP   6-7 submersi ... refugiunt *om.' RCHP*   20 fugam] fugem *B*   23 calore]
colore *RP*   26-27 manifestum ... appellatur *om. BQ*   28 milia *om. codd.*

11 Isid. *Etym.*, XIII, xi, 15   16 *Etym.*, XIII, xxi, 9   23 Plinii *Nat. hist.*, VI, xxvii, 31,
128 (ed. Sillig, I, 447-448)   29 Isid. *Etym.*, XIII, xxi, 10   33 Cf. Sallustii *Historiae*, IV,
77

[239^C] euntes, longius dividuntur spacio medio relictorum multorum milium; que tamen terra que ab ipsis ambitur, Mesopotamia dicitur," quasi media duobus fluminibus interclusa, dicta a *mesos,* quod est medius, et *potamos,* quod est fluvius.

2. Ieronimus: Iccirco omissa sunt loca per que vadit Eufrates, quia 5 populus Israel qui hanc scripturam erat lecturus poterat proprio intuitu hec dinoscere, et hoc racione non vacat. Quod sicut *spiritus ubi vult spirat, et vocem eius audis, et nescis unde veniat aut quo vadat;* sic eciam aqua qua est quos spiritus vult sanctificat. Ignotis ad nos viis veniat ad ignota nobis redeat. 10

Cap. XV, 1. Ista igitur quatuor flumina de uno fluvio paradisi nascuntur, qui fluvius irrigat paradisum, ut Beda dicit, sicut Nilus plana Egypti irrigat. Posset tamen intelligi hec irrigacio non per inundacionem facta, sed per infusionem terre per occultos meatus et subtiles sparso eius humore. Hec autem flumina in locis nobis notis habent fontes et 15 erupciones de terra. Phison enim, qui Ganges dicitur, in locis Caucasi montis exoritur; Geon, qui et Nilus, non procul ab Athlante, qui est finis Affrice ad orientem; Tygris et Eufrates uno se fonte resolvunt in Armenia et mox abiunctis dissociantur aquis. Unde colligi potest quod hec flumina de paradiso exeuncia per quatuor divisiones post aliquantum super 20 terram decursum iterum a terra absorbentur, et post aliquantum decursum sub terra erumpunt secundo et forte tercio aliqui eorum vel plures de terra in locis et fontibus nobis ignotis.

Cap. XVI, 1. Evilath regio Indie est, que post diluvium possessa est ab Evila, filio Ethan, filii Eber patriarche Hebreorum. Iste tamen Ethan 25 in libro Geneseos X et in libro Paralipomenon I dictus est Iectan. Evilath autem scribitur per 'v' consonantem et 'i' vocalem sequentem, quod patet per scripturam grecam et ex testimonio Ieronimi, qui in interpretacionibus suis ponit hoc nomen Evilath inter ea que habent 'v' consonantem ante 'i' vocalem. Nascitur autem aurum in decursu huius 30 fluvii, quia, ut ait Plinius, "regiones Indie pre ceteris venis aureis habundat." Et secundum auctoritatem Ieronimi suprascriptam, in decursu huius fluvii sunt montes aurei.

---

1 relictorum] relicto *RCP*   7 hec] hoc *QRCHP*   19 dissociantur] dissolvuntur *RH;* dissolvantur *CP*   23 ignotis] notis *BQ*   26 X *add. inter lin. B*   26 I *add. inter lin. B*   27-30 sequentem ... vocalem *om. Q*   28 Ieronimi] Ieronimo *B*

---

5 Cf. Bedae *Hex., (PL,* XCI, 46D-47A); vide J. T. Muckle, "Did Robert Grosseteste Attribute the Hexameron of St. Venerable Bede to St. Jerome?" pp. 242-244   7 Joan. III:8   12 Cf. Bedae *Hex. (PL,* XCI, 41C)   16 Cf. *Hex.* (45C-46A)   26 Gen. X:25, 26, 29; 1 Par. I:19, 20, 23   31 *Glossa ordinaria,* Gen. II:10-14 *(PL,* CXIII, 87C)

Cap. XVII, 1. Bdellium, secundum Plinium, arbor est aromatica, colore nigra, magnitudine olee, fructu assimilatur caprificis. Habet vero gummi quod alii *procon* appellant, alii *malachan,* alii *maldichon.* Est autem translucidum subalbidum simile fere odoratum; et cum fricatur
5 pingue, gustu amarum, odoracius vini infusione. Nasciturque hec arbor in Arabia Indiaque et Babilone. Huius arboris eciam "Liber numerorum meminit dicens: *Erat man quasi semen coriandri, coloris bdellii,* id est lucidi et subalbidi.

Cap. XVIII, 1. "Onix autem dicta est quod habeat in se permixtum
10 candorem in similitudinem unguis humane. Greci enim unguem onicem vocant. Hanc India vel Arabia gignit, sed distant adinvicem, nam indica ignis colorem habet, albis cingentibus zonis; Arabica autem nigra est cum candidis zonis." Dicunt eciam quod collo suspensus onix digitove ligatus in sompnes lemures et tristia cunta figurat, multiplicat lites et commovet
15 undique rixas. Alia translacio habet, ut supra dictum est, quod "ibi est carbunculus et lapis prassinus."

Cap. XIX, 1. Est autem carbunculus gemma, ut dicunt, radios lucens in tenebris, et inde "carbunculus dictus est quod sit ignitus, [239^D] ut carbo, cuius fulgor nec nocte vincitur. Lucet enim in tenebris adeo ut
20 flammas ad oculos vibret. Genera eius XII sunt, sed prestantiores sunt qui videntur fulgere et velud ignem effundere. Carbunculus autem grece *antrax* dicitur. Gignitur in Libia apud Trogloditas." Et, ut dicit Plinius, appellantur eciam masculi, qui refulgent acrius, et femine, qui refulgent languidius, et inveniuntur maxime solis repercussu. Unum autem
25 carbunculi genus tecto obumbratum, purpureum videtur, sub celo flammeos habet radios et scintillantes, cera signante. Hoc genere liquescit quamvis in opaco est. Et unum genus carbunculi, quod antratitis dicitur, precinctum candida vena, cuius color igneus est. Sed hoc habet peculiare quod iactatum in igne velud intermortuum extinguitur, contra
30 aquis perfusum, exardescit.

Cap. XX, 1. Prassinus autem lapis idem est quod viridis lapis, nam *prassos* grece 'porrus' vocatur latine, a cuius succi similitudine dicitur lapis prassius sive prassinus.

2 olee] olive *P;* colore nigra *add. B*   3 alii maldichon *om. P*   7 Erat] Erant *B*   16-17 et ... gemma *om. P*   17 dicunt] quidam gemma *add. P*   17 radios] radiosa *RCHP*   19 Lucet] Lux *B*   24 languidius] linguidius *BQ*

1 Plinii *Nat. hist.,* XII, ix, 19, 35 (ed. Sillig, II, 339)   6 Bedae *Hex.,* I (*PL,* XCI, 46B-C)   7 Num. XI:7   14-15 Cf. Grosseteste *Comm. in Psalmos* (MS Bologna, Archiginnasio A. 983, fol. 31^A); vide infra, XI, xxiv, 4   18 Isid. *Etym.,* XVI, xiv, 1   22 Cf. Plinii *Nat. hist.,* XXXVII, vii, 25-27, 92-99 (ed. Sillig, V, 416-419)   27 Cf. Isid. *Etym.,* XVI, xiv, 2

Cap. XXI, 1. Puto autem quod per lapidem prassinum velit significare smaragdum, sicut in suprapositis verbis Ieronimi satis insinuatur. Nam smaragdus nimie viriditatis est, adeo ut herbas virentes, frondes, gemmas eciam superet omnes, inficiens circa se viriditate repercussum aerem, qui mero et viridi proficit oleo quamvis natura 5 imbuatur. Cuius genera sunt plurima, sed nobiliores Scitici; secundum locum tenent Bactriani; tercium Egypcii. "Sculpentibus gemmas, nulla gracior oculorum refectio est. Cuius corpus si extentum est, sicut speculum reddit ymagines. Quippe Nero Cesar gladiatorum pugnam in smaragdo expectabat. Colliguntur in commissuris agrorum flante 10 aquilone; tunc enim tellure deoperata intermicant, quia hiis ventis maxime harene moventur." Hic lapis, ut creditur, auget opes, prestat facundiam, fugat enutriceum, caducos sanat, tempestates avertit, castimoniam tribuit. "Theofrastus vero tradit in commentariis Egyptiorum reperiri regi eorum a rege Babilo munere missum 15 smaragdum quatuor cubitorum longitudine, trium latitudine." Ipse autem Theofrastus scribit in Herculis templo esse pilam e smaragdo, que pocius iaspis quam smaragdus sit. Nam et hoc genus reperitur in Cypro, quod dimidia parte smaragdus et dimidia parte lapis sit, nondum humore in totum transfigurato. Apio vero cognominatur plistonices scriptum 20 reliquit esse in laberinto Egypti colosum Serapis e smaragdo novem cubitorum.

Cap. XXII, 1. Fluvius egrediens de paradiso signat Dominum Iesum Christum, qui dicit in Iohanne: *Siquis sitit, veniat ad me, et bibat.* Ipse enim est fons vite, de quo dicit Psalmista ad Patrem: *Quoniam apud te est* 25 *fons vite.* Iste fons dividitur in quatuor divisiones, quia vita et doctrina Iesus Christi dispartitur in quatuor tractatus quatuor ewangelistarum.

2. Sacra quoque Scriptura per fontem paradisi similiter designatur, que tota Scriptura tandem dispartitur in quadripartitam doctrinam ewangelicam, eo enim tendit quicquid in tota continetur Scriptura. Sicut 30 igitur dicit Rabanus, quatuor hic nominata flumina "significant quatuor ewangelia que quatuor ewangeliste conscripserunt. Geon fluvius, qui pectus [240^A] vel preruptum interpretatur, signat ewangelium Mathei, quod primum conscriptum est ab eo auctore hebrayca lingua, et a

---

12 ut] si *BQ*   14 commentariis] commentarium *P*   15 Babilo] Babilonio *R;* Babilonie *CHP*   20 Apio] ispis *R;* iaspis *CH*   28 Scriptura *om. BQ*   29 in *om. BQ*

---

3 Isid. *Etym.*, XVI, vii, 1-2; cit. etiam apud Grosseteste *Comm. in Psalmos* (MS Bologna, Archiginnasio A. 983, fol. 30^A) et *Dictum* 100   14 Plinii *Nat. hist.*, XXXVII, v, 19, 74-75 (ed. Sillig, V, 407)   24 Joan. VII:37   25 Psalm. XXXV:10   31 Rabani *De universo*, XI, 10 (*PL*, CXI, 320B-321A)   33 Cf. Hier. *Praef. in IIII evang.* (*PL*, XXIX, 559A)

genealogiis Salvatoris incipiens, breviter nativitatem Domini notat,
magnorumque adventum ad ipsum Salvatorem, et parvulorum ab
Herode occisionem, postea baptismum eius commemorans, et in deserto
ieiunium atque temptaciones, quibus a diabolo temptatus est, mox ad
5 ewangelii predicacionem et miraculorum facturam transit; sicque ad
passionem eius perveniens, resurexisse eum a mortuis ostendit; et
discipulis in Galilea apparuisse, ad predicacionem ewangelii eos misisse.
Et terram Ethiopie et spiritalis Egypti Nili fluentis dogmatum irrigat,
quatinus fructum fidei et bonorum operum proferat. Unde ipse
10 ewangelista in ecclesiastica hystoria describitur in Ethiopie partibus
ipsum ewangelium predicasse et martirio consummatum esse.

3. "Ganges vero, hic est Phison, qui interpretatur 'caterva' sive 'oris
mutacio', signat ewangelium Marci, quod de genealogia Salvatoris
secundum carnem parum narrat. De predicacione autem eius et de
15 miraculis catervatim que ceteri ewangeliste plenius narrant, in unum
codicem colligit; et sic ad passionem Christi perveniens, resurrectionem
et a mortuis, in celum eum ascendisse, et apostolos post ascencionem eius
mundo predicasse demonstrat.

4. "Tigris vero bene potest convenire ewangelio Luce, qui primum a
20 sacerdocio Zacharie, et de nativitate Iohannis incipiens, annunciacionem
angeli ad Mariam virginem, et nativitatem Salvatoris consequenter
annunciat. Sicque genealogiam eius circa baptismatis narracionem
commemorans, transit ad exponendam predicacionem eius et
miraculorum facturam; et velociter transcurrens omnia atque passionem
25 Domini et resurreccionem describens eum ascendisse ad celos, discipulos
Domini collaudasse in templo, breviter et succinte omnia comprehendit.

5. "Eufrates autem fluvius, que interpretatur 'frugifer' sive
'crescens,' optime convenit evangelio Iohannis, qui de divina
generacione Salvatoris inchoans maxime ea que ad divinam eius naturam
30 exponenda pertinebant, descripsit et terram ecclesie ad germen spiritale
et fructum virtutum proferendum irrigavit; scientieque spiritualis illi opes
contulit."

Cap. XXIII, 1. Fons eciam iste allegorice significat baptismum, qui
irrigat ecclesiam tanquam paradisum; et dividitur in quatuor particiones,
35 quia per quatuor mundi partes abluit et regenerat credentes. Fluvius
eciam iste quadrifarie dispartitur, cum sacra Scriptura quadrupliciter
exponitur, id est hystorice, allegorice, tropologie et secundum anagogen.
Moraliter fons paradisi signat Spiritum Sanctum, sive caritatem,

---

8 Irrigat om. BQ   30 spiritale] spiritalem B

secundum illud quod scribitur in Iohanne: *Aqua quam ego dabo fiet in eo fons aque salientis in vitam eternam.* Et iterum: *Qui credit in me flumina de ventre eius fluent aque vive.* Hoc autem dixit de spiritu quem accepturi erant credentes in eum. Signat eciam fons iste affluenciam interne iocunditatis et voluptatis, que significatur per Eden. De qua dicit 5 Psalmista: *Torrente voluptatis tue potabis eos.* Iste igitur fons dispartitur in quatuor divisiones, id est in quatuor cardinales virtutes.

Cap. XXIV, 1. Fison enim signat prudenciam. Interpretatur namque Fison oris mutacio, et prudencia ad capacitatem auditorum inmutat verba sua. Et secundum vocem Apostoli omnibus omnia facta est. Unde et 10 grece dicitur *panurgia* quasi 'omnia [240^B] operans,' quia per prudenciam omnia opera moderantur et disponuntur. Interpretatur eciam, ut dicunt, Phison 'os pupille,' quia quicquid loquitur prudencia procedit de interioris oculi, id est intelligencie, pupilla.

2. Iste fluvius circuit omnem terram Evilath. Evilath namque 15 interpretatur dolens sive parturiens, et prudencia quemadmodum semper *addit scientiam,* sic per vocem Ecclesiastis *addit: et dolorem.* Dolens enim considerat quam sit terrenum quod perdidit, et invenit salubre consilium temporale hoc despicere quod percurrit. Et quo magis crescit consilii scientia ut peritura deserat, eo magis augetur dolor quod 20 nec dum ad mansura pertingat. Summum quoque opus est prudencie suam propriam infirmitatem discutere, qua discussa et inventa non potest eam prudencia non lugere, sed eam dolens, enititur que ad salutem dirigunt parturire.

3. Item circuit terram Evilath enitendo "in contemplacionem 25 veritatis ab omni ore humano aliene, quia ineffabilis est, quam si loqui velis, parturis eam pocius quam faris, quia ibi audivit Apostolus: *Ineffabilia verba que non licet homini loqui."* In decursu eciam huius fluminis nascitur aurum, "id est, recte vivendi disciplina que ab omnibus terrenis sordibus, quasi decocta nitescit." Optimum est autem huius 30 fluminis aurum, quia disciplina vivendi quam tradidit prudencia vera, id est doctrina Iesus Christi, que propriam circuit infirmitatem ut parturiat

---

4 interne] eterne *RCHP*   6 dispartitur] dispergitur *Q*   18 terrenum] eternum *B*   21 mansura] mensura *BR*   24 parturire] pertinere *Q*   27 faris] facis *RHP*   30 sordibus] sorditur *B*   31 tradidit] tradit *P*

1 Joan. IV:14   2 Joan. VII:38   3 Cf. Aug. *De Gen. contra Man.,* II, x, 13 (*PL,* XXXIV, 203)   6 Psalm. XXXV:9   8 Cf. Hier. *De nom. hebr.,* 10 (*PL,* XXIII, 823)   12 Hier. loc. cit.   15 Cf. *De nom. hebr.,* 9 (822)   25 Aug. *De Gen. contra Man.,* II, x, 14 (*PL,* XXXIV, 203-204)   28 2 Cor. XII:4   29 Aug. loc. cit.

spiritum salutis, vincit incomparabiliter omnes disciplinas vivendi traditas a filosophis et a sapientibus huius mundi. Ubi eciam prudencia circuit dolens et gemens proprias infirmitates, ibi nascitur bdellium, arbor scilicet aromatica; hoc est, ibi excrescit secundum normam
5 prudencie robur operacionis bone, expandens undique odorem bone opinionis, extendens manum in largicionem misericordie, quod insinuatur per magnitudinem olee.

4. Unde Sapientia, que non est aliud quam prudentia, dicit de se: *Quasi oliva speciosa in campis, et quasi platanus exaltata sum iuxta aquam*
10 *in plateis,* occultans illud ab humani favoris nitore, quasi subingredinis colore. In decursu eciam prudencie invenitur lapis onichinus, quia mentes hominum quibus ipsa preest, candore niveo per mundiciam cogitacionum induit, et faucibis superne dilectionis accendit. Prudencia quoque in meditacione et sermone et opere per prudenciam et
15 circumspectionem prefigurat et preformat sibi cunta tristicia que possunt accidere; ut si accidant, previsa minus ledant. Multiplicatque lites et commovet undique rixas contra seculi blandicias, et nulla ex parte cum viciis vult pacem inire. Invenitur eciam apud hunc fluvium carbunculus, hoc est lux veritatis, que nulla falsitatis obscuritate vincitur, que
20 repercussione solis intelligencie invenitur. Hec eciam pertingit ad viriditatem eterne vite, que lapide prassino propter virorem significatur. Prudencia quoque est que opes auget spiritales, de quibus dicit Psalmista: *In via testimoniorum tuorum delectatus sum, sicut in omnibus diviciis;* et de quibus ait Apostolus ad Corinthios: *Gracias ago Deo...quia in*
25 *omnibus divites facti estis in illo, in omni verbo, et in omni scientia, sicut testimonium Christi confirmatum est in vobis.* Hec eciam prestat facundiam ad eloquendum sermones Dei. Fugat eciam omnem innaturalem colorem avaricie et iracundie. Sanat casum per lapsum peccati. Avertit tempestates, quia prudencia habens sermonem mollem,
30 ut dicit Salomon, frangit [240^C] iram. *Sermo namque mollis frangit iram; sermo durus suscitat furorem.* Tribuit eciam illam castimoniam, de qua dicit Apostolus: *Despondi enim vos viro virginem castam exibere Christo,* quia igitur hee proprietates lapidis prassini spiritaliter inveniuntur in prudencia, bene fluvius qui significat 'prudenciam habere' dicitur

---

4 scilicet *om. P*   13 cogitacionum] cogitacionem *B;* cognicionem *Q*   13 faucibus] fascibus *BQ*   15 tristicia] tristia *QRCP*   19 falsitatis] falsitas *RC*   19 falsitatis obscuritate] obscuritatis falsitate *P*   21 virorem] vigorem *Q*   27 eloquendum] elevandum *R*   28 Sanat] Faciat *Q;* Levat *P*

9 Eccli. XXIV:19   19 Aug. *De Gen. contra Man.,* II, x, 14 (*PL,* XXXIV, 204)   23 Psalm. CXVIII:14   24 1 Cor. I:5   29 Prov. XV:1   32 2 Cor. XI:2

lapidem prassinum. Quod Phison significet prudenciam, que non est aliud quam sapiencia, satis insinuatur in Ecclesiastico, ubi dicitur: *Qui implet quasi Phison sapientiam.*

5. Convenit eciam sapientie et prudencie hoc, quod dicit Iosephus videlicet quod hoc nomen Phison inundacionem signat. Ait enim 5 Sapientia: *Ego sapientia effudi flumina;* et paulo post: *Sicut aqueductus exivi de paradiso. Dixi: rigabo hortum meum plantacionum, et inebriabo prati mei fructum;* et post addit: *Adhuc doctrinam quasi propheticam effundam, et relinquam illam querentibus sapientiam, et non desinam in progenies illorum usque in evum sanctum. Videte quoniam non soli michi* 10 *laboravi, sed omnibus exquirentibus veritatem.* Magna est igitur hec inundacio que in omnium extendit utilitatem. Congruit eciam prudencie hoc, quod Phison interpretatur 'caterva,' eo quod "decem fluminibus magnis sibi adiunctis impletur et efficitur unus." Prudencia namque est scientia agendorum et omittendorum; et ista scientia colligitur et 15 completur ex decem mandatis Decalogi sibi invicem coniunctis. Quicquid enim agendum et omittendum est, in decem mandatis Decalogi insinuatur.

6. Geon autem significat temperanciam. Interpretatur enim 'hyatus terre.' Et temperancia omnis motus carnis illicitos absorbet et eorum 20 dehiscit terrenitatem. Circuit eciam Ethiopiam, ubi sunt nigri colores hominum et multa exustio solis, quia temperancia omnia incentiva libidinum et cecros mores absorbendo consumit. Augustinus autem dicit quod iste fluvius "qui circuit Ethiopiam multum calidam atque ferventem signat fortitudinem calore accionis alacrem atque impigram." 25 Interpretatur eciam Geon 'pectus,' sive 'prerumptum,' que interpretacio utrique dicte virtuti satis potest convenire. Temperancia namque pectoris consilio omnes motus lascivos referat, et quasi pectoris obstaculum prerumptum impetui concupiscenciarum opponit. Similiter et fortitudo omnibus incurrentibus adversitatibus audacter opponit pectus, et suscipit 30 in scuto pectoris omnium adversitatum insultus.

7. Tygris autem nimia velocitate signat fortitudinem et *vadit contra Assyrios,* hoc est, contra adversarios et dirigentes se per superbiam. Iste

---

21 dehiscit] deicit *RHP*   23 cecros] certos *RHP;* ceteros *Q*   27 dicte] date *Q*   28 referat] refrenat *RCHP*

2 Eccli. XXIV:35   4 Cf. Josephi *Ant. Jud.,* I, i, 3, 38 (ed. Blatt, p. 128)   6 Eccli. XXIV:40   6 Eccli. XXIV:41-42   8 Eccli. XXIV:46-47   13 Isid. *Etym.,* XIII, xxi, 8   19 Cf. Ambr. *De paradiso,* 3, 16 (*CSEL,* XXXII.1, 275)   24 Aug. *De Gen.contra Man.,* II, x, 14 (*PL, XXXIV,* 204)   26 Hier. *De nom. hebr.,* 11 (*PL,* XXIII, 823)

fluvius, secundum Augustinum, "signat temperanciam que resistit
libidini multum adversanti consiliis prudencie."

8. Eufrates autem signat iusticiam. Interpretatur enim 'frugifer' sive
'fertilitas' sive 'recens,' nec dictum est contra quos vadit iste fluvius, aut
5 quam terram circueat. Quia, ut ait Augustinus: "Iusticia ad omnes partes
anime pertinet, quia ipsa ordo et equitas anime est, qua sibi tria ista
concorditer copulantur: prudencia, videlicet, fortitudo, et temperancia;
et ista copulacione atque ordinacione perficiunt iusticiam,"

9. Si autem referamus Geon, id est Nilum, ad significandam
10 temperanciam, bene congruent eiusdem fluvii proprietates, utpote quod
ipse sua inundacione terram Egypti allivit et rigat, redditque fructiferam.
Sine temperancia namque caro humana ardore libidinis exusta harenosa
redditur et sterilis. In irrigacione vero temperancie, redditur caro
fructifera, quia, sicut dicit Seneca, temperancia bonam facit valitudinem,
15 voluptatibus imperat; alias odit atque ab-[240^D]-igit, alias dispensas et ad
sanum modum redigit; nec unquam ad illas propter ipsas venit, scit
optimum esse modum cupitorum non quantum velis, sed quantum
debeas sumere. Cibo famem sedat, potione situm extinguit, veste arcet
frigus, domo se munit, contra infesta corporis. Hanc utrum cespes
20 erexerit an parius lapis, non curat; contempnit omnia que supervacuus
labor velud ornamentum aut decus ponit; hoc est fertilitas frugum, quam
sua inundacione germinare facit fluvius temperancie de terra carnis
misericordie.

Cap. XXV, 1. Ambrosius autem in libro *De paradiso* exponit
25 similiter ista quatuor flumina in designacionem IIII^{or} virtutum
cardinalium, et addit quedam preter supradicta, et de significacione
namque secundi fluvii affert hystoricam racionem sic inquiens:
"Secundus est fluvius Geon, iusta quem latum est Israelitis, cum essent in
Egypto constituti, ut ex Egypto recederent et succincti lumbos agnum
30 ederent, quod insigne est temperancie; castos enim et sanctificatos
oportet Domini pascha celebrare. Et ideo iuxta istum fluvium legitima
primo observancia constituta est, quia significat hoc nomen quendam
terre hyatum. Sicut igitur terra et quecumque vel purgamenta vel frondes
in eo sunt hyatus absorbet, ista castitas omnes corporis passiones abolere
35 consuevit, meritoque ibi primum observancie constitucio, quia per legem
absorbetur carnale peccatum. Bene igitur Geon, in quo est figura

11 allivit] alluit *R*   18 sedat] cedat *QRP*   19 cespes] vespes *P*   20 parius] farius
R   21 hoc] hec *QRH*

1 Aug. loc. cit.   3 Hier. *De nom. hebr.* 9 (*PL*, XXIII, 822)   5 Aug. *De Gen. contra
Man.*, II, x, 14 (*PL*, XXXIV, 204)   14 Cf. Senecae *Epist.* VIII, 4-5   28 Ambr. *De
paradiso*, 3, 16-17 (*CSEL*, XXXII.1, 275-276)

castitatis, circuire terram Ethiopiam dicitur, ut abluat corpus abiectum et carnis vilissime restringuat incendium. Ethiopia enim abiecta est et vilis, latina interpretacione signatur. Quid autem abiectius nostro corpore? Quid tam Ethiopie simile, quod eciam nigrum est quibusdam tenebris peccatorum?" De quarto quoque fluvio dicit in eodem libro: "Quartus 5 fluvius est Eufrates, qui latine fecunditas atque habundancia fructuum nuncupatur; prefert quoddam insigne iusticie, que omnem animam pascit. Nulla enim habundanciores videtur fructus habere virtus quam equitas atque iusticia, que magis aliis quam sibi prodest, utilitates suas negligit, communia emolumenta preponens. Plerique Eufraten ἀπ(ὸ) 10 τοῦ εὐφϱενσ(θ)αι dictum putant, hoc est a letando, eo quod hominum genus nullo magis quam iusticia et equitate letetur. Causam autem cur ceteri qua commeant fluvii describantur, regiones locorum qua Eufrates commeat non describantur, illam accipimus, quia aqua eius vitalis asseritur et que foveat atque augeat. Unde Auxen eum Hebreorum et 15 Assyriorum prudentes dixerunt, contra autem fertur esse aqua aliorum fluminum; deinde, quia ubi prudencia ibi et malicia, ubi fortitudo ibi iracundia, ubi temperancia ibi intemperancia, plerumque esse et alia vicia; ubi autem iusticia, ibi concordia esse virtutum ceterarum. Ideo non ex locis qua fluit, hoc est non ex parte cognoscitur. Non enim per sese est 20 iusticia, sed quasi mater est omnium. In hiis igitur fluminibus quatuor, virtutes principales quatuor exprimuntur, que veluti mundi istius incluserunt tempora.

2. "Primum igitur tempus ex mundi principio usque ad diluvium prudencie fuit, quo in tempore iusti numerantur Abel a Deo dicente: Hic 25 est homo ad ymaginem Dei factus, Enos, qui speravit (invocare) nomen Domini Dei, et Enoch, qui dicitur latine 'Dei gracia,' raptus ad celum, et Noe, qui et ipse [241^A] iustus et quedam requietis directio. Secundum tempus et Abraham et Ysaac et Iacob reliquorumque numerus patriarcharum, in quibus casta et pura quedam temperancia religionis 30 effulsit. Immaculatus enim Ysaac per repromissionem Abrahe datus filius, non tam corporalis partus quam divine munus preferens indulgencie, in quo vere immaculati figura precessit, ut Apostolus docet dicens quia *Abrahe dicte sunt repromissiones et semini eius. Non dicit: seminibus tanquam in multis, sed sicut in uno: et semini tuo, qui est* 35 *Christus.* Tercium tempus est in Moysi lege et ceteris prophetis. *Deficiet*

10-11 *Litteras latinas superscribit B; graecum illegibile QRCH; om. P*   26 invocare *om.*
codd.   30 casta] castra *BQ*

---

5 — 329.34 Ambr. *De paradiso* 3, 18-23 (*CSEL*, XXXII.1, 276-280)   34 Galat.
III:16   36 Hebr. XI:32-34

enim me tempus enarrando de Gedeon Barach Sampsone, Salomone,
David, et Samuele, et ceteris prophetis, Anania Azaria, Misael, Daniel,
Helya, Heliseo, qui per fidem divicerunt regna, operati sunt iusticiam,
perfecerunt repromissiones, obstruxerunt ora leonum, extinxerunt
5 *virtutem ignis, effugerunt aciem gladii, evaluerunt de infirmitate, fortes*
fuerunt in bello, castra ceperunt exterorum. Non inmerito igitur in hiis
species est fortitudinis. Secti enim sunt, sicut infra habes, temptati,
mactacione gladii mortui. *Circuerunt in caprinis pellibus, egentes,*
angustiati et doloribus afflicti, quorum meritis non erat dignus orbis, in
10 *solitudinibus errantes, in montibus et in speluncis et in foveis terre.* Recte
igitur in his speciem fortitudinis collocamus.

    3. "Secundum evangelium autem digna est figura iusticie, quia
virtus est *in salutem omni credenti.* Denique ipse Dominus ait: *Sine nos*
implere omnem iusticiam, que quidem parens ceterarum est fecunda
15 virtutum, quamvis in quo aliqua harum quas diximus principalis est
virtus, in eo eciam cetere presto sint, quia ipse sibi sunt connexe
concreteque virtutes. Nam utique Abel iustus, et fortissimus ac
pacientissimus Abraham, et prudentissimi prophete, et Moyses eruditus
in omni sapientia Egypciorum maiorum honestatem estimavit Egypti
20 thesauris obprobrium Christi. Et quis sapiencior quam Daniel? Salomon
quoque sapienciam poposcit et meruit. Dictum est ergo de quatuor
virtutum fluminibus, quorum potus est utilis. Et quia Physon aurum
bonum terre et carbunculum et lapidem prassinum habere dictus est, hoc
quoque quale sit consideremus. Videtur enim nobis tanquam aurum
25 bonum Enos, qui prudenter Dei nomen scire desideravit. Enoch autem,
qui translatus est et mortem non vidit, carbunculus quidam lapis est boni
odoris, quem operibus suis sanctus Enoch Deo detulit graciam quandam
factis et moribus spirans. Noe vero tanquam prassinus lapis vitalem
colorem pretulit; siquidem diluvii tempore solus velud (ad) future
30 constitucionis vitale semen in illa archa est reservatus. Ergo bene
paradisus, qui pluribus fluminibus irrigatur, secundum orientem, non
contra orientem, hoc est secundum illum orientem, cui nomen est oriens,
id est secundum Christum, qui iubar quoddam eterne lucis effudit, et est
in Eden, hoc est in voluptate."

35   Cap. XXVI, 1. Sequitur: *Tulit igitur Dominus (Deus) hominem, et*
posuit eum in paradiso voluptatis, ut operaretur et custodiret illum. Litera

---

    5 effugerunt] effugarunt *BQ*   22 quia] qui *R; om. BQ*   29 ad *om. codd.*   35 Deus
om. codd.

    8 Hebr. XI:37 seqq.   13 Rom. I:16   13 Matth. III:15   35 Cf. J. T. Muckle,
"Grosseteste's Use of Greek Sources," p. 35

autem Septuaginta talis est: "Et sumpsit Dominus Deus hominem quem fecit, et posuit eum in paradiso, ut operaretur eum et custodiret." Quidam tamen transferentes interpretacionem Septuaginta in latinam linguam, non habent: "ut operaretur eum," sed solum: "ut operaretur et custodiret." Ieronimus dicit quod "in hoc loco pro 'voluptate' in hebreo 5 habetur Eden. Ipsi ergo [241^B] Septuaginta nunc Eden interpretati sunt 'voluptatem,' Simachus vero, qui paradisum 'florentem' ante transtulerat, hec 'amenitatem' vel 'delicias' posuit." Recapitulat igitur Moyses in hoc loco collocacionem hominis in paradiso, ubi addat adquid ibidem collocatus fuerit, scilicet de agro damasceno et quale preceptum 10 ibi custodire debuit. *Tulit* itaque *hominem,* hoc est eum factum extra paradisum apprehendit, et de terra ubi formatus erat in paradisum transtulit. Et, ut dicit Iosephus, plantacionum solicitudinem habere precepit. Et hoc est quod ait: *ut operaretur paradisum.*

Cap. XXVII, 1. Sed nunquid ad laborem ante peccatum dampnatur 15 est homo? Nequaquam. Cum enim, ut dicit Augustinus: "Videamus tanta voluntate animi agricolari quosdam, ut eis maxima pena sit inde ad aliud avocari," ad delicias et iocunditatem commissa est homini in paradiso cura agricolandi. "Quicquid enim deliciarum habet agricultura? Tunc utique longius erat, quando nichil accedebat adversi vel ex terra vel 20 celo, quando non erat laboris afflictio, sed exultacio voluptatis, cum ea, que Deus creaverat, humani corporis adiutorio lecius feraciusque provenirent: unde Creator ipse uberius laudaretur, qui anime in corpore animali constitute racionem dedisset operandi ac facultatem, quantum animo volenti satis esset, non quantum invitum indigencia corporis 25 cogeret.

2. "Quod enim maius mirabiliusque spectaculum est, aut ubi magis cum rerum natura humana racio quodammodo loqui potest, quam cum positis seminibus, plantatis surculis, translatis arbusculis, insitis malleolis tanquam interrogatur queque vis radicis et germinis quid possit quidve 30 non possit, unde possit, unde non possit, quid in ea valeat numerorum invisibilis interiorque potencia, quid extrinsecus adhibita diligencia, inque ipsa consideracione perspicere, quia *neque qui plantat est aliquid neque qui rigat, sed qui incrementum dat, Deus,* quia et illud operis, quod accedit extrinsecus, per illum accedit, quem nichilominus creavit et quem 35 regit atque ordinat invisibiliter Deus? Hinc iam in ipsum mundum velud

---

14 precepit] precipit *QRH*   15 nunquid] nunquam *Q*   20 longius] longe amplius *RCP*   22 corporis] operis *RC;* generis *H*   23 corpore] corpori *BQ*

---

5 Hier. *Liber hebr. quaest. in Gen.,* 308 (*PL,* XXIII, 989)   13 Cf. Josephi *Ant. Jud.,* I, i, 3, 38 (ed. Blatt, p. 128)·   16 Aug. *De Gen. ad litt.,* VIII, 8 (*CSEL,* XXVIII.1, 243)   19 —335.9 *De Gen. ad litt.* VIII, 8-12 (*CSEL,* XXVIII.1, 242-250)   33 1 Cor. III:7

in quandam magnam arborem rerum, oculos cogitacionis attollitur, atque
in ipso quoque gemina operacio providencie reperitur, partim naturalis,
partim voluntaria: naturalis quidem per occultam Dei administracionem,
qua eciam lignis et herbis dat incrementum; voluntaria vero per
5 angelorum opera et hominum. Secundum illam primam celestia superius
ordinari inferiusque terrestria, luminaria sideraque fulgere, diei
noctisque vices agitari, aquis terram fundatam interlui (atque
circumflui), aerem alcius superfundi, arbusta et animalia concipi et nasci,
crescere et senescere, occidere et quicquid aliud in rebus interiore
10 naturalique motu geritur. In hac autem altera signa dari, doceri et
discere, agros coli, societates administrari, artes exerceri, et queque alia,
sive in superna societate aguntur, sive in hac terrena atque mortali, ita ut
bonis consulatur et per nescientes malos.

3. "Inque ipso homine eandem geminam providencie vigere
15 potenciam: primo erga corpus naturale, scilicet eo motu, quo fit, quo
crescit, quo senescit; voluntarium vero, quo illa ad victum, tegumentum
curacionemque consulitur.

4. "Similiter erga animam naturaliter agitur, ut vivat, ut senciat;
voluntarie vero, ut discat, ut consenciat.

20 5. "Sicut autem in [241^C] arbore id agit agricultura forinsecus, ut
illud proficiat, quod geritur intrinsecus, sic in homine secundum corpus
ei, quod intrinsecus agit natura, servit extrinsecus medicina. Itemque
secundum animam, ut natura beatificetur intrinsecus, doctrina
ministratur extrinsecus. Quod autem ad arborem colendi negligencia,
25 hoc ad corpus medendi incuria, hoc ad animam discendi segnicia. Et quod
ad arborem humor inutilis, hoc ad corpus victus exiciabilis, hoc ad
animam persuasio iniquitatis.

6. "Deus itaque super omnia, qui condidit omnia, et regit omnia,
omnes naturas bonas creat, et omnes voluntates iustus ordinat. Quid ergo
30 abhorret a vero, si credamus hominem ita in paradiso constitutum, ut
operaretur agriculturam non laborem servuli sed honesta animi
voluntatem? Quid enim hoc opere innocencius vacantibus, et quid
plenius magna consideracione providentibus? *Ut custodiret* autem quid?
An ipsum paradisum? Contra quos? Nullus certe vicinus metuebatur
35 invasor, nullus limitis perturbator, nullus fur, nullus agressor. Quomodo
ergo intellecturi sumus corporalem paradisum potuisse ab homine
corporaliter custodiri? Sed neque scripta dixit: 'ut operaretur et
custodiret paradisum,' Dixit autem: *ut operaretur et custodiret.*

---

2 naturalis] naturaliter *B*   7-8 atque circumflui *om. codd.*

Quamquam si de greco diligencius ad verbum exprimatur, ita scriptum est: *Et accepit Dominus Deus hominem quem fecit, et posuit eum in paradisum operari eum et custodire.* Sed utrum istum hominem posuit operari, hoc enim sensit, qui interpretatus est: *ut operaretur,* an eundem paradisum operari, id est ut homo paradisum operaretur, ambigue sonat, 5 et videtur magis exigere locucio, ut non dicatur: 'operaretur paradisum,' sed 'in paradiso.' Verumptamen ne forte sic dictum sit: *ut operaretur paradisum,* sicut superius dictum est: *nec erat homo qui operaretur terram,* eadem quippe locucio est 'operari terram' quam 'operari paradisum,' ambiguam sentenciam ad utrumque tractemus. 10

7. "Si enim non est necesse ut accipiamus 'paradisum custodire' sed 'in paradiso,' quid ergo in paradiso custodire? Nam quid operari in paradiso, iam, ut visum est, disseruimus. An ut quod operaretur in terra per agriculturam, in se ipso custodiret per disciplinam, id est ut sic ei ager obtemperaret colenti se, ita et ipse precipienti domino suo, ut sumpto 15 precepto obediencie fructum, non spinas inobediencie redderet? Denique, quoniam similitudinem a se culti paradisi in se ipso custodire subditus noluit, similem sibi agrum dampnatus accepit: *Spinas* inquit *et tribulos pariet tibi.*

8. "Quodsi et illud intelligam ut paradisum operaretur et paradisum 20 custodiret, operari quidem paradisum posset, sicut supra diximus, per agriculturam; custodire autem non adversus improbos aut inimicos, qui nulli erant, sed fortassis adversus bestias. Quomodo istud aut quare? Numquid enim bestie iam in hominem seviebant, quod nisi peccato non fieret? Ipse quippe bestiis omnibus ad se adductis, sicut post 25 commemoratur, nomina imposuit, ipse eciam sexto die lege Verbi Dei cum omnibus communes cibos accepit. Aut si erat iam quos timeretur [241^D] in bestiis, quonam pacto posset unus homo illum munire paradisum? Neque exiguus locus erat, quem tantus fons irrigabat. Custodire quidem ille deberet, si posset paradisum tali et tanta maceria 30 convenire, ut eo serpens non posset intrare; sed mirum si, priusquam conveniret, omnes serpentes inde posset excludere. Proinde intellectum ante oculos cur pretermittimus? Positus est quippe homo in paradiso ut operaretur eundem paradisum, sicut supra disputatum est, per agriculturam non laboriosam, sed deliciosam, et mentem prudentis 35 magna atque utilia commonentem, custodiret autem eundem paradisum ipse sibi, ne aliquid admitteret quare inde mereretur expelli. Denique

---

20 intelligam] intelligamus *RCP*   25 post] primo *BQ;* prius *P*   31 convenire] communire *RCHP*   31 ut *om. BQRCH*   32 conveniret] communiret *RCH*

18 Gen. III:18

accepit et preceptum, ut sit per quod sibi custodiat paradisum, id est quo
conservato non inde proiciatur. Recte enim quisque dicitur non
custodisse rem suam, qui sic egit ut amitteret eam, eciamsi alteri salva sit,
qui eam vel invenit vel accipere meruit.

5   9. "Est alius in hiis verbis sensus, quem puto non inmerito
preponendum, ut ipsum hominem operaretur Deus et custodiret. Sicut
enim operatur homo terram, non ut eam faciat esse terram, sed ut cultam
atque fructuosam, sic Deus hominem multo magis quem ipse creavit, ut
homo sit, eum ipse operatur ut iustus sit, si homo ab illo per superbiam
10 non abscedat. Hoc est enim apostatare a Deo, quod inicium superbie
Scriptura dicit. *Inicium,* inquit, *superbie hominis apostatare a Deo.* Quia
ergo Deus est incommutabile bonum, homo autem et secundum animam
et secundum corpus mutabilis res est, nisi ad incommutabile bonum,
quod Deus est, conversus substeterit, formari ut iustus beatusque sit, non
15 potest. Ac per hoc Deus idem qui creat hominem ut homo sit, ipse
operatur hominem atque custodit, ut eciam bonus beatusque sit.
Quapropter qua locucione dicitur homo operari terram, que iam terra
erat, ut ornata atque fecundata sit, ea locucione dicitur Deus operari
hominem, qui iam homo erat, ut pius sapiensque sit, eumque custodire,
20 quod homo sua potestate in se quam illius supra se delectatus
dominacionemque eius contempnens, tutus esse non possit.
      10. "Proinde nullo modo vacare arbitror, sed nos aliquid et magnum
aliquid admonere, quod ab ipso divini libri huius exordio, ex quo ita
ceptus est: *In principio fecit Deus celum et terram,* usque ad hunc locum,
25 nusquam positum est 'Dominus Deus,' sed tantummodo 'Deus.' Nunc
vero, ubi ad id ventum est, ut hominem in paradiso constitueret, eumque
per preceptum operaretur et custodiret, ita Scriptura locuta est: *Et
sumpsit Dominus Deus hominem quem fecit et posuit eum in paradiso
operari eum et custodire:* non quod supra dictarum creaturarum Dominus
30 non esset Deus; sed, quia hoc nec propter angelos nec propter alia que
creatura sunt, sed propter hominem scribebatur, ad eum admonendum,
quantum ei expediat habere Dominum Deum, hoc est sub eius
dominacione obedienter vivere, quam licenciose abuti propria potestate,
nusquam hoc prius ponere voluit, nisi ubi perventum est ad eum in
35 paradisum collocandum, operandum, et custodiendum, ut non diceret
sicut et cetera omnia superius: 'et sumpsit Deus hominem quem fecit,'
sed diceret: *Et sumpsit Dominus Deus hominem quem fecit, et posuit eum
in paradiso operari eum, ut iustus esset, et custodire, ut tutus esset,* ipsa

---

8 multo magis *om. BQ*   10 abscedat] abcedat *B*   31 creatura] creata *RHP*

11 Eccli. X:12

utique dominacione sua, que non est illi, sed nobis [242^A] utilis. Ille quippe nostra servitute non indiget, nos vero dominacione illius indigemus, ut operetur et custodiat nos.

11. "Et ideo verus est solus Dominus, quia non illi ad suam, sed ad nostram utilitatem salutemque servimus. Nam si nobis indigeret, eo ipso 5 non verus Dominus esset, cum per nos eius adiuvaretur necessitas, sub qua et ipse serviret. Merito ille in Psalmo: *Dixi,* inquit, *Domino: Deus meus es tu, quoniam bonorum meorum non eges.* Nec ita senciendum est quod diximus nos illi ad utilitatem nostram salutemque servire, tanquam aliud aliquid ab illo expectemus quam eum ipsum, qui summa utilitas et 10 salus nostra est; sic enim eum gratis secundum illam vocem diligimus: *Michi autem adherere Deo bonum est.* Neque enim tale aliquid est homo, ut factus deserente eo qui fecit, possit aliquid agere bene tanquam ex se ipso; sed tota eius actio bona est ad eum converti, a quo factus est, et ab eo iustus, pius, sapiens, beatusque semper fieri, non fieri et recedere, 15 sicut a corporis medico sanari et abire. Quia medicus corporis operarius fuit extrinsecus serviens nature intrinsecus operanti sub Deo, qui operatur omnem salutem gemino illo opere providencie, de quo supra locuti sumus. Nos ergo ita se debet homo ad Deum convertere, ut, cum ab eo factus fuerit iustus, abscedat, sed ita ut ab illo semper fiat. Eo quippe 20 ipso cum ab illo non discedit, eius sibi presencia iustificatur et illuminatur et beatificatur, operante et custodiente Deo, dum obedienti subiectoque dominatur. Neque enim, ut discebamus, sicut operatur homo terram ut culta atque fecunda sit, qui, cum fuerit operatus abscedit, relinquens eam vel haratam, vel satam, vel rigatam, vel siquit aliud, manente opere, quod 25 factum est, cum operator abscesserit, ita Deus operatur hominem iustum, id est iustificando eum, ut, si abscesserit, maneat in absente quod fecit. Sed pocius, sicut aer presente lumine non factus est lucidus, sed fit; quia si factus esset, non autem fieret, sed eciam absente lumine lucidus maneret, sic homo Deo sibi presente illuminatur, absente autem 30 continuo tenebratur, a quo non locorum intervallis sed voluntatis aversione disceditur. Ille itaque operetur hominem bonum atque custodiat, qui incommutabiliter bonus est. Semper ab illo fieri, semperque perfici debemus inherentes ei, et in ea conversione que ad illum est permanentes, de quo dicitur: *Michi autem adherere Deo bonum* 35 *est;* et cui dicitur: *Fortitudinem meam ad te custodiam. Ipsius enim sumus*

---

10 quam] qua *B;* quia *Q*   10 eum *om. P*   10 summa] sumpta *BQ*   14 a *om.*
BQ   17 Deo] Dei *B*   17 qui] quis *B*   23 discebamus] dicebamus *RCH*   24
operatus] operatur *BQ*   24 relinquens] relinques *BQ*   28 lumine] lune *BQ*

---

7 Psalm. XV:2   12 Psalm. LXXII:28   36 Psalm. LVIII:10   36 Ephes. II:10

figmentum non tantum ad hoc, ut homines simus, sed ad hoc eciam, ut boni simus. Nam et Apostolus cum fidelibus ab impietate conversis graciam, qua salvi facti sumus, commendaret; *gracia enim,* inquit, *salvi facti estis per fidem; et hoc non ex vobis, sed Dei donum est, non ex*
5 *operibus, ne forte quis extollatur. Ipsius enim sumus figmentum creati in Christo Iesu in operibus bonis, que preparavit Deus, ut in illis ambulemus.* Et alibi cum dixisset: *Cum timore et tremore vestram ipsorum salutem operamini,* ne sibi putarent tribuendum tanquam ipsi se faceret iustos et bonos continuo subiecit: *Deus enim est, qui operatur in vobis."*
10   Cap. XXVIII, 1. *Mistice secundum Ieronimum intelligitur quod Deus tulit hominem,* id est quod Filius Dei assumpsit humanam carnem et factus est capud [242^B] ecclesie; et ita in paradiso collocatus *ut operaretur paradisum,* id est ut ecclesiam congregaret et adimpleret et congregatam servaret, sicut ipse in evangelio ait: *Ego servabam eos in nomine tuo.* Huic
15 intellectui allegorico concordat evidencius litera Ambrosii, que sic habet: "Et apprehendit Deus hominem quem fecit." Apprehensio enim hominis humane carnis est assumpcio, sicut Apostolus ad Hebreos insinuat dicens: *Nusquam enim angelos apprehendit, sed semen Abrahe apprehendit.*
20   2. Moraliter autem Deus tulit hominem per conversionem de culpa ad iusticiam, de infidelitate ad fidem, et sic ponit eum in paradiso secundum omnes predictas mysticas significaciones paradisi ut operetur precepta et custodiat in preceptis perseverando. Custodiat eciam humilitatem tenendo, quia humilitas est virtutum custodia, ut dicit
25 Augustinus, ne videlicet superbiens de operibus, per iactanciam amittat quod operando quesiverat.
    3. Unde Gregorius in *Moralia* ait: "Pensandum est magno opere quia bona prodesse nequeunt, si mala que surrepunt non caventur. Perit omne quod agitur, si non sollicite in humilitate custoditur. Unde bene
30 quoque de ipso primo parente dicitur: *Posuit eum Dominus in paradiso voluptatis, ut operaretur et custodiret;* operatur quippe qui agit bonum quod precipitur, sed quod operatus fuerit non custodit, cui hoc surrepit quod prohibetur."

---

11 carnem] naturam *R*   18 Abrahe] Habrae *B*   19 Deus] Dominus *R*   24 ne] non
R   30 operatur] operatus *R*   30 bonum] binum *B*

---

3 Ephes. II:8-10   7 Philipp. II:12   9 Philipp. II:13   11 Cf. ps.-Bedae *Comm. in Pent., (PL,* XCI, 208D)   14 Joan. XVII:12   16 Ambr. *De paradiso,* 4, 24 (*CSEL,* XXXII.1, 280)   18 Hebr. II:16   24 Cf. Aug. *In Joannis evang.,* LVII, 2 (*PL,* XXXV, 1790); cit. etiam apud Grosseteste *Comm. in Psalmos* (MS Vat. Ottobon. lat. 185, fol. 208^A)

4. Vel sicut dicit Ambrosius: "In opere quidam virtutis processus est, in custodia quedam consummacio deprehenditur. Hec duo ab homine requiruntur, ut et operibus nova querat et parta custodiat. Quod Psalmus propheticus docet dicens: *Nisi Dominus edificaverit domum, in vanum laboraverunt qui edificant eam; nisi Dominus custodierit civitatem, in* 5 *vanum vigilaverunt qui custodiunt eam*. Vides illos laborare qui in operis sunt edificacionisque processu, istos vero vigilare qui iam custodiam operis receperunt. Unde et Dominus apostolis quasi iam perfectioribus *Vigilate* inquit *et orate, ne intretis in temptacionem*, docens perrecte nature munus et plene virtutis graciam esse servandam nequaquam eciam 10 perfecciorem nisi vigilaverit sui debere esse securum."

5. Deus quoque hominem quem iam tulit de inferno et morte culpe in vitam iuste transferet tandem per resurrexionem in vitam glorie et collocabit in tranquillitate beate vite ubi mors non est, et ubi, sicut dicit Augustinus, omnis operacio est custodire quod tenes. Ex hystoria eciam 15 huius litere edocemur moraliter neminem debere de magnitudine muneris facile presumere, nec alteri se credere, et eciam quemlibet debere eciam ab infirmiori graciam mutuari, et nullum de generis aut loci nobilitate gloriari. Unde Ambrosius ait: "Illud adverte, quia extra paradisum vir factus est, et mulier intra paradisum, ut advertas quod non 20 loci, non generis nobilitate, sed virtute Dei unusquisque graciam sibi comparat. Denique extra paradisum factus est, hoc est in inferiori loco vir melior invenitur. Et illa que in meliori loco, hoc est in paradiso, facta est, inferior reperitur. Mulier enim prior decepta est, et virum ipsa decepit. Unde apostolus Petrus subiectas forciori vasculo mulieres factas viris suis 25 velud dominus obedire memoravit. Et Paulus ait [242^C] quia *Adam non est seductus: mulier autem seducta in prevaricatione fuit*. Deinde contuendum, quia nemo debet sibi facile presumere. Nam ecce illa que in adiumentum facta est viro presidio virili indiget, quia vir capud est mulieris. Ille autem qui adiumentum uxoris se esse credebat, lapsus est 30 per uxorem. Unde nemo debet facile alteri se credere, nisi cuius virtutem probarit, nec arrogare sibi qui se pro auxilio putant asscitum, sed magis si invenerit forciorem, cui se putabat esse presidio, ab ipso graciam mutuetur, sicut et viros mulieribus honorem impertire apostolus Petrus precepit dicens: *Viri similiter cohabitantes secundum scienciam, tanquam* 35

---

1 processus] professus *B*   4 docet] *desinit C*   4 Dominus *om. BQ*   15 Ex *om.* *P*   17 muneris] *lec. inc.;* nominis *P*   18 infirmiori] inferiori *QRHP*   22 extra] ex *BQR*

---

1 Ambr. *De paradiso*, 4, 25 (*CSEL*, XXXII.1, 281-282)   4 Psalm. CXXVI:25   9 Matth. XXVI:41   15 Cf. Aug. *De Gen. contra Man.*, II, xi 15 (*PL*, XXXIV, 204)   19 Ambr. *De paradiso*, 4, 24 (*CSEL*, XXXII.1, 280-281)   25 Cf. 1 Petr. III:1, 7   26 1 Tim. II:14   35 1 Petr. III:7

infirmiori vasculo mulieri impercientes honorem, tanquam coherendi gracie, uti ne impediantur oraciones vestre."

. Cap. XXIX, 1. Sequitur: *Precepitque ei dicens: Ex omni ligno paradisi commede. De ligno autem sciencie boni et mali ne commedes, in*
5 *quacumque enim die commederis ex eo, morte morieris.* Litera vero Septuaginta sic habet: "Et precepit Dominus Deus Ade dicens: Ab omni ligno quod est in paradiso commedes;" vel sicut alii interpretantur: "ad escam edes." "De ligno autem cognoscendi bonum et malum non commedetis de illo. Qua die autem commederetis ab eo, morte
10 moriemini." Iosephus ait: "Deus autem Adam et mulierem ex aliis quidem plantacionibus gustare precepit. De prudencie vero plantacione voluit abstinere predicens contingentibus ex ea, perdicionem esse venturam."

Cap. XXX, 1. Sed forte admirabitur aliquis cur prohibitus sit primus
15 parens ab esu illius ligni quod nominatur lignum scientie boni et mali; non enim erat illud lignum gustu noxium, quia omnia ligna paradisi fecerat Deus bona. Sed racio huius prohibicionis est ut ostenderet homini malum inobediencie et bonum obediencie, quod maxime elucet in prohibicione a re indifferenti; et ut haberet homo in quo prestasset Deo summam
20 obedienciam; et quod maxime utile est homini Deo servire, et illi suam voluntatem in omnibus subicere, et voluntate subiecta ei adherere; et ut in observacione huius mandati ab inicio summe inveniretur homo laudabilis, quia hec est maxima laus ab inicio eligere et tenere perseveranter bonum, priusquam experiencia senciatur malum, et sensu
25 mali agnoscatur amissum bonum.

2. Unde et Augustinus istius prohibicionis causas assignat, sic inquiens: "Ab eo ligno, quod malum non erat, prohibitus est, ut ipsa per se precepti conversacio bonum illi esset et transgressio malum. Nec potuit melius et diligencius commendari, quantum malum sit sola inobediencia,
30 cum ideo reus iniquitatis factus est homo, quia eam rem tetigit contra prohibicionem, quam si non prohibitus tetigisset, non utique pecasset. Nam qui dicit verbi gracia: 'Noli tangere hanc herbam,' si forte venenosa est mortemque pronunciat, si tetigerit, sequetur quidem mors contemptorem precepti; sed eciam si nemo prohibuisset atque ille
35 tetigisset, nichilominus utique moreretur. Illa quippe res contraria saluti viteque eius esset, sive inde vetaretur sive non vetaretur. [242^D] Item cum

---

3 ei] eis *P*   14 admirabitur] admirabiliter *BQ;* admirabit *R*   18 quod] quia *QRHP*   18 maxime] videlicet *add. P*   33 pronunciat] prenunciat *RP*

---

10 Josephi *Ant. Jud.*, I, i, 4, 40 (ed. Blatt, pp. 128-129)   27—339.24 Aug. *De Gen. ad litt.*, VIII, 13-14 (*CSEL*, XXVIII.1, 251-254)

quisque prohibet eam rem tangi, que non quidem tangenti, sed illi qui
prohibuit obesset, velud si quisquam in alienam pecuniam misisset
manum prohibitus ab eo cuius erat illa pecunia, ideo esset prohibicio
peccatum, quia prohibenti poterat esse dampnosum. Cum vero illud
tangitur quod nec tangenti obesset, si non prohiberetur, nec cuiquam 5
alteri, quandolibet tangeretur, quare prohibitum est, nisi ut ipsius per se
bonum obediencie, et ipsius per se malum inobediencie monstraretur?
Denique a peccante nichil aliud appetitum est nisi non esse sub
dominacione Dei, quando illud amissum est in quo, ne admitteretur, sola
deberet iussio dominantis attendi. Que si sola attenderetur, quid aliud 10
quam Dei voluntas amaretur? Quid aliud quam Dei voluntas humane
voluntati preponeretur? Dominus quidem cur iusserit, viderit; faciendum
est a serviente quod iussit, et forte videndum est a promerente cur
iusserit. Sed tamen, ut causam iussionis huius non diucius requiramus, si
hec ipsa magna est utilitas homini, quod Deo servit, iubendo Deus utile 15
facit quicquid iubere voluerit, de quo metuendum non est, ne iuberet
quod inutile esse possit. Nec fieri potest ut voluntas propria non grandi
ruine pondere super hominem cadat, si eam voluntati superioris
extollendo preponat. Hoc expertus est homo contempnens preceptum
Dei, et hoc experimento didicit quid interesset inter bonum et malum, 20
bonum scilicet obediencie, malum autem inobediencie, id est superbie et
contumacie, et perverse imitacionis Dei, et noxie libertatis. Hoc autem in
quo ligno accidere potuit, ex ipsa re, ut iam supra dictum, nomen accepit.
Malum enim nisi experimento non sentiremus, quia nullum esset, si non
fecissemus. Neque enim ulla natura mali est, sed amissio boni hoc nomen 25
accepit. Bonum quippe incommutabile Deus est; homo autem quantum
ad eius naturam, in qua eum Deus condidit, pertinet, bonum est quidem,
sed non incommutabile ut Deus. Mutabile autem bonum, quod est post
incommutabile bonum, melius bonum fit, cum bono incommutabili
adheserit amando atque serviendo racionali et propria voluntate. Ideo 30
quippe et hec magni boni natura est, quia hoc accepit, ut possit summi
boni adherere nature. Quod si noluerit, bono se privat, et hoc ei malum
est, unde per iusticiam Dei eciam cruciatus consequitur. Quid enim tam
iniquum, quam ut bene sit desertori boni? Neque enim ullo modo fieri
potest ut ita sit. Sed aliquando amissi superioris boni non sentitur malum, 35
cum habetur quod amatum est inferius bonum. Sed divina iusticia est, ut
qui voluntate amisit quod amare debuit, amittat cum dolore quod amavit,
dum naturarum (creator) ubique laudetur. Adhuc enim est bonum quod

---

1 sed] si *BQ*   7 monstraretur] monstretur *BQ*   38 creator *om. codd.*

dolet amissum bonum. Nam nisi aliquod bonum remansisset in natura, nullus boni amissi dolor esset in pena.

3. "Cui autem sine mali experimento placet bonum, id est ut antequam boni amissionem senciat, eligat tenere ne amittat, super omnes
5 homines predicandus est. Sed hoc nisi cuiusdam singularis laudis esset, non illi puero [243^A] tribueretur, qui ex genere Israel factus Emanuel nobiscum Deus, reconciliavit nos Deo, hominum et Dei homo mediator, Verbum apud Deum, caro apud nos, Verbum caro inter Deum et nos. De illo quippe propheta dicit: *Priusquam sciat puer bonum aut malum,*
10 *contempnet maliciam, ut eligat bonum.* Quomodo quod nescit aut contempnit aut eligit, nisi quia hec duo sciuntur aliter per prudenciam boni, aliter per experienciam mali? Per prudenciam boni, malum scitur, et non sentitur. Tenetur enim bonum, ne amissione eius senciatur malum. Item per experienciam mali scitur bonum, quoniam quid amiserit
15 sentit, cui de bono amisso male fuerit. Priusquam sciret ergo puer per experimentum aut bonum quo careret, aut malum quod boni amissione sentiret, contempsit malum ut eligeret bonum, id est noluit amittere quod habebat, ne sentiret amittendo quod amittere non debebat. Singulare exemplum obediencie! Quippe qui non venit facere voluntatem suam,
20 sed voluntatem eius a quo missus est, non sicut ille qui eligit facere voluntatem suam, non eius a quo factus est. Merito sicut per unius inobedienciam peccatores constituti sunt multi, ita per unius obedienciam iusti constituuntur multi. Quia *sicut in Adam omnes moriuntur, sic et in Christo omnes iustificabuntur;"* quam iustificacionem
25 nobis concedat universorum Conditor. Amen.

---

13 et] sed *RP*   20 missus]sum *add. B*   24-25 quam ... Amen *om. BQ*   25 Amen]
Explicit exameron secundum lincolniensem *add. RH;* Explicit exameron domini
linconiensis de anglia. amen *add. P*

---

9 Es. VII:16   23 1 Cor. XV:22

APPENDIX :

ADAM MARSH'S CHAPTER TITLES

Designation in this ed.	Designation in separate MSS	Title and MS
I:1	I:1 RCHP	
I:2	I:2 RCHP	Quomodo creature omnes ad istam scientiam pertinent et quomodo non (P)
I:3	I:3 RCHP	Sermo in assignandis sex modis exponendi principium huius scripture quod est de operibus sex dierum, et declarando quis modus cui dierum apcius conveniat. (P)
I:4	I:4 RCHP	Sermo in ostendendo ordinatum progressum huius scripture usque ad consummacionem, et ostendenda superexcellentissima perfeccione huius sciencie ad alias. (P)
I:5	I:5 RCHP	Sermo in ponendo precipuam et communissimam regulam exponendi hanc scripturam, et ostendendis condicionibus audiendi eandem. (P)
I:6	I:6 RCHP	Sermo in ponendo laude Moisi, et ostendendis materia et ordine ad invicem quinque librorum Pentateuchi quos ipse conscripsit. (P)
I:7	I:7 RCHP	Sermo in ponenda prima literali exposicione quam scilicet primo pretendit litera de operibus sex dierum. (P)
I:8	II:1 RCHP	Sermo in confutando posicionem philosophorum mundum non habuisse temporis inicium, per significatum huius nominis 'principium' cum dicitur: *in principio creavit Deus celum et terram*. (P)
I:9	II:2 RCHP *I:8 P	Sermo in confutando posicionem philosophorum ponencium plura principia coeterna, per consignificacionem huius nominis 'principium'. (P)
I:10	II:3 RCHP I:9 P	Distinccio huius nominis 'principium', ut manifestum sit quilibet intellectus huius nominis 'principium' coacervantur ipso cum dicitur *in principio* et cetera. (P)
I:11	II:4 RCHP I:10 P	Quid per significacionem et consignificacionem eius quo dicit *creavit* vel *facit* intelligitur. (P)
I:12	II:5 RCHP I:11 P	Sermo in ostendendo intelligenciam nominis celi et terre primo sensu scilicet literaliter, secundo et allegorice et moraliter et anagogice. (P)
I:13	II:6 RCHP I:12 P	Sermo in ostendendo quod per nomen principii preter dictas exposiciones potest intelligi verbum incarnatum in quo Deus pater fecit unionem divine et humane nature, in quo eciam fecit celum et terram secundum omnes exposiciones prius positas. (P)
I:14	II:7 RCHP I:13 P	Sermo in ostendendo cur non dicit: 'dixit Deus fiat celum et terra,' sicut infra dicit: *Dixit Deus fiat lux*, et cetera. (P)
I:15	II:8 RCHP I:14 P	Sermo in ostendendo quod Deus creavit materiam ex nichilo et non condidit mundum ex materia ingenita. (P)

*From this point to the end of Particula II, each chapter of P carries two numbers.

I:16	II:9 RCHP I:15 P	Sermo in vestigando utrum celum primum omnia mundi corpora circumdans sit idem quod firmamentum secundo die commemoratum, aut aliud. (P)
I:17	II:10 RCHP I:16 P	Quod, si celum primum est aliud a firmamento secundo die creato, ipsum est immobile; raciones ponit 5. (P)
I:18	II:11 RCHP I:17 P	Sermo in ostendenda literali intelligencia terre, aque, abissi, et inanitatis, vacuitatis, tenebrositatis. (P)
I:19	II:12 RCHP I:18 P	Sermo in ostendenda intelligencia allegorica et morali terre, aque, abissi, inanitatis, vacuitatis et tenebrositatis; 8 scilicet modi, et est nonus modus qui est secundum Augustinum exposicionem literalem et spiritalem consequens. (P)
I:20	II:13 RCHP I:19 P	Sermo in ostendenda literali intelligencia eius quod dicitur *spiritus domini ferebatur super aquas,* cum insinuacione spiritualis intelligencie eiusdem. (P)
I:21	II:14 RCHP I:20 P	Sermo in ponendo intelligenciam literalem et spiritualem huius loci secundum translacionem septuaginta que est: 'terra vero erat invisibilis et incomposita.' (P)
I:22	II:15 RCHP I:21 P	Sermo in ostendendo diversitates auctorum de numero corporum primo creatorum. (P)
I:23	II:16 RCHP I:22 P	Sermo in ostendendo quomodo ex hoc sermone *tenebre erant super abissum* prave intellecto ortum habuit heresis manicheorum et aliorum hereticorum. (P)
I:24	II:17 RCHP I:23 P	Sermo in ponendis breviter racionibus quibus refellitur heresis manicheorum. (P)
II:1	II:18 RCHP I:24 P	Nota quod diccio per quam est facta lux et omnes nature alie in principio est solius verbi eterni, quod Deus loquitur eternaliter per suam substanciam absque alicuius creature ministerio, licet in gubernando et propagando creaturas creature utatur ministerio. (P)
II:2	II:19 RCHP I:25 P	Quomodo per eternam diccionem, que est eterni verbi generacio et per alia prius posita, scriptura hoc loco insinuat expresse tres in summa trinitate personas. (P)
II:3	II:20 RCHP I:26 P	Quomodo etsi verbum sit patri coeternum quo pater eternaliter dicit et filius patrem, et pater et filius dicunt omnia per cuius verbi eternam diccionem omnes nature creantur, nichil est ei coeternum quod ab eterno verbo est factum. (P) [Quamvis 26 et 27 ad 25 bene possint referri ut sint unum indivisum, tamen visum est michi melius sic fuisse hec distinguenda.] (P)
II:4	II:21 RCHP I:27 P	Quod lux que nunc facta est secundum primum sensum literalem lux corporalis intelligitur, cuius illustracione fiebant primus et secundus et tercius dies cum suis noctibus et vespere et mane aut diurna revolucione aut luminis emissione et contraccione secundum diversas sentencias Hieronymi, Basilii, Bede et Ioannis Damasceni. (P)
II:5	II:22 RCHP I:28 P	Sermo in ponendis opposicionibus contra predictas sentencias de triduo antequam sol fieret, et contra successivam mundi condicionem per sex dies temporales, et insinuandis earum opposicionum responsionibus. (P)

II:6	II:23 RCHP I:29 P	Sermo in ostendendo quomodo per terram et aquam et abissum intelligatur materia informis prima, et per lucis condicionem sit informis materie usque informacionem deduccio intellecta, et secundum hoc quis sit intellectus singulorum verborum que subnectit scriptura usque ad opus secunde diei. (P) [Quamvis hic interseratur quasi incidenter quod per lucem primo die conditam intelligitur natura angelica ad creatorem verbo eterno revocante conversa, tamen prosecucio sermonis hoc loco videtur secundum quod per lucis condicionem intelligitur universaliter informis materie usque informacionem deduccio, et propter hoc summam huius trecesimi sermonis sic posui quia in 31° de lucis condicione secundum quod per ipsam intelligitur angelica natura ad Deum conversa manifeste procedit. (P)
II:7	II:24 RCHP I:30 P	Sermo in declarando quomodo per diccionem lucis secundum Augustinum intelligitur natura angelica in Dei contemplacionem conversa, et quis sit secundum hoc intellectus verborum que secuntur usque ad opus secunde diei. (P)
II:8	II:25 RCHP I:31 P	Sermo in ostendendo quod angelice nature creacio non est omissa in explicacione operum apud primos sex dies, sed quod ipsa creata est inter sex dierum opera ad opus prime diei pertinens, per lucem quoad creacionem et consummacionem suam congruentissime expressa. (P)
II:9	II:26 RCHP I:32	Sermo in ostendendo qui sint intellectus spirituales videlicet anagogice, allegorice et moraliter in condicione lucis primo facte et in aliis que secuntur usque ad opus diei secunde, et sunt IX modis quos ponit. (P)
II:10	II:27 RCHP I:33 P	Sermo in ponendis naturalibus lucis proprietatibus quibus intelligi valeant eciam proprietate rerum mistice signatarum, et sunt 20 modi quos ponit. (P)
II.11	II:28 RCHP I:34 P	Sermo in ponendis racionibus quare ultimo subinseratur operibus prime diei *et factus est dies unus* et non 'dies primus,' et sunt 5. (P)
III:1	III:1 RCH II:1 P	Quare scriptura multociens recitat diccionem *dicit Deus fiat*, cum non sit nisi unicum Dei verbum cum (? omnia?) loquendo gignit in quo simul et semel omnia dicit et facit. (P)
III:2	III:2 RCH II:2 P	Ostendit quomodo aliqui non improbabiliter dicunt nomen firmamenti intelligi aera que dividit inter aquas superiores vaporaliter suspensas, et inferiores terre vicinas aquas, et ut firmamentum stellatum. (P)
III:3	III:3 RCH II:3 P	Sermo in declarando quomodo secundum Augustinum et alios expositores nomen firmamenti intelligitur celum in quo locata sunt sidera super quod veraciter sunt aque posite, et ostendendo modos possibiles diversos quibus in (?) existere aquas ponere poterit. (P)
III:4	III:4 RCH II:4 P	Sermo quare firmamentum sic nuncupatur. (P)
III:5	III:5 RCH II:5 P	Sermo quare firmamentum celum dicitur. (P)
III:6	III:6 RCH II:6 P	Sermo in ponendis sentenciis de natura celi vel firmamenti. (P)

III:7	III:7 RCH II:7 P	Sermo in ponendis sentenciis de motoribus celi vel firmamenti, scilicet angelis et intelligenciis. (P)
III:8	III:8 RCH II:8 P	Sermo de numero celorum et motibus eorum. (P)
III:9	III:9 RCH II:9 P	Sermo in ostendendo iuvamento sive utilitate firmamenti. (P)
III:10	III:10 RCH II:10 P	Sermo in ostendendo iuvamento sive utilitate aquarum super firmamentum. (P)
III:11	III:11 RCH II: 11 P	Sermo in declarando cur verbum fiendi in hoc loco ter memoratur, cum in condicione lucis non memoretur nisi bis. (P)
III:12	III:12 RCH II:12 P	Que est quod vocavit Deus firmamentum celum. (P)
III:13	III:13 RCH II:13 P	Sermo in declarando cur in secunda die hebraica veritas subtractit *et vidit Deus quod esset bonum*, quod translacio 70 addit. (P)
III:14	III:14 RCH II:14 P	Sermo in ostendendo significaciones allegoricas firmamenti et aquarum superiorum et inferiorum, et sunt modi 16. (P)
III:15	III:15 RCH II:15 P	Sermo in ostendendo significaciones morales firmamenti et aquarum superiorum et inferiorum. (P)
III:16	III:16 RCH II:16 P	Sermo in ponendis naturalibus celi proprietatibus secundum naturam, motum et efficacionem ex quibus possit celum aptare (?) supradictis significatis et alibi dicendis. (P)
IV:1	IV:1 RCH III:1 P	Sermo in ostendendo cur mutato loquendi modo dixit *congregentur aque* et *appareat arida,* et non dixit observato superiore modo loquendi 'fiat aquarum congregacio' et 'fiat aride apparicio,' primo secundum sentenciam Augustini —————— ————————— alteram. (P)
IV:2	IV:2 RCH III:2 P	Sermo in ostendendo diversasque intelligencias congregacionis aquarum in locum unum quantum ad congregacionem. (P)
IV:3	IV:3 RCH III:3 P	[no title]
IV:4	IV:4 RCH III:4 P	Sermo in declarando duplici intellectu congregacionis aquarum in unum locum quantum ad unum locum, non verbo uno loco. (P)
IV:5	IV:5 RCH III:5 P	Sermo de figura loci continentis maria (?) vel aquas congregatas in locum unum. (P)
IV:6	IV:6 RCH III:6	Sermo de assignanda causa quare mare non inundavit super terram. (P)
IV:7	IV:7 RCH III:7 P	Exposicio eius quod dicit *appareat arida.* (P)
IV:8	IV:8 RCH III:8 P	Responsio (?) quare dicit *appareat arida,* et non 'appareat terra.' (P)
IV:9	IV:9 RCH III:9 P	Sermo in ostendendo quod in nostra translacione et hebraica veritate bis fit mencionem de aquarum congregacione et apparicione aride, tamen in 70 translacione ter exprimantur ista. (P)
IV:10	IV:10 RCH III:10 P	Sermo in ostendendo triplici intellectu huius *et vocavit Deus aridam terram.* (P)
IV:11	IV:11 RCH III:11 P	Sermo in ostendendo intellectus morales alie —————— —————— congregacionis aquarum in locum unum et apparicionis aride, et sunt 8. (P)

IV:12	IV:12 RCH III:12 P	Sermo in ostendendo intellectus morales congregacionis aquarum in locum unum apparicionis aride, et possunt coligi 6. (P)
IV:13	IV:13 RCH III:13 P	Sermo in ostendendo proprietates simpliciter naturales ut ex eis eliciantur spiritales intelligencie, et sunt circiter 49. (P)
IV:14	IV:14 RCH III:14 P	Sermo in ostendendis naturalibus maris proprietatibus propter spirituales eliciendas. (P)
IV:15	IV:15 RCH III:15 P	Sermo in ostendendo naturales proprietatibus terre propter spirituales eliciendas, et sunt circiter 40. (P)
IV:16	IV:16 RCH III:16 P	Quare germinacio terre nascencium ——————— hanc narracionem licet ad opus diei quo terra facta est pertinens videatur. (P)
IV:17	IV:17 RCH III:17 P	Quod ista dies percepcione terre nascencia secundum formam et magnitudinem facta sunt secundum Ieronymum et Basilium, eum tamen aliter aliis videatur, et hec usque in finem [in] eiusdem precepti. (P)
IV:18	IV:18 RCH III:18	Sermo in ostendendo modum et ordinem germinacionis temporaliter decurrentis usque in finem; exemplum huius prime precepcionis. (P)
IV:19	IV:19 RCH III:19 P	Sermo in ostendendo intellectum eius quod dicitur *facientes semen* videlicet et *pomiferum iuxta genus suum*. (P)
IV:20	IV:20 RCH III:20 P	Sermo in differencia pomi fructus et seminis.
IV:21	IV:21 RCH III:21 P	Sermo in vestigando intelleccionem eius quod dixit *cuius semen sit in semet ipso*, et sunt due. (P)
IV:22	IV:22 RCH III:22 P	Quid sibi vult hoc loco huius adieccionis *super terram*, et sunt modi duo. (P)
IV:23	IV:23 RCH III:23 P	Expositio huius sermonis *germinet terra* et cetera, secundum translacionem septuaginta per quam patet ordo produccionis terre nascencium. (P)
IV:24	IV:24 RCH III:24 P	Quod hoc ipsum (?) *seminans semen secundum genus suum* referatur tam ad lignum quam ad herbam. (P)
IV:25	IV:25 RCH III:25 P	Quare terre nascencium produccio ante luminaria facta sunt. (P)
IV:26	IV:26 RCH III:26 P	Cur prius provisum est in pabulo pecoribus quam hominibus; questionem breviter hic solvit. (P)
IV:27	IV:27 RCH III:27 P	Cum omne lignum fructifert et omnis herba semen inseminetur in prima condicione, quomodo est quod plures herbe et arbores nullum esse semen ferre et fructum, et raciones tres ponuntur huius. (P)
IV:28	IV:28 RCH III:28 P	De spinis et tribulis et herbis venenosis, quando et cur orta sint, et sunt modi tres. (P)
IV:29	IV:29 RCH III:29 P	Sermo ostendens quid ligni nomine, quid herbe in terre nascentibus debeat intelligi. (P)
IV:30	IV:30 RCH III:30 P	Quesivit spiritaliter intelligencia terre herbarum et lignorum et seminis et fructus, et sunt circiter 6 in summa. (P)
IV:31	IV:31 RCH III:31 P	Sermo in ostendendo naturales proprietates vegetabilium ut ex eis veniatur (?) in spiritales eorum intelligencias, et sunt in summa quasi ... (P)
V:1	V:1 RCH IV:1 P	Sermo in ponendo propter quas quarto die facta sunt luminaria. (P)

V:2	V:2 RCH IV:2 P	Sermo ostendens quod luminaria non sunt eiusdem condicionis cum firmamento. (P)
V:3	V:3 RCH IV:3 P	Sermo ostendens quo sit intelligendum luminaria et stelle fixe que sunt in firmamento. (P)
V:4	V:4 RCH IV:4 P	Sermo in inquirendo unde facta sunt luminaria. (P)
V:5	V:5 RCH IV:5 P	Sermo in ostendendo secundum Augustinum corpora luminarium et eorum luces essent nature et eiusdem creacionis; secundum Basilium vero et Damascenum ipsa essent vehicula primo die condita. (P)
V:6	V:6 RCH IV:6 P	Sermo ostendens varias intelleciones eius quod dixit facta esse luminaria ut dividant diem atque noctem, et sunt in summo modi 3, per subdivisionem vero modi ... (P)
V:7	V:7 RCH IV:7 P	Sermo ostendens quomodo luminaria sunt in signa, et sunt quinque modi. (P)
V:8	V:8 RCH IV:8 P	Sermo ostendens utilitates consideracionis signorum ex luminaribus, et quomodo licet, quomodo non. (P)
V:9	V:9 RCH IV:9 P	Sermo ostendens quod etsi constellaciones habere effectum super opera liberi arbitrii et eventus fortuitos et mores hominum et naturales complexiones, non esset bene possibile mathematicum de hiis indicare. (P)
V:10	V:10 RCH IV:10 P	Sermo in ponendis racionibus quod constellacio non habet effectum super liberum arbitrium et super mores et actus voluntarios hominis. (P)
V:11	V:11 RCH IV:11 P	Sermo ostendens quod supersticio mathematicorum contra liberum arbitrium mendacium et ponendi in perdicionem consules quam professores eorumdem. (P)
V:12	V:12 RCH IV:12 P	Sermo ostendens quomodo luminaria et stelle sunt in tempora. (P)
V:13	V:13 RCH IV:13 P	Sermo ostendens quomodo luminaria et stelle sunt in dies et annos. (P)
V:14	V:14 RCH IV:14 P	Sermo ostendens causam finalem luminarium et stellarum, que est ut luceant. (P)
V:15	V:15 RCH IV:15 P	Sermo ostendens quare sol et luna dicuntur luminaria magna. (P)
V:16	—— RCH IV:16 P	Sermo explanans que sequuntur, scilicet *luminare maius ut preesset diei et luminare minus* et cetera. (P)
V:17	V:16 RCH IV:17 P	Sermo disserens utrum luna creata sit in plenilunio aut in prima luna. (P)
V:18	V:17 RCH IV:18 P	Sermo tangens questionem sancti Augustini utrum luminaria sint anima an non. (P)
V:19	V:18 RCH IV:19 P	Sermo ponens intellectus allegoricos operum quarte diei et in summa VII. (P)
V:20	V:19 RCH IV:20 P	Sermo ostendens intellectus morales operum 4 dierum, et sunt in summa 3. (P)
V:21	V:20 RCH IV:21 P	Sermo in ponendis naturalibus proprietatibus solis ut ex his eliciantur spirituales, et sunt circiter 29. (P)
V:22	V:21 RCH IV:22 P	Sermo in ponendis naturalibus (proprietatibus) lune ut ex his eliciantur spirituales, et possunt poni circiter 22. (P)
V:23	—— RCH IV:23 P	Sermo in ponendis stellis communiter naturalibus proprietatibus ut ex eis eliciantur spirituales, et sunt circiter 26. (P)

VI:1	VI:1 RCH V:1 P	Sermo ostendens quod non est aer pretermissus cum dicitur *producant aque* et cetera. (P)
VI:2	VI:2 RCH V:2 P	Sermo ostendens quomodo natancia per intramissionem et emissionem aque expellent officium respirandi quod respirancia faciunt per aerem intramissum et emissum. (P)
VI:3	VI:3 RCH V:3 P	Sermo ostendens quare natancia racione dicuntur reptilia. (P)
VI:4	VI:4 RCH V:4 P	Sermo ostendens cur dicitur *anime viventis* ad distinccionem scilicet sensitive ad vegetativam animam. (P)
VI:5	VI:5 RCH V:5 P	Sermo ostendens cur dicitur *super terram* et *sub firmamento* celi; quod sunt due tantum exprimitur ad quod pertingit volatus avium et quod non pertineat. (P)
VI:6	VI:6 RCH V:6 P	Sermo ostendens cur addicitur in repeticione nomen cetorum quorum eciam quasdam proprietates adicit. (P)
VI:7	VI:7 RCH V:7 P	Sermo explanans recapitulacionem operum huius quinte diei ab eo loco et omnem animam viventem usque in finem. (P)
VI:8	VI:8 RCH V:8 P	Sermo ostendens cur verbum bene sit in ———— crementi et multiplicacionis hic ponitur et non in plantis, et quid hic crementum et multiplicacio. (P)
VI:9	VI:9 RCH V:9 P	Sermo ostendens cur secundum translacionem 70 vocantur reptilia animarum vivarum et non anime vive, et sunt raciones 4. (P)
VI:10	VI:10 RCH V:10 P	Sermo ostendens quomodo omne reptile comprehenditur quod quamvis multa aquatilia ut ostrea et conchilia non videantur esse reptilia, et sunt modi 3. (P)
VI:11	VI:11 RCH V:11 P	Sermo ostendens cur universaliter dictum est genitis ex aqua *crescite et multiplicamini,* quid plurima sint aquatilia que nulla generant sibi similia, et sunt raciones 3. (P)
VI:12	VI:12 RCH V:12 P	Sermo in ostendendo allegoricam intelligenciam aquarum producencium reptilia et volatilia, et sunt in summa modi decem. (P)
VI:13	VI:13 RCH V:13 P	Sermo in ostendendo moralem intelligenciam aquarum producencium reptilia et volatilia, et sunt in summa 4. (P)
VI:14	VI:14 RCH V:14 P	Sermo in ostendendo reptilia et volatilia quomodo ipsa in bonam quam in malam accipi partem possunt, quamvis producta sunt a verbo Dei super terram et sub firmamento. (P)
VI:15	VI:15 RCH V:15 P	Sermo imponens misticas cetorum grandium intelligencias, et sunt in summa 4. (P)
VI:16	VI:16 RCH VI:16 P	Sermo ponens misticam intelligenciam anime viventis atque motabilis producte in speciem ex aqua. (P)
VI:17	VI:17 RCH V:17 P	Sermo ponens misticam intelligenciam benediccionis Dei qua dicitur volatilibus et reptilibus *crescite et multiplicamini et replete aquas maris, avesque multiplicentur super terram,* et sunt due. (P)
VII:1	——:1 RCH VI:1 P	Sermo ostendens producionem ex terra anime viventis secundum genus suum ad literam. (P)
VII:2	——:2 RCH VI:2 P	Sermo ostendens intellectum literalem iumentorum reptilium et bestiarum et quod hac trimembri divisione comprehenduntur omnia terrestria animalia. (P)

VII:3	——:3 RCH VI:3 P	Sermo ostendens quomodo translacio 70 4 nominibus comprehendit hoc loco omnia terrestria animalia que 3 comprehendit (nostra). (P)
VII:4	——:4 RCH VI:4 P	Sermo imponens questionem et eius solucionem utrum minuta animalia que non per propagacionem sed ex elementis ante (?) elementis oriuntur quinto et sexto die facta sunt. (P)
VII:5	——:5 RCH VI:5 P	Sermo investigans utrum quod ex corrupcionibus tabidis nascencium animalia fuissent licet homo non peccasset. (P)
VII:6	——:6 RCH VI:6 P	Sermo ostendens discuciones utrum venenosa et nociva animalia fuissent licet homo non peccasset. (P)
VII:7	——:7 RCH VI:7 P	Sermo ostendens utilitates nocivorum animalium post peccatum hominis, et sunt cause 5. (P)
VII:8	——:8 RCH VI:8 P	Sermo ostendens cum bruta nec peccent, cur ipsorum quedam nocent quibusdam, et sunt cause due. (P)
VII:9	——:9 RCH VI:9 P	Sermo discuciens utrum nec homo peccasset, bruta invicem nocerent et unum esset cibus alteri. (P)
VII:10	——:10 RCH VI:10 P	Sermo discuciens cur animalia in escas suas dilacerant homines. (P)
VI:11	——:11 RCH VI:11 P	Sermo ostendens spiritualem intelligenciam produccionis ex terra anime viventis, et sunt 5 modi. (P)
VII:12	——:12 RCH VI:12 P	Sermo ostendens spiritualem intelligenciam iumentorum reptilium et bestiarum. (P)
VII:13	——:—— RCH VI:13 P	Sermo ostendens divisionem perfectam animancium —— et ordinem naturale(m) eorum. (P)
VII:14	——:13 RCH VI:14 P	Sermo in ostendendis proprietatibus animancium in genere quibus et universitate(?) servant utilitatis ordinem ut ex eis eliciantur spirituales intelligencie, et possunt assignari numero (?) 29. (P)
VIII:1	VII:1 RCHP	Sermo ostendens quam difficillis sit, immo quam impossibilis sit huius sermonis explicacio *faciamus* et cetera. (PQ)
VIII:2	VII:2 RCHP	Sermo ostendens quomodo ex consignificacione pluralitatis hiis diccionibus *faciamus* et *nostram* declaratur pluralitas personarum unius Dei contra Iudeos et gentiles, et sunt raciones 4. (P)
VIII:3	VII:3 RCHP	Sermo in ponendis probacionibus convincentibus Deum esse trinum in personis et ———————— auctoritatem —— ————————, et sunt raciones quinque super summam. (P)
VIII:4	VII:4 RCHP	Sermo ponenda exempla in creaturis ad intelligendum trinitatis unitatem aput creacioni benedictum. (P)
VIII:5	VII:5 RCHP	Sermo ostendens quomodo secundum memoriam intelligenciam et amorem in suprema parte racionis in mente divina memorante intelligente et diligente est homo Dei summa similitudo et immo ymago, et per hanc totus(?) homo ut ———————— est factus eciam Dei ymago in omnibus que subsunt supreme racioni. (P)
VIII:6	VII:6 RCHP	Sermo dividens ymaginem Dei factam in supremo racionis in naturalem et renovatam et deformatam, quarum naturalis nunquam amittitur, renovata vero per peccatum privata, deformata per spiritus sancti graciam tollitur. (P)

VIII:7	VII:7 RCHP	Sermo ostendens ex verbis autenticis quod possunt ea que superius dicta sunt dicuntur de Deo aliquo modo imitatorio homini congruunt et soli ———— ———— et solus homo est Dei ymago utpote cui soli secundum propinquam imitacionem conveniunt.(P)
VIII:8	VII:8 RCHP	Sermo ostendens intelligenciam eius quod est [Q sibi] ad similitudinem Dei factum esse hominem, et differenciam ymaginis et similitudinis hic. (PQ)
VIII:9	VII:9 RCHP	[Q Quid similitudo?] Sermo ostendens quare homo ad ymaginem Dei factus dicitur; filius non ad ymaginem, sed ymago; cetera non que [P n q om.] sunt post homines [Q hominem] per ymaginem, et non ymago neque ad ymaginem. (PQ)
VIII:10	VII:10 RCHP	Sermo ostendens quod non solum ad ymaginem filii vel patris factus hoc loco per quod dicitur *ad ymaginem* et cetera homo declarantur, sed a trinitate factus ad trinitatis ymaginem demonstratur. (PQ)
VIII:11	VII:11 RCHP	Sermo ostendens quare in solius hominis creacione curante exquisicionis et quasi sermone [P curante ... sermone om.] usum refertis scriptura Deum quasi sermone consiliativo [Q confirmativo] et tante exquisicionis operacione [Q operacionem] cum in aliis condendis dixerit Deus tantum *fiat* et factum est; et cetere raciones ut videtur in summa 8. (PQ)
VIII:12	VII:12 RCHP	Sermo ostendens quare creaturarum ultimus [P ultimo] factus est homo, et sunt raciones 5 [P et...5 om.]. (PQ)
VIII:13	VII:13 RCHP	Sermo ostendens dominium [P dominacionem] hominis super cetera animancia tam ante peccatum quam post [Q possunt]
VIII:14	VII:14 RCHP	Sermo ostendens ordinem et eius racionem que subiciuntur potestati hominis animancia omnia. (PQ)
VIII:15	VII:15 RCHP	Sermo ostendens intelligenciam literalem eius quod [Q qui] homo preest universe creature. (PQ)
VIII:16	VII:16 RCHP	Sermo [Q sermo om.] cur in fine subiciendorum animam dominacioni hominis, addicitur quod homo presit omni reptile. (PQ)
VIII:17	VII:17 RCHP	Sermo ostendens causam repeticionis qua dicitur *ad ymaginem suam* et *ymaginem Dei creavit illum*, et sunt 3 modi. (PQ)
VIII:18	VII:18 RCHP	Sermo ostendens causam quare repetitur *masculum et feminam creavit illum* [P alios]. (PQ)
VIII:19	VII:19 RCHP	Sermo ostendens benediccionem crementi et multiplicacionis quam scriptura [P quia dictum] in hominibus insinuat. (PQ)
VIII:20	VII:20 RCHP	Sermo ostendens propagacio que per peccatum ablata non fuit qualis scilicet(?) fuerit naturaliter si non peccasset homo et qualis facta est post peccatum. (PQ)
VIII:21	VII:21 RCHP	Nota quod convenientissime monstratur inobediencie merito dampnatam esse humanam naturam per inobedienciam membrorum eandem naturam propagacionum. (PQ)
VIII:22	VII:22 RCHP	Sermo ostendens propter quid animalia non semper crescunt dum vivunt, arbores autem semper crescunt dum virent. (PQ)

VIII:23	VII:23 RCHP	Sermo ostendens quomodo homo totam terram replet eamque totam sibi subicit ad literam, et sunt modi 4. (PQ)
VIII:24	VII:24 RCHP	Sermo ostendens de victu animancium videlicet quod homo et omnia animancia terre de solis herbis seminalibus et lignorum fructibus communiter et concorditer vixissent si homo non peccasset. (PQ)
VIII:25	VII:25 RCHP	Sermo in odiis pro absistencia contra gulam, et est elegans valde. (PQ)
VIII:26	VII:26 RCHP	Sermo ostendens ad quid et quo intellectu referendum est illud quo dictum est *et factum est ita* cum in hominis condicione inseritur. (PQ)
VIII:27	VII:27 RCHP	Sermo ponens questionem eciam eius solucionem cur scilicet post hominum factum intulit scriptura de omnibus *et vidit Deus cuncta que fecit* et cetera, et non singulatim redditum est homini et singulatim redditum est ceteris ut diceret sic: 'et vidit Deus hominem quia bonum,' et insinuantur responsiones 3. (PQ)
VIII:28	VII:28 RCHP	Sermo ostendens cur cetera animancia creata sunt secundum numerum plura, homo autem unicus in principio creatus. (PQ)
VIII:29	VII:29 RCHP	Sermo ostendens cur in hominis condicione non servatur illa consuetudo scripture que in ceteris servatur creaturis secundum translacionem 70, ut videlicet dicat *fiat et sic factum est,* et subinferatur *et fecit Deus.* (PQ)
VIII:30	VII:30 RCHP	Sermo ostendens quomodo senario sex primorum dierum sex mundi etates designatur secundum allegoricam intelligenciam. (PQ)
VIII:31	VII:31 RCHP	Sermo ostendens quomodo sex mundi etates ad sex hominis naturales etates referuntur. (PQ)
VIII:32	VII:32 RCHP	Sermo ostendens quomodo cuiusque hominis [*P* homines] sex etates naturales sex diebus primis possunt adaptari. (PQ)
VIII:33	VII:33 RCHP	Sermo ostendens quomodo senario sex primorum dierum sex mundi etates designantur secundum allegoricam intelligenciam. (P) Sermo ostendens quomodo per sex dies primos sex spiritales etates hominis designari possunt. (Q)
VIII:34	VII:34 RCHP	Sermo ostendens quomodo sex luces sex primorum dierum aptantur sex illuminacionibus mentis humane. (PQ)
VIII:35	VII:35 RCHP	Sermo ostendens allegoricam et moralem intelligenciam mixtim [*P* mixtim *om.*] eorum que refert [*Q* quare fit] scriptura secundo die facta. (PQ)

BIBLIOGRAPHY

SIGLA OF FREQUENTLY CITED SOURCE COLLECTIONS

BGPM — Beiträge zur Geschichte der Philosophie des Mittelalter, ed. Clemens Baeumker (Münster i.W., 1891 ff.).

CSEL — Corpus scriptorum ecclesiasticorum latinorum (Vienna and other cities, 1866 ff.).

PG — Patrologiae cursus completus...Series graeca, ed. J.P. Migne, 161 vols, in 166 (Paris, 1857-1866).

PL — Patrologiae cursus completus...Series latina, ed. J.P. Migne, 221 vols. (Paris, 1844-1864).

MANUSCRIPT SOURCES

Aristotle, *De animalibus*, tr. Michael Scot. Cambridge, Gonville and Caius College MS 109/78.

Augustine, *De civitate Dei*. Oxford, Bodleian MS 198.

Basil, *Hexaëmeron*, Latin paraphrase of Eustathius. Cambridge, Pembroke College MS 7.

Gregory the Great, *Moralia in Job*. Oxford, Bodleian MS 198.

Gregory of Nyssa, *De opificio hominis*. Edinburgh, University Library MS 100; Oxford, Bodleian MS 238.

Henry of Harclay, *Quaestio disputata 'Utrum mundus potuit fuisse ab eterno.'* Assisi, Biblioteca communale MS 172.

John Wyclyf, *Prologus Isaie*. Oxford, Magdalen College MS lat. 55.

Marius, *De elementis*. London, British Museum MS Cotton Galba E. IV.

Richard Fishacre, *Commentarius in IV Libros Sententiarum*, Oxford, Balliol College MS 57.

Richard Rufus of Cornwall, *Commentarius in IV Libros Sententiarum*. Oxford, Balliol College MS 62.

Robert Grosseteste, *De cessatione legalium*. Oxford, Bodleian MS lat. th. c. 17.

   Commentarius in Psalmos. Vatican, MS Ottobon. lat. 185; Bologna MS Archiginnasio A. 983.

   Dicta. London, British Museum MS Harley 3858.

   Hexaëmeron. London, British Museum MS Royal 6 E. V; Oxford, Queens College MS 312; London, British Museum MS Cotton Otho D. X; Cambridge, University Library MS Kk. ii. 1; Prague, National Museum MS XII. E. 5; London, British Museum MS Harley 3858; Oxford, Bodleian MS lat. th. c. 17.

   Sermo: 'Exiit edictum'. London, British Museum MS Royal VII F 2.

PRINTED SOURCES

Alfredus Anglicus (Alfred of Sareshel), *De motu cordis*, ed. Clemens Baeumker (Münster i.W., 1923). *BGPM* XXIII, 1-2.

Alpetragius (Al-Bitruji), *De motibus celorum*, ed. Francis J. Carmody (Berkeley, 1952).

Ambrose, *Hexaëmeron (Exameron)*, ed. C. Schenkl (Vienna, 1897). *CSEL* XXXII. 1.

   De paradiso, ed. C. Schenkl (Vienna, 1897). *CSEL* XXXII. 1.

Ps.-Ambrose, *De dignitate conditionis humanae*. *PL* XVII: 1105-1108.

Augustine, *Ad inquisitiones Januarii II (Epist. LV)*, ed, A. Goldbacher (Vienna, 1898). *CSEL* XXXIV. 2.

   Confessiones, ed. Pius Knöll (Vienna/Prague, Leipzig, 1896). *CSEL* XXXIII.

   Contra adversarium legis et prophetarum. *PL* XLII.

   Contra Julianum. *PL* XLIV.

   De civitate Dei, ed. Emanuel Hoffmann (Vienna/Prague, Leipzig, 1899-1900). *CSEL* XXXX. 1-2.

   De doctrina christiana, ed. Guilelmus M. Green (Vienna, 1963). *CSEL* LXXX.

   De Genesi ad litteram, ed. Josephus Zycha (Vienna/Prague, Leipzig, 1894). *CSEL* XXVIII. 1.

   De Genesi contra Manichaeos, *PL* XXXIV.

   De immortalitate animae. *PL* XXXII.

Augustine (cont)
　　De libero arbitrio, ed. Guilelmus M. Green (Vienna, 1956). *CSEL* LXXIV.
　　De nuptiis et concupiscentia, edd. Carolus F. Vrba et Josephus Zycha (Vienna/Prague, Leipzig, 1902). *CSEL* XXXXII.
　　De quantitate animae. *PL* XXXII.
　　De spiritu et littera. *PL* XLIV.
　　De trinitate. *PL* XLII.
　　De vera religione, ed. Guilelmus M. Green (Vienna, 1961). *CSEL* LXXVII.
　　Enarrationes in Psalmos. *PL* XXXVI-XXXVII.
　　Enchiridion. *PL* XL.
　　Epistulae, ed. A. Goldbacher (Vienna/Prague, Leipzig, 1895-1923). *CSEL* XXXIIII. 1-2, XLIV, LVII, LVIII.
　　In Joannis evangelium. *PL* XXXV.
　　Quaestiones in Genesi, ed. Josephus Zycha (Vienna, 1895). *CSEL* XXVIII. 2.
　　Retractationes, ed. Pius Knöll (Vienna, Leipzig, 1902). *CSEL* XXXVI.
　　Sermones. *PL* XXXVIII.

Ps.-Augustine, *De mirabilibus sacrae scripturae*. *PL* XXXV.
　　De spiritu et anima. *PL* XL.
　　Hypomnesticon. *PL* XLV.
　　Quaestiones ex vetero testamento. *PL* XXXV.
　　Principia dialecticae. *PL* XXXII.
　　Sermones ad fratres in Eremo, *PL* XL.

Avicenna, *De celo et mundo*. *Opera omnia* (Venice, 1508). *Metaphysics*. *Opera omnia* (Venice, 1508).

Basil, *Hexaëmeron*. *Eustathius: ancienne version latine des neuf homélies sur l'Hexaëmeron de Basile de Césarée*, edd. Emmanuel Amand de Mendieta et Stig Y. Rudberg (Berlin, 1958). Texte und Untersuchungen zur Geschichte der Altchristlichen Literatur, 66, Bd. 5.
　　Basile de Césarée, *Sur l'origine de l'homme (Homelie X et XI de l'Hexaëmeron)*, edd. Alexis Smets et Michel van Estbroeck (Paris, 1970). Sources Chrétiennes, 160.
　　Auctorum Incertorum, vulgo Basilii vel Gregorii Nysseni, Sermones de Creatione Hominis, Sermo de Paradiso, ed. Hadwiga Hörner (Leiden, 1972). Institutum pro Studiis Classicis Harvardianum, Supplementum.

Bede,*Bedae Opera de temporibus*, ed. Charles W. Jones (Cambridge, Mass., 1943). Mediaeval Academy of America Publications, 41.
　　De natura rerum. *PL* XC.
　　De orthographia. *PL* XC.
　　Hexaëmeron. *PL* XCI.

Ps.-Bede,*In Pentateuchum Commentarii*. *PL* XCI.

Ps.-Bernard of Clairveaux, *De cognitione humanae conditionis*. *PL* CLXXXIV.

Boethius, *De consolatione philosophiae*. *PL* LXIII.
　　In Isagogen Porphyrii commenta, ed. Samuel Brandt (Vienna, Leipzig, 1906). *CSEL* XXXXVIII.
　　Liber de persona et duabus naturis. *PL* LXIV.

Bonaventure, *Opera omnia* (Quaracchi, 1883-1902), 10 vols.

Calcidius, *Timaeus a Calcidio translatus commentarioque instructus*, ed. J.H. Waszink (London/Leyden, 1962). *Plato Latinus*, 4.

Cassiodorus, *De anima*. *PL* LXX.

Ps.-Dionysius the Areopagite, *De caelesti hierarchia*. *PG* III.
　　De divinis nominibus. *PG* III.

Gennadius of Marseilles, *Liber de ecclesiasticis dogmatibus*. *PL* LVIII.

Glossa interlinearis, printed in Peter Lombard's *Commentaria in Psalmos*. *PL* CXCI.
　　Glossa ordinaria printed among the works of Walafrid Strabo in *PL* CXIII. A much better but rare edition is that of Nicolas of Lyra (Venice, 1495).

Gregory the Great, *Homiliae in Ezechielem Prophetam*. *PL* LXXVI.
　　Moralia in Job. *PL* LXXV-LXXVI.

Gregory of Nyssa, *De opificio hominis* (translation of Dionysius Exiguus), ed. G.H. Forbesius (Burntisland, 1855-1861).

Hugh of St. Victor, *De sacramentis*. *PL* CLXXVI.

Isidore of Seville, *Etymologiarum sive Originum libri XX*, ed. W.M. Lindsay (Oxford, 1911, reprinted 1966).

Liber numerorum. PL LXXXIII.

Quaestiones in vetus testamentum. PL LXXXIII.

Jerome, *Adversus Jovinianum. PL* XXIII.

Apologia adversus libros Rufini. PL XXIII.

Commentaria in Isaiam prophetam, PL XXIV.

Commentaria in Osee prophetam. PL XXV.

Contra Ioannem Hierosolymitanum. PL XXIII.

De nominibus hebraicis. PL XXIII

De situ et nominibus locorum hebraicorum. PL XXIII.

Epistulae, ed. Isidorus Hilberg (Vienna, Leipzig, 1910-1918). *CSEL* LIV-LVI; *Saint Jérôme Lettres,* ed./tr. Jérôme Labourt (7 vols., Paris, 1949-1963). Collection des Universités de France.

Epistula LIII Ad Paulinum Presbyterum, in *Biblia Sacra* iuxta latinam vulgatam versionem, ed. Henricus Quentin (Rome (Vatican City), 1926).

Hebraicae quaestiones in Genesim. PL XXIII.

Praefatio in quatuor evangelia. PL XXIX.

Praefatio in Pentateuchum, in *Biblia Sacra* iuxta latinam vulgatam versionem, ed. H. Quentin (Rome (Vatican City), 1926).

John Chrysostum, *Homeliae in Genesim. PG* LIII.

In epistulam ad Hebraeos. PG LXIII.

John of Damascus, *De fide orthodoxa. St. John Damascene De Fide Orthodoxa. Versions of Burgundio and Cerbanus,* ed. Eligius M. Buytaert (St. Bonaventure, N.Y., 1955). Franciscan Institute Publications. Text Series, 8.

John Duns Scotus, *Ordinatio,* in *Opera omnia,* ed. Carlo Balić (Vatican City, 1950).

John Scotus Eriugena, *De divisione naturae. PL* CXXII.

Vox spiritualis aquilae. PL CXXII.

John Wyclyf, *De benedicta incarnatione. Joannis Wyclif Tractatus de Benedicta Incarnatione, Vienna and Oriel Mss.,* ed. Edward Harris (London, 1886).

Josephus, *Antiquitates Judaicae. The Latin Josephus,* ed. Franz Blatt (Aarhus, 1958). Acta jutlandica...Aarsskrift for Aarhus Universitet, 30, 1. Humanistisk serie, 44.

Julius Valerius, *Res Gestae Alexandri Macedonis,* ed. B. Kuebler (Leipzig, 1888).

Macrobius, *Commentarii in somnium Scipionis. Macrobius,* ed. J. Willis, II (Leipzig, 1970).

Mamertus Claudianus, *De statu animae. PL* LIII.

Martianus Capella, *De nuptiis Philologiae et Mercurii,* ed. Adolfus Dick (Leipzig, 1925). Bibliotheca scriptorum graecorum et romanorum Teubneriana.

Nemesius of Emesa, *De natura hominis. De natura hominis liber a Burgundione in latinum translatum,* ed. C. Burkhard, Jahresberichtes des k.k. Staatsgymnasiums (Vienna, 1891-1902).

Origin, *Contra Celsum. PG* XI.

Homiliae in Jeremiam. PG XIII.

Palladius, *De gentibus Indiae et Bragmanibus,* ed. Edouardus Bissaeus (Sir Edward Bysshe) (London, 1668); *Kleine Texte zum Alexanderroman. Commonitorium Palladii, Briefwechsel zwischen Alexander und Dindimus,* ed. Friedrich Pfister (Heidelberg, 1910).

Paschasius Radbertus, *De corpore et sanguine Domini. PL* CXX.

Peter Lombard, *Commentaria in Psalmos. PL* CXCI.

Pliny the Elder, *Historia naturalis,* ed. Iulius Sillig (Leipzig, 1831-1836), 5 vols. in 6.

Priscian, *De arte grammatica. Grammatici Latini,* ed. H. Keil (Leipzig, 1855-1880), 7 vols.; and in *Prisciani opera,* ed. Augustus L.G. Krehl (Leipzig, 1819-1820), 2 vols.

Proba, *Centones. Poetae Christiani Minores,* edd. M. Petschenig, R. Ellis, G. Brandes, C. Schenkl (Vienna/Prague, Leipzig, 1888). *CSEL* XVI; also in *PL* XIX.

Rabanus Maurus, *De laudibus sanctae crucis. PL* CVII.

De universo. PL CXI.

Robert Grosseteste, *De artibus liberalibus, De calore solis, De colore, De generatione stellarum, De impressionibus aeris, De impressionibus elementorum, De intelligentiis, De iride, De libero arbitrio, De lineis, angulis et figuris, De luce, De motu corporali et luce, De motu supercaelestium, De natura locorum, De ordine emanandi causatorum a Deo, De potentia et actu, De sphaera, De unica forma omnium* in *Die philosophischen Werke des Robert Grosseteste, Bischofs von Lincoln,* ed. Ludwig Baur (Münster i.W., 1912), *BGPM* 9.

Commentarius in libros Analyticorum Posteriorum Aristotelis, (Venice, 1494).

Commentarius in VIII Libros Physicorum Aristotelis, ed. Richard C. Dales (Boulder, Colorado, 1963).

De cometis. S. Harrison Thomson, "The Text of Grosseteste's *De Cometis,*" *Isis* 19 (1933), 19-25.

De finitate motus et temporis. Richard C. Dales, "Robert Grosseteste's Treatise 'De finitate motus et temporis'," *Traditio* 19 (1963), 245-266.

De operationibus solis. James McEvoy, "The sun as 'res' and 'signum': Grosseteste's commentary on 'Ecclesiasticus' ch. 43, vv. 1-5," *Recherches de théologie ancienne et médiévale* 41 (1974), 38-91.

Deus est. Siegfried Wenzel, " Robert Grosseteste's Treatise on Confession, 'Deus est'," *Franciscan Studies* 30 (1970), 218-293.

Hexaemeron. J.T. Muckle, "The Hexameron of Robert Grosseteste, The First Twelve Chapters of Part Seven," *Mediaeval Studies* 6 (1944), 151-174; Gerald B. Phelan, "An unedited text of Robert Grosseteste on the Subject-matter of Theology," *Revue néoscolastique de philosophie* 36 (1934), 172-179.

Quaestio de fluxu et refluxu maris, Richard C. Dales, "The Text of Robert Grosseteste's 'Questio de fluxu et refluxu maris, with an English Translation," *Isis* 57 (1966), 455-474.

Servius. *Servii Grammatici qui feruntur in Vergilii carmina commentarii,* edd. G. Thilo et H. Hagen (Leipzig, 1881-1919).

Sibylla. *Oracula Sibyllina,* ed. Aloisius Rzach (Vienna, 1891).

Valerius Maximus, *Memorabilia. Valeri Maximi Factorum et Dictorum Memorabilium Libri Novem,* ed. C. Kempfius (Berlin, 1854).

SPECIAL STUDIES

Callus,Daniel A., "Robert Grosseteste as Scholar," in *Robert Grosseteste, Scholar and Bishop,* ed. D.A. Callus (Oxford, 1955), 1-69.

"The Oxford Career of Robert Grosseteste," *Oxoniensia* 10 (1945), 42-72.

Dales,Richard C., "The Influence of Grosseteste's 'Hexaëmeron' on the 'Sentences' Commentaries of Richard Fishacre, O.P. and Richard Rufus of Cornwall, O.F.M.," *Viator* 2 (1971), 271-300.

"Marius 'On the Elements' and the Twelfth-Century Science of Matter," *Viator* 3 (1972), 191-218.

"A Medieval View of Human Dignity," *Journal of the History of Ideas* 38 (1977), 557-572.

"A Note on Robert Grosseteste's Hexameron," *Medievalia et Humanistica* 15 (1963), 69-73.

"The Prooemium to Robert Grosseteste's Hexaëmeron," *Speculum* 43 (1968), 451-461 (with Servus Gieben).

"Robert Grosseteste's Scientific Works," *Isis* 52 (1961), 381-402.

"Robert Grosseteste's Views on Astrology," *Mediaeval Studies* 29 (1967), 357-363.

Doucet, Victorinus, "Descriptio Codicis 172 Bibliothecae Communalis Assisiensis," *Archivum Franciscanum Historicum* 25 (1932), 257-274, 504-524.

Gál,Gedeon,Review of *Robert Grosseteste, Scholar and Bishop,* ed. D.A. Callus, *Archivum Franciscanum Historicum* 48 (1955), 434-436.

Gieben, Servus, "The Prooemium to Robert Grosseteste's Hexaëmeron," *Speculum* 43 (1968), 451-461 (with R.C. Dales).

"Traces of God in nature according to Robert Grosseteste, with the Text of the Dictum 'Omnis creatura speculum est'," *Franciscan Studies* 24 (1964), 144-158.

Hunt, Richard W., "Manuscripts containing the Indexing Symbols of Robert Grosseteste," *Bodleian Library Record* 4 (1953), 241-255.

Notable Accession. Manuscripts (MS Lat. th. c. 17), *Bodleian Library Record* II, no. 27 (1948), 226-227.

"The Library of Robert Grosseteste," in *Robert Grosseteste, Scholar and Bishop,* ed. D.A. Callus (Oxford, 1955), 121-145.

Jacoby, Felix, *Die Fragmente der griechischen Historiker* (Berlin, 1923 ff., reprint Leiden, 1954 ff.).

James, Montague R., "Robert Grosseteste on the Psalms," *Journal of Theological Studies* 23 (1921), 181-185.

Lagrange, M. -J., "Melange I: Le prétendu messianisme de Virgile," *Revue Biblique* 31 (1922), 552-572.

Longpré, Ephrem, "Thomas d'York et Matthieu d'Aquasparta," *Archives d'histoire doctrinale et littéraire du moyen âge,* 1 (1926), 269-308.

Loewe, Raphael, "The Medieval Christian Hebraists of England. The Superscriptio Lincolniensis," *Hebrew Union College Annual* (Cincinnati, Ohio) 28 (1957), 205-252.

Muckle, John T., "Did Robert Grosseteste attribute the *Hexameron* of St. Venerable Bede to St. Jerome?" *Mediaeval Studies* 13 (1951), 242-244.

"Robert Grosseteste's Use of Greek Sources in his *Hexameron,*" *Medievalia et Humanistica* 3 (1945), 33-48.

Pegge, Samuel, *The Life of Robert Grosseteste, the celebrated Bishop of Lincoln, with an account of the Bishop's Works and an Appendix* (London, 1793).

Pererius, Benedictus Valentinus (Benito Pereira), *Commentarii et disputationes in Genesim,* 4vols. (Rome, 1589-1598).

Reilly, James P., "Thomas of York and the Efficacy of Secondary Causes," *Mediaeval Studies* 15 (1953), 225-233.

Rudberg, Stig Y., *Die lateinische Hexaemeron-übersetzungen des Eustathius* (Louvain, 1957).

Russell,Josiah C., "Phases of Grosseteste's Intellectual Life," *Harvard Theological Review* 43 (1950), 93-116.

"Richard of Bardney's Account of Robert Grosseteste's Early and Middle Life," *Medievalia et Humanistica* 2 (1944). 45-54.

"Some Notes Upon the Career of Robert Grosseteste," *Harvard Theological Review* 48 (1955), 197-211.

"The Preferments and 'Adiutores' of Robert Grosseteste," *Harvard Theological Review* 26 (1933), 161-172.

Sharp, Dorothea E., *Franciscan Philosophy at Oxford in the Thirteenth Century* (Oxford, 1930).

Smalley, Beryl, "John Wyclif's *Postilla Super Totam Bibliam,*" *Bodleian Library Record* 4 (1953), 186-205.

"Robert Bacon and the Early Dominican School at Oxford," *Transactions of the Royal Historical Society* 30 (1948), fourth series, 1-19.

"The Biblical Scholar," in *Robert Grosseteste, Scholar and Bishop,* ed. D.A. Callus (Oxford, 1955), 70-97.

The Study of the Bible in the Middle Ages (Oxford, 1941, reprint Oxford, 1952).

Stevenson, Francis S., *Robert Grosseteste, Bishop of Lincoln* (London/New York, 1899).

Sylburgius, Fridericus, *Etymologicum Magnum,* corrected edition by G.H. Schaefer (Leipzig, 1816).

Testatus, Alphonsus (Alonso Tostado), *Commenta in Genesim. A. Tostati Opera omnis,* 23 vols. (Venice, 1596 ff.), 27 vols. (Venice, 1728 ff.).

Thomson, Rodney M., "Liber Marii De elementis,' the work of a Hitherto Unknown Salernitan Master?" *Viator* 3 (1972), 179-189.

Thomson, S. Harrison, *The Writings of Robert Grosseteste, Bishop of Lincoln 1235-1253* (Cambridge, Eng., 1940).

"Grosseteste's Concordantial Signs," *Medievalia et Humanistica* 9 (1955), 39-53.

"Grosseteste's Topical Concordance of the Bible and the Fathers," *Speculum* 9 (1934), 139-144.

Thorndike, Lynn, *A History of Magic and Experimental Science*, 8 vols. (New York, 1923-1958).

Unger, Dominic J., "Robert Grosseteste Bishop of Lincoln (1235-1253), On the Reasons for the Incarnation," *Franciscan Studies* 16 (1956), 1-36.

INDEX NOMINUM

Roman numerals at the beginning of an entry refer to pages of the Introduction; arabic numerals preceded by 'P' refer to sections of the Proemium; all other references are to Particulae, chapters, and sections of the main body of the text.

INDEX AUCTORUM

INDEX POTIORUM VERBORUM